理学を志す人のための
数学入門

北田 均・小野俊彦　共著

現代数学社

まえがき

本書は数学において大学初学年に学ぶべき事柄をまとめ，学生および一般諸氏の便に供するものである．数学入門と称したが安易な入門書ではない．数学の論理性を明確に示すことは本書を書くに当たり最も心を砕いたところである．そのため第 I 部で高等学校の知識があれば学べる線型代数をまず述べ，読者諸氏の抽象的な思考への入り口とした．この第 I 部の線型代数の知識はまたその後に述べる多変数の解析学を学ぶ際にも必須の事柄である．第 I 部において当然のことと仮定して用いた数の概念を述べるため，その後の第 II 部の第 6 章において 19 世紀末頃から認識され始めた数学の持つ根本的困難を叙述し，論理学の初歩とともにゲーデル (Gödel) の不完全性定理の一つの証明を述べた．チューリング (Turing)，チャーチ (Church)，タルスキ (Tarski)，ゲーデル (Gödel) 等の人々により 1930 年前後に相次いで発見された数学ないし計算科学における決定不可能命題について昨今安易な解決を喧伝する向きも見られるが，この問題は決してそのように安易に捉えられるべきものではない．これらの人々による決定不可能命題の発見は，その後数学基礎論の研究を数学者にとって有害でこそあれ益のないものとして斥けあるいは時に嫌悪感を持って語られるという，不当な扱いを受けることすらあるようである．しかしながらこの発見は 70 年あまりの時を経てその多方面への影響の大きさが理解されてきたものである．

　ゲーデルの定理を述べたのち集合論を公理論的に概観し，順序数等のカントールに由来する無限の概念を述べる．順序数の概念はカントールの解こうとした解析学の問題から派生したものであったが実は本来の彼の問題とは離れた方向性ではあった．しかしながら集合の概念は現代数学の基礎をなし容易に他の概念で置き換えられるものではない．数学の基礎的な問題を概観した後，第 II 部の本来の題目である実数の概念を集合論から構成

する立場に立ち詳しく見る．そして実数の一般化としての位相および距離空間の概念を学び，実数特にいわゆる実数の連続性の概念がより高度の立場から如何に見直されるかを学ぶ．

　その後第 III 部の第 12 章で連続関数を定義しその性質を概観しべき関数と指数関数について学ぶ．そののち現代解析学において至る所に現れるきわめて重要な不動点定理をいわゆる縮小写像の原理として述べ後の章への準備を行う．さらに第 13 章において級数について学び実数体上の関数の具体例として級数により定義される初等関数の定義を述べる．これらは一変数関数であるのでその微分は高等学校において学んでいることを踏まえ，この章の最後でべき級数で定義される関数の微分についても述べる．第 14 章においては一般のバナッハ空間を定義し，バナッハ空間の間の写像の微分の概念をいわゆるフレッシェ微分として導入する．偏微分はバナッハ空間がいくつかのバナッハ空間の直積として書けている場合の成分ごとの微分として導入される．この章では一実変数実数値関数の基本的性質も述べられ多変数の場合を含むバナッハ空間の場合の陰関数定理および逆関数定理が述べられる．その後の積分の章である第 15 章および第 16 章では高等学校から学んできたリーマン積分の概念を詳しく学びバナッハ空間に値をとる関数についても取り扱う．微分積分学の基本定理もバナッハ空間に値をとる関数の場合まで示す．多変数の積分を最初から扱い変数変換等は多変数の場合まで学ぶ．第 13 章で級数で定義されたコサイン関数の最初の正の零点の二倍として定義された円周率 π が積分の章の最後に至って線積分の概念を通して初めてその幾何学的意味を与えられ，集合論から出発した解析学が大団円を描く．その後の第 17 章ではここまでにおいて学んだ微分積分学の実際への応用として古典力学で大きな役割を果たす常微分方程式について学ぶ．

　第 18 章においてはリーマン積分の一般化としてルベーグにより導入された積分の概念であるルベーグ積分を概観する．この概念は現代数学において必須であり大学初学年においてもその概要，特に位相の概念の特殊化であるシグマ加法族等の集合の族を学ぶことは意味があろう．この章では実数値あるいは複素数値関数の場合のルベーグ積分のほかにバナッハ空間値の関数の積分であるボッホナー積分についても述べられる．複素数値関数

についてはルベーグの収束定理に代表されるルベーグ積分論において初めて一般的な形に述べられた積分の列の収束に関する判定条件も学ぶ.

　最後の第 19 章において本書のもう一つの目的として全編を通して流れている自己言及性ないし自己相似性の考察という通奏低音の含意するところについて述べ，読者の将来の考察へのヒントとした.

　本書は最初北田が授業で用いた講義ノートをもとに，学生諸氏の勉学の便に供するため東京大学消費生活協同組合の駒場書籍部から上條敬一氏のご厚意により限定出版されたものがもとになっている．この限定版の段階で，三部よりなる本著の全体はおおよそできていたが，北田は読者の視点を取り入れるべく小野に意見を求め，小野がこれに答える形でとくに第 II 部および第 III 部の各章について加筆し，叙述を読みやすく組み替えた．その過程で，第 II 部のゲーデルの定理の新しい証明が得られ，また第 III 部では，具体例が増やされ，常微分方程式の章も新たに追加された．さらに，もとの原稿にはなかった位相についての最低限の記述も含めることができた．共著とした所以である.

　本書を書くきっかけを与えていただいた学生諸氏および上條氏に，また 2005 年度の東京大学での解析学の授業の演習をご担当いただき限定出版されたものへいくつかの貴重なご指摘をいただいた片岡俊孝氏にこの場をお借りし感謝の意を表する.

　本書が数学を真摯に学ぶ学生諸氏および一般読者のお役に少しでも立てれば幸いである.

2005 年 11 月
著　者

目次

まえがき

第 I 部 　線 型 代 数 入 門 　　　　1

第 1 章 　自然現象と線型現象 　　　　3
第 2 章 　行列と線型写像 　　　　15
　2.1 線型方程式と行列 15
　2.2 正則性と逆行列 27
　2.3 階数 32
　2.4 次元と基底 37
　2.5 解の自由度と解空間 44
第 3 章 　行列式と内積 　　　　49
　3.1 行列式と逆行列 49
　3.2 内積と計量 56
第 4 章 　線型空間上の計量 　　　　67
　4.1 線型空間の定義 67
　4.2 線型写像の階数 76
　4.3 計量線型空間 81
第 5 章 　ジョルダン標準形 　　　　85
　5.1 特性方程式 85
　5.2 対角化可能性 91
　5.3 最小多項式 97

5.4 広義固有空間 100
5.5 ジョルダン標準形 103
5.6 実正規変換 108

第 II 部　数 学 の 基 礎　　　　　　113

第 6 章　数学の論理　　　　　　115
6.1 数学的な言語 115
6.2 ペアノの公理系 120
6.3 数論の不完全性 131

第 7 章　公理的集合論　　　　　　151
7.1 集合とパラドクス 151
7.2 集合の基本的構成 155
7.3 自然数と無限公理 163
7.4 冪集合と集合の同値 168

第 8 章　順序数と濃度　　　　　　177
8.1 整列集合の分類 178
8.2 順序数と濃度 185
8.3 選択公理と連続体仮説 196

第 9 章　実数　　　　　　201
9.1 無理数の存在 201
9.2 実数の構成 208

第 10 章　実数の連続性　　　　　　221
10.1 部分集合による表現 222
10.2 収束列による表現 225
10.3 閉区間列による表現 229
10.4 諸表現の同値性 233

第 11 章　位相と距離　　　　　　241

11.1 位相 241
11.2 距離空間と完備性 246
11.3 コンパクト性 259

第 III 部　解析学入門　　265

第 12 章 連続写像　　267
12.1 連続性 267
12.2 中間値の定理 276
12.3 べき関数と指数関数 280
12.4 不動点定理 287

第 13 章 級数　　293
13.1 級数の収束 293
13.2 べき級数展開 301

第 14 章 バナッハ空間における微分　　313
14.1 微分と偏微分 313
14.2 平均値の定理 326
14.3 陰関数定理 334
14.4 極値の条件 341

第 15 章 リーマン積分　　349
15.1 積分可能性 349
15.2 1 次元区間上の積分 365
15.3 多重積分 376

第 16 章 積分の一般化　　383
16.1 1 次元の広義積分 383
16.2 一般の集合上の積分 391
16.3 線積分 409

第 17 章 常微分方程式　　415

- 17.1 常微分方程式の定義 415
- 17.2 全微分方程式 418
- 17.3 線形常微分方程式 430
- 17.4 存在定理 445

第 18 章 ルベーグ積分　　451

- 18.1 可算加法性と可測空間 451
- 18.2 測度と測度空間 454
- 18.3 可測関数の積分 459
- 18.4 ボッホナー積分 464
- 18.5 収束定理 468
- 18.6 リーマン積分とルベーグ積分 472

第 19 章 循環の意味するもの　　477

あとがき　　481

索引　　483

第I部

線型代数入門

第1章　自然現象と線型現象

科学とは自然現象の裏に隠された法則性を発見し研究することである．そのような法則性が理解されれば考えている現象が将来どうなっていくか，を予測することが可能になる場合もある．ニュートン (Newton) の力学そしてそれによる天体の運行の説明はそのような典型的な例である．数学は現象の背景に隠されたそれら基本的な法則から現実の現象を説明するための推論を与える役目をする．ニュートン力学の場合は微分積分学がこの役割を担っている．これは自然の現象を微細な領域で線型に近似しそしてその線型近似を滑らかに無限に足しあわせ自然現象を再現しようという学問である．

　このように近代科学の始まりでは線型近似から自然現象を再現するという素朴な考えが成功し，その後この方向の研究が適用される自然の領域の探求が科学の大きな分野をなしていた．たとえば現代でも経済学で使われるものに線型予測，線型計画法などがある．しかし線型の予測は大きな災厄等は予測しない．突然のカタストロフは科学の考察の外にあった．現代はこのような現象が大きな問題になる時代である．経済の動きにせよ，競輪・競馬などの予測の問題，あるいは気象の予測の問題にせよ，いずれも近代初頭の素朴な微分積分法を無用に近いものにしてしまう．まさに混沌 (chaos) が現代的な問題である．経済の予測も気象の予測も競馬の予測も複雑系の振る舞いの予測である．このような現代的問題に対し科学は無力であるのだろうか．

　このような現象の表現として線型でない，いわゆる非線型な微分方程式が有用であることが主に 20 世紀後半以降の研究でわかってきた．そのような非線型方程式が有用なのはそれらが内部に自己相似性 (self-similarity) を隠し持っているためである．すなわち最初の条件に適用する法則がそれ以

降すべての段階で同じように適用されるという性質がそれらを有用なものにしているのである．たとえば典型的な非線型方程式，拡散型の非線型方程式

$$\frac{\partial u}{\partial t}(x,t) = -\frac{\partial^2 u}{\partial x^2}(x,t) + |u(x,t)|^2 u(x,t)$$

を見てみよう．ただし x,t はそれぞれ 1 次元の実数を動く変数で x は位置を t は時刻を表す．非線型項は最後の項

$$|u(x,t)|^2 u(x,t)$$

である．これは実際 $u \mapsto cu$ と置き換えると $c|c|^2|u(x,t)|^2 u(x,t)$ となり u に関して線型ではなく，そのため解は複雑な振る舞いをし u に関するある初期条件の場合にはある時点で無限大に発散する解をさえ与える．この原因はある時点の解の状態が線型方程式でいえば u の係数に相当する非線型係数 $|u|^2$ を通してそのあとの時点の解自身の状態に影響するためである．まさにこの「u 自身が後の u 自身に関与し影響する」ということがこのような非線型方程式の「自己相似性」である．

このような自己相似性は単に非線型方程式で記述される非線型現象にとどまらず多くの現象の基礎をなしている．たとえば 1 次元の線分

$$\vdash\!\!\!-\!\!\!-\!\!\!-\!\!\!-\!\!\!-\!\!\!-\!\!\!-\!\!\!-\!\!\!-\!\!\!-\!\!\dashv$$

を考えよう．この線分を 3 等分すると分割により得られるおのおのの 3 分の 1 の長さの線分は元の線分とスケールは 3 分の 1 でも「形」は同じである．

$$\vdash\!\!\!-\!\!\!-\!\!\!-\!\!\!\dashv\!\!\!-\!\!\!-\!\!\!-\!\!\!\dashv\!\!\!-\!\!\!-\!\!\!-\!\!\dashv$$

それら 3 分の 1 の長さの線分をやはり 3 等分しても同じである．以下同様に相似性を保ったままいくらでも 3 等分割していくことができる．この場合第 k 段階 ($k = 1, 2, \cdots$) での最小の長さの線分の個数 α は $\alpha = 3^k$ 個であり，スケーリングファクター(縮尺比)s は $s = \frac{1}{3^k}$ である．従って関係

$$\alpha = \frac{1}{s^D}$$

を満たす数 D は

$$D = 1$$

である．これを線分のフラクタル次元 (fractal dimension) と呼ぶ．これはちょうど我々の直観「線分は1次元の図形である」に一致している．

2次元の正方形のそれぞれの辺を3等分すると $9 = 3^2$ 個の同じ形の3分の1のスケールの小正方形が得られる．

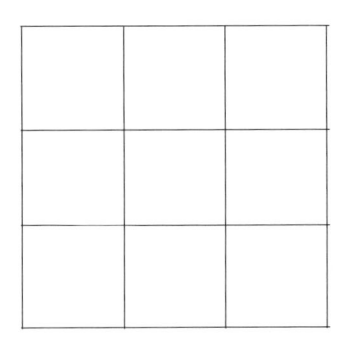

これについても線分の場合と同様に各小正方形の各辺を3分の1にいくらでも細分してゆける．すると第 k 段階 $(k = 1, 2, \cdots)$ での最小の正方形の個数は $\alpha = 3^{2k}$ 個であり，スケーリングファクターは $s = \frac{1}{3^k}$ である．従って関係

$$\alpha = \frac{1}{s^D}$$

を満たす数 D は

$$D = 2$$

である．これが正方形のフラクタル次元であり上と同様我々の直観「正方形は2次元の図形である」に一致している．

このことは3次元の立方体についても同様で細分の第 k 段階 $(k = 1, 2, \cdots)$ での最小の立方体の個数は $\alpha = 3^{3k}$ 個であり，スケーリングファクターは $s = \frac{1}{3^k}$ である．従って関係

$$\alpha = \frac{1}{s^D}$$

を満たす数 D は

$$D = 3$$

であり，立方体のフラクタル次元はやはり直観通り3である．

第1章 自然現象と線型現象

このような各スケールで同一の法則により生成される図形をフラクタル図形という．これはその生成の基礎を自己相似性においている図形である．上記のような線分，正方形等はごくふつうの図形であり多くの性質が通常の幾何学や解析学ないし微分積分学により知りうるものでその自己相似な生成の仕組みがわかってもあまり有用とは思えない．しかし次のような例はどうであろうか．最初は上と同じ線分である．

これをやはり3等分する．しかし真ん中の3分の1の線分を同じ長さの辺を持った正三角形の上の二辺で置き換える．

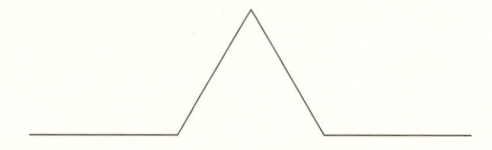

この操作を新しくできた元の線分の3分の1の長さの4本の小線分に対し行う．

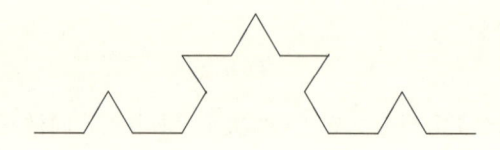

以下同様の操作を新しくできた各小線分に対し行う．このとき部品である最小線分の個数は第 k 段階で $\alpha = 4^k$ 個，スケーリングファクターは線分等の場合と同様 $s = \frac{1}{3^k}$ であるからフラクタル次元 D は関係

$$\alpha = \frac{1}{s^D}$$

すなわち

$$4^k = \frac{1}{\left(\frac{1}{3^k}\right)^D}$$

を解けば
$$D = -\frac{\log \alpha}{\log s} = \frac{\log 4^k}{\log 3^k} = \frac{\log 4}{\log 3} = 1.2619\cdots.$$
すなわち部品の個数が増すにつれこの図形の占有する複雑度の度合いは同じ個数の部品を持った 1 次元の図形の持つ複雑度よりも早く増大する．この意味でフラクタル次元は 1 より大きくなる．図形自身は 1 次元の部品で成り立ち 1 次元の図形であるが上の操作を無限に続けると元の 1 次元性が破れより大きな「次元」$D = 1.2619\cdots$ を持つ．これは自己相似による生成が実は非常に大きな「混沌状態」を生み出し，系は見かけより複雑になることを示している．

この図形はコッホ曲線 (Koch curve) と呼ばれているものである．コッホ (Helge von Koch) が 1904 年の論文で提出したものである．

さらにさかのぼって 1890 年にペアノ (Giuseppe Peano) は 2 次元の正方形を埋め尽くす 1 次元の曲線を提出している．ペアノ曲線 (Peano curve) と呼ばれているものである．このフラクタル次元は予想されるとおりちょうど $D = 2$ である．

ニュートン力学を支えた微分積分学では無限小の領域で現象を線型近似してそれを無限に足しあわせ直すことにより元の連続でなめらかな現象を再現するという数学的方法が有効であった．コッホ曲線の場合連続ではあるがこれは至る所微分不可能である．つまりなめらかさを犠牲にすることにより新たな種類の図形が線型近似のフラクタルな「積分」つまり「足しあわせ」により得られたのである．この図形は少々変形すれば以下の図に見られるように「シダ」の葉っぱの形状を見事に再現することが知られている．シダの葉は見た目には全く規則性を持っていないように見えるが実はその背後に線型な現象が奥深く隠されていたのである．微細な無限小の領域では「線型」であってもその「積分」法が Newton 的微分積分法ではなかったのである．

いずれの場合も線型現象は非常に基礎的な現象として研究に値するものであることが見て取れよう．

表 1.1: バーンスレイのシダの葉 (Barnsley's fern)

フィボナッチ (Fibonacci) 数列

フィボナッチ (Fibonacci) 数列 $\{u_n\}_{n=0}^{\infty}$ は以下のように帰納的に定義される数列である．

$$u_0 = 0, \quad u_1 = 1, \quad u_2 = u_1 + u_0 = 1, \quad u_3 = u_2 + u_1 = 2,$$
$$u_4 = 3, \quad u_5 = 5, \quad u_6 = 8, \quad u_7 = 13, \quad u_8 = 21, \quad \cdots.$$

すなわち明確に述べれば初期条件

$$u_0 = 0, \quad u_1 = 1$$

の元に帰納的に以下の関係で定義されるものである．

$$u_{n+2} = u_{n+1} + u_n \quad (n = 0, 1, 2, \cdots).$$

この法則は各段階 n で同一である．すなわちこの数列は「自己相似」な規則で定義されるものである．以下その一般項を求めることを考えてみよう．

そのために 2 次元のベクトル

$$\boldsymbol{u}_n = \begin{pmatrix} u_n \\ u_{n+1} \end{pmatrix}$$

を導入する．すると上の自己相似な規則はこのベクトルを用いて書くと

$$\bm{u}_{n+1} = \begin{pmatrix} 0 & 1 \\ 1 & 1 \end{pmatrix} \bm{u}_n$$

となる．この係数行列を T とおく：

$$T = \begin{pmatrix} 0 & 1 \\ 1 & 1 \end{pmatrix}.$$

すると上の関係から

$$\bm{u}_n = T\bm{u}_{n-1} = T^2 \bm{u}_{n-2} = \cdots = T^n \bm{u}_0,$$
$$\bm{u}_0 = \begin{pmatrix} u_0 \\ u_1 \end{pmatrix} = \begin{pmatrix} 0 \\ 1 \end{pmatrix}$$

となる．従って $T^n \bm{u}_0$ $(n = 0, 1, 2, \cdots)$ を求めればよい．

この T は一般のベクトル $\bm{x} = \begin{pmatrix} x \\ y \end{pmatrix}$ に対しては

$$T\bm{x} = T \begin{pmatrix} x \\ y \end{pmatrix} = \begin{pmatrix} y \\ x+y \end{pmatrix}$$

と作用する．このような T を線型写像ないし線型変換という．つまり T は以下の性質を満たす．

任意の $\alpha, \beta \in \mathbb{R}$, $\bm{a}, \bm{b}$: 2次ベクトルに対し

$$T(\alpha \bm{a} + \beta \bm{b}) = \alpha T(\bm{a}) + \beta T(\bm{b}).$$

ただし $\mathbb{R}$ は実数全体を表す．

いま次の問題を考える．

問題

$$T\bm{x} = \lambda \bm{x}, \quad \bm{x} \neq \bm{0} = \begin{pmatrix} 0 \\ 0 \end{pmatrix}$$

を満たすベクトル $\bm{x} = \begin{pmatrix} x \\ y \end{pmatrix}$ とスカラー $\lambda \in \mathbb{R}$ を求めよ.

このような問題を線型変換 T の固有値問題という. λ を固有値, $\bm{x}$ を λ に対応する T の固有ベクトルと呼ぶ.

この問題は
$$T \begin{pmatrix} x \\ y \end{pmatrix} = \lambda \begin{pmatrix} x \\ y \end{pmatrix}$$
であるから 1 次方程式系
$$\begin{cases} y = \lambda x \\ x + y = \lambda y \end{cases}$$
と同値である. 書き換えれば
$$\lambda x - y = 0, \tag{1.1}$$
$$x + (1 - \lambda)y = 0. \tag{1.2}$$

式 (1.1) より式 (1.2) の λ 倍を引くことにより
$$(\lambda^2 - \lambda - 1)y = 0. \tag{1.3}$$

$y = 0$ ならば式 (1.2) より $x = 0$ となり今の要請 $\bm{x} = \begin{pmatrix} x \\ y \end{pmatrix} \neq \bm{0} = \begin{pmatrix} 0 \\ 0 \end{pmatrix}$ に反するから $y \neq 0$ である. 従って (1.3) より
$$\lambda^2 - \lambda - 1 = 0. \tag{1.4}$$

これを解くと
$$\lambda = \lambda_+ \text{ or } \lambda_-,$$
$$\lambda_+ = \frac{1+\sqrt{5}}{2},$$
$$\lambda_- = \frac{1-\sqrt{5}}{2} = 1 - \lambda_+.$$

式 (1.1) より $y = \lambda x$ ゆえ
$$\bm{x} = \begin{pmatrix} x \\ y \end{pmatrix} = x \begin{pmatrix} 1 \\ \lambda \end{pmatrix} \neq \bm{0}.$$

これが λ に対応する T の固有ベクトルを与える．ただしここで x は 0 でない任意の実数である．特に $x = 1$ として

$$T \begin{pmatrix} 1 \\ \lambda \end{pmatrix} = \lambda \begin{pmatrix} 1 \\ \lambda \end{pmatrix} \quad \text{ただし } \lambda = \lambda_+ \text{ または } \lambda_-.$$

すなわち

$$\boldsymbol{x}_1 = \begin{pmatrix} 1 \\ \lambda_+ \end{pmatrix}, \quad \boldsymbol{x}_2 = \begin{pmatrix} 1 \\ \lambda_- \end{pmatrix},$$
$$T\boldsymbol{x}_1 = \lambda_+ \boldsymbol{x}_1, \quad T\boldsymbol{x}_2 = \lambda_- \boldsymbol{x}_2$$

という二つの固有ベクトルが得られた．

次に一般のベクトル $\boldsymbol{x} = \begin{pmatrix} x \\ y \end{pmatrix}$ がこの $\boldsymbol{x}_1, \boldsymbol{x}_2$ を使ってある実数 a, b に対し

$$\boldsymbol{x} = a\boldsymbol{x}_1 + b\boldsymbol{x}_2$$

と書けることを示す．これを書き換えれば

$$\begin{cases} x = a + b \\ y = a\lambda_+ + b\lambda_- \end{cases}$$

となる．これは未知数 a, b についての連立一次方程式であり，$\lambda_+ \neq \lambda_-$ ゆえ次のように解ける．

$$\begin{cases} a = \frac{\lambda_- x - y}{\lambda_- - \lambda_+} = -\frac{1}{\sqrt{5}}(\lambda_- x - y) \\ b = \frac{\lambda_+ x - y}{\lambda_+ - \lambda_-} = \frac{1}{\sqrt{5}}(\lambda_+ x - y). \end{cases}$$

従って任意の 2 次ベクトル $\boldsymbol{x} = \begin{pmatrix} x \\ y \end{pmatrix}$ は

$$\boldsymbol{x} = -\frac{1}{\sqrt{5}}(\lambda_- x - y)\boldsymbol{x}_1 + \frac{1}{\sqrt{5}}(\lambda_+ x - y)\boldsymbol{x}_2$$

と書ける．

従って一般のベクトル $\boldsymbol{x} = \begin{pmatrix} x \\ y \end{pmatrix}$ に対し $T^n \boldsymbol{x}$ は次のように計算される.

$$
\begin{aligned}
T^n \boldsymbol{x} &= -\frac{1}{\sqrt{5}}(\lambda_- x - y) T^n \boldsymbol{x}_1 + \frac{1}{\sqrt{5}}(\lambda_+ x - y) T^n \boldsymbol{x}_2 \\
&= -\frac{1}{\sqrt{5}}(\lambda_- x - y)(\lambda_+)^n \boldsymbol{x}_1 + \frac{1}{\sqrt{5}}(\lambda_+ x - y)(\lambda_-)^n \boldsymbol{x}_2 \\
&= -\frac{1}{\sqrt{5}}(\lambda_- x - y)(\lambda_+)^n \begin{pmatrix} 1 \\ \lambda_+ \end{pmatrix} + \frac{1}{\sqrt{5}}(\lambda_+ x - y)(\lambda_-)^n \begin{pmatrix} 1 \\ \lambda_- \end{pmatrix}.
\end{aligned}
$$

とくに

$$\boldsymbol{x} = \boldsymbol{u}_0 = \begin{pmatrix} 0 \\ 1 \end{pmatrix}$$

ととると $x = 0, y = 1$ ゆえフィボナッチ数列の第 n 項 u_n は

$$
\begin{aligned}
\boldsymbol{u}_n &= \begin{pmatrix} u_n \\ u_{n+1} \end{pmatrix} = T^n \boldsymbol{u}_0 \\
&= \frac{1}{\sqrt{5}}(\lambda_+)^n \begin{pmatrix} 1 \\ \lambda_+ \end{pmatrix} - \frac{1}{\sqrt{5}}(\lambda_-)^n \begin{pmatrix} 1 \\ \lambda_- \end{pmatrix} \\
&= \frac{1}{\sqrt{5}} \begin{pmatrix} \lambda_+^n - \lambda_-^n \\ \lambda_+^{n+1} - \lambda_-^{n+1} \end{pmatrix}
\end{aligned}
$$

と求まる. とくに u_n は $n = 0, 1, 2, \cdots$ に対し

$$u_n = \frac{\lambda_+^n - \lambda_-^n}{\sqrt{5}} = \frac{\sqrt{5}}{5}\left(\left(\frac{1+\sqrt{5}}{2}\right)^n - \left(\frac{1-\sqrt{5}}{2}\right)^n\right)$$

と求まった.

以上で解いたことは以下の二点である.
1) $T\boldsymbol{x} = \lambda \boldsymbol{x}$ なる $\lambda, \boldsymbol{x} \neq \boldsymbol{0}$ を求める. (固有値問題)
2) 1) で求めた固有ベクトル $\boldsymbol{x}_1, \boldsymbol{x}_2$ を用いて任意のベクトル $\boldsymbol{x}$ が

$$\boldsymbol{x} = a\boldsymbol{x}_1 + b\boldsymbol{x}_2 \quad (a, b \in \mathbb{R})$$

の形に書ける.

これらは線型代数に置いて基本的な問題である．一般に正整数 $n = 1, 2, \cdots$ を任意に固定するとき n 次元ベクトル $\boldsymbol{a} = \begin{pmatrix} a_1 \\ \vdots \\ a_n \end{pmatrix}$ に対しある n 次元ベクトル $\boldsymbol{b} = \begin{pmatrix} b_1 \\ \vdots \\ b_n \end{pmatrix}$ を対応させるものを $\mathbb{R}^n$ から $\mathbb{R}^n$ への写像あるいは $\mathbb{R}^n$ の変換という．これを T と表すときその $\boldsymbol{a}$ における値を

$$\boldsymbol{b} = T(\boldsymbol{a}) = T\boldsymbol{a}$$

などと書く．

このような写像で「線型性」

$$T(\alpha\boldsymbol{a} + \beta\boldsymbol{b}) = \alpha T\boldsymbol{a} + \beta T\boldsymbol{b} \quad (\alpha, \beta \in \mathbb{R}, \boldsymbol{a}, \boldsymbol{b} : n \text{ 次元ベクトル})$$

を満たすものを「線型写像」,「線型変換」,「線型作用素」等と呼ぶ．そして $\mathbb{R}^n$ の線型変換 T に対し

$$T\boldsymbol{x} = \lambda\boldsymbol{x}, \quad \boldsymbol{x} \neq \boldsymbol{0} = \begin{pmatrix} 0 \\ \vdots \\ 0 \end{pmatrix} \quad (n \text{ 次零ベクトル})$$

を満たすベクトル $\boldsymbol{x}$ を T の固有ベクトル，λ を T の固有値と呼ぶ．これらに対してもフィボナッチ数列の場合考察した二問題：

1) $T\boldsymbol{x} = \lambda\boldsymbol{x}$ なる $\lambda, \boldsymbol{x} \neq \boldsymbol{0}$ を求める．(固有値問題)
2) 1) で求めた固有ベクトル $\boldsymbol{x}_1, \cdots, \boldsymbol{x}_k$ を用いて任意のベクトル $\boldsymbol{x}$ が

$$\boldsymbol{x} = a_1\boldsymbol{x}_1 + \cdots + a_k\boldsymbol{x}_k$$

の形に書けるか否か？

は線型現象の理解のために有用かつ重要な問題である．以下第 I 部ではこのような問題を考察していく．

以上でフィボナッチ数列は自己相似な規則で定義されることから対応する固有値問題を解くことによりその一般項が求められた．この自己相似性

は先述のフラクタル的な自己相似性といかなる関係にあるのだろうか．読者諸賢自らご考察願いたいところであるが，ここでは一つのヒントとして次のことを述べておく．

フィボナッチ数列の相続く項の比の $n \to \infty$ での極限は先の一般項の形から

$$\lim_{n \to \infty} \frac{u_{n+1}}{u_n} = \frac{1+\sqrt{5}}{2}$$

である．この比は何を意味するのだろうか？

以下のような線分 AB の内点 C による分割を考える．

$$\frac{\mathrm{AB}}{\mathrm{AC}} = \frac{\mathrm{AC}}{\mathrm{BC}}.$$

ただし AB 等は線分 AB 等の長さを表す．この比を Φ と表すとそれは黄金比

$$\Phi = \frac{1+\sqrt{5}}{2}$$

を与える．これは上の極限値と一致する．

ともに自己相似な関係で定義されるがフィボナッチ数列の方は初期の u_n ではそれらの相続く比は正確には Φ にならない．しかし同じ自己相似性で定義されていることが利いて極限ではその比は Φ に収束する．

このように自己相似性は初期条件が異なっても最終結果は同じになるという性質を持つ．これを安定性 (stability) という．

従って自然界に存在する構造はある部分はこのような安定な自己相似性により自己生成するものである，と考えられる．神話の世界においてはすべてこの世のものそして宇宙は混沌から始まる．同様に我々の見る世界も自己相似な自己生成系たるフラクタル的混沌として生成されていることが科学の考察からも知られるのである．

第2章　行列と線型写像

この章では，以降の章の準備として，線型方程式を定義し，行列の演算との関係からその解法を考察し，その解が存在する条件を論じる．これにより行列の正則性と逆行列の存在も調べられ，最後に線型方程式の解空間が定義される．本章は数学的な論述の導入という役割も負っている．

2.1　線型方程式と行列

正整数 $n = 1, 2, \cdots$ を一つ固定する．n 個の実数の組で表される集合

$$\mathbb{R}^n = \left\{ \begin{pmatrix} x_1 \\ \vdots \\ x_n \end{pmatrix} \middle| x_i \in \mathbb{R} \ (i = 1, 2, \cdots, n) \right\}$$

を n 次元ベクトル空間または n 次元ユークリッド (Euclid) 空間という．読者によっては，これが n 次元であることは当たり前のことと思うかもしれないが，「次元」という言葉はまだ定義していないし，実はこれが n 次元であることは証明を必要とすることなのである．学問としての数学は，無前提に当然と思い込んでいることを反省し，ひとつひとつ確信をもてる議論を積み重ねて，しっかりとした土台の上に正しい結論を構成することを目指す．$\mathbb{R}^n$ が n 次元空間であることの証明はあとで行うこととし，n 次元ベクトル空間という名称はそれまで暫定的に用いることにする．

この空間 $\mathbb{R}^n$ の要素あるいは元を n 次縦ベクトルあるいは n 次列ベクト

ル (column vector) という．m を正整数とし m 次縦ベクトル

$$\boldsymbol{a}_j = \begin{pmatrix} a_{1j} \\ a_{2j} \\ \vdots \\ a_{mj} \end{pmatrix}$$

を横に n 個並べて得られる数の表を $m \times n$ 型行列 (matrix) あるいは m 行 n 列行列といい次のように表す．

$$A = (a_{ij})_{\substack{1 \leq i \leq m \\ 1 \leq j \leq n}} = (\boldsymbol{a}_1, \cdots, \boldsymbol{a}_n) = \begin{array}{c} \\ \text{第 1 行} \\ \\ \text{第 } i \text{ 行} \\ \\ \text{第 } m \text{ 行} \end{array} \begin{pmatrix} \overset{\text{第 1 列}}{a_{11}} & \cdots & \overset{\text{第 } j \text{ 列}}{a_{1j}} & \cdots & \overset{\text{第 } n \text{ 列}}{a_{1n}} \\ \vdots & \ddots & \vdots & & \vdots \\ a_{i1} & \cdots & a_{ij} & \cdots & a_{in} \\ \vdots & & \vdots & \ddots & \vdots \\ a_{m1} & \cdots & a_{mj} & \cdots & a_{mn} \end{pmatrix}.$$

第 i 行第 j 列にある数 a_{ij} を行列 A の第 (i,j) 成分という．また $\boldsymbol{a}_j$ を第 j 列ベクトル，第 i 行のなす横ベクトルを第 i 行ベクトル (row vector) とも呼ぶ．$m = n$ のとき A を n 次正方行列という．

2 つの行列 $A = (a_{ij})_{\substack{1 \leq i \leq m \\ 1 \leq j \leq n}}, B = (b_{ij})_{\substack{1 \leq i \leq m \\ 1 \leq j \leq n}}$ の和およびスカラー $\lambda \in \mathbb{R}$ によるスカラー倍は以下のように定義される．

$$A + B = (a_{ij} + b_{ij})_{\substack{1 \leq i \leq m \\ 1 \leq j \leq n}}, \quad \lambda A = (\lambda a_{ij})_{\substack{1 \leq i \leq m \\ 1 \leq j \leq n}}.$$

$m \times n$ 型行列 $A = (a_{ij})_{\substack{1 \leq i \leq m \\ 1 \leq j \leq n}}$ と $n \times \ell$ 型行列 $B = (b_{jk})_{\substack{1 \leq j \leq n \\ 1 \leq k \leq \ell}}$ との積 $C = (c_{ik})_{\substack{1 \leq i \leq m \\ 1 \leq k \leq \ell}}$ は

$$c_{ik} = \sum_{j=1}^{n} a_{ij} b_{jk}$$

を第 (i,k) 成分としてもつ $m \times \ell$ 型行列として定義される．

$\mathbb{R}^n$ から $\mathbb{R}^m$ への写像 T とは任意の $\mathbb{R}^n$ のベクトル $\boldsymbol{x}$ に対しただ 1 つの $\mathbb{R}^m$ のベクトル $\boldsymbol{y}$ を対応させる対応ないし関係で，これを

$$T : \mathbb{R}^n \longrightarrow \mathbb{R}^m$$

と書き，その値の対応を

$$\bm{y} = T(\bm{x}) \quad \text{あるいは} \quad \bm{y} = T\bm{x}$$

と表す．$\mathbb{R}^n$ を T の定義される空間あるいは定義域，$\mathbb{R}^m$ を T の像 $T(\mathbb{R}^n) = \{\bm{y}|\bm{y} = T\bm{x}(\bm{x} \in \mathbb{R}^n)\}$ が入る空間等と呼ぶ．この T が線型写像であるとは任意の $\bm{x}, \bm{y} \in \mathbb{R}^n$ と $a, b \in \mathbb{R}$ に対し

$$T(a\bm{x} + b\bm{y}) = aT(\bm{x}) + bT(\bm{y})$$

が成り立つことである．特に $m = n$ の場合 T を $\mathbb{R}^n$ の線型変換ともいう．

$T : \mathbb{R}^n \longrightarrow \mathbb{R}^m$ を線型写像とする．ベクトル

$$\bm{e}_1 = \begin{pmatrix} 1 \\ 0 \\ 0 \\ \vdots \\ 0 \\ 0 \end{pmatrix}, \bm{e}_2 = \begin{pmatrix} 0 \\ 1 \\ 0 \\ \vdots \\ 0 \\ 0 \end{pmatrix}, \cdots, \bm{e}_n = \begin{pmatrix} 0 \\ 0 \\ 0 \\ \vdots \\ 0 \\ 1 \end{pmatrix}$$

を $\mathbb{R}^n$ の標準基底と呼ぶ．任意の n 次元ベクトル $\bm{x} = \begin{pmatrix} x_1 \\ \vdots \\ x_n \end{pmatrix} \in \mathbb{R}^n$ はこれを用いて

$$\bm{x} = x_1 \bm{e}_1 + \cdots + x_n \bm{e}_n$$

と書ける．そしてこのような書き方は一意的である．

このとき T の線型性より

$$T\bm{x} = x_1 T\bm{e}_1 + \cdots + x_n T\bm{e}_n.$$

ここで $T\bm{e}_i \in \mathbb{R}^m$ ゆえ

$$T\bm{e}_i = \begin{pmatrix} t_{1i} \\ \vdots \\ t_{mi} \end{pmatrix} \in \mathbb{R}^m$$

と書ける．従って

$$T\bm{x} = \begin{pmatrix} t_{11} & \cdots & t_{1n} \\ \vdots & \ddots & \vdots \\ t_{m1} & \cdots & t_{mn} \end{pmatrix} \begin{pmatrix} x_1 \\ \vdots \\ x_n \end{pmatrix}$$

と書ける．これを標準基底に関する T の行列による表現という．逆に，行列

$$(t_{ij})_{\substack{1 \le i \le m \\ 1 \le j \le n}}$$

が与えられているとき写像 T を行列の掛け算

$$T\bm{x} = \begin{pmatrix} t_{11} & \cdots & t_{1n} \\ \vdots & \ddots & \vdots \\ t_{m1} & \cdots & t_{mn} \end{pmatrix} \begin{pmatrix} x_1 \\ \vdots \\ x_n \end{pmatrix}$$

で定義すれば T は線型写像になる．すなわち，つぎのことが言えた．

<u>まとめ</u> $\mathbb{R}^n$ から $\mathbb{R}^m$ への線型写像 T は標準基底に関し $m \times n$ 型行列

$$T_e = \begin{pmatrix} t_{11} & \cdots & t_{1n} \\ \vdots & \ddots & \vdots \\ t_{m1} & \cdots & t_{mn} \end{pmatrix}$$

で表される．

以上は標準基底に関する表現であった．以下 $m = n$ とし $T : \mathbb{R}^n \longrightarrow \mathbb{R}^n$ を $\mathbb{R}^n$ の線型変換として一般の基底に関する T の行列による表現を考える．そのために

$$\bm{a}_1, \cdots, \bm{a}_n \in \mathbb{R}^n$$

を線型独立な n 個の n 次実数ベクトルとする．つまり

$$\lambda_1, \cdots \lambda_n \in \mathbb{R},\ \lambda_1 \bm{a}_1 + \cdots + \lambda_n \bm{a}_n = \bm{0} = \begin{pmatrix} 0 \\ \vdots \\ 0 \end{pmatrix} \Rightarrow \lambda_1 = \cdots = \lambda_n = 0$$

が成り立つとする．ただし $\boldsymbol{0}$ はこの式で定義される n 次ベクトルでその成分がすべて 0 であるものである．これを n 次零ベクトルと呼ぶ．

定理 2.1 $\boldsymbol{a}_1, \cdots, \boldsymbol{a}_n$ が線型独立であれば $\mathbb{R}^n$ の任意のベクトル $\boldsymbol{b} = {}^t(b_1, \cdots, b_n)$ に対し

$$\boldsymbol{b} = x_1 \boldsymbol{a}_1 + \cdots + x_n \boldsymbol{a}_n$$

なる n 個の数 $x_1, \cdots, x_n \in \mathbb{R}$ が一意的に存在する．逆も真である．ただし ${}^t(b_1, \cdots, b_n)$ は横ベクトル $(b_1, \cdots, b_n)$ の転置縦ベクトル

$$\begin{pmatrix} b_1 \\ \vdots \\ b_n \end{pmatrix}$$

を表す．

後に明らかになるように，このような $\boldsymbol{a}_1, \cdots, \boldsymbol{a}_n$ は $\mathbb{R}^n$ の基底となっている．ここで，$\mathbb{R}^n$ の基底とは次のように定義されるものである．

定義 2.1 $\boldsymbol{e}_1, \cdots, \boldsymbol{e}_N$ が $\mathbb{R}^n$ の基底とは

1. $\boldsymbol{a}_1, \cdots, \boldsymbol{a}_N$ は線型独立

2. $\forall \boldsymbol{b} \in \mathbb{R}^n, \exists\, {}^t(x_1, \cdots, x_N) \in \mathbb{R}^N$ s.t.

$$\boldsymbol{b} = x_1 \boldsymbol{a}_1 + \cdots + x_N \boldsymbol{a}_N = \sum_{i=1}^N x_i \boldsymbol{a}_i$$

の 2 条件が成り立つことである．ただし「$\forall \boldsymbol{b} \in \mathbb{R}^n$」とは「任意のベクトル $\boldsymbol{b} \in \mathbb{R}^n$ に対し」という意味であり「$\exists\, {}^t(x_1, \cdots, x_N) \in \mathbb{R}^N$ s.t. 云々」とは「記号 s.t. 以降に書かれた条件を満たすベクトル ${}^t(x_1, \cdots, x_N) \in \mathbb{R}^N$ が存在する」という意味である．ちなみに s.t. は "such that" の略である．

注 2.1 定理 2.1 は定義 2.1 の条件 1 が $N = n$ に対し成り立てば $\boldsymbol{a}_1, \cdots, \boldsymbol{a}_n$ は $\mathbb{R}^n$ の基底であることを示している．

注 2.2 あとで述べるが $\boldsymbol{a}_1, \cdots, \boldsymbol{a}_N$ が $\mathbb{R}^n$ の基底であれば $N = n$ でなければならない．従って基底のベクトルの個数はその取り方によらず一定である．この一定数 (今の場合 n) を $\mathbb{R}^n$ の次元という．

定理 2.1 の証明

a) 一意性（「高々一つ存在する」の意）：もし

$$\boldsymbol{b} = y_1 \boldsymbol{a}_1 + \cdots + y_n \boldsymbol{a}_n \quad (y_i \in \mathbb{R})$$

と書けたとすると与えられた表現との差をとれば

$$(x_1 - y_1)\boldsymbol{a}_1 + \cdots + (x_n - y_n)\boldsymbol{a}_n = \boldsymbol{0}.$$

従って線型独立性から

$$x_1 = y_1, \cdots, x_n = y_n.$$

よって $x_i \ (i = 1, \cdots, n)$ は一意に定まる．

b) 係数 $x_i \ (i = 1, \cdots, n)$ の存在：

$$\boldsymbol{a}_j = \begin{pmatrix} a_{1j} \\ \vdots \\ a_{nj} \end{pmatrix} \in \mathbb{R}^n \quad (j = 1, \cdots, n)$$

と書くと与えられた条件は

$$\begin{cases} a_{11} x_1 + \cdots + a_{1n} x_n = b_1 \\ \vdots \\ a_{n1} x_1 + \cdots + a_{nn} x_n = b_n \end{cases}$$

となる．行列

$$A = \begin{pmatrix} a_{11} & \cdots & a_{1n} \\ \vdots & \ddots & \vdots \\ a_{n1} & \cdots & a_{nn} \end{pmatrix}$$

を導入すれば上の条件は
$$Ax = b$$
となる．これは n 元連立線型方程式である．この方程式が解 x を持つことがいえれば b) が言える．

これは n 個の未知数 $x_1, \cdots, x_n$ に関する n 本の方程式ないし制約式であるので答えはありそうな感じがする．この予想は当たっているのだろうか？

この問題を考えよう．それを考える際もっと一般化しても手間は変わらないので n 個の未知数に関する m 本の方程式を考えてみよう．つまり
$$\begin{cases} a_{11}x_1 + \cdots + a_{1n}x_n = b_1 \\ \vdots \\ a_{m1}x_1 + \cdots + a_{mn}x_n = b_m \end{cases}$$
を考える．係数行列は $m \times n$ 型行列
$$A = \begin{pmatrix} a_{11} & \cdots & a_{1n} \\ \vdots & \ddots & \vdots \\ a_{m1} & \cdots & a_{mn} \end{pmatrix}$$
であり b は m 次元縦ベクトル
$$b = {}^t(b_1, \cdots, b_m)$$
である．

この場合係数行列 A には次の二つの場合がある．

Case 1) すべての $i = 1, \cdots, m, j = 1, \cdots, n$ に対し $a_{ij} = 0$ の場合．

この場合方程式の左辺はすべて 0 であるから，解がある必要十分条件は
$$b_1 = \cdots = b_m = 0$$

であり, そのとき解 $x_1, \cdots, x_n$ は任意の実数をとりうる. つまり自由度 n 次元の解が得られる.

ある i に対し $b_i \neq 0$ の時は従って解は存在しない. よって上の予想は誤りであってすべての場合に解は存在するとは限らないことがわかった.

Case 2) ある (i, j) に対し $a_{ij} \neq 0$ の場合.

この場合第 i 番目の方程式と第 1 番目の方程式を交換する. 次に未知数 x_1 と x_j とを交換する. すると方程式系は次のようになる.

$$\begin{cases} a_{ij}x_j + \cdots + a_{i1}x_1 + \cdots + a_{in}x_n = b_i \\ a_{2j}x_j + \cdots + a_{21}x_1 + \cdots + a_{2n}x_n = b_2 \\ \vdots \\ a_{i-1,j}x_j + \cdots + a_{i-1,1}x_1 + \cdots + a_{i-1,n}x_n = b_{i-1} \\ a_{1j}x_j + \cdots + a_{11}x_1 + \cdots + a_{1n}x_n = b_1 \\ a_{i+1,j}x_j + \cdots + a_{i+1,1}x_1 + \cdots + a_{i+1,n}x_n = b_{i+1} \\ \vdots \\ a_{mj}x_j + \cdots + a_{m1}x_1 + \cdots + a_{mn}x_n = b_m. \end{cases}$$

対応する係数行列で書けば

$$\begin{array}{c} \\ \text{第 1 行} \\ \\ \\ \\ \text{第 } i \text{ 行} \\ \\ \\ \\ \end{array} \underbrace{\begin{pmatrix} a_{ij} & \cdots & a_{i1} & \cdots & a_{in} \\ a_{2j} & \cdots & a_{21} & \cdots & a_{2n} \\ \vdots & & \vdots & & \vdots \\ a_{i-1,j} & \cdots & a_{i-1,1} & \cdots & a_{i-1,n} \\ a_{1j} & \cdots & a_{11} & \cdots & a_{1n} \\ a_{i+1,j} & \cdots & a_{i+1,1} & \cdots & a_{i+1,n} \\ \vdots & & \vdots & & \vdots \\ a_{mj} & \cdots & a_{m1} & \cdots & a_{mn} \end{pmatrix}}_{\text{第 1 列} \quad \text{第 } j \text{ 列}} \begin{pmatrix} x_j \\ x_2 \\ \vdots \\ x_{j-1} \\ x_1 \\ x_{j+1} \\ \vdots \\ x_n \end{pmatrix} = \begin{pmatrix} b_i \\ b_2 \\ \vdots \\ b_{i-1} \\ b_1 \\ b_{i+1} \\ \vdots \\ b_m \end{pmatrix}$$

となる.

2.1. 線型方程式と行列   23

$a_{ij} \neq 0$ なので第 1 行に a_{ij}^{-1} を掛けることができる．この変形をしても方程式系は同値である．このとき方程式系は右辺まで込めた拡大係数行列 $\widetilde{A}$ で書けば次のようになる．

$$\begin{pmatrix} 1 & a_{ij}^{-1}a_{i2} & \cdots & a_{ij}^{-1}a_{i1} & \cdots & a_{ij}^{-1}a_{in} & a_{ij}^{-1}b_i \\ a_{2j} & a_{22} & \cdots & a_{21} & \cdots & a_{2n} & b_2 \\ \vdots & \vdots & & \vdots & & \vdots & \vdots \\ a_{i-1,j} & a_{i-1,2} & \cdots & a_{i-1,1} & \cdots & a_{i-1,n} & b_{i-1} \\ a_{1j} & a_{12} & \cdots & a_{11} & \cdots & a_{1n} & b_1 \\ a_{i+1,j} & a_{i+1,2} & \cdots & a_{i+1,1} & \cdots & a_{i+1,n} & b_{i+1} \\ \vdots & \vdots & & \vdots & & \vdots & \vdots \\ a_{mj} & a_{m2} & \cdots & a_{m1} & \cdots & a_{mn} & b_m \end{pmatrix} \begin{pmatrix} x_j \\ x_2 \\ \vdots \\ x_{j-1} \\ x_1 \\ x_{j+1} \\ \vdots \\ x_n \\ -1 \end{pmatrix} = \mathbf{0}.$$

ただし右辺の $\mathbf{0}$ は m 次零ベクトルである．

次に第 2 行から第 1 行の a_{2j} 倍を引く．以下同様に第 3 行から第 1 行の a_{3j} 倍を引く．… と繰り返す．

こうしても方程式系は同値である．

結果は

$$\begin{pmatrix} 1 & a_{ij}^{-1}a_{i2} & \cdots & a_{ij}^{-1}a_{i1} & \cdots & a_{ij}^{-1}a_{in} & a_{ij}^{-1}b_i \\ 0 & & & & & & b'_2 \\ & & & & & & \vdots \\ \vdots & & & \star_1 & & & b'_1 \\ & & & & & & \vdots \\ 0 & & & & & & b'_m \end{pmatrix} \begin{pmatrix} x_j \\ \vdots \\ x_1 \\ \vdots \\ x_n \\ -1 \end{pmatrix} = \mathbf{0}.$$

ここで $\star_1$ は $(m-1) \times (n-1)$ 型行列である．上の $(m-1)$ 次縦ベク

トル

$$\begin{pmatrix} b'_2 \\ \vdots \\ b'_1 \\ \vdots \\ b'_m \end{pmatrix}$$

を $\sharp_1$ と書く．

Case 2) をさらに場合分けする．

Case 2.1) この $\star_1$ が零行列の場合．

この場合
$$\sharp_1 = 0$$
の時のみ解があり，それは
$$\begin{cases} x_j = -a_{ij}^{-1}a_{i2}x_2 - \cdots - a_{ij}^{-1}a_{i1}x_1 - \cdots - a_{ij}^{-1}a_{in}x_n + a_{ij}^{-1}b_i \\ 0 = b'_2 \\ \vdots \\ 0 = b'_1 \\ \vdots \\ 0 = b'_m \end{cases}$$
で与えられる．

従ってこの場合変形後の
$$b'_2 = \cdots = b'_1 = \cdots = b'_m = 0$$
の時のみ解があり，その解は
$$x_2, x_3, \cdots, x_{j-1}, x_1, x_{j+1}, \cdots, x_n$$
は任意であり x_j はそれらから上の式のように定まる．つまり自由度 $(n-1)$ 次元の解が得られる．

この場合以外つまり一つでも $b'_2, \cdots, b'_1, \cdots, b'_m$ の中に 0 でないものがあれば方程式系の解は存在しない. 従ってやはり最初の予想ははずれである.

Case 2.2) $\star_1$ の中に 0 でない成分があるとき.

この場合 Case 2) と同様にしてその 0 でない成分を行と列の交換によって第 (2,2) 成分に持ってくる. そして第 2 行をその第 (2,2) 成分の値で割って第 (2,2) 成分を 1 とする. そして第 2 行の $a_{ij}^{-1}a_{i2}$ 倍を第 1 行から引く. すると第 (1,2) 成分は 0 になる. 次に第 2 行に第 (3,2) 成分を掛けて第 3 行から引くと第 (3,2) 成分は 0 になる. 以下同様の変形をしてもとの方程式と同値な次を得る. ただし以下で * は必ずしも 0 とは限らない成分を表す.

$$\begin{pmatrix} 1 & 0 & * & \cdots & * & * \\ 0 & 1 & * & \cdots & * & * \\ 0 & 0 & & & & \\ \vdots & & & \star_2 & & \sharp_2 \\ 0 & 0 & & & & \end{pmatrix} \begin{pmatrix} x_j \\ \vdots \\ x_1 \\ \vdots \\ x_n \\ -1 \end{pmatrix} = \mathbf{0}.$$

ここで $\star_2$ は $(m-2)\times(n-2)$ 型行列であり, さらに場合分けできる.

Case 2.2.1) $\star_2 = 0$ の場合.

Case 2.2.2) $\star_2 \neq 0$ の場合.

以下同様に続けると最後にいずれかの回数 $r \leq r_0 := \min\{m,n\}$ の Case $\overbrace{2.2.2.\cdots.2}^{r\text{個}}$.1) (Case 2^r.1 と書く) で初めて

$$\star_r = 0$$

となる. ただし $\star_{r_0}$ は空の行列 (実際それは 0×0 行列である) なので $r = r_0$ ではじめて 0 となるということは最後の $\star_{r_0-1}$ まで零行列にならないということである.

このとき行列 A の階数は r であるといい

$$\mathrm{rank}(A) = r$$

と書く.上の行列の形からわかるように $\mathrm{rank}(A)$ とは $\star_r$ の左上の単位正方行列つまり

$$I_r = \begin{pmatrix} 1 & & & 0 \\ & 1 & & \\ & & \ddots & \\ 0 & & & 1 \end{pmatrix}$$

の形の行列の次数 r のことである.(ただしここで右上と左下の大きな 0 はそれぞれ対角成分を除いた右上半分と左下半分の成分がすべて 0 であることを表す.) $\mathrm{rank}(A) = r_0$ も上の意味で含まれている.つまり最後の $r = r_0 - 1$ まで $\star_r$ が 0 にならない場合である.

注 2.3 階数が上記のような途中の変形の仕方によらず一意に定まることは後の第 2.3 節で示す.

Case $2^r.1$) では

$$b_{r+1}^{(r)} = \cdots = b_1^{(r)} = \cdots = b_m^{(r)} = 0$$

の場合のみ解があってその解は

$$x_{r+1}, \cdots, x_1, \cdots, x_n$$

は任意であり他の $x_j, x_2, \cdots, x_r$ はそれらより定まる.この場合解の自由度は $(n-r)$ 次元である.ただし $r \le r_0 = \min\{m, n\}$ であった.解が自由度 0 とは解が一意的に定まることである.従って $n = r$ の場合解の一意性も得られる.$r \le r_0 = \min\{m, n\} \le n$ だからこの場合 $r = r_0 = n \le m$ となる.まとめれば

命題 2.1 一般の連立線型方程式

$$Ax = b$$

ただし

$$A = (a_{ij})_{\substack{1 \le i \le m \\ 1 \le j \le n}}, \quad x = {}^t(x_1, \cdots, x_n), \quad b = {}^t(b_1, \cdots, b_m)$$

の解が存在する必要十分条件は上記の手順を繰り返していったとき初めて

$$\star_r = 0$$

となる $r = \mathrm{rank}(A) \le r_0 = \min\{m, n\}$ に対し

$$b_{r+1}^{(r)} = \cdots = b_1^{(r)} = \cdots = b_m^{(r)} = 0$$

であることである．

このとき解の自由度は

$$n - r$$

であり，$n = r = r_0 \le m$ の場合解は一意に定まる．また，この解の具体型は上記の手順により与えられる．

この解法を「掃き出し法」という．ガウス (Gauss) の消去法のことである．

2.2 正則性と逆行列

前節で述べたガウスの消去法では $A = (a_1, \cdots, a_n) = (a_{ij})$ の成分縦ベクトル $a_1, \cdots, a_n$ が線型独立でない場合をも考察しており，定理 2.1 の条件とは関係なく方程式 $Ax = b$ の一般的な解法を与えている．そこで，最初の定理 2.1 に戻って $m = n$ で

$$a_1, \cdots, a_n$$

が線型独立であるとき $Ax = b$ の解があるか否かを考えよう．

前節の考察より $r \le n-1(= r_0-1)$ に対し第 r 回目に初めて $(n-r)$ 次正方行列 $\star_r$ が

$$\star_r = 0$$

となる場合は $b_{r+1}^{(r)} = \cdots = b_n^{(r)} = 0$ のときのみ解がある．この場合この $b_i^{(r)}$ に対する制約のため任意のベクトル $\boldsymbol{b}$ に対しては解は存在しない．また，最後の $r = n-1$ まで

$$\star_{n-1} \ne 0$$

の場合，つまり $r = n$ ではじめて $\star_n = 0$ となる場合は $\mathrm{rank}(A) = n$ でベクトル $\boldsymbol{b}$ の値にかかわらず解は存在する．しかも上記の考察により解は一意に定まる．すなわち，次が言えた．

命題 2.2 以下は互いに同値である．

1. $\forall \boldsymbol{b} \in \mathbb{R}^n, \exists_1 \boldsymbol{x} \in \mathbb{R}^n$ s.t. $A\boldsymbol{x} = \boldsymbol{b}$
2. $\forall \boldsymbol{b} \in \mathbb{R}^n, \exists \boldsymbol{x} \in \mathbb{R}^n$ s.t. $A\boldsymbol{x} = \boldsymbol{b}$
3. $\mathrm{rank}(A) = n$.

ただし $\forall \boldsymbol{b}$ は先述のように「任意の $\boldsymbol{b}$ に対し」という意味であり，$\exists_1 \boldsymbol{x}$ は「s.t. 以下の条件を満たすような $\boldsymbol{x}$ がただ一つ存在する」という意味である．つまりふつうの言葉でこの命題を表現すれば以下のようになる．

「任意の n 次ベクトル $\boldsymbol{b}$ に対し $A\boldsymbol{x} = \boldsymbol{b}$ なるただ一つの n 次ベクトル $\boldsymbol{x}$ が存在する必要十分条件は，$\mathrm{rank}(A) = n$ である．」

命題 2.2 には「ただ一つ」という条件をとり去っても同値となることも含意されている．

さて定理 2.1 での条件「$\boldsymbol{a}_1, \cdots, \boldsymbol{a}_n$ が線型独立である」ということは次のように表現できる．$\lambda_1, \cdots, \lambda_n$ を成分とする縦ベクトルを $\boldsymbol{x}$ と書くことにすると

$$A\boldsymbol{x} = \boldsymbol{0} \Rightarrow \boldsymbol{x} = \boldsymbol{0}.$$

これは言い換えれば「方程式 $A\bm{x} = \bm{0}$ はただ一つの解 $\bm{x} = \bm{0}$ を持つ」ということである．

この方程式に上述の掃き出し法を適用する．もし $r = \mathrm{rank}(A) \leq n - 1$ で
$$\star_r = 0$$
となれば $\bm{b} = \bm{0}$ であることから $b_{r+1}^{(r)} = \cdots = b_n^{(r)} = 0$ だから係数行列の形を思い起こせば解 $\bm{x}$ の成分のうち $\lambda_{r+1}, \cdots, \lambda_n$ は任意の値を取る解が存在し $\bm{a}_1, \cdots, \bm{a}_n$ は線型独立でなくなる．$r = n$ のときは命題 2.1 より解は $\bm{x} = \bm{0}$ のみである．従って線型独立性が成り立つ必要十分条件は $\mathrm{rank}(A) = n$ である．つまり

命題 2.3 $\bm{a}_1, \cdots, \bm{a}_n$ が線型独立である $\Leftrightarrow \mathrm{rank}(A) = n$.

よって命題 2.2 と命題 2.3 より最初に述べた定理 2.1 のより正確な次の記述を得る．

定理 2.2 $\bm{a}_j$ $(j = 1, 2, \cdots, n)$ を n 次縦ベクトル，$A = (\bm{a}_1, \cdots, \bm{a}_n)$ を n 次正方行列とする．このとき以下は互いに同値である．

1. $\forall \bm{b} \in \mathbb{R}^n, \exists_1 \bm{x} \in \mathbb{R}^n$ s.t. $A\bm{x} = \bm{b}$.

2. $\forall \bm{b} \in \mathbb{R}^n, \exists \bm{x} \in \mathbb{R}^n$ s.t. $A\bm{x} = \bm{b}$.

3. $\mathrm{rank}(A) = n$.

4. $\bm{a}_1, \cdots, \bm{a}_n$ は線型独立である．

今示した定理 2.2 を $\bm{b} = \bm{e}_1, \cdots, \bm{e}_n$ に適用すると $A = (\bm{a}_1, \cdots, \bm{a}_n), \bm{a}_1, \cdots, \bm{a}_n$ が線型独立のとき
$$A\bm{x}_j = \bm{e}_j \quad (j = 1, \cdots, n)$$
は一意解 $\bm{x}_j \in \mathbb{R}^n$ を持つ．そこでこれらを並べて得られる行列を X とする．すなわち，
$$X = (\bm{x}_1, \cdots, \bm{x}_n).$$

すると
$$AX = (A\boldsymbol{x}_1, \cdots, A\boldsymbol{x}_n) = (\boldsymbol{e}_1, \cdots, \boldsymbol{e}_n) = I_n \quad (n \text{次単位行列}).$$
つまり次が言えた.

定理 2.3 n 次縦ベクトル $\boldsymbol{a}_1, \cdots, \boldsymbol{a}_n$ が線型独立のとき
$$AX = I$$
なる n 次正方行列 X が一意的に存在する.

系 2.1 $\boldsymbol{a}_1, \cdots, \boldsymbol{a}_n$ が線型独立の時上の定理 2.3 の X に対し
$$XA = I$$
が成り立つ.

証明 定理の等式に右から A を掛けると
$$AXA = A.$$
よって
$$A(XA - I) = 0.$$
いま
$$XA - I = (\boldsymbol{y}_1, \cdots, \boldsymbol{y}_n)$$
と書けば
$$A\boldsymbol{y}_j = \boldsymbol{0} \quad (j = 1, \cdots, n).$$
よって線型独立の仮定より
$$\boldsymbol{y}_j = \boldsymbol{0} \quad (j = 1, \cdots, n).$$
ゆえに
$$XA - I = 0.$$

証明終わり

定義 2.2 n 次正方行列 A に対し
$$AX = XA = I$$
となる n 次正方行列 X があるとき A を正則行列という．

系 2.2 定義 2.2 より定義中の X も正則である．さらに
$$AY = I$$
なる n 次行列があれば
$$Y = IY = (XA)Y = X(AY) = XI = X.$$
よって定義 2.2 の条件を満たす行列 X は一意に定まる．これを A の逆行列といい A^{-1} と書く．

定理 2.3 とその系 2.1 より $A = (\boldsymbol{a}_1, \cdots, \boldsymbol{a}_n)$ は $\boldsymbol{a}_1, \cdots, \boldsymbol{a}_n$ が線型独立のとき，正則行列である．逆に $A = (\boldsymbol{a}_1, \cdots, \boldsymbol{a}_n)$ が正則行列であれば
$$A\boldsymbol{x}_j = \boldsymbol{e}_j \quad (j = 1, \cdots, n)$$
は
$$AX = I \quad (X = (\boldsymbol{x}_1, \cdots, \boldsymbol{x}_n))$$
と同値ゆえ一意解
$$\boldsymbol{x}_j = A^{-1}\boldsymbol{e}_j \quad (j = 1, \cdots, n)$$
を持ち，
$$A^{-1} = (\boldsymbol{x}_1, \cdots, \boldsymbol{x}_n)$$
である．とくに方程式
$$A\boldsymbol{x} = \boldsymbol{0}$$
も一意解
$$\boldsymbol{x} = A^{-1}\boldsymbol{0} = \boldsymbol{0}$$
を持つ．従って $A = (\boldsymbol{a}_1, \cdots, \boldsymbol{a}_n)$ の成分ベクトル $\boldsymbol{a}_1, \cdots, \boldsymbol{a}_n$ は線型独立である．従って次の結論が得られる．

定理 2.4 $a_1, \cdots, a_n$ を n 次ベクトル，$A = (a_1, \cdots, a_n)$ とする．このとき以下は互いに同値である．

1. A が正則行列である．

2. $a_1, \cdots, a_n$ が線型独立である．

3. $\mathrm{rank}(A) = n$.

問 2.1 $AX = I$ なる n 次正方行列 X があれば A は正則であることを示せ．

問 2.2 一般に $m \times n$ 型行列 $A = (a_{ij})$ に対し第 (i,j) 成分を a_{ji} とする $n \times m$ 型行列を A の転置行列といい ^tA と書く．A が正則の時 ^tA も正則であることを示せ．

問 2.3 一般の $m \times n$ 型行列 A に対し次は同値であることを示せ．

1. $\mathrm{rank}(A) = r$.

2. ちょうど r 個の A の列ベクトル (あるいは行ベクトル) が線型独立である．

2.3 階数

この節では，定理 2.1 の証明の中で定義した階数が途中の変形の仕方によらないことを示す．そこで述べた変形は以下の行列 $F_1(i,j)$, $F_2(i;c)$, $F_3(i,j;d)$ を順次左ないし右から行列 $A = (a_{ij})_{\substack{1 \leq i \leq m \\ 1 \leq j \leq n}}$ に掛けることで実現される．ただし左から掛ける場合はこれらは m 次正方行列とし，右から掛ける場合は n 次正方行列とする．これらの変形を左ないし右基本変形とい

う．ただし以下空白と点線の部分の成分は 0 であるとする．

$$F_1(i,j) = \begin{pmatrix} 1 & & & & & & & & & \\ & \ddots & & \vdots & & \vdots & & & & \\ & & 1 & & & & & & & \\ \cdots & & 0 & \cdots & 1 & \cdots & & & \\ & & & 1 & & & & & & \\ & & \vdots & & \ddots & \vdots & & & \\ & & & & & 1 & & & \\ \cdots & & 1 & \cdots & 0 & \cdots & & \\ & & & & & & 1 & & \\ & & & & & & & \vdots & \ddots & \\ & & & & & & & & & 1 \end{pmatrix}$$

これは左から掛ければ第 i 行と第 j 行を取り替える操作に対応する．右から掛ければ列の交換になる．また $F_1(i,j)F_1(i,j) = I$ を満たす．ただし I は左基本変形のときは m 次単位行列であり，右基本変形のときは n 次単位行列である．すなわち定義 2.2 により $F_1(i,j)$ は自身を逆行列とする正則行列である．

$$F_2(i;c) = \begin{pmatrix} 1 & & & & & \\ & \ddots & & \vdots & & \\ & & 1 & & & \\ & \cdots & & c & \cdots & \\ & & & & 1 & \\ & & \vdots & & & \ddots \\ & & & & & & 1 \end{pmatrix} \quad (c \neq 0)$$

これを左から掛ければ第 i 行を c 倍する操作になる．ただし $c \neq 0$ とする．従ってこれは $F_2(i;c^{-1})$ を逆行列とする正則行列である．右から掛ければ

第 i 列を c 倍する.

$$F_3(i,j;d) = \begin{pmatrix} 1 & & & & & & \\ & \ddots & & \vdots & & & \\ \text{第 i 行} & \cdots & 1 & \cdots & d & \cdots & \\ & & & \ddots & \vdots & & \\ \text{第 j 行} & & & & 1 & & \\ & & & & \vdots & \ddots & \\ & & & & & & 1 \end{pmatrix} \quad (i \neq j)$$

（上の行列の上部に「第 i 列」「第 j 列」のラベル）

これは左から掛ければ第 j 行の d 倍を第 i 行に加えることになる．右から掛ければ第 i 列の d 倍を第 j 列に加える操作となる．やはり正則で逆行列は $F_3(i,j:-d)$ である．これら三種の行列を基本変形行列と呼ぶ．

従って第 2.1 節で方程式

$$A\boldsymbol{x} = \boldsymbol{b}$$

を解く過程で行った変形はある m 次正則行列 P と列交換の操作の積で表される n 次正則行列 R をそれぞれ左および右から A に掛けることに相当する．すなわち r を定理 2.2 の証明中で定義した階数として

$$PAR = \begin{pmatrix} 1 & & 0 & & & & \\ & \ddots & \vdots & & \sharp & & \\ 0 & \cdots & 1 & & & & \\ & & & 0 & \cdots & 0 & \\ & & & & \ddots & \vdots & \\ \mathbf{0} & & & & & 0 & \end{pmatrix}.$$

（第 r 行・第 r 列のラベル付き）

別の操作で同様の正則行列 P', R' により数 p に対し

$$P'AR' = \begin{array}{c}\\ \text{第 }p\text{ 行}\end{array}\begin{pmatrix} 1 & & & \overset{\text{第 }p\text{ 列}}{0} & & & \\ & \ddots & & \vdots & & \sharp' & \\ & 0 & \cdots & 1 & & & \\ & & & & 0 & \cdots & 0 \\ & & & & & \ddots & \vdots \\ 0 & & & & & & 0 \end{pmatrix}$$

となったとする.ここで列の操作 R, R' に一般のものを加えて $\sharp = 0, \sharp' = 0$ となると仮定してよい.$p = r$ を示したいので $p \neq r$ を仮定してみる.一般性を失うことなく $p > r$ と仮定してよい.すると上の式より次が得られる.

$$P'P^{-1}\begin{array}{c}\\ \text{第 }r\text{ 行}\end{array}\begin{pmatrix} 1 & & & \overset{\text{第 }r\text{ 列}}{} & & 0 \\ & \ddots & & & & \\ & & 1 & & & \\ & & & 0 & & \\ & & & & \ddots & \\ 0 & & & & & 0 \end{pmatrix}R^{-1}R'$$

$$= \begin{array}{c}\\ \text{第 }p\text{ 行}\end{array}\begin{pmatrix} 1 & & & \overset{\text{第 }p\text{ 列}}{} & & 0 \\ & \ddots & & & & \\ & & 1 & & & \\ & & & 0 & & \\ & & & & \ddots & \\ 0 & & & & & 0 \end{pmatrix}.$$

$P'P^{-1}$, $R^{-1}R'$ を区分けして次のように書く.

$$P'P^{-1} = \begin{pmatrix} A & B \\ C & D \end{pmatrix}, \quad R^{-1}R' = \begin{pmatrix} A' & B' \\ C' & D' \end{pmatrix}.$$

ただし A, A' は r 次正方行列であり他はそれにより決まる次数を持つ行列とする．

すると掛け算により上の左辺は

$$\begin{pmatrix} A & 0 \\ C & 0 \end{pmatrix} \begin{pmatrix} A' & B' \\ C' & D' \end{pmatrix} = \begin{pmatrix} AA' & AB' \\ CA' & CB' \end{pmatrix}$$

となる．これが $p > r$ なる右辺と等しいのだから $AA' = I_r$ であり A, A' は正則でかつ $CA' = 0$ となる．よって $C = 0$ が得られ従って $CB' = 0$ となる．ゆえに

$$p \leq r$$

でなければならない．矛盾が生じたので我々の前提 $p \neq r$ が誤りであり，$p = r$ が示された．

証明終わり

ここで，基本行列の応用として得られる具体的な逆行列のひとつの構成法をみておく．A を n 次正方行列とする．I を n 次単位行列とし，これらを横に並べた $n \times (2n)$ 型行列

$$(A \ I)$$

を考える．これに左基本変形のみを施して基本変形行列の積の形のある正則行列 X により

$$X(A \ I) = (I \ X)$$

となったとする．このとき明らかに

$$XA = I$$

である．従ってこの $n \times (2n)$ 型行列に左基本変形 X を施して上の形になれば A は正則であることがわかる．もしこうならなければ XA は列交換を

除いてある $r < n$ に対し

$$\begin{pmatrix} & & \overset{\text{第 }r\text{ 列}}{} & & \\ 1 & & 0 & & \\ & \ddots & \vdots & \sharp & \\ 0 & \cdots & 1 & & \\ & & & 0 & \cdots & 0 \\ & & & & \ddots & \vdots \\ 0 & & & & & 0 \end{pmatrix}.$$

第 r 行

のような n 次正方行列になっている．従ってこのときは A は正則ではあり得ない．これにより正則性が判定されかつ正則の時は逆行列 $X = A^{-1}$ が同時に計算され右側に現れる．系としてすべての正則行列は基本変形行列の積として表されることがわかる．

2.4 次元と基底

ここで，ユークリッド空間 $\mathbb{R}^n$ の次元 (dimension) が n であることを示すことができる．

定理 2.5 N 個の n 次ベクトル $\boldsymbol{a}_1, \cdots, \boldsymbol{a}_N$ が $\mathbb{R}^n$ の基底であれば

$$N = n$$

である．

このことを

$$\dim(\mathbb{R}^n) = n$$

と表す．これは定義 2.1 のあとに述べた注 2.2 の答えでもある．

定理 2.5 の証明 $\mathbb{R}^n$ の N 個のベクトル $\boldsymbol{a}_1, \cdots, \boldsymbol{a}_N$ をとる．$A = (\boldsymbol{a}_1, \cdots, \boldsymbol{a}_N)$ を $n \times N$ 型行列とする．

1) $N < n$ の場合.

N 次未知ベクトル $\boldsymbol{x} = {}^t(x_1, \cdots, x_N)$ と与えられた n 次ベクトル $\boldsymbol{b} = {}^t(b_1, \cdots, b_n)$ に対する線型方程式

$$A\boldsymbol{x} = \boldsymbol{b},$$

すなわち基底の定義 2.1 の条件 2) の方程式

$$x_1 \boldsymbol{a}_1 + \cdots + x_N \boldsymbol{a}_N = \boldsymbol{b}$$

を考える.

これは命題 2.1 で $m = n, n = N$ の場合である. $N < n$ ゆえ命題 2.1 で $n(= N) < m(= n)$ の場合である. 従って $\mathrm{rank}(A) \leq r_0 = \min\{m, n\} = n(= N) < m(= n)$. ゆえに命題 2.1 よりこの方程式はある n 次ベクトル $\boldsymbol{b}$ に対して解を持たない. つまり任意の $\boldsymbol{b}$ に対しては上記方程式の解は存在しない. 従って基底の定義 2.1 から $\boldsymbol{a}_1, \cdots, \boldsymbol{a}_N$ は $N < n$ の時 $\mathbb{R}^n$ の基底ではない.

2) $N > n$ の場合.

N 次ベクトル $\boldsymbol{x} = {}^t(\lambda_1, \cdots, \lambda_N)$ に対し条件

$$A\boldsymbol{x} = \boldsymbol{0}$$

を考える. ただし $\boldsymbol{0}$ は n 次零ベクトルである.

これは命題 2.1 で $n(= N) > m(= n), \mathrm{rank}(A) \leq r_0 = \min\{m, n\} = m(= n) < n(= N), \boldsymbol{b} = \boldsymbol{0}$ の場合である. 従ってこの方程式は解を持ち ($\boldsymbol{b} = \boldsymbol{0}$ ゆえ) その解の自由度として

$$n - \mathrm{rank}(A) \geq n - r_0 (= N - n) > 0$$

を持つ. 従って上記の条件すなわち

$$\lambda_1 \boldsymbol{a}_1 + \cdots + \lambda_N \boldsymbol{a}_N = \boldsymbol{0}$$

からはその解が

$$\boldsymbol{x} = \boldsymbol{0} \quad \text{すなわち} \quad \lambda_1 = \cdots = \lambda_N = 0$$

2.4. 次元と基底

であることは導かれない. 従って $N > n$ の時

$$\boldsymbol{a}_1, \cdots, \boldsymbol{a}_N$$

は線型独立でない. 従って $N > n$ のとき $\boldsymbol{a}_1, \cdots, \boldsymbol{a}_N$ は $\mathbb{R}^n$ の基底ではない.

以上 1), 2) より対偶を取れば定理が言えた.

証明終わり

n 個のベクトルよりなる標準基底 $\langle \boldsymbol{e}_1, \cdots, \boldsymbol{e}_n \rangle$ は定義 2.1 の基底の 2 条件を満たすから n 個のベクトルからなる $\mathbb{R}^n$ の基底は実際存在する. いま $\boldsymbol{a}_1, \cdots, \boldsymbol{a}_n$ を $\mathbb{R}^n$ のひとつの基底とし, $\boldsymbol{b}_1, \cdots, \boldsymbol{b}_n$ を別の基底とする. 基底の定義 2.1 からある係数 p_{ij} $(i, j = 1, 2, \cdots, n)$ によって

$$\begin{cases} \boldsymbol{b}_1 = p_{11}\boldsymbol{a}_1 + \cdots + p_{n1}\boldsymbol{a}_n \\ \vdots \\ \boldsymbol{b}_n = p_{1n}\boldsymbol{a}_1 + \cdots + p_{nn}\boldsymbol{a}_n \end{cases}$$

と一意的に表される. $A = (\boldsymbol{a}_1, \cdots, \boldsymbol{a}_n)$ と書けば A は正則行列で

$$\boldsymbol{b}_j = A \begin{pmatrix} p_{1j} \\ \vdots \\ p_{nj} \end{pmatrix}.$$

よって $B = (\boldsymbol{b}_1, \cdots, \boldsymbol{b}_n)$, $P = (p_{ij})_{\substack{1 \le i \le n \\ 1 \le j \le n}}$ と書けば

$$B = AP$$

が成り立つ. P を基底 A から B への基底の取り替えの行列という.

基底 $\boldsymbol{a}_1, \cdots, \boldsymbol{a}_n$ および $\boldsymbol{b}_1, \cdots, \boldsymbol{b}_n$ に関し $\boldsymbol{x} \in \mathbb{R}^n$ は

$$\boldsymbol{x} = x_1\boldsymbol{a}_1 + \cdots + x_n\boldsymbol{a}_n = A \begin{pmatrix} x_1 \\ \vdots \\ x_n \end{pmatrix}$$

および
$$\boldsymbol{x} = y_1\boldsymbol{b}_1 + \cdots + y_n\boldsymbol{b}_n = B\begin{pmatrix}y_1\\ \vdots\\ y_n\end{pmatrix}$$

と一意的に表される．従って上に得られた $B = AP$ より

$$\begin{pmatrix}x_1\\ \vdots\\ x_n\end{pmatrix} = P\begin{pmatrix}y_1\\ \vdots\\ y_n\end{pmatrix}$$

が得られる．

いま T を $\mathbb{R}^n$ の線型変換とする．$\mathbb{R}^n$ の任意のベクトル $\boldsymbol{x}$ は上記の通り一意的に

$$\boldsymbol{x} = x_1\boldsymbol{a}_1 + \cdots + x_n\boldsymbol{a}_n \leftrightarrow \begin{pmatrix}x_1\\ \vdots\\ x_n\end{pmatrix}$$

と書ける．ここで $\leftrightarrow$ はその両辺を同一視するという意味である．すなわち A は正則だから $\mathbb{R}^n$ から $\mathbb{R}^n$ 自身への 1 対 1 上への対応 A により $A^{-1}\boldsymbol{x} = {}^t(x_1, \cdots, x_n)$ と $\boldsymbol{x}$ とを同一視する．($T : \mathbb{R}^n \longrightarrow \mathbb{R}^m$ が 1 対 1 対応とは任意の相異なる二つのベクトル $\boldsymbol{x} \neq \boldsymbol{y}$ ($\boldsymbol{x}, \boldsymbol{y} \in \mathbb{R}^n$) に対し $T\boldsymbol{x} \neq T\boldsymbol{y}$ のことであり，T が上への対応とは像の入る空間 $\mathbb{R}^m$ の任意のベクトル $\boldsymbol{w} \in \mathbb{R}^m$ に対し必ず定義域 $\mathbb{R}^n$ のベクトル $\boldsymbol{x} \in \mathbb{R}^n$ があって $\boldsymbol{w} = T\boldsymbol{x}$ となることである．) 同様に

$$T\boldsymbol{x} = x_1 T\boldsymbol{a}_1 + \cdots + x_n T\boldsymbol{a}_n$$

は

$$T\boldsymbol{x} = x_1'\boldsymbol{a}_1 + \cdots + x_n'\boldsymbol{a}_n \leftrightarrow \begin{pmatrix}x_1'\\ \vdots\\ x_n'\end{pmatrix}$$

と書ける．特に
$$Ta_i = t_{1i}a_1 + \cdots + t_{ni}a_n \leftrightarrow \begin{pmatrix} t_{1i} \\ \vdots \\ t_{ni} \end{pmatrix}$$
と一意的に書ける．

よって
$$\begin{pmatrix} x'_1 \\ \vdots \\ x'_n \end{pmatrix} \leftrightarrow Tx = x_1 Ta_1 + \cdots + x_n Ta_n$$
$$= x_1(t_{11}a_1 + \cdots + t_{n1}a_n)$$
$$+ \cdots$$
$$+ x_n(t_{1n}a_1 + \cdots + t_{nn}a_n)$$
$$= (t_{11}x_1 + \cdots + t_{1n}x_n)a_1$$
$$+ \cdots$$
$$+ (t_{n1}x_1 + \cdots + t_{nn}x_n)a_n \leftrightarrow \begin{pmatrix} t_{11} & \cdots & t_{1n} \\ \vdots & \ddots & \vdots \\ t_{n1} & \cdots & t_{nn} \end{pmatrix} \begin{pmatrix} x_1 \\ \vdots \\ x_n \end{pmatrix}.$$

ゆえに基底 $a_1, \cdots, a_n$ に関する T の行列による表現は
$$T = \begin{pmatrix} t_{11} & \cdots & t_{1n} \\ \vdots & \ddots & \vdots \\ t_{n1} & \cdots & t_{nn} \end{pmatrix} = (t_{ij})_{\substack{1 \le i \le n \\ 1 \le j \le n}}$$
で与えられる．これがこの章の目的であった一般の基底に関する線型変換 $T : \mathbb{R}^n \longrightarrow \mathbb{R}^n$ の行列による表現を与える．

同様に基底 $b_1, \cdots, b_n$ に関する T の行列による表現もたとえば
$$T = \begin{pmatrix} s_{11} & \cdots & s_{1n} \\ \vdots & \ddots & \vdots \\ s_{n1} & \cdots & s_{nn} \end{pmatrix} = (s_{ij})_{\substack{1 \le i \le n \\ 1 \le j \le n}}$$

で与えられる．ただし s_{ij} は

$$T\boldsymbol{b}_i = s_{1i}\boldsymbol{b}_1 + \cdots + s_{ni}\boldsymbol{b}_n$$

で定まる数である．すなわち

$$\boldsymbol{x} = y_1\boldsymbol{b}_1 + \cdots + y_n\boldsymbol{b}_n \leftrightarrow \begin{pmatrix} y_1 \\ \vdots \\ y_n \end{pmatrix}$$

および

$$T\boldsymbol{x} = y'_1\boldsymbol{b}_1 + \cdots + y'_n\boldsymbol{b}_n \leftrightarrow \begin{pmatrix} y'_1 \\ \vdots \\ y'_n \end{pmatrix}$$

と書くと

$$\begin{pmatrix} y'_1 \\ \vdots \\ y'_n \end{pmatrix} = \begin{pmatrix} s_{11} & \cdots & s_{1n} \\ \vdots & \ddots & \vdots \\ s_{n1} & \cdots & s_{nn} \end{pmatrix} \begin{pmatrix} y_1 \\ \vdots \\ y_n \end{pmatrix}$$

と書ける．ここで先の関係

$$\begin{pmatrix} x_1 \\ \vdots \\ x_n \end{pmatrix} = P \begin{pmatrix} y_1 \\ \vdots \\ y_n \end{pmatrix}$$

および

$$\begin{pmatrix} x'_1 \\ \vdots \\ x'_n \end{pmatrix} = P \begin{pmatrix} y'_1 \\ \vdots \\ y'_n \end{pmatrix}$$

を用いると

$$P \begin{pmatrix} y'_1 \\ \vdots \\ y'_n \end{pmatrix} = \begin{pmatrix} x'_1 \\ \vdots \\ x'_n \end{pmatrix} = (t_{ij}) \begin{pmatrix} x_1 \\ \vdots \\ x_n \end{pmatrix} = (t_{ij}) P \begin{pmatrix} y_1 \\ \vdots \\ y_n \end{pmatrix}.$$

従って
$$\begin{pmatrix} y'_1 \\ \vdots \\ y'_n \end{pmatrix} = P^{-1}(t_{ij})P \begin{pmatrix} y_1 \\ \vdots \\ y_n \end{pmatrix}.$$

他方これは
$$\begin{pmatrix} y'_1 \\ \vdots \\ y'_n \end{pmatrix} = (s_{ij}) \begin{pmatrix} y_1 \\ \vdots \\ y_n \end{pmatrix}$$

であった.よって
$$(s_{ij}) = P^{-1}(t_{ij})P$$

が成り立つ.このような 2 つの行列 (s_{ij}) と (t_{ij}) を互いに相似という.

今特に $\boldsymbol{a}_1, \cdots, \boldsymbol{a}_n$ が標準基底の場合つまり $\boldsymbol{a}_j = \boldsymbol{e}_j$ $(j = 1, 2, \cdots, n)$ の時を考えると先述の行列 A は単位行列 $A = I_n$ となる.従って $B = AP$ より標準基底 $E = \langle \boldsymbol{e}_1, \cdots, \boldsymbol{e}_n \rangle$ から基底 $B = \langle \boldsymbol{b}_1, \cdots, \boldsymbol{b}_n \rangle$ への基底の取り替えの行列 P は
$$P = B = (\boldsymbol{b}_1, \cdots, \boldsymbol{b}_n)$$

となる.従って標準基底に関する線型変換 T を表現する行列 $T_e = (t_{ij})$ は上記の関係から基底 $\boldsymbol{b}_1, \cdots, \boldsymbol{b}_n$ に関して T を表現する行列 (s_{ij}) と
$$(s_{ij}) = P^{-1}(t_{ij})P = B^{-1}T_e B$$

という関係にある.

このときもし基底 $\boldsymbol{b}_j$ が T_e の固有ベクトルであり
$$T_e \boldsymbol{b}_j = \lambda_j \boldsymbol{b}_j \quad (\lambda_j \in \mathbb{R})$$

が成り立つとすると
$$(s_{ij}) = B^{-1}T_e B = \begin{pmatrix} \lambda_1 & & & 0 \\ & \lambda_2 & & \\ & & \ddots & \\ 0 & & & \lambda_n \end{pmatrix}$$

が成り立つ．すなわち線型変換 $T: \mathbb{R}^n \longrightarrow \mathbb{R}^n$ に対しその固有ベクトル $b_1, \cdots, b_n$ で基底をなすものが得られればそれを基底と取り相似変形の行列を $B = (b_1, \cdots, b_n)$ と取って線型変換を表現する行列を相似変形により対角形に表現することができる．これを行列の対角化という．ここでの議論は対角化可能性の一つの必要十分条件を与えている．すなわち

定理 2.6 線型変換 $T: \mathbb{R}^n \longrightarrow \mathbb{R}^n$ が対角化可能である必要十分条件は T の固有ベクトルよりなる $\mathbb{R}^n$ の基底が存在することである．

注 2.4 以上すべての議論は実数体 $\mathbb{R}$ を複素数体 $\mathbb{C}$ に置き換えても成立する．

問 2.4 上で T が $\mathbb{R}^n$ から $\mathbb{R}^m$ (ないし $\mathbb{C}^n$ から $\mathbb{C}^m$) への線型写像であるとき定義空間と像の入る空間における基底の変換に対して T の表現行列がどう変換されるかを考察せよ．

2.5 解の自由度と解空間

先述のように $m \times n$ 型行列

$$A = \begin{pmatrix} a_{11} & \cdots & a_{1n} \\ \vdots & \ddots & \vdots \\ a_{m1} & \cdots & a_{mn} \end{pmatrix}$$

を係数行列とし m 次元縦ベクトル

$$b = {}^t(b_1, \cdots, b_m)$$

を定数項とする連立線型方程式

$$Ax = b$$

の解は次のようにして求められた．基本変形を施した後

$$\begin{pmatrix} 1 & 0 & \cdots & 0 & d_{1,r+1} & \cdots & d_{1,n} & b_1^{(r)} \\ & 1 & \ddots & \vdots & d_{2,r+1} & \cdots & d_{2,n} & b_2^{(r)} \\ & & \ddots & 0 & \vdots & \cdots & \vdots & \vdots \\ & & & 1 & d_{r,r+1} & \cdots & d_{r,n} & b_r^{(r)} \\ & & & & 0 & \cdots & 0 & b_{r+1}^{(r)} \\ & & & & & \ddots & \vdots & \vdots \\ \text{\huge 0} & & & & & & 0 & b_m^{(r)} \end{pmatrix} \begin{pmatrix} x_1 \\ x_2 \\ \vdots \\ x_r \\ x_{r+1} \\ \vdots \\ x_n \\ -1 \end{pmatrix} = \mathbf{0}$$

となったとき解の存在する必要十分条件は $b_{r+1}^{(r)} = \cdots = b_m^{(r)} = 0$ であり，そのとき解は

$$x_1 = b_1^{(r)} - d_{1,r+1}x_{r+1} - \cdots - d_{1,n}x_n$$
$$x_2 = b_2^{(r)} - d_{2,r+1}x_{r+1} - \cdots - d_{2,n}x_n$$
$$\vdots$$
$$x_r = b_r^{(r)} - d_{r,r+1}x_{r+1} - \cdots - d_{r,n}x_n$$

で与えられる．ただしここで変数 $x_{r+1}, \cdots, x_n$ は任意の値を取りうるパラメタで $\mathrm{rank}(A) = r$ であった．この意味で「解の自由度」は $(n-r)$ である，と呼んだ．

いま上記非斉次方程式

$$A\boldsymbol{x} = \boldsymbol{b}$$

に対応する斉次方程式

$$A\boldsymbol{x} = \mathbf{0}$$

を考える．非斉次方程式の解の全体を S と表し，斉次方程式の方の解の全体を S_0 と表すと，次が成り立つ．

命題 2.4

1. $\boldsymbol{w}$ を非斉次方程式の一つの解とする．すなわち $\boldsymbol{w} \in S$ とする．このとき
$$\boldsymbol{y} \in S \Leftrightarrow \exists \boldsymbol{x} \in S_0 \text{ s.t. } \boldsymbol{y} = \boldsymbol{x} + \boldsymbol{w}.$$

2. $\boldsymbol{x}, \boldsymbol{x}' \in S_0$, $a, b \in \mathbb{R} \Rightarrow a\boldsymbol{x} + b\boldsymbol{x}' \in S_0$.

ここで斉次方程式の解 $\boldsymbol{x} = {}^t(x_1, \cdots, x_r, x_{r+1}, \cdots, x_n) \in S_0$ は上の公式より $\mathrm{rank}(A) = r$ とするとき

$$\begin{aligned} x_1 &= -d_{1,r+1}x_{r+1} - \cdots - d_{1,n}x_n \\ x_2 &= -d_{2,r+1}x_{r+1} - \cdots - d_{2,n}x_n \\ &\vdots \\ x_r &= -d_{r,r+1}x_{r+1} - \cdots - d_{r,n}x_n \end{aligned}$$

で与えられた．ただし変数 $x_{r+1}, \cdots, x_n$ は任意の値を取りうるパラメタであった．書き換えれば

$$\begin{pmatrix} x_1 \\ \vdots \\ x_r \end{pmatrix} = \begin{pmatrix} -d_{1,r+1} & \cdots & -d_{1,n} \\ & \vdots & \\ -d_{r,r+1} & \cdots & -d_{r,n} \end{pmatrix} \begin{pmatrix} x_{r+1} \\ \vdots \\ x_n \end{pmatrix}.$$

つまり $x_{r+1}, \cdots, x_n$ は全く自由に互いに独立に動ける変数であり他の $x_1, \cdots, x_r$ はこれらにより一意に定まる．そして非斉次方程式の解はその一つの解 $\boldsymbol{w}$ が知られればすべての解 $\boldsymbol{y}$ は斉次方程式の解 $\boldsymbol{x} = {}^t(x_1, \cdots, x_r, x_{r+1}, \cdots, x_n) \in S_0$ を用いて

$$\boldsymbol{y} = \boldsymbol{x} + \boldsymbol{w}$$

と書き表される．上の S_0 の元の表現と命題 2.4 の 2 から S_0 は次元 $(n-r)$ の何らかの意味での「空間」であることが推察されよう．このことより非斉次方程式系の「解の自由度」という言葉が対応する斉次方程式の解の空間 S_0 の次元を意味していることが想像されるであろう．

一般の集合 V で V の任意の元 (ベクトルと呼ぶ) $\boldsymbol{x}, \boldsymbol{y}$ とスカラー $\lambda, \mu \in \mathbb{C}$ に対しベクトル $\lambda \boldsymbol{x} + \mu \boldsymbol{y}$ が V の元として定義されていてふつうの和・スカラー倍の演算を満たすものを線型空間と呼ぶ．従って命題 2.4 の 2 より上記の斉次方程式の解の全体のなす集合 S_0 は線型空間をなしている．このような一般の線型空間での線型変換も $\mathbb{C}^n$ の場合と同様に定義される．従っ

てその基底，固有値・固有ベクトル等も同様に定義され議論される．以下しばらくはこのような空間で有限個の基底を持つもののみを考える．

第3章 行列式と内積

この章では，前章までに導入した行列を変数にもつ特別な関数として行列式を定義し，逆行列におけるクラメルの公式を導く．その後，内積ないし計量を定義し，n 次元ベクトル空間 $\mathbb{R}^n$ におけるシュミットの直交化を議論する．さらに，計量を保存する線形写像であるユニタリ変換と，自己随伴変換を表すエルミート行列を紹介する．最後に，固有値問題を定義し，行列を対角化する十分条件を述べる．

3.1 行列式と逆行列

$A = (a_{ij})$ を n 次正方行列とする．A の行列式 (determinant) ないしディターミナント $\det(A)$ を以下のように $n = 1, 2, \cdots$ に関し帰納的に定義する．

1. $n = 1$ のとき，$\det(A) = a_{11}$．

2. $n \geq 2$ のとき．A よりその第 i 行，第 j 列を除いてできる $(n-1)$ 次小行列式は帰納法により定義されている．これを A の第 (i,j) 小行列式という．それに $(-1)^{i+j}$ を掛けて得られる数を A の第 (i,j) 余因子といい，$\tilde{a}_{ij}$ と表す．

以上の準備の元に以下のように $\det(A)$ を定義する．

$$\det(A) = a_{11}\tilde{a}_{11} + \cdots + a_{1n}\tilde{a}_{1n} = \sum_{j=1}^{n} a_{1j}\tilde{a}_{1j}.$$

以上より単位行列 I に対しては明らかに $\det(I) = 1$．また行列 $A = (a_{ij})$ に対しそのディターミナント $\det(A)$ を絶対値記号を流用して $|A|$ と表すこ

ともある. 成分で書く場合は内側の括弧 ( ) を省略して $\det(A) = |a_{ij}|$ 等と書く. たとえば

$$A = \begin{pmatrix} a_{11} & a_{12} \\ a_{21} & a_{22} \end{pmatrix}$$

ならば

$$\det(A) = \begin{vmatrix} a_{11} & a_{12} \\ a_{21} & a_{22} \end{vmatrix}$$

等と書く.

この定義より次は明らかであろう.

命題 3.1 $\boldsymbol{a}_i, \boldsymbol{a}_i'$ $(i = 1, \cdots, n)$ をそれぞれ n 個の n 次縦ベクトルとする. このとき $A = (\boldsymbol{a}_1, \cdots, \boldsymbol{a}_n)$ 等は n 次正方行列である. 次が成り立つ.

1.
$$\det(\boldsymbol{a}_1, \cdots, \boldsymbol{a}_i + \boldsymbol{a}_i', \cdots, \boldsymbol{a}_n)$$
$$= \det(\boldsymbol{a}_1, \cdots, \boldsymbol{a}_i, \cdots, \boldsymbol{a}_n) + \det(\boldsymbol{a}_1, \cdots, \boldsymbol{a}_i', \cdots, \boldsymbol{a}_n).$$

2. スカラー $\lambda \in \mathbb{R}$ (or $\in \mathbb{C}$) に対し

$$\det(\boldsymbol{a}_1, \cdots, \lambda \boldsymbol{a}_i, \cdots, \boldsymbol{a}_n) = \lambda \det(\boldsymbol{a}_1, \cdots, \boldsymbol{a}_i, \cdots, \boldsymbol{a}_n).$$

3. 任意の $i \neq j (= 1, 2, \cdots, n)$ に対し

$$\det\Big(\boldsymbol{a}_1, \cdots, \underset{\text{第 } i \text{ 列}}{\boldsymbol{a}_i}, \cdots, \underset{\text{第 } j \text{ 列}}{\boldsymbol{a}_j}, \cdots, \boldsymbol{a}_n\Big)$$
$$= -\det\Big(\boldsymbol{a}_1, \cdots, \underset{\text{第 } i \text{ 列}}{\boldsymbol{a}_j}, \cdots, \underset{\text{第 } j \text{ 列}}{\boldsymbol{a}_i}, \cdots, \boldsymbol{a}_n\Big).$$

上記 1, 2 を多重線型性, 3 を交代性という.

定理 3.1 $K = \mathbb{R}$ あるいは $K = \mathbb{C}$ として以下固定する．n 個の n 次縦ベクトル $\boldsymbol{x}_1, \cdots, \boldsymbol{x}_n$ の関数

$$F : (\boldsymbol{x}_1, \cdots, \boldsymbol{x}_n) \mapsto F(\boldsymbol{x}_1, \cdots, \boldsymbol{x}_n) \in K$$

が多重線型性と交代性および $F(I) = 1$ を満たすとする．このとき

$$F(\boldsymbol{x}_1, \cdots, \boldsymbol{x}_n) = \sum_{\sigma \in S_n} \mathrm{sgn}(\sigma) x_{1\sigma(1)} \cdots x_{n\sigma(n)}$$

が成り立つ．特にこれは $\det(\boldsymbol{x}_1, \cdots, \boldsymbol{x}_n)$ を与える．ただし S_n は n 文字の置き換え (permutation) 全体すなわち $S_n = \{\sigma | \sigma$ は $\{1, 2, \cdots, n\}$ からそれ自身への 1 対 1 上への写像$\}$ で $\mathrm{sgn}(\sigma)$ は $\sigma \in S_n$ の符号を表す．すなわち σ を互換の積で書きその互換の個数を k としたとき $\mathrm{sgn}(\sigma) = (-1)^k$ である．

証明 $\boldsymbol{e}_i = {}^t(0, \cdots, 0, 1, 0, \cdots, 0)$ を第 i 行のみ 1 で他の成分は 0 の n 次縦ベクトルを表すとする．すると

$$\boldsymbol{x}_i = {}^t(x_{1i}, \cdots, x_{ni}) = \sum_{j=1}^n x_{ji} \boldsymbol{e}_j$$

と書ける．ゆえに多重線型性から

$$\begin{aligned}
F(\boldsymbol{x}_1, \cdots, \boldsymbol{x}_n) &= F\left(\sum_{j_1=1}^n x_{j_1 1} \boldsymbol{e}_{j_1}, \cdots, \sum_{j_n=1}^n x_{j_n n} \boldsymbol{e}_{j_n}\right) \\
&= \sum_{1 \leq j_1, \cdots, j_n \leq n} x_{j_1 1} \cdots x_{j_n n} F(\boldsymbol{e}_{j_1}, \cdots, \boldsymbol{e}_{j_n})
\end{aligned}$$

が成り立つ．F の交代性から次が導かれる．

補題 3.1 ある $k \neq \ell (1, 2, \cdots, n)$ に対し $j_k = j_\ell$ ならば

$$F(\boldsymbol{e}_{j_1}, \cdots, \boldsymbol{e}_{j_n}) = 0.$$

従って上記の和の中で残るのは $\{j_1, \cdots, j_n\}$ がいずれかの置き換え $\sigma \in S_n$ である場合のみである．すなわち

$$F(\boldsymbol{x}_1, \cdots, \boldsymbol{x}_n) = \sum_{\sigma \in S_n} x_{\sigma(1) 1} \cdots x_{\sigma(n) n} F(\boldsymbol{e}_{\sigma(1)}, \cdots, \boldsymbol{e}_{\sigma(n)}).$$

ここで
$$F(\bm{e}_{\sigma(1)},\cdots,\bm{e}_{\sigma(n)}) = \mathrm{sgn}(\sigma)$$
である．実際，一般に $\sigma \in S_n$ は二文字の交換いわゆる互換の積の形に書ける．(以下の問 3.2 参照) すなわちある整数 $k \geq 0$ に対し互換 $\tau_1,\cdots,\tau_k$ があって
$$\sigma = \tau_1 \circ \tau_2 \circ \cdots \circ \tau_k.$$
ただし一般に 2 つの置き換え $\tau_1,\ \tau_2$ に対しその積ないし合成 $\tau_1 \circ \tau_2$ は $(\tau_1 \circ \tau_2)(i) = \tau_1(\tau_2(i))\ (i=1,2,\cdots,n)$ と定義される．ゆえに
$$F(\bm{e}_{\sigma(1)},\cdots,\bm{e}_{\sigma(n)}) = (-1)^k F(\bm{e}_1,\cdots,\bm{e}_n) = (-1)^k F(I) = (-1)^k.$$
この値は $\sigma \in S_n$ の取り方により一意に定まり σ を積に書き表す互換 τ_ℓ の個数 k の偶奇は σ のみによって定まることがわかる．従って
$$F(\bm{e}_{\sigma(1)},\cdots,\bm{e}_{\sigma(n)}) = \mathrm{sgn}(\sigma)$$
が示された．よって
$$\begin{aligned}
F(\bm{x}_1,\cdots,\bm{x}_n) &= \sum_{\sigma \in S_n} \mathrm{sgn}(\sigma) x_{\sigma(1)1} \cdots x_{\sigma(n)n} \\
&= \sum_{\sigma \in S_n} \mathrm{sgn}(\sigma^{-1}) x_{1\sigma^{-1}(1)} \cdots x_{n\sigma^{-1}(n)} \\
&= \sum_{\tau \in S_n} \mathrm{sgn}(\tau) x_{1\tau(1)} \cdots x_{n\tau(n)}.
\end{aligned}$$
ただし置き換え σ の逆変換 σ^{-1} は $\sigma^{-1} \circ \sigma(i) = \sigma \circ \sigma^{-1}(i) = i\ (i=1,2,\cdots,n)$ を満たすものと定義される．

証明終わり

系 3.1 n 次正方行列 A に対し
$$\det(A) = \det({}^t\!A).$$
従って上記多重線型性，交代性は列ベクトルを行ベクトルによる表現に置き換えても全く同様に成り立つ．

系 3.2

1)

$$\det(A) = \sum_{i=1}^{n} a_{ij}\tilde{a}_{ij} \quad (j=1,2,\cdots,n) \quad (\text{第 } j \text{ 列に関する展開})$$
$$= \sum_{j=1}^{n} a_{ij}\tilde{a}_{ij} \quad (i=1,2,\cdots,n) \quad (\text{第 } i \text{ 行に関する展開}).$$

2)

$$\delta_{j\ell}\det(A) = \sum_{i=1}^{n} a_{ij}\tilde{a}_{i\ell} \quad (j,\ell=1,2,\cdots,n)$$
$$\delta_{ik}\det(A) = \sum_{j=1}^{n} a_{ij}\tilde{a}_{kj} \quad (i,k=1,2,\cdots,n).$$

ただし $\delta_{j\ell}$ はクロネッカーのデルタ (Kronecker's delta) と呼ばれるもので以下で定義される.

$$\delta_{j\ell} = \begin{cases} 1, & \text{for } j=\ell, \\ 0, & \text{for } j\neq\ell. \end{cases}$$

3) A の余因子行列 $\widetilde{A}$ とは第 (j,i) 余因子 $\tilde{a}_{ji}$ を第 (i,j) 成分とする行列のことである:

$$\widetilde{A} = (\tilde{a}_{ji})_{\substack{1\leq i\leq n \\ 1\leq j\leq n}}.$$

このとき

$$\widetilde{A}A = A\widetilde{A} = \det(A)I_n$$

が成り立つ. 特に A が正則である必要十分条件は $\det(A)\neq 0$ であり, そのとき A の逆行列は

$$A^{-1} = (\det(A))^{-1}\widetilde{A}$$

で与えられる.

4) 3) より A が正則の時
$$A\bm{x} = \bm{b}$$
の解は一意に存在して
$$\bm{x} = (\det(A))^{-1} \widetilde{A}\bm{b} = (\det(A))^{-1} \left(\sum_{j=1}^{n} b_j \tilde{a}_{ji} \right)_{1 \leq i \leq n}.$$
そして $i = 1, 2, \cdots, n$ に対し
$$x_i = (\det(A))^{-1} \det \begin{pmatrix} a_{11} & \cdots & \overset{\text{第 } i \text{ 列}}{b_1} & \cdots & a_{1n} \\ \vdots & & \vdots & & \vdots \\ a_{n1} & \cdots & b_n & \cdots & a_{nn} \end{pmatrix}.$$
これをクラメルの公式 (Cramer's formula) という.

問 3.1 次を求めよ.

1. $\det \begin{pmatrix} a_{11} & a_{12} \\ a_{21} & a_{22} \end{pmatrix}$ 2. $\det \begin{pmatrix} a_{11} & a_{12} & a_{13} \\ a_{21} & a_{22} & a_{23} \\ a_{31} & a_{32} & a_{33} \end{pmatrix}$

3. $\det \begin{pmatrix} 1 & 1 & \cdots & 1 \\ x_1 & x_2 & \cdots & x_n \\ x_1^2 & x_2^2 & \cdots & x_n^2 \\ \vdots & \vdots & \ddots & \vdots \\ x_1^{n-1} & x_2^{n-1} & \cdots & x_n^{n-1} \end{pmatrix}$ 4. $\det \begin{pmatrix} x & -1 & 0 & \cdots & 0 \\ 0 & x & -1 & \cdots & 0 \\ \vdots & \vdots & \ddots & \vdots & \vdots \\ 0 & \cdots & 0 & x & -1 \\ a_n & a_{n-1} & \cdots & a_1 & a_0 \end{pmatrix}$.

問 3.2 1. n 文字の置き換え (permutation) 全体 S_n の元の個数を求めよ. 置き換え $\sigma \in S_n$ を具体的に
$$\sigma = \begin{pmatrix} 1 & 2 & \cdots & n \\ i_1 & i_2 & \cdots & i_n \end{pmatrix}$$
等と書き表すことがある. ただしここで $i_k = \sigma(k) \ (k = 1, 2, \cdots, n)$ である.

3.1. 行列式と逆行列   55

2. $\tau \in S_n$ が巡換とは n 文字 $\{1, 2, \cdots, n\}$ の中のいくつか $\{j_1, j_2, \cdots, j_k\}$ のみ動かし他は動かさないもので，$j_1 \mapsto \tau(j_1) = j_2, j_2 \mapsto \tau(j_2) = j_3, \cdots, j_k \mapsto \tau(j_k) = j_1$ と巡回的に写す写像のことである．これを

$$\tau = \begin{pmatrix} j_1 & j_2 & \cdots & j_k \\ j_2 & j_3 & \cdots & j_1 \end{pmatrix} = (j_1, j_2, \cdots, j_k)$$

と書くことがある．τ が互換であるとは二文字の巡換であることである．すなわち $\tau = (j_1, j_2)$ と書けることである．このとき，すべての置き換えは巡換の積として書けることを示せ．そして巡換は互換の積として書けることを示せ．

3. $\sigma \in S_n$ に対しその逆変換を σ^{-1} と書く．このとき $\mathrm{sgn}(\sigma^{-1}) = \mathrm{sgn}(\sigma)$ を示せ．

4. 二つの置き換え $\sigma, \tau \in S_n$ に対し $\mathrm{sgn}(\sigma \circ \tau) = \mathrm{sgn}(\sigma)\mathrm{sgn}(\tau)$ を示せ．

5. どの要素も動かさない置き換えを恒等置き換えといい 1_n 等と書く．$\mathrm{sgn}(1_n) = 1$ を示せ．

問 3.3 n 次正方行列 A, B に対し $\det(AB) = \det(A)\det(B)$ を示せ．

問 3.4 正方行列 A が

$$A = \begin{pmatrix} A_{11} & A_{12} \\ 0 & A_{22} \end{pmatrix}$$

と区分けされているとする．ただし A_{11}, A_{22} は正方行列とする．このとき

$$\det(A) = \det(A_{11})\det(A_{22})$$

を示せ．

問 3.5 $m \times n$ 型行列 $A = (a_{ij})_{\substack{1 \le i \le m \\ 1 \le j \le n}}$ に対し A の階数 $\mathrm{rank}(A)$ は A の k 次小行列式が 0 でない最大の整数 k ($0 \le k \le \min\{m, n\}$) に等しいことを証明せよ．

問 3.6 $a = {}^t(a_1, a_2, a_3)$, $b = {}^t(b_1, b_2, b_3)$ を二つの 3 次元実ベクトルとする．このとき 3 次元実ベクトル

$$a \times b = \begin{pmatrix} \det \begin{pmatrix} a_2 & b_2 \\ a_3 & b_3 \end{pmatrix} \\ \det \begin{pmatrix} a_3 & b_3 \\ a_1 & b_1 \end{pmatrix} \\ \det \begin{pmatrix} a_1 & b_1 \\ a_2 & b_2 \end{pmatrix} \end{pmatrix}$$

を a と b との外積ないしベクトル積という．以下を示せ．

1. $a \times b = -b \times a$.

2. ベクトル a の長さを $\|a\| = \sqrt{a_1^2 + a_2^2 + a_3^2}$, a と b との内積を $(a, b) = a_1 b_1 + a_2 b_2 + a_3 b_3$, a と b とのなす角を θ と表すと

$$\begin{aligned} \|a \times b\| &= \sqrt{\det \begin{pmatrix} (a,a) & (a,b) \\ (b,a) & (b,b) \end{pmatrix}} = \sqrt{\|a\|^2 \|b\|^2 - (a,b)^2} \\ &= \|a\| \|b\| |\sin \theta| \end{aligned}$$

が成り立つ．これは a と b を二辺とする平行四辺形の面積に等しい．

3. ベクトル $a \times b$ はベクトル a と b を含む平面に垂直である．

3.2 内積と計量

$\mathbb{R}^n$ の (標準) 内積を以下のように定義する．$\mathbb{R}^n$ の二つのベクトル $x = {}^t(x_1, \cdots, x_n)$ と $y = {}^t(y_1, \cdots, y_n)$ に対しその内積 (x, y) を

$$(x, y) = \sum_{j=1}^n x_j y_j$$

3.2. 内積と計量

と定義する．$\mathbb{C}^n$ のベクトル $\boldsymbol{x} = {}^t(x_1,\cdots,x_n)$ と $\boldsymbol{y} = {}^t(y_1,\cdots,y_n)$ に対しては

$$(\boldsymbol{x},\boldsymbol{y}) = \sum_{j=1}^n x_j \overline{y_j}$$

と定義する．ただし i は $i^2 = -1$ となるいわゆる虚数単位であり複素数 $w = a+ib$ に対し

$$\overline{w} = a - ib$$

は w の複素共役と呼ばれるものである．二つの複素数 $w = a+ib, u = c+id$ に対しその和と積は

$$w + u = (a+c) + i(b+d), \quad wu = (ac-bd) + i(ad+bc)$$

と定義される．明らかにこの演算は実数の和・積の演算と同様に結合法則，分配法則などを満たす．このとき，内積は次の性質を満たす．$\mathbb{R}^n$ と $\mathbb{C}^n$ とに共通の形に書けば $\lambda \in \mathbb{C}$ (あるいは $\mathbb{R}^n$ の場合 $\lambda \in \mathbb{R}$)，ベクトル $\boldsymbol{x},\boldsymbol{y},\boldsymbol{w}$ に対し

$$(\lambda\boldsymbol{x},\boldsymbol{y}) = \lambda(\boldsymbol{x},\boldsymbol{y})$$
$$(\boldsymbol{x},\boldsymbol{y}+\boldsymbol{w}) = (\boldsymbol{x},\boldsymbol{y}) + (\boldsymbol{x},\boldsymbol{w})$$
$$(\boldsymbol{x},\boldsymbol{y}) = \overline{(\boldsymbol{y},\boldsymbol{x})}$$
$$(\boldsymbol{x},\boldsymbol{x}) \geq 0 \text{ で等号は } \boldsymbol{x} = \boldsymbol{0} \text{ の場合のみ成り立つ}.$$

ベクトル $\boldsymbol{x},\boldsymbol{y}$ はその内積が 0 である時すなわち $(\boldsymbol{x},\boldsymbol{y}) = 0$ のとき互いに直交するという．このことを $\boldsymbol{x} \perp \boldsymbol{y}$ と表すことがある．

ベクトル $\boldsymbol{x} = {}^t(x_1,\cdots,x_n)$ に対しその長さないしノルムを

$$\|\boldsymbol{x}\| = \sqrt{(\boldsymbol{x},\boldsymbol{x})}$$

によって定義する．

命題 3.2 任意の $\mathbb{C}^n$ のベクトル $\boldsymbol{x},\boldsymbol{y}$ に対し次が成り立つ．

1) $|(\boldsymbol{x},\boldsymbol{y})| \leq \|\boldsymbol{x}\|\|\boldsymbol{y}\|$. （シュワルツの不等式 (Schwarz' inequality)）

2) $\|\boldsymbol{x}+\boldsymbol{y}\| \leq \|\boldsymbol{x}\| + \|\boldsymbol{y}\|$. （三角不等式 (triangle inequality)）

証明

1) $y = 0$ の時は両辺とも 0 なので成り立つ．従って $y \neq 0$ と仮定して一般性は失われない．このとき $t_0 \in \mathbb{C}$ を以下により定める．

$$(x - t_0 y, y) = 0.$$

すると

$$(x, y) = t_0(y, y) = t_0 \|y\|^2.$$

$y \neq 0$ ゆえ t_0 が求められて

$$t_0 = \frac{(x, y)}{\|y\|^2}$$

となる．他方任意の複素数 $\lambda \in \mathbb{C}$ に対して

$$\|x - \lambda y\|^2 \geq 0.$$

左辺は展開すれば次に等しい．

$$\|x\|^2 - \overline{\lambda}(x, y) - \lambda \overline{(x, y)} + |\lambda|^2 \|y\|^2.$$

ここで $\lambda = t_0$ とすればこれは次に等しい．

$$\|x\|^2 - \frac{\overline{(x, y)}}{\|y\|^2}(x, y) - \frac{(x, y)}{\|y\|^2}\overline{(x, y)} + \frac{|(x, y)|^2}{\|y\|^4}\|y\|^2$$
$$= \|x\|^2 - \frac{|(x, y)|^2}{\|y\|^2}.$$

上記からこれが非負であったから

$$\|x\|^2 \|y\|^2 \geq |(x, y)|^2$$

が得られた．あとは両辺の正の平方根を取ればよい．

2) 両辺の二乗について不等式をいえばよいが，それらを展開すれば 1) に帰着する．

証明終わり

定義 3.1 ベクトル $x_1, \cdots, x_k$ が互いに直交しかつおのおののノルムが 1 のときこれを正規直交系と呼ぶ. 特にこのような性質を満たす $\mathbb{C}^n$ (あるいは $\mathbb{R}^n$) の基底を正規直交基底という.

命題 3.3 $x_1, \cdots, x_k$ を線型独立な $\mathbb{C}^n$ のベクトルとする. このとき

$$w_1 = \frac{x_1}{\|x_1\|},$$
$$w_2' = x_2 - (x_2, w_1)w_1,$$
$$w_2 = \frac{w_2'}{\|w_2'\|},$$
$$\vdots$$
$$w_\ell' = x_\ell - (x_\ell, w_{\ell-1})w_{\ell-1} - \cdots - (x_\ell, w_1)w_1,$$
$$w_\ell = \frac{w_\ell'}{\|w_\ell'\|},$$
$$\vdots$$

という手順によって互いに直交する長さ 1 のベクトル $w_1, \cdots, w_k$ を作りすべての x_j を $w_1, \cdots, w_k$ の線型結合で表すことができる. 逆に上の手順から $w_1, \cdots, w_k$ は $x_1, \cdots, x_k$ の線型結合で表される.

証明は明らかであろう. この命題中の手順をシュミット (Schmidt) の直交化法という. 互いに直交するベクトル系 $w_1, \cdots, w_k$ は線型独立である. $\mathbb{C}^n$ の任意の基底からシュミットの直交化法により正規直交基底を作ることができる.

W が $\mathbb{C}^n$ の (線型) 部分空間であるとは W が $\mathbb{C}^n$ の部分集合でありかつ次を満たすことをいう.

$$x, y \in W, \quad \lambda, \mu \in \mathbb{C} \Longrightarrow \lambda x + \mu y \in W.$$

$\mathbb{C}^n$ のベクトル $a_1, \cdots, a_k$ に対しそれらが張る空間を

$$\langle a_1, \cdots, a_k \rangle = \{x | \exists \alpha_1, \cdots, \alpha_k \in \mathbb{C} \text{ s.t. } x = \alpha_1 a_1 + \cdots + \alpha_k a_k\}$$

と定義する. $\langle a_1, \cdots, a_k \rangle$ は明らかに $\mathbb{C}^n$ の部分空間である. $\mathbb{C}^n$ の部分空間 W に対しその直交補空間 $W^\perp$ を

$$W^\perp = \{w | \forall y \in W : (w, y) = 0\}$$

により定義する．明らかに $W^\perp$ は $\mathbb{C}^n$ の部分空間である．$\mathbb{C}^n$ の二つの部分空間 V_1, V_2 に対しその線型和あるいは和空間 $V_1 + V_2$ を

$$V_1 + V_2 = \{w | \exists x \in V_1, \exists y \in V_2 \text{ s.t. } w = x + y\}$$

と定義する．これは明らかに $\mathbb{C}^n$ の部分空間である．上記の W の直交補空間 $W^\perp$ について以下が成り立つ．

$$\mathbb{C}^n = W + W^\perp.$$

実際 $a_1, \cdots, a_k$ を W の一つの正規直交基底とする．すると任意の $x \in \mathbb{C}^n$ に対し

$$w_1 = (x, a_1)a_1 + \cdots + (x, a_k)a_k \in W$$

でかつ

$$w_2 = x - w_1 \in W^\perp$$

となる．これは任意の $\mathbb{C}^n$ のベクトル x が W のベクトル w_1 と $W^\perp$ のベクトル w_2 の和に書けることを示す．しかも $w \in \mathbb{C}^n$ を W の元と $W^\perp$ の元との和に表す仕方は一意に定まる．このことを $\mathbb{C}^n$ は W と $W^\perp$ の直交和であると呼び

$$\mathbb{C}^n = W \oplus W^\perp$$

と書く．以下が成り立つ．

命題 3.4 W, W_1, W_2 を $\mathbb{C}^n$ の部分空間とする．

1. $(W^\perp)^\perp = W.$
2. $(W_1 + W_2)^\perp = W_1^\perp \cap W_2^\perp.$
3. $(W_1 \cap W_2)^\perp = W_1^\perp + W_2^\perp.$

問 3.7 上の命題 3.4 を示せ．

3.2. 内積と計量　61

定義 3.2 複素数の成分 $u_{ij} \in \mathbb{C}$ を持つ $n \times n$ 行列 $U = (u_{ij})$ がユニタリ行列であるとは任意のベクトル $\boldsymbol{x} \in \mathbb{C}^n$ に対し

$$\|U\boldsymbol{x}\| = \|\boldsymbol{x}\|$$

を満たすことである．U が実数行列でこの性質を $\mathbb{R}^n$ のノルムに対し満たすとき U を直交行列という．

ユニタリ行列ないし直交行列は $\mathbb{C}^n$ ないし $\mathbb{R}^n$ のノルムの大きさを変えない線型変換を定義する．このように $\mathbb{C}^n$ ないし $\mathbb{R}^n$ のノルムを変えない変換を $\mathbb{C}^n$ ないし $\mathbb{R}^n$ の計量同型写像という．

定義 3.3　1. 線型変換 $T : \mathbb{C}^n \longrightarrow \mathbb{C}^n$ に対し

$$(T\boldsymbol{x}, \boldsymbol{y}) = (\boldsymbol{x}, T^*\boldsymbol{y}) \quad (\forall \boldsymbol{x}, \boldsymbol{y} \in \mathbb{C}^n)$$

を満たす線型変換 $T^* : \mathbb{C}^n \longrightarrow \mathbb{C}^n$ を T の随伴変換という．T が行列により $T = (t_{ij})_{\substack{1 \leq i \leq n \\ 1 \leq j \leq n}}$ と表されているとき T の随伴変換に対応する行列はその随伴行列 $(t_{ij})^*_{\substack{1 \leq i \leq n \\ 1 \leq j \leq n}}$ で表される．ただし一般に行列 $A = (a_{ij})_{\substack{1 \leq i \leq m \\ 1 \leq j \leq n}}$ に対しその随伴行列 $A^* = (b_{ji})_{\substack{1 \leq j \leq n \\ 1 \leq i \leq m}}$ は以下の関係で定義される．

$$b_{ji} = \overline{a_{ij}} \quad (i = 1, 2, \cdots, m, j = 1, 2, \cdots, n).$$

2. $TT^* = T^*T$ を満たす変換を正規変換という．ユニタリ行列で表されるユニタリ変換は正規変換である．$T^* = T$ を満たす変換をエルミート変換という．これも正規変換である．エルミート線型変換は次の性質を満たすエルミート (正方) 行列 $H = (h_{ij})$ で表される．

$$H^* = H.$$

命題 3.5 U が $\mathbb{C}^n$ (or $\mathbb{R}^n$) のユニタリ変換 (or 直交変換) である必要十分条件はそれが内積を不変に保つことである．すなわち任意のベクトル $\boldsymbol{x}, \boldsymbol{y} \in \mathbb{C}^n$ (or $\mathbb{R}^n$) に対し $(U\boldsymbol{x}, U\boldsymbol{y}) = (\boldsymbol{x}, \boldsymbol{y})$ であることである．これは $U^*U = I$ と同値である．

証明 まず次の一般的な関係が成立することに注意する．任意のベクトル $x, y \in \mathbb{C}^n$ に対し

$$(x, y) = \frac{1}{4}(\|x+y\|^2 - \|x-y\|^2) + \frac{i}{4}(\|x+iy\|^2 - \|x-iy\|^2).$$

$\mathbb{R}^n$ の任意のベクトル $x, y \in \mathbb{R}^n$ に対しては虚数部分がないので簡単になる．

$$(x, y) = \frac{1}{4}(\|x+y\|^2 - \|x-y\|^2).$$

これらは直接の計算により示される．

これより $x, y \in \mathbb{C}^n$ に対して

$$(Ux, Uy) = (x, y)$$

であることと

$$\|Ux\| = \|x\|$$

が同値であることが従う．前者の関係が

$$U^*U = I$$

と同値であることは随伴行列の定義から明らかである．

証明終わり

命題 3.6 u_j $(j = 1, 2, \cdots, n)$ を n 次縦ベクトルとする．このとき n 次正方行列 $U = (u_1, \cdots, u_n)$ が $\mathbb{C}^n$ のユニタリ変換である必要十分条件は $u_1, \cdots, u_n$ が $\mathbb{C}^n$ の正規直交基底をなす事である．

証明 $U = (u_1, \cdots, u_n)$ が命題 3.5 の条件

$$U^*U = I$$

を満たすことが U がユニタリ変換を定義することと同値である．これは随伴行列の定義と $U = (u_1, \cdots, u_n)$ の表現より

$$\overline{{}^t u_i} u_j = \delta_{ij} \quad (i, j = 1, 2, \cdots, n)$$

に同値である．これは内積を用いて書き直せば

$$(\boldsymbol{u}_i, \boldsymbol{u}_j) = \delta_{ij} \quad (i, j = 1, 2, \cdots, n)$$

ということであるから $\boldsymbol{u}_i$ $(i = 1, 2, \cdots, n)$ が正規直交基底をなすことと同値である．

証明終わり

定義 3.4 線型変換 $T : \mathbb{C}^n \longrightarrow \mathbb{C}^n$ に対し

$$T\boldsymbol{x} = \lambda \boldsymbol{x}$$

を満たす $\boldsymbol{0}$ でないベクトル $\boldsymbol{x}$ と複素数 λ を求める問題を変換 T の固有値問題という．

定理 3.2 $n \geq 1$ のとき任意の線型変換 $T : \mathbb{C}^n \longrightarrow \mathbb{C}^n$ に対し少なくとも一つの固有値と固有ベクトルが存在する．

証明 T は n 次正方行列 $T = (t_{ij})$ で表現されているとして一般性は失われない．このとき固有値問題は次の連立線型方程式を満たす自明でない解（すなわち $\boldsymbol{0}$ でない解）と対応する複素数 λ を求めることと同値である．すなわち

$$(T - \lambda I)\boldsymbol{x} = \boldsymbol{0}.$$

命題 2.1 によりこれがゼロでない解 $\boldsymbol{x} \neq \boldsymbol{0}$ を持つ必要十分条件は行列 $T - \lambda I$ が正則でないことつまり系 3.2 の 3) より

$$\det(T - \lambda I) = 0$$

である．これは $n \geq 1$ なる n 次代数方程式であるから代数学の基本定理[1]により少なくとも一つの解 $\lambda \in \mathbb{C}$ を持つ． 証明終わり

---

[1]代数学の基本定理は通常複素関数論を用いて証明されるが初等的な証明が齋藤正彦著「線型代数入門」の附録 230 頁に載っている．

定義 3.5 線型変換 $T: \mathbb{C}^n \longrightarrow \mathbb{C}^n$ に対し $\mathbb{C}^n$ の線型部分空間 W が T-不変である (T-invariant) とは

$$T(W) = \{\boldsymbol{y} | \exists \boldsymbol{x} \in W \text{ s.t. } \boldsymbol{y} = T\boldsymbol{x}\} \subset W$$

が成り立つことである．

定理 3.3 $\mathbb{C}^n$ の正規変換 T は固有ベクトルよりなる基底を持つ．しかもそれは正規直交基底にとれる．従って T を表す行列はユニタリ行列により対角化可能である．逆も真である．

証明 前定理 3.2 より少なくとも一つの T の固有ベクトル $\boldsymbol{a}_1$ が存在する．その固有値を λ_1 とする．この固有値に対応するすべての固有ベクトルを含む最小の線型空間を W_1 とする．すなわち

$$W_1 = \{\boldsymbol{x} | T\boldsymbol{x} = \lambda_1 \boldsymbol{x}, \boldsymbol{x} \in \mathbb{C}^n\}.$$

このとき W_1 は T^*-不変である．すなわち $T^*(W_1) = \{T^*\boldsymbol{x} | \boldsymbol{x} \in W_1\} \subset W_1$. 実際 $\boldsymbol{x} \in W_1$ のとき

$$TT^*\boldsymbol{x} = T^*T\boldsymbol{x} = T^*(\lambda_1 \boldsymbol{x}) = \lambda_1 T^*\boldsymbol{x}$$

ゆえ $T^*\boldsymbol{x} \in W_1$ であり，T^*-不変性が言えた．よって前定理 3.2 より W_1 内に T^* の固有ベクトル $\boldsymbol{u}_1$ が存在する．その $\boldsymbol{u}_1$ は W_1 のベクトルだから T の固有ベクトルでもある．従って T, T^* に共通の固有ベクトル $\boldsymbol{u}_1$ の存在が言えた．後のためそのノルムは 1 としておく．$\boldsymbol{u}_1$ の T^* に関する固有値を μ_1 とする．$\boldsymbol{u}_1$ が張る空間を V_1 とする．すなわち

$$V_1 = \{\boldsymbol{y} | \boldsymbol{y} = \alpha \boldsymbol{u}_1, \alpha \in \mathbb{C}\}.$$

この直交補空間

$$V_1^\perp = \{\boldsymbol{w} | \forall \boldsymbol{y} \in V_1 : (\boldsymbol{w}, \boldsymbol{y}) = 0\}$$

は T かつ T^*-不変である．実際 $\boldsymbol{y} \in V_1, \boldsymbol{w} \in V_1^\perp$ に対し

$$(T\boldsymbol{w}, \boldsymbol{y}) = (\boldsymbol{w}, T^*\boldsymbol{y}) = (\boldsymbol{w}, \mu_1 \boldsymbol{y}) = \overline{\mu}_1(\boldsymbol{w}, \boldsymbol{y}) = 0,$$

$$(T^*\boldsymbol{w},\boldsymbol{y}) = (\boldsymbol{w},T\boldsymbol{y}) = (\boldsymbol{w},\lambda_1\boldsymbol{y}) = \overline{\lambda}_1(\boldsymbol{w},\boldsymbol{y}) = 0.$$

従って T,T^*-不変性

$$T(V_1^\perp) \subset V_1^\perp, \quad T^*(V_1^\perp) \subset V_1^\perp$$

が言えた．そこで $V_1^\perp$ 内で上と同じ議論をして T,T^* に共通なノルム 1 の固有ベクトル $\boldsymbol{u}_2$(ただしその T に関する固有値を λ_2 とする) を取りそれの張る空間を V_2 とする．すると V_1 と V_2 の直交和 $V_1 \oplus V_2$ の直交補空間は命題 3.4 により $(V_1 + V_2)^\perp = V_1^\perp \cap V_2^\perp$ となるが，上記と同様の議論によりおのおのの $V_1^\perp$ と $V_2^\perp$ が T,T^*-不変なのでこの共通部分の定義する $\mathbb{C}^n$ の線型部分空間もやはり T,T^*-不変である．以下同様に続けて，最後はこれらすべての空間 $V_1,\cdots,V_k$ の直交和の直交補空間が $\{\boldsymbol{0}\}$ になる．このとき $k = n$ である．実際直交和 $V_1 \oplus \cdots \oplus V_k$ の次元は k であるから $k < n$ なら $(V_1 \oplus \cdots \oplus V_k)^\perp \neq \{\boldsymbol{0}\}$ となりこの手順をさらに続けることができる．従ってまとめれば次が言えた．

> T の固有ベクトル $\boldsymbol{u}_1,\cdots,\boldsymbol{u}_n$(それぞれ T に関する固有値 λ_1, $\cdots,\lambda_n$ を持つとする) で正規直交系をなし，かつ $\mathbb{C}^n$ の任意のベクトルをその線型結合で表すことができるものが存在する．

すなわち T の固有ベクトルからなる $\mathbb{C}^n$ の正規直交基底 $\boldsymbol{u}_1,\cdots,\boldsymbol{u}_n$ の存在が言えた．$U = (\boldsymbol{u}_1,\cdots,\boldsymbol{u}_n)$ は命題 3.6 によりユニタリ行列でこれが T を対角化する行列である (定理 2.6 参照)．すなわち

$$U^{-1}TU = U^*TU = \begin{pmatrix} \lambda_1 & & 0 \\ & \ddots & \\ 0 & & \lambda_n \end{pmatrix} = D.$$

逆はユニタリ行列 $U = (\boldsymbol{u}_1,\cdots,\boldsymbol{u}_n)$ によりこの右辺のようなある対角行列 D に対し $U^{-1}TU = U^*TU = D$ となれば $TU = UD$ であることから明らかである．

証明終わり

第4章 線型空間上の計量

本章では前章までに概観した線型空間の概念をきちんと定義する．基底や次元の概念，部分空間，線型写像の階数，一般の行列の三角化，正規行列の対角化など前章までに概略を見た事柄を復習する．一部繰り返しになる箇所もあるが線型空間をきちんと定義した上で議論をするとすればこうなるということを示すためである．以下証明が明らかな命題や定理，またその証明が問題として適当なものには証明はつけていない．読者自ら証明を構成するようチャレンジしてほしい．

4.1 線型空間の定義

線型空間は次のように定義される集合である．

定義 4.1 $K = \mathbb{R}$ or $\mathbb{C}$ とする．集合 V が K 上の線型空間ないしベクトル空間であるとは V 上の演算 $+$ と K の元によるスカラー倍の演算が定義されていて次を満たすことである．V の元をベクトルという．

(I) 任意の $\boldsymbol{x}, \boldsymbol{y}, \boldsymbol{w} \in V$ に対し和 $\boldsymbol{x} + \boldsymbol{y} \in V$ が定義され次の性質を満たす．

1) $(\boldsymbol{x} + \boldsymbol{y}) + \boldsymbol{w} = \boldsymbol{x} + (\boldsymbol{y} + \boldsymbol{w})$.
2) $\boldsymbol{x} + \boldsymbol{y} = \boldsymbol{y} + \boldsymbol{x}$.
3) $\exists \boldsymbol{0} \in V$ such that $\forall \boldsymbol{x}: \boldsymbol{x} + \boldsymbol{0} = \boldsymbol{0} + \boldsymbol{x} = \boldsymbol{x}$.
4) $\forall \boldsymbol{x} \in V \ \exists \boldsymbol{x}' \in V$ such that $\boldsymbol{x} + \boldsymbol{x}' = 0$.

(II) 任意の $\boldsymbol{x}, \boldsymbol{y} \in V$, $a, b \in K$ に対しスカラー倍 $a\boldsymbol{x} \in V$ が定義され次を満たす．

1) $(a+b)\boldsymbol{x} = a\boldsymbol{x} + b\boldsymbol{x}$.

2) $a(\boldsymbol{x}+\boldsymbol{y}) = a\boldsymbol{x} + a\boldsymbol{y}$.

3) $(ab)\boldsymbol{x} = a(b\boldsymbol{x})$.

4) $1\boldsymbol{x} = \boldsymbol{x}$.

注

1) $\boldsymbol{0} \in V$ は一意に定まる．

2) 任意の $\boldsymbol{x} \in V$ に対し $\boldsymbol{x}' \in V$ は一意に定まる．そこで $\boldsymbol{x}'$ を $\boldsymbol{x}$ の逆元といい $-\boldsymbol{x}$ と書く．

3) $a\boldsymbol{0} = \boldsymbol{0}$.

4) $0\boldsymbol{x} = \boldsymbol{0}$.

定義 4.2

1) 線型空間 V から V 自身への写像 I で任意の $\boldsymbol{x} \in V$ に対し $I(\boldsymbol{x}) = \boldsymbol{x}$ を満たすものを恒等変換あるいは恒等写像という．空間を明示し $I = I_V$ と書くこともある．$T : V \longrightarrow V'$ が線型空間 V から V' への写像で 1 対 1 かつ上への写像であるときその逆写像 $T^{-1} : V' \longrightarrow V$ は $T \circ T^{-1} = I_{V'}$ および $T^{-1} \circ T = I_V$ を満たすものである．

2) V, V' を K 上の線型空間とする．写像 $T : V \longrightarrow V'$ が線型写像であるとは

$$\forall \boldsymbol{x}, \boldsymbol{y} \in V, \forall a, b \in K : T(a\boldsymbol{x} + b\boldsymbol{y}) = aT(\boldsymbol{x}) + bT(\boldsymbol{y})$$

が成り立つことである．

3) $T_1, T_2 : V \longrightarrow V'$, $a, b \in K$ に対し

$$(aT_1 + bT_2)(\boldsymbol{x}) = aT_1(\boldsymbol{x}) + bT_2(\boldsymbol{x}) \quad (\forall \boldsymbol{x} \in V)$$

と定義する．V から V' への線型写像の全体はこの演算により K 上の線型空間を成す．

4) $T: V \longrightarrow V'$ が同型写像であるとは T が線型, 1対1, 上への写像であることである. このような写像があるとき V と V' は線型同型であるといい, $V \cong V'$ とかく.

5) V の部分集合 W が線型部分空間であるとは
$$x, y \in W, a, b \in K \implies ax + by \in W$$
が成り立つことである.

定義 4.3

1) V の有限個のベクトル $a_1, \cdots, a_k \in V$ が線型独立（一次独立）であるとは
$$\sum_{i=1}^{k} c_i a_i = 0 \implies c_1 = \cdots = c_k = 0$$
が成り立つことである.

2) 線型独立でないとき $a_1, \cdots, a_k$ は線型従属（一次従属）であるという.

命題 4.1 $a_1, \cdots, a_k$ が線型従属ならそのうちのある一つが他のベクトルの一次結合として書ける.

定義 4.4 V の有限個のベクトルが存在して V の任意の元がそれらの一次結合として書けるとき V は有限次元であるという. そうでないとき V は無限次元であるという.

以下本章では線型空間は有限次元のものを扱う.

定義 4.5 V の有限個のベクトル $e_1, \cdots, e_n$ が V の基底であるとは以下の二条件が成り立つことである.

1) $e_1, \cdots, e_n$ は一次独立である.

2) 任意の V の元 a は $a = \sum_{i=1}^{n} c_i e_i$ ($\exists c_i \in K$) と表される.

定理 4.1 $V \neq \{0\}$ のとき $e_1, \cdots, e_r$ $(r \geq 0)$ が一次独立ならばこれにいくつかのベクトル $e_{r+1}, \cdots, e_n$ を付け加えて V の基底が得られる. とくに $V \neq \{0\}$ なら基底が存在する.

証明 V は有限次元であるから有限個のベクトル $a_1, \cdots, a_k$ が存在して V の任意の元がその一次結合として表される. $a_1, \cdots, a_k$ のベクトルで $e_1, \cdots, e_r$ の一次結合の形に表されないものがあればそれを $e_1, \cdots, e_r$ に付け加えて $e_1, \cdots, e_{r+1}$ とする. すると作り方から $e_1, \cdots, e_{r+1}$ は一次独立である. 以下同様に拡張していき $e_1, \cdots, e_n$ の一次結合ですべての $a_1, \cdots, a_k$ のベクトルが表されれば $e_1, \cdots, e_n$ が V の基底である. この操作は有限回で終わるから $V \neq \{0\}$ には基底が存在することが言えた.

証明終わり

命題 4.2 V, V' を K 上の線型空間, $\varphi : V \longrightarrow V'$ を同型写像とする. このとき $a_1, \cdots, a_k \in V$ が一次独立である必要十分条件は $\varphi(a_1), \cdots, \varphi(a_k) \in V'$ が一次独立であることである.

命題 4.3 V が n 個のベクトルよりなる基底を持てば V は K^n に線型同型である.

命題 4.4

1) K^n において n 個より多くのベクトルは一次従属である.

2) $m \neq n \Longrightarrow K^n \not\cong K^m$.

証明

1) $m > n$ として $\boldsymbol{a}_1, \cdots, \boldsymbol{a}_m \in K^n$ をとる．このとき $n \times m$ 型行列 A を
$$A = (\boldsymbol{a}_1, \cdots, \boldsymbol{a}_m)$$
と定義する．すると $m > n$ だから第 2 章の定理 2.5 の証明の 2) で述べたように方程式
$$\lambda_1 \boldsymbol{a}_1 + \cdots + \lambda_m \boldsymbol{a}_m = \boldsymbol{0}$$
は自明でない解 $(\lambda_1, \cdots, \lambda_m) \neq \boldsymbol{0}$ を持つ．したがって $\boldsymbol{a}_1, \cdots, \boldsymbol{a}_m$ は一次従属である．

2) いま K^n と K^m が線型同型であるとすると K^n から K^m の上への 1 対 1 線型同型写像 $\varphi : K^n \longrightarrow K^m$ が存在する．また K^n の標準基底ベクトル
$$\boldsymbol{e}_j = {}^t(0, \cdots, 0, \overset{j \text{番目}}{1}, 0, \cdots, 0) \quad (j = 1, 2, \cdots, n)$$
をとるとこれは一次独立で K^n の任意のベクトルをその一次結合で表す．したがってこれの φ による像
$$\varphi(\boldsymbol{e}_1), \cdots, \varphi(\boldsymbol{e}_n)$$
も K^m で一次独立である．よって 1) より $n \leq m$ である．同様に φ の逆写像 φ^{-1} は K^m から K^n への線型同型写像であるから K^m の標準基底ベクトル
$$\boldsymbol{f}_j = {}^t(0, \cdots, 0, \overset{j \text{番目}}{1}, 0, \cdots, 0) \quad (j = 1, 2, \cdots, m)$$
を取るとこれは K^m で一次独立であり φ^{-1} によって K^n の一次独立なベクトルに写るからやはり 1) により $m \leq n$ である．以上より
$$m = n$$
が示された．

証明終わり

定理 4.2 V が n 個のベクトルからなる基底を持てば n 個より多くのベクトルは一次従属である．そして V の基底はすべて n 個のベクトルより成る．

証明 V が n 個のベクトルよりなる基底 $a_1, \cdots, a_n$ を持てば V から K^n への写像

$$\varphi\left(\sum_{j=1}^n x_j a_j\right) = \sum_{j=1}^n x_j e_j$$

は線型同型である．ただし e_j は前命題の証明中で定義した K^n の標準基底である．したがっていま $u_1, \cdots, u_k$ が $k > n$ で n 個より多くのベクトルであれば φ によりこれは $\varphi(u_1), \cdots, \varphi(u_k) \in K^n$ $(k > n)$ に写るがこれは前命題から一次従属である．$u_1, \cdots, u_k$ は線型同型写像 φ^{-1} によるその逆像だから V において一次従属である．

したがって $b_1, \cdots, b_\ell$ が V の基底であれば今のことより $\ell \leq n$ である．同様に a_j と b_i の役割を入れ替えて $n \leq \ell$ がいえ $\ell = n$ が示された．

証明終わり

定義 4.6 $V \neq \{0\}$ のとき V の基底が含むベクトルの個数 n を V の次元といい $n = \dim V$ と表す．$V = \{0\}$ のときは $\dim V = 0$ と定義する．

命題 4.5 線型空間 V, V' に対し

$$\dim V = \dim V' \iff V \cong V'.$$

$E = (e_1, \cdots, e_n)$, $F = (f_1, \cdots, f_n)$ を V の基底とする．このとき V の元 x は

$$x = \sum_{i=1}^n c_i e_i = \sum_{i=1}^n d_i f_i$$

と書ける．これらは

$$\varphi(x) = \begin{pmatrix} c_1 \\ \vdots \\ c_n \end{pmatrix}, \quad \psi(x) = \begin{pmatrix} d_1 \\ \vdots \\ d_n \end{pmatrix}$$

により二つの同型写像 $\varphi, \psi : V \longrightarrow K^n$ を定義する．このとき線型同型写像 $T = \varphi \circ \psi^{-1} : K^n \longrightarrow K^n$ が定義されこれは

$$T \begin{pmatrix} d_1 \\ \vdots \\ d_n \end{pmatrix} = \varphi \circ \psi^{-1} \begin{pmatrix} d_1 \\ \vdots \\ d_n \end{pmatrix} = \begin{pmatrix} c_1 \\ \vdots \\ c_n \end{pmatrix}$$

を満たす．$T : K^n \longrightarrow K^n$ は線型写像だからある行列 (t_{ij}) で表され上の関係は

$$c_i = \sum_{j=1}^n t_{ij} d_j$$

と書ける．このとき

$$\sum_{i=1}^n d_i \boldsymbol{f}_i = \boldsymbol{x} = \sum_{i=1}^n c_i \boldsymbol{e}_i = \sum_{i=1}^n \left(\sum_{j=1}^n t_{ij} d_j \right) \boldsymbol{e}_i = \sum_{j=1}^n \left(\sum_{i=1}^n t_{ij} \boldsymbol{e}_i \right) d_j$$

だからとくに $d_i = \delta_{ik}\ (k = 1, \cdots, n)$ ととるとこれより

$$\boldsymbol{f}_k = \sum_{i=1}^n t_{ik} \boldsymbol{e}_i \quad (k = 1, \cdots, n)$$

が得られる．これは行列のかけ算で書けば

$$(\boldsymbol{f}_1, \cdots, \boldsymbol{f}_n) = (\boldsymbol{e}_1, \cdots, \boldsymbol{e}_n) T$$

と書ける．このことから上に定義した行列 $\varphi \circ \psi^{-1} = T = (t_{ij})$ を基底 E から F への**基底の取り替えの行列**と呼ぶ．

いま V の線型変換 $S : V \longrightarrow V$ が与えられているとする．$E = (\boldsymbol{e}_1, \cdots, \boldsymbol{e}_n)$, $F = (\boldsymbol{f}_1, \cdots, \boldsymbol{f}_n)$ を V の基底としそれらに関する S の行列による表現を考える．つまり E に関する S の行列表現は

$$A = \varphi \circ S \circ \varphi^{-1}$$

であり F に関する表現は

$$B = \psi \circ S \circ \psi^{-1}$$

である．従って A, B の間の関係は

$$B = \psi \circ \varphi^{-1} A \varphi \circ \psi^{-1} = T^{-1}AT$$

である．これは基底の取り方により線型変換を行列で表す仕方の変わりかたを表している．このような関係にある行列 A, B を互いに相似であるという．つまり正則行列 T によりこのような関係にある行列 A, B は相似であるという．相似な行列で簡単な表現を持つものを探すことが当面の我々の問題である．

命題 4.6

1) W_1, W_2 が V の部分空間であれば $W_1 \cap W_2$ も V の部分空間である．

2) $\emptyset \neq S \subset V$ に対し

$$\langle S \rangle = \left\{ \sum_{i=1}^{k} c_i \boldsymbol{x}_i \;\middle|\; c_i \in K, \boldsymbol{x}_i \in S \;(i=1,\cdots,k) \right\}$$

は V の部分空間である．これを S の張る部分空間という．

3) W_1, W_2 が V の部分空間であれば

$$W_1 + W_2 = \{ \boldsymbol{x} + \boldsymbol{y} \mid \boldsymbol{x} \in W_1, \boldsymbol{y} \in W_2 \}$$

も V の部分空間である．これを W_1, W_2 の和空間という．これは $\langle W_1 \cup W_2 \rangle$ に等しい．

命題 4.7 $T : V \longrightarrow V'$ が線型写像の時 T の像 $T(V)$ は V' の部分空間である．またこのとき核空間 $T^{-1}(\boldsymbol{0}) = \mathrm{Ker}(T) = \{\boldsymbol{x} \mid T(\boldsymbol{x}) = \boldsymbol{0}, \boldsymbol{x} \in V\}$ は V の部分空間である．そして

$$\dim V = \dim T^{-1}(\boldsymbol{0}) + \dim T(V)$$

が成り立つ．

証明 $e_1, \cdots, e_k$ を $T^{-1}(\mathbf{0})$ のひとつの基底とする．定理 4.1 によりこれを拡大して V の基底 $e_1, \cdots, e_n$ を作る．このとき $Te_{k+1}, \cdots, Te_n$ が $T(V)$ の基底であることを言えば証明が終わる．

まず $\sum_{i=1}^{n-k} c_i Te_{k+i} = \mathbf{0}$ と仮定すると

$$\sum_{i=1}^{n-k} c_i e_{k+i} \in \mathrm{Ker}\,(T) = T^{-1}(\mathbf{0}) = \langle e_1, \cdots, e_k \rangle.$$

ゆえに $e_1, \cdots, e_n$ の一次独立性から $c_i = 0\ (\forall i = 1, 2, \cdots, n-k)$．よって $Te_{k+1}, \cdots, Te_n$ は一次独立である．次に $T(V)$ の任意の元はある $\boldsymbol{x} = \sum_{i=1}^n d_i e_i$ によって

$$T\boldsymbol{x} = \sum_{i=1}^k d_i Te_i + \sum_{i=k+1}^n d_i Te_i = \sum_{i=k+1}^n d_i Te_i$$

と書けるから $Te_{k+1}, \cdots, Te_n$ は $T(V)$ を張る．

証明終わり

命題 4.8 W_1, W_2 を線型空間 V の部分空間とする．このとき次が成り立つ．

1) $W_1 \subset W_2 \Longrightarrow \dim W_1 \leq \dim W_2$．

2) $W_1 \subset W_2,\ \dim W_1 = \dim W_2 \Longrightarrow W_1 = W_2$．

定理 4.3 W_1, W_2 を線型空間 V の部分空間とする．このとき次が成り立つ．

$$\dim W_1 + \dim W_2 = \dim(W_1 + W_2) + \dim(W_1 \cap W_2).$$

定義 4.7 $V = W_1 \dotplus W_2$ とは $V = W_1 + W_2$ でかつ $\boldsymbol{x} \in V$ を $\boldsymbol{x} = \boldsymbol{y}_1 + \boldsymbol{y}_2$ $(\boldsymbol{y}_1 \in W_1, \boldsymbol{y}_2 \in W_2)$ と表す仕方が一意的であることをいう．このとき V は W_1 と W_2 との直和であるという．

命題 4.9 $V = W_1 + W_2$ の時次は同値である．

1. $V = W_1 \dotplus W_2$.

2. $W_1 \cap W_2 = \{\mathbf{0}\}$.

3. $\dim V = \dim W_1 + \dim W_2$.

定義 4.8 $W_1, \cdots, W_k \subset V$ を V の部分空間とする.

1. $V = W_1 + \cdots + W_k$ とは任意の $\boldsymbol{x} \in V$ に対しある $\boldsymbol{y}_i \in W_i$ があって $\boldsymbol{x} = \boldsymbol{y}_1 + \cdots + \boldsymbol{y}_k$ と書けることをいう.

2. $V = W_1 \dotplus \cdots \dotplus W_k$ とは $V = W_1 + \cdots + W_k$ であって上のような $\boldsymbol{x}$ の分解が一意的であることをいう. このとき V は $W_1, \cdots, W_k$ の直和であるという.

命題 4.10 $V = W_1 + \cdots + W_k$ のとき次は互いに同値である.

1. $V = W_1 \dotplus \cdots \dotplus W_k$.

2. $W_i \cap (W_1 + \cdots + W_{i-1} + W_{i+1} + \cdots W_k) = \{\mathbf{0}\}$ $(i = 1, 2, \cdots, k)$.

3. $\dim V = \dim W_1 + \cdots + \dim W_k$.

4.2 線型写像の階数

V, V' をそれぞれ n 次元, m 次元の線型空間とする. $T : V \longrightarrow V'$ を線型写像とする. $e'_1, \cdots, e'_r$ を $T(V)(\subset V')$ の基底としこれを拡大して V' の基底 $e'_1, \cdots, e'_m$ を作る. $e_i \in V$ $(i = 1, \cdots, r)$ を

$$Te_i = e'_i \quad (i = 1, \cdots, r)$$

を満たすものとするとこれら $e_i \in V$ $(i = 1, \cdots, r)$ は一次独立である. 実際

$$\sum_{i=1}^{r} c_i e_i = \mathbf{0}$$

4.2. 線型写像の階数

とするとこれに T を施して

$$\sum_{i=1}^{r} c_i e'_i = \sum_{i=1}^{r} c_i T(e_i) = \mathbf{0}$$

となるから $e'_1, \cdots, e'_r$ の一次独立性から $c_1 = \cdots = c_r = 0$.

他方

$$n = \dim V = \dim T(V) + \dim T^{-1}(\mathbf{0}) = r + \dim T^{-1}(\mathbf{0})$$

であるから

$$\dim T^{-1}(\mathbf{0}) = n - r$$

である．よって $(n-r)$ 個の元より成る $T^{-1}(\mathbf{0})$ の基底 $e_{r+1}, \cdots, e_n$ がとれる．このとき $e_1, \cdots, e_n$ は一次独立である．実際

$$\sum_{i=1}^{n} d_i e_i = \mathbf{0}$$

と仮定するとこれに T を施して $T(e_{r+1}) = \cdots = T(e_n) = \mathbf{0}$ を用いると

$$\sum_{i=1}^{r} d_i e'_i = \sum_{i=1}^{r} d_i T(e_i) = \mathbf{0}$$

が得られる．上の $e'_1, \cdots, e'_r$ の一次独立性からこれより

$$d_1 = \cdots = d_r = 0$$

となる．これを上の仮定の式に代入すると

$$\sum_{i=r+1}^{n} d_i e_i = \mathbf{0}$$

となるから $e_{r+1}, \cdots, e_n$ の一次独立性から

$$d_{r+1} = \cdots = d_n = 0$$

が得られまとめれば

$$d_1 = \cdots = d_n = 0$$

となり $e_1, \cdots, e_n$ が一次独立であることがいえる．従って $\dim V = n$ と併せて $e_1, \cdots, e_n$ は V の基底となる．

以上から V の基底 $E = (e_1, \cdots, e_n)$ と V' の基底 $F = (e'_1, \cdots, e'_m)$ が作られてこれに関する線型写像 T の行列表現は $\bm{x} = \sum_{i=1}^n x_i e_i$ に対し

$$T\bm{x} = \sum_{i=1}^n x_i T(e_i) = \sum_{i=1}^r x_i e'_i$$

であることから T に対応する基底 E, F に関する行列 A は

$$A \begin{pmatrix} x_1 \\ \vdots \\ x_r \\ x_{r+1} \\ \vdots \\ x_n \end{pmatrix} = \begin{pmatrix} x_1 \\ \vdots \\ x_r \\ 0 \\ \vdots \\ 0 \end{pmatrix} \ (\in K^m)$$

を満たすことがわかる．従って A は

$$A = \overset{\text{第 } r \text{ 行}}{} \begin{pmatrix} 1 & & & & & \text{\huge 0} \\ & \ddots & \vdots & & & \\ & \cdots & 1 & & & \\ & & & 0 & & \\ & & & & \ddots & \\ \text{\huge 0} & & & & & 0 \end{pmatrix}.$$

の形をした $m \times n$ 型行列であることがわかる．このことより $\dim T(V) = r = \mathrm{rank}(A)$ であることがわかる．そこで

定義 4.9 線型写像 $T : V \longrightarrow V'$ に対し $\dim T(V)$ を T の rank といい rank T と書く．

以上より次がいえた．

4.2. 線型写像の階数

定理 4.4 線型写像の rank(階数) は対応する行列の rank に等しい.

命題 4.11 A を $m \times n$ 型行列とする．このとき

$$\text{rank } A = \dim \mathcal{R}(A) = A \text{ の一次独立な列 (行) ベクトルの最大個数}$$

が成り立つ．

定義 4.10 $T: V \longrightarrow V$ を線型変換，$W \subset V$ を部分空間とする．$T(W) \subset W$ のとき W を T-不変部分空間と呼ぶ．

$W \subset V$ が T-不変部分空間の時 $W = \langle e_1, \cdots, e_r \rangle$, $V = \langle e_1, \cdots, e_r, e_{r+1}, \cdots, e_n \rangle$ とする．するとこの基底に関する T の行列表現は

$$A = \begin{array}{c} \\ \text{第 } r \text{ 行} \\ \\ \\ \\ \end{array} \overset{\text{第 } r \text{ 列}}{\begin{pmatrix} a_{11} & \cdots & a_{1r} & a_{1,r+1} & & a_{1n} \\ & \ddots & \vdots & \vdots & & \vdots \\ a_{r1} & \cdots & a_{rr} & a_{r,r+1} & \cdots & a_{rn} \\ & & & a_{r+1,r+1} & \cdots & a_{r+1,n} \\ & \mathbf{0} & & \vdots & & \vdots \\ & & & a_{n,r+1} & \cdots & a_{nn} \end{pmatrix}}$$

となる．

いま $V = W_1 \dotplus W_2$ が直和で W_1, W_2 ともに T-不変であるときは T の行

列表現は

$$A = \begin{array}{c} \\ \text{第 }r\text{ 行} \\ \\ \end{array} \begin{pmatrix} a_{11} & \cdots & a_{1r} & & & \\ & \ddots & \vdots & & \text{\huge 0} & \\ a_{r1} & \cdots & a_{rr} & & & \\ & & & a_{r+1,r+1} & \cdots & a_{r+1,n} \\ & \text{\huge 0} & & \vdots & & \vdots \\ & & & a_{n,r+1} & \cdots & a_{nn} \end{pmatrix}$$

となる.

定義 4.11 T を K 上の線型空間 V の線型変換とするとき

$$T\boldsymbol{x} = \alpha \boldsymbol{x}, \quad \boldsymbol{x} \neq \boldsymbol{0} \quad (\boldsymbol{x} \in V)$$

なる関係を満たす数 $\alpha \in K$ を T の K-固有値といい,$\boldsymbol{x} \neq \boldsymbol{0}$ を固有値 α を持つ T の固有ベクトルと呼ぶ.

T は K 内に固有値を持つとは限らない.たとえば 2 次の実行列

$$A = \begin{pmatrix} 0 & -1 \\ 1 & 0 \end{pmatrix}$$

の固有値,固有ベクトルは $\mathbb{C}$ まで考えれば $\alpha = \pm i$,$\boldsymbol{x} = {}^t(1, \mp i)$ を持つが $\mathbb{R}$ の範囲内には固有値,固有ベクトルを持たない.そこで一般に n 次行列 A に対し $A\boldsymbol{x} = \alpha \boldsymbol{x}$ $(\boldsymbol{x} \neq \boldsymbol{0})$ を満たす $\alpha \in \mathbb{C}$,$\boldsymbol{x} \in \mathbb{C}^n$ を A の固有値,固有ベクトルと呼ぶことにする.

以上よりすでに述べた定理 2.6 が $\mathbb{C}^n$ の場合に再現される.

定理 4.5 線型空間 V の線型変換 T が固有ベクトルより成る基底を持てばその基底に関し T を表す行列は対角形になる.逆も真である.

4.3 計量線型空間

線型空間に計量を定義したものを計量線型空間という．

定義 4.12 $K = \mathbb{R}$ or $\mathbb{C}$ とし，V を K 上の線型空間とする．任意の $x, y \in V$ に対し内積 $(x, y) \in K$ が定まり次を満たすとき V は $(\cdot, \cdot)$ を内積とする計量線型空間 (metric linear space) であるという．

$x, y, w \in V, c \in K$ に対し

$$(x, y + w) = (x, y) + (x, w)$$
$$(cx, y) = c(x, y)$$
$$(x, y) = \overline{(y, x)}$$
$$(x, x) \geq 0$$
$$(x, x) = 0 \iff x = 0$$

$x \in V$ に対し $\|x\| = \sqrt{(x, x)}$ を x の長さあるいはノルムという．$(x, y) = 0$ のとき x と y は互いに直交するという．

命題 4.12

1. $|(x, y)| \leq \|x\| \|y\|$.

2. $\|x + y\| \leq \|x\| + \|y\|$.

3. $x_1, \cdots, x_k (\in V), x_j \neq 0$ $(j = 1, 2, \cdots, k)$ が互いに直交するならばそれらは一次独立である．

定義 4.13 ベクトル $e_1, \cdots, e_k \in V$ が互いに直交し長さが 1 のときこれらを正規直交系という．それらが V の基底を成すときこれを正規直交基底という．

$a_1, \cdots, a_n$ を V の基底とするときこれより正規直交基底 $e_1, \cdots, e_n$ を以下のようにして作ることができる．これをシュミットの直交化法という．

$$e_1 = \frac{a_1}{\|a_1\|},$$

$$e_2' = a_2 - (a_2, e_1)e_1, \quad e_2 = \frac{e_2'}{\|e_2'\|},$$

$$e_3' = a_3 - (a_3, e_1)e_1 - (a_3, e_2)e_2, \quad e_3 = \frac{e_3'}{\|e_3'\|},$$

$$\vdots$$

実際これらが直交することは明らかであろう．また作り方からこれらが V を張ることも明らかであるからこれは V の正規直交基底を成す．

定義 4.14 W を V の部分空間とするとき

$$W^\perp = \{x \in V \mid (x, y) = 0 \ (\forall y \in W)\}$$

を W の直交補空間という．明らかに $W \cap W^\perp = \{0\}$ が成り立つ．

命題 4.13 $V = W \dotplus W^\perp$. このとき V は互いに直交する空間 W と $W^\perp$ の和となる．このことを $V = W \oplus W^\perp$ と書くこともある．

命題 4.14 V を計量線型空間，W, W_1, W_2 を V の部分空間とする．

1. $(W^\perp)^\perp = W$.
2. $(W_1 + W_2)^\perp = W_1^\perp \cap W_2^\perp$.
3. $(W_1 \cap W_2)^\perp = W_1^\perp + W_2^\perp$.

定義 4.15 $\varphi : V \longrightarrow V'$ が計量同型写像であるとは φ は線型同型写像であって任意の $x, y \in V$ に対し

$$(\varphi(x), \varphi(y))_{V'} = (x, y)_V$$

を満たすことである．このとき V と V' は計量線型同型であるという．

いま V を計量線型空間とし $e_1, \cdots, e_n$ をその正規直交基底とする．このとき

$$\varphi\left(\sum_{j=1}^n c_j e_j\right) = {}^t(c_1, \cdots, c_n)$$

は V から K^n への計量同型写像である．したがって次元の等しい K 上の計量線型空間はすべて互いに計量同型である．

つぎに V の正規直交基底 $E = (e_1, \cdots, e_n)$ と $F = (f_1, \cdots, f_n)$ をとる．E から自然な計量同型写像

$$\varphi\left(\sum_{j=1}^n c_j e_j\right) = {}^t(c_1, \cdots, c_n)$$

が，F から

$$\psi\left(\sum_{j=1}^n d_j f_j\right) = {}^t(d_1, \cdots, d_n)$$

が作られる．このとき E から F への基底の取り替えの行列は

$$P = \varphi \circ \psi^{-1}$$

であった．以上よりこの P は $n \times n$ 型ユニタリ行列である．つまり

$$PP^* = P^*P = I$$

が成り立つ．

定義 4.16 $T: V \longrightarrow V$ がユニタリ変換であるとは T が計量同型写像であることとする．つまり任意の $x, y \in V$ に対し

$$\|Tx\| = \|x\|$$

あるいは

$$(Tx, Ty) = (x, y)$$

が成り立つことをいう．

命題 4.15 $T: V \longrightarrow V$ がユニタリ変換である必要十分条件は V の任意の正規直交基底に関する T の行列がユニタリ行列であることである．

第5章　ジョルダン標準形

本章では前章で明確な定義を得た有限次元線型空間の一般の線型変換に対し，線型空間の基底をうまく選ぶことによりその線型変換の形を簡単にして取り扱いやすい形に変形することを考える．固有値に対する特性方程式を導き，行列の対角化可能性を論じる．ケイレイ-ハミルトンの定理を証明した後，線型空間を広義固有空間に分解する．最終的な簡単化された一般的な標準形はジョルダン (Jordan) 標準形と呼ばれる．

5.1　特性方程式

集合
$$V_\alpha = \{ \boldsymbol{x} \mid \boldsymbol{x} \in V,\ T\boldsymbol{x} = \alpha \boldsymbol{x} \}$$
は V の線型部分空間になる．これを固有値 α に対応する T の固有空間という．

命題 5.1 $\alpha_1, \cdots, \alpha_k$ を線型変換 $T : V \longrightarrow V$ の相異なる固有値とする．$\boldsymbol{x}_1, \cdots, \boldsymbol{x}_k$ を $\alpha_1, \cdots, \alpha_k$ に関する T の固有ベクトルとする．このとき $\boldsymbol{x}_1, \cdots, \boldsymbol{x}_k$ は一次独立であり，
$$V_{\alpha_1} + \cdots + V_{\alpha_k} = V_{\alpha_1} \dotplus \cdots \dotplus V_{\alpha_k}$$
が成り立つ．

$T: V \longrightarrow V$ を線型変換とする．V の基底 $E = (e_1, \cdots, e_n)$ をとると標準写像 $\varphi: V \longrightarrow K^n$ が

$$\varphi\left(\sum_{k=1}^{n} c_k e_k\right) = {}^t(c_1, \cdots, c_n)$$

によって定まる．E に関する T の行列を A とすると

$$A = \varphi \circ T \circ \varphi^{-1}.$$

$Tx = \alpha x$ とすると

$$A\varphi(x) = \alpha \varphi(x)$$

で逆も真．よって

命題 5.2

1. α が T の K-固有値 $\iff$ α は A の K-固有値．

2. $x \in V$ が T の固有ベクトル $\iff$ $\varphi(x) \in K^n$ が A の固有ベクトル．

定義 5.1 一般に成分が $K = (\mathbb{C} \text{ or } \mathbb{R})$ に属する n 次の正方行列の全体を $M(n:K)$ と表すことにする．このとき $A \in M(n:K)$ に対し

$$\Phi_A(t) = \det(tI - A)$$

を A の特性多項式あるいは固有多項式と呼ぶ．明らかに $\Phi_A(t)$ は K-係数 n 次多項式である．

$$\Phi_A(t) = 0$$

を A の特性方程式ないし固有方程式という．

命題 5.3　1. α が A の固有値 $\iff$ $\Phi_A(\alpha) = 0$．

2. α が A の K-固有値 $\iff$ $\Phi_A(\alpha) = 0$ かつ $\alpha \in K$．

n 次正方行列 $A = (a_{ij})$ に対し $\operatorname{tr} A = \sum_{j=1}^{n} a_{jj}$ を A の跡あるいはトレース (trace) という.

命題 5.4 $\alpha_1, \cdots, \alpha_n$ を重複も数えに入れた A の固有値とするとき

$$\operatorname{tr} A = \alpha_1 + \cdots + \alpha_n,$$
$$\det A = \alpha_1 \cdots \alpha_n.$$

命題 5.5   1.
$$A = \begin{pmatrix} A_1 & * \\ 0 & A_2 \end{pmatrix}$$
に対し $\Phi_A(t) = \Phi_{A_1}(t) \Phi_{A_2}(t)$.

2.
$$A = \begin{pmatrix} \alpha_1 & * & \cdots & & * \\ & \alpha_2 & * & \cdots & * \\ & & \alpha_3 & \cdots & * \\ & \text{\huge 0} & & \ddots & \vdots \\ & & & & \alpha_n \end{pmatrix}$$
に対し $\Phi_A(t) = (t - \alpha_1) \cdots (t - \alpha_n)$.

3. $\Phi_{{}^t\!A}(t) = \Phi_A(t)$.

4. P が A と同じ次数の正則行列であるとき $\Phi_{P^{-1}AP}(t) = \Phi_A(t)$.

定義 5.2 線型空間 V の線型変換 T に対し A を V のひとつの基底に関する T の行列とするとき $\Phi_T(t) = \Phi_A(t)$.

命題 5.6 $W \subset V$ が T-不変の時 $\Phi_{T|_W}(t)$ は $\Phi_T(t)$ を割り切る.

問 5.1 次の二つの問題は同値であることを示せ.

1. 線型変換 $T: V \longrightarrow V$ に対し V の基底をうまく選んでそれに関して T を表現する行列をできるだけ簡単な形にするものを見つけよ．

2. $A \in M(n:K)$ に対し正則行列 P をうまく選んで $P^{-1}AP$ ができるだけ簡単な形になるようにせよ．

命題 5.7 $A \in M(n:K)$ の固有値がすべて K に属するときある正則行列 $P \in M(n:K)$ があって $P^{-1}AP$ は三角行列になる．逆も真．

証明 次数 n に関する帰納法による．$n=1$ の時は明らかである．$n \geq 2$ とし $n-1$ 次まで命題が成り立つとする．$\alpha \in K$ を A の固有値とし $\boldsymbol{x} \neq \boldsymbol{0}$ ($\boldsymbol{x} \in K^n$) をその固有ベクトルとする．

$$X = (\boldsymbol{x}, *) \quad (\in M(n:K))$$

を n 次 K-正則行列となるように第 2 列以降の成分を定める．このとき

$$X^{-1}AX = X^{-1}(A\boldsymbol{x}, A*) = X^{-1}(\alpha\boldsymbol{x}, A*) = \alpha X^{-1}(\boldsymbol{x}, 0) + X^{-1}(\boldsymbol{0}, A*)$$

$$= \alpha \begin{pmatrix} 1 & * & \cdots & * \\ 0 & * & \cdots & * \\ \vdots & \vdots & & \vdots \\ 0 & * & \cdots & * \end{pmatrix} + \begin{pmatrix} 0 & * & \cdots & * \\ 0 & & & \\ \vdots & & \sharp & \\ 0 & & & \end{pmatrix} = \begin{pmatrix} \alpha & * & \cdots & * \\ 0 & & & \\ \vdots & & A' & \\ 0 & & & \end{pmatrix}.$$

よって

$$\Phi_A(t) = \Phi_{X^{-1}AX}(t) = (t-\alpha)\Phi_{A'}(t)$$

より $\Phi_{A'}(t) = 0$ の解は K に属する．ゆえに帰納法の仮定より A' は三角化可能である．すなわちある $(n-1)$ 次正則行列 $P' \in M(n-1:K)$ があって

$$P'^{-1}A'P'$$

は三角行列になる．したがって

$$P = X \begin{pmatrix} 1 & 0 & \cdots & 0 \\ 0 & & & \\ \vdots & & P' & \\ 0 & & & \end{pmatrix}$$

とおくと $P \in M(n:K)$ であって

$$P^{-1}AP = \begin{pmatrix} 1 & 0 & \cdots & 0 \\ 0 & & & \\ \vdots & & P' & \\ 0 & & & \end{pmatrix}^{-1} X^{-1}AX \begin{pmatrix} 1 & 0 & \cdots & 0 \\ 0 & & & \\ \vdots & & P' & \\ 0 & & & \end{pmatrix}$$

$$= \begin{pmatrix} 1 & 0 & \cdots & 0 \\ 0 & & & \\ \vdots & & P'^{-1} & \\ 0 & & & \end{pmatrix} \begin{pmatrix} \alpha & * & \cdots & * \\ 0 & & & \\ \vdots & & A' & \\ 0 & & & \end{pmatrix} \begin{pmatrix} 1 & 0 & \cdots & 0 \\ 0 & & & \\ \vdots & & P' & \\ 0 & & & \end{pmatrix}$$

は三角行列である．

逆は三角行列の対角成分がその行列の固有値の全体であることから明らかである．

証明終わり

命題 5.8 $A, B \in M(n:K)$ が可換でともにその固有値がすべて K に属するとする．このときある正則行列 $P \in M(n:K)$ があって $P^{-1}AP, P^{-1}BP$ はともに三角行列となる．

証明 A, B が可換であることから A と B は共通の固有ベクトル $\boldsymbol{x} \neq \boldsymbol{0}$ ($\boldsymbol{x} \in K^n$) を持つ．実際 $V_\alpha = \{\boldsymbol{x} | \boldsymbol{x} \in K^n, A\boldsymbol{x} = \alpha\boldsymbol{x}\}$ を A の固有値 $\alpha \in K$ に対応する固有空間とすると $AB = BA$ より V_α は B により不変である．よって V_α 内の B の固有ベクトル $\boldsymbol{x} \neq \boldsymbol{0}$ が求めるものである．このときの

固有値を $\beta \in K$ とする．前命題の証明中の $\boldsymbol{x}$ として今取った A と B に共通な固有ベクトルを取り

$$X = (\boldsymbol{x}, \ast) \quad (\in M(n:K))$$

を正則行列となるようにとれば

$$X^{-1}AX = \begin{pmatrix} \alpha & \ast & \cdots & \ast \\ 0 & & & \\ \vdots & & A' & \\ 0 & & & \end{pmatrix}, \quad X^{-1}BX = \begin{pmatrix} \beta & \ast & \cdots & \ast \\ 0 & & & \\ \vdots & & B' & \\ 0 & & & \end{pmatrix}$$

を満たす．この A' と B' は仮定 $AB = BA$ より可換である．ゆえに前命題と同様に帰納法により証明される．

証明終わり

問 5.2 命題 5.8 を用いて以下を示せ．$A \in M(n:K)$ を正規行列とする．すなわち $A^\ast A = AA^\ast$ を満たすとする．いま A の固有値がすべて K に属するならばある正則行列 $P \in M(n:K)$ によって $P^{-1}AP$ は対角行列になる．さらにこの正則行列 P はユニタリ行列に取れる．逆も真である．($K = \mathbb{R}$ なら P は直交行列に取れる．$A \in M(n:\mathbb{R})$ でその固有値が必ずしも $\mathbb{R}$ に属さない場合についてはこの章の最後の実正規変換の項を参照せよ．)

命題 5.9 $\alpha_1, \cdots, \alpha_n$ を $A \in M(n:K)$ の固有値の全体とする．

1. $F(A)$ を A の多項式とする．このとき行列 $F(A)$ の固有値の全体は $F(\alpha_1), \cdots, F(\alpha_n)$ で与えられる．

2. A が正則 $\iff$ 任意の $\alpha_j \neq 0$.

3. A が正則の時 A^{-1} の固有値の全体は $\alpha_1^{-1}, \cdots, \alpha_n^{-1}$ である．

5.2 対角化可能性

定理 5.1 T を K 上の n 次元線型空間 V の線型変換とすると次は互いに同値である．

1) T は K 上対角化可能である．(つまり A を V のある基底に関する T の行列とするときある K 上の正則行列 $P \in M(n:K)$ により $P^{-1}AP$ が対角形になる．)

2) T の固有ベクトルからなる V の基底が存在する．

3) V は T の相異なる K-固有値 $\alpha_1, \cdots, \alpha_k$ に関する固有空間の直和として書ける．

4) ある相異なる数 $\alpha_1, \cdots, \alpha_k \in K$ に対し

$$F(t) = \prod_{j=1}^{k}(t-\alpha_j)$$

とおくとき

$$F(T) = 0$$

が成り立つ．

証明 V のある基底に関する T の行列 A を K^n の線型変換と考えることにより 1), 2), 3) の同値性は明らかである．したがって以下 1) から 4) および 4) から 3) を示す．

1)$\Longrightarrow$ 4) : 1) よりある正則行列 $P \in M(n:K)$ があり A の固有値 $\lambda_1, \lambda_2, \cdots, \lambda_n$ に対し

$$B = P^{-1}AP = \begin{pmatrix} \lambda_1 & & & 0 \\ & \lambda_2 & & \\ & & \ddots & \\ 0 & & & \lambda_n \end{pmatrix}$$

となる．A の固有値 $\lambda_1, \lambda_2, \cdots, \lambda_n$ のうち相異なるものを $\alpha_1, \cdots, \alpha_k$ とすると明らかに

$$\prod_{j=1}^{k}(B - \alpha_j I) = 0$$

である．ゆえに

$$F(t) = \prod_{j=1}^{k}(t - \alpha_j)$$

が求める多項式である．

4) $\Longrightarrow$ 3)：この証明には以下の補題あるいはそれを一般化した以下の命題 5.10 を用いる．

補題 5.1 $f_1(t), \cdots, f_k(t)$ を変数 t の多項式で互いに素なものとする．つまりこれらの間の最大公約因子が定数倍の違いを除いて 1 のみとする．このときある多項式 $g_1(t), \cdots, g_k(t)$ で

$$f_1(t)g_1(t) + \cdots + f_k(t)g_k(t) \equiv 1$$

が恒等的に成り立つものが存在する．

命題 5.10 $f_1(t), \cdots, f_k(t)$ を変数 t の多項式で $d(t)$ をそれらの最大公約因子とするとある多項式 $g_1(t), \cdots, g_k(t)$ で

$$f_1(t)g_1(t) + \cdots + f_k(t)g_k(t) \equiv d(t)$$

が恒等的に成り立つものが存在する．

この命題はあとで示すことにして命題あるいは補題を仮定する．

4) $\Longrightarrow$ 3) の証明の続き：4) より

$$\prod_{j=1}^{k}(A - \alpha_j I) = 0 \qquad (5.1)$$

5.2. 対角化可能性

である．いま $\ell = 1, 2, \cdots, k$ に対し

$$f_\ell(t) = \prod_{j \neq \ell, 1 \leq j \leq k} (t - \alpha_j)$$

とおくと多項式 $f_1, \cdots, f_k$ は互いに素である．したがって補題よりある多項式 $g_1, \cdots, g_k$ があって

$$f_1(t)g_1(t) + \cdots + f_k(t)g_k(t) \equiv 1$$

を満たす．そこで

$$P_j = f_j(A)g_j(A)$$

と K^n の線型変換を定義するとこれらは

$$P_1 + \cdots + P_k = I$$

を満たす．また f_i の定義と式 (5.1) より $i \neq j$ のとき

$$f_i(A)f_j(A) = 0.$$

よって $i \neq j$ のとき

$$P_i P_j = 0.$$

ゆえに

$$P_i = P_i(P_1 + \cdots + P_k) = P_i^2$$

より

$$P_i^2 = P_i \quad (i = 1, 2, \cdots, k).$$

特に

$$V = P_1(V) \dotplus \cdots \dotplus P_k(V) = \mathcal{R}(P_1) \dotplus \cdots \dotplus \mathcal{R}(P_k).$$

したがって

$$\mathcal{R}(P_j) = \mathrm{Ker}(A - \alpha_j I) = V_{\alpha_j}$$

を示せばよい．これはまず

$$(A - \alpha_j I)P_j = (A - \alpha_j I)f_j(A) \cdot g_j(A) = 0$$

だから $\mathcal{R}(P_j) \subset \mathrm{Ker}(A - \alpha_j I)$ が言える．逆は $x \in \mathrm{Ker}(A - \alpha_j I)$ とする．このとき $i \neq j$ なら $P_i = f_i(A)g_i(A)$ は $(A - \alpha_j I)$ を因子に含む．よって
$$P_i x = 0 \quad (i \neq j).$$
ゆえに
$$x = (P_1 + \cdots + P_k)x = P_j x$$
より $x \in \mathcal{R}(P_j)$ が言えた．以上で 4) $\Longrightarrow$ 3) が示された．あとは命題 5.10 を示せばよい．

命題 5.10 の証明 多項式の集合

$$A = \left\{ \psi(t) \,\middle|\, \text{ある多項式 } g_j(t)(j=1,2,\cdots,k) \text{ に対し } \psi(t) = \sum_{j=1}^{k} f_j(t)g_j(t) \right\}$$

の元である多項式で 0 でないもののうち次数が最小のものをひとつ取りそれを $\varphi(t)$ とおく．これはある多項式 $g_j(t)$ $(j=1,\cdots,k)$ に対し

$$\varphi(t) = \sum_{j=1}^{k} f_j(t) g_j(t)$$

と書けている．いま $f_j(t)$ を $\varphi(t)$ で割ると

$$f_j(t) = \varphi(t) q_j(t) + r_j(t),$$

ただし $q_j(t), r_j(t)$ は多項式で $r_j(t)$ はその次数が

$$\deg r_j < \deg \varphi$$

を満たすかあるいは

$$r_j(t) \equiv 0$$

なるものである．ところが上の式から

$$r_j(t) = f_j(t) - \varphi(t) q_j(t) = f_j(t) - \sum_{\ell=1}^{k} f_\ell(t) g_\ell(t) q_j(t) \in A$$

でありかつ φ は A の中の次数最小の多項式であるから $\deg r_j < \deg \varphi$ かつ $r_j \not\equiv 0$ ということはあり得ず

$$r_j(t) \equiv 0$$

であるしかない．すなわち

$$f_j(t) = \varphi(t)q_j(t).$$

したがって $\varphi(t)$ は $f_1(t), \cdots , f_k(t)$ の公約因子である．よって $d(t)$ が $f_1(t), \cdots , f_k(t)$ の最大公約因子であるという仮定から

$$\deg \varphi \le \deg d.$$

他方上の φ の定義式から φ は d で割り切れる．したがって以上よりある定数 c があって

$$\varphi(t) \equiv cd(t)$$

である．とくにある多項式 $g_1(t), \cdots , g_k(t)$ に対し

$$d(t) = \sum_{j=1}^{k} f_j(t)g_j(t)$$

と書ける．

命題の証明終わり

系 5.1 T が K で対角化可能で $W \subset V$ が T-不変ならば $T|_W$ も K-対角化可能である．

系 5.2 $F(t) = 0$ が重解を持たない多項式 $F(t)$ で $F(A) = 0$ なるものがあれば行列 A は $\mathbb{C}$-対角化可能である．

系 5.3 T, S を線型空間 V の線型変換としともに K-対角化可能でこれらが可換であるとする．このとき対応する行列 A_T, A_S はある K-正則行列 P により $P^{-1}A_T P, P^{-1}A_S P$ がともに対角形になる．

補題 5.1 の応用として次の定理を得る．この定理は後に定理 5.4 の証明で使われる．

定理 5.2 $T : V \longrightarrow V$ を線型空間 V の線型変換とする．多項式 $F(t)$ に対し $F(T) = 0$ が成り立つとし $F(t)$ は互いに素な多項式 $F_1(t), \cdots, F_k(t)$ の積
$$F(t) = F_1(t) \cdots F_k(t)$$
に書けるとする．このとき V は
$$V = \mathrm{Ker}\, F_1(T) \dotplus \cdots \dotplus \mathrm{Ker}\, F_k(T)$$
と直和に分解される．

証明 定理 5.1 の 4) $\Longrightarrow$ 3) の証明と同様に $\ell = 1, 2, \cdots, k$ に対し
$$f_\ell(t) = \prod_{j \neq \ell, 1 \leq j \leq k} F_j(t)$$
とおくと多項式 $f_1, \cdots, f_k$ は互いに素である．したがって補題 5.1 よりある多項式 $g_1, \cdots, g_k$ があって
$$f_1(t)g_1(t) + \cdots + f_k(t)g_k(t) \equiv 1$$
を満たす．そこで
$$P_j = f_j(T)g_j(T)$$
と V の線型変換を定義するとこれらは
$$P_1 + \cdots + P_k = I$$
を満たす．また f_i の定義と仮定の式
$$F(T) = 0$$
より $i \neq j$ のとき
$$f_i(T)f_j(T) = 0.$$

よって $i \neq j$ のとき
$$P_i P_j = 0.$$
ゆえに
$$P_i = P_i(P_1 + \cdots + P_k) = P_i^2$$
より
$$P_i^2 = P_i \quad (i = 1, 2, \cdots, k).$$
特に
$$V = P_1(V) \dotplus \cdots \dotplus P_k(V) = \mathcal{R}(P_1) \dotplus \cdots \dotplus \mathcal{R}(P_k).$$
したがって
$$\mathcal{R}(P_j) = \operatorname{Ker} F_j(T)$$
を示せばよい．これは仮定 $F(T) = 0$ と P_j の定義から
$$F_j(T) P_j = 0$$
より
$$\mathcal{R}(P_j) \subset \operatorname{Ker} F_j(T)$$
がでる．逆の包含関係は $\boldsymbol{x} \in \operatorname{Ker} F_j(T)$ とすると $i \neq j$ に対し P_i の定義から
$$P_i \boldsymbol{x} = 0.$$
ゆえに
$$\boldsymbol{x} = (P_1 + \cdots + P_k)\boldsymbol{x} = P_j \boldsymbol{x}$$
となることから $\boldsymbol{x} \in \mathcal{R}(P_j)$ がでる．

証明終わり

5.3　最小多項式

特性方程式に対し，次のケイレイ-ハミルトン (Cayley-Hamilton) の定理が成り立つ．

第5章　ジョルダン標準形

定理 5.3　$A \in M(n:\mathbb{C})$ はその特性多項式 $\Phi_A(t)$ に対し
$$\Phi_A(A) = 0$$
を満たす．

証明　命題 5.7 により今考えている行列 $A \in M(n:\mathbb{C})$ に対し正則行列 $P \in M(n:\mathbb{C})$ が存在して A の重複を許した固有値 $\alpha_1, \cdots, \alpha_n \in \mathbb{C}$ に対し
$$P^{-1}AP = \begin{pmatrix} \alpha_1 & * & \cdots & * \\ & \alpha_2 & \cdots & * \\ & & \ddots & \vdots \\ 0 & & & \alpha_n \end{pmatrix} = T$$
となる．すなわち
$$P = (\boldsymbol{p}_1, \boldsymbol{p}_2, \cdots, \boldsymbol{p}_n)$$
と書けば
$$AP = PT.$$
いま
$$V_j := \{c_1\boldsymbol{p}_1 + \cdots + c_j\boldsymbol{p}_j \mid c_i \in \mathbb{C} \quad (i = 1, 2, \cdots, j)\}, \quad V_0 = \{\boldsymbol{0}\}$$
とおけばこれは $\mathbb{C}^n$ の部分空間で A は
$$A\boldsymbol{p}_j = \alpha_j \boldsymbol{p}_j + \boldsymbol{v}_j, \quad \boldsymbol{v}_j \in V_{j-1} \quad (j = 1, 2, \cdots, n)$$
を満たす．よって
$$(A - \alpha_j I)\boldsymbol{p}_j \in V_{j-1}$$
ゆえ
$$(A - \alpha_j I)V_j \subset V_{j-1}.$$
したがって $V_n = \mathbb{C}^n$ と
$$(A - \alpha_1 I) \cdots (A - \alpha_n I)V_n \subset V_0 = \{\boldsymbol{0}\}.$$
より題意が言える．　　　　　　　　　　　　　　　　　　　　証明終わり

5.3. 最小多項式

定義 5.3 行列 $A \in M(n:K)$ に対し $F(A) = 0$ を満たす K-係数多項式 $F(t)$ のうち次数が最小でその最高次係数が 1 のものを A の最小多項式という．それを $\varphi_A(t)$ と書く．

命題 5.11 1. $F(t)$ を K-係数多項式とするとき
$$F(A) = 0 \iff F(t) \text{ は } \varphi_A(t) \text{ で割り切れる}.$$

2. 特に特性多項式 $\Phi_A(t)$ は $\varphi_A(t)$ で割り切れる．

3. $\varphi_A(t)$ は一意に定まる．

命題 5.12 $A \in M(n:K)$ に対し次が成り立つ．

1. $\varphi_{{}^t\!A}(t) = \varphi_A(t)$.

2. 正則行列 P に対し
$$\varphi_{P^{-1}AP}(t) = \varphi_A(t).$$

3.
$$A = \begin{pmatrix} A_1 & * \\ 0 & A_2 \end{pmatrix}$$
に対し $\varphi_{A_j}(t)$ は $\varphi_A(t)$ を割り切る．

命題 5.13 $A \in M(n:K)$ に対し次は互いに同値である．

1. $\alpha \in \mathbb{C}$ は A の固有値である．

2. $\Phi_A(\alpha) = 0$.

3. $\varphi_A(\alpha) = 0$.

命題 5.14 $A \in M(n:K)$ の固有値がすべて K に属するとき次は互いに同値である．

1. A は K-対角化可能である．

2. $\varphi_A(t) = 0$ は K 内に重解を持たない．

5.4 広義固有空間

固有空間の概念を拡張して，広義固有空間を定義する．

定義 5.4 $A \in M(n:K)$ で $\lambda \in K$ を A の固有値とする．このとき

$$\widetilde{V}_\lambda = \{\boldsymbol{x} \in K^n |\ \text{ある整数}\ k \geq 0\ \text{に対し}\ (A - \lambda I)^k \boldsymbol{x} = \boldsymbol{0}\}$$

を A の固有値 λ に対応する広義固有空間という．これは言い換えれば

$$\widetilde{V}_\lambda = \bigcup_{k=0}^{\infty} \mathrm{Ker}\,(A - \lambda I)^k$$

である．

命題 5.15

1. $V_\lambda \subset \widetilde{V}_\lambda$．
2. $A\widetilde{V}_\lambda \subset \widetilde{V}_\lambda$．

定理 5.4 $V = K^n$ の線型変換 $A \in M(n:K)$ の固有値がすべて K に属するとする．そのうち相異なるものの全体を $\alpha_1, \cdots, \alpha_k$ とし A の特性多項式を

$$\Phi_A(t) = (t - \alpha_1)^{n_1} \cdots (t - \alpha_k)^{n_k}, \quad \sum_{j=1}^{k} n_j = n$$

とおく．また A の最小多項式を

$$\varphi_A(t) = (t - \alpha_1)^{m_1} \cdots (t - \alpha_k)^{m_k} \quad (1 \leq m_j \leq n_j)$$

とおく．このとき次が成り立つ．

1) $A_j := A|_{\widetilde{V}_{\alpha_j}}$ の固有値は α_j のみである．逆に V の部分空間 $\widetilde{V}$ が A-不変で $A|_{\widetilde{V}}$ の固有値が α_j のみなら $\widetilde{V} \subset \widetilde{V}_{\alpha_j}$ が成り立つ．

2) $V = \mathrm{Ker}\,(A - \alpha_1)^{m_1} \dotplus \cdots \dotplus \mathrm{Ker}\,(A - \alpha_k)^{m_k}$．

3) $\widetilde{V}_{\alpha_j} = \mathrm{Ker}\,(A - \alpha_j I)^{m_j}$. 特に $V = \widetilde{V}_{\alpha_1} \dotplus \cdots \dotplus \widetilde{V}_{\alpha_k}$.

4) $\dim \widetilde{V}_{\alpha_j} = n_j$.

証明

1) $A_j \boldsymbol{x} = \beta \boldsymbol{x}$ なる $\boldsymbol{x} \in \widetilde{V}_{\alpha_j}$, $\boldsymbol{x} \neq \boldsymbol{0}, \beta \in \mathbb{C}$ があるとする.$\boldsymbol{x} \in \widetilde{V}_{\alpha_j}$ よりある $k \geq 1$ に対し
$$(A - \alpha_j I)^k \boldsymbol{x} = \boldsymbol{0}.$$
他方仮定 $A\boldsymbol{x} = \beta \boldsymbol{x}$ より左辺は
$$(\beta - \alpha_j)^k \boldsymbol{x}$$
に等しい.これらと $\boldsymbol{x} \neq \boldsymbol{0}$ より
$$\beta = \alpha_j$$
でなければならない.

逆に V の部分空間 $\widetilde{V}$ が $A\widetilde{V} \subset \widetilde{V}$ を満たし $A|_{\widetilde{V}}$ の固有値が α_j のみであるとすると $A|_{\widetilde{V}}$ の最小多項式 $\varphi_{A|_{\widetilde{V}}}$ は α_j のみを零点に持つ.他方命題 5.12 の 3 により $\varphi_{A|_{\widetilde{V}}}$ は $\varphi_A(t)$ を割り切る.よって $\varphi_{A|_{\widetilde{V}}}$ は $(t-\alpha_j)^{m_j}$ を割り切る.したがってある整数 m'_j ($1 \leq m'_j \leq m_j$) に対し
$$\varphi_{A|_{\widetilde{V}}}(t) = (t - \alpha_j)^{m'_j}.$$
ゆえに
$$\widetilde{V} \subset \mathrm{Ker}\,(A|_{\widetilde{V}} - \alpha_j)^{m'_j} \subset \left(\mathrm{Ker}\,(A - \alpha_j I)^{m'_j}\right) \cap \widetilde{V} \subset \widetilde{V}_{\alpha_j}.$$

2) 定理 5.2 より明らかである.

3) $\widetilde{V}_{\alpha_j} \supset \mathrm{Ker}\,(A - \alpha_j I)^{m_j}$ は定義から明らかである.したがって 2) より
$$V = \widetilde{V}_{\alpha_1} + \cdots + \widetilde{V}_{\alpha_k}.$$

ところが 2) において m_j を任意の $m_j'' \geq m_j$ に置き換えても定理 5.2 の議論が成り立つことから $\widetilde{V}_{\alpha_j}$ は $j \neq \ell$ のとき

$$\widetilde{V}_{\alpha_j} \cap \widetilde{V}_{\alpha_\ell} = \{\mathbf{0}\}$$

を満たすことが言える．よって上の線型和は直和である．特に $\widetilde{V}_{\alpha_j} \supset \mathrm{Ker}(A - \alpha_j I)^{m_j}$ $(j = 1, 2, \cdots, k)$ と 2) より

$$\widetilde{V}_{\alpha_j} = \mathrm{Ker}\,(A - \alpha_j I)^{m_j}$$

となる．

4) $\dim \widetilde{V}_{\alpha_j} = d_j$ とすると $\Phi_{A|_{\widetilde{V}_{\alpha_j}}} = (t - \alpha_j)^{d_j}$．したがって命題 5.15 の 2 と上の 3) より A の特性多項式 $\Phi_A(t)$ は

$$\prod_{j=1}^{k}(t - \alpha_j)^{d_j}$$

で割り切れる．よって仮定の $\Phi_A(t)$ の式より

$$d_j \leq n_j \quad (j = 1, 2, \cdots, k).$$

他方 3) より

$$\sum_{j=1}^{k} d_j = n$$

であるから

$$d_j = n_j$$

でなければならない．

証明終わり

5.5　ジョルダン標準形

$K = \mathbb{R}$ または $K = \mathbb{C}$ とする．$V = K^n$ とし $A : V \longrightarrow V$ を V の線型変換とする．A の相異なるすべての固有値 $\alpha_1, \cdots, \alpha_k$ が K に属するとすると V は A の広義固有空間 $\widetilde{V}_{\alpha_j}$ の直和に分解された．すなわち

$$V = \widetilde{V}_{\alpha_1} \dotplus \cdots \dotplus \widetilde{V}_{\alpha_k}.$$

そして各広義固有空間 $\widetilde{V}_{\alpha_j}$ は A の特性多項式を

$$\Phi_A(t) = (t - \alpha_1)^{n_1} \cdots (t - \alpha_k)^{n_k}, \quad \sum_{j=1}^{k} n_j = n$$

とし，最小多項式を

$$\varphi_A(t) = (t - \alpha_1)^{m_1} \cdots (t - \alpha_k)^{m_k} \quad (1 \leq m_j \leq n_j)$$

とするとき

$$\widetilde{V}_{\alpha_j} = \mathrm{Ker}\, (A - \alpha_j I)^{m_j}, \quad \dim \widetilde{V}_{\alpha_j} = n_j$$

であった．各広義固有空間 $\widetilde{V}_{\alpha_j}$ は A-不変であるので A を $\widetilde{V}_{\alpha_j}$ に制限して考えれば十分である．そこで以下 $\widetilde{V}_{\alpha_j}$ を V，α_j を単に $\alpha \in K$ と書いて空間 V 内で線型写像 $A : V \longrightarrow V$ を考える．すると A の固有値は α のみである．また m_j を m，n_j を n と省略して書くと

$$V = \mathrm{Ker}\, (A - \alpha I)^m, \quad \dim V = \dim \widetilde{V}_\alpha = n$$

となる．ゆえに $B = A - \alpha I$ とおくと

$$V = \mathrm{Ker}\, B^m$$

となる．

いま

定義 5.5　$W_i = \mathrm{Ker}\, B^i \quad (i = 1, 2, \cdots, m)$.

と定義すると

$$\{\mathbf{0}\} = W_0 \subset W_1 \subset W_2 \subset \cdots \subset W_{m-1} \subset W_m = V(=\tilde{V}_\alpha)$$

となる．とくに $W_1 = \mathrm{Ker}\,(A - \alpha I) = V_\alpha$ は A の固有値 α に対する固有空間である．$W_1 = V_\alpha = V$ のときは A は V 上対角化可能であった．しかし一般にはそうなるとは限らず $W_i = \mathrm{Ker}\,B^i\ (i = 2, \cdots, m)$ は必ずしも $W_1 = \mathrm{Ker}\,B$ に一致しない．以下そのような場合行列 A がどのような表現を持つかを考える．

定義 5.6 $W \subset V$ を V の部分空間とする．このとき V の W による商空間 V/W を

$$V/W = \{[\boldsymbol{x}] \mid \boldsymbol{x} \in V\}$$

と定義する．ただし

$$[\boldsymbol{x}] = \boldsymbol{x} + W = \{\boldsymbol{y} \mid \exists \boldsymbol{w}(\in W)\ \text{s.t.}\ \boldsymbol{y} = \boldsymbol{x} + \boldsymbol{w}\}$$

は $\boldsymbol{x} \in V$ を代表元とする W に関する同値類である．V/W の演算を $\boldsymbol{x}, \boldsymbol{y} \in V,\ \alpha, \beta \in K$ に対し

$$\alpha[\boldsymbol{x}] + \beta[\boldsymbol{y}] = [\alpha\boldsymbol{x} + \beta\boldsymbol{y}]$$

と定義する．すると零元と逆元を

$$\mathbf{0} = [\mathbf{0}] = W, \quad -[\boldsymbol{x}] = [-\boldsymbol{x}]$$

により定義すると商空間 V/W はこれらの演算により線型空間となることが容易にわかる．

さてもとの線型変換 $A : V \longrightarrow V$ に戻ると

$$\{\mathbf{0}\} = W_0 \subset W_1 \subset W_2 \subset \cdots \subset W_{m-1} \subset W_m = V(=\tilde{V}_\alpha)$$

であったので商空間 W_m/W_{m-1} が作れる．その一つの基底を

$$[e_m^1], \cdots, [e_m^{r_m}]$$

とする．すなわち $\dim W_m/W_{m-1} = r_m$ である．いま

$$e_{m-1}^i = Be_m^i \in W_{m-1} \quad (i = 1, \cdots, r_m)$$

とおく．すると

命題 5.16 $r_m \neq 0$ なら $[e_{m-1}^1], \cdots, [e_{m-1}^{r_m}] \in W_{m-1}/W_{m-2}$ は一次独立である．

が容易に言える．ゆえに

$$[e_{m-1}^1], \cdots, [e_{m-1}^{r_m}]$$

を拡大して W_{m-1}/W_{m-2} の基底

$$[e_{m-1}^1], \cdots, [e_{m-1}^{r_m}], [e_{m-1}^{r_m+1}], \cdots, [e_{m-1}^{r_{m-1}}]$$

を作れる．ただしここで

$$r_m \leq r_{m-1}$$

であり $i = 1, \cdots, r_m$ に対しては

$$e_{m-1}^i = Be_m^i$$

を満たす．

以下同様にして

$$W_{m-2}/W_{m-3}, \cdots, W_1/W_0$$

の基底を作ることができる．それらの代表元をすべて並べると

$$e_m^1, \cdots, e_m^{r_m}$$
$$e_{m-1}^1, \cdots, e_{m-1}^{r_m}, e_{m-1}^{r_m+1}, \cdots, e_{m-1}^{r_{m-1}}$$
$$\vdots$$
$$e_1^1, \cdots\cdots, e_1^{r_m},\ e_1^{r_m+1}, \cdots, e_1^{r_{m-1}}, \cdots, e_1^{r_1}$$

となる. これらは上の関係式より

$$Be_j^i = e_{j-1}^i, \quad Be_1^i = \mathbf{0} \quad (j = 2, \cdots, m, \quad i = 1, \cdots, r_j)$$

を満たす.

このとき次が成り立つことが容易に確かめられる.

命題 5.17 これらのベクトル

$$e_m^1, \cdots, e_m^{r_m}$$
$$e_{m-1}^1, \cdots, e_{m-1}^{r_m}, e_{m-1}^{r_m+1}, \cdots, e_{m-1}^{r_{m-1}}$$
$$\vdots$$
$$e_1^1, \cdots, e_1^{r_m}, e_1^{r_m+1}, \cdots, e_1^{r_{m-1}}, \cdots, e_1^{r_1}$$

は V において一次独立でありかつ V の基底を為す.

これらの基底を次のように並べ替える.

$$e_1^1, e_2^1, \cdots\cdots\cdots, e_m^1$$
$$e_1^2, e_2^2, \cdots\cdots\cdots, e_m^2$$
$$\vdots$$
$$e_1^{r_m}, e_2^{r_m}, \cdots\cdots, e_m^{r_m}$$
$$e_1^{r_m+1}, \cdots, e_{m-1}^{r_m+1}$$
$$e_1^{r_m+2}, \cdots, e_{m-1}^{r_m+2}$$
$$\vdots$$
$$e_1^{r_{m-1}}, \cdots, e_{m-1}^{r_{m-1}}$$
$$\vdots$$
$$e_1^{r_1}, \cdots, e_{m(r_1)}^{r_1}$$

これらは
$$Be_j^i = e_{j-1}^i \quad (j=2,\cdots,m, \quad i=1,\cdots,r_j)$$
を満たす．従って以下が成り立つ．

$$Be_1^1 = \mathbf{0}, Be_2^1 = e_1^1, \cdots, Be_{m-1}^1 = e_{m-2}^1, Be_m^1 = e_{m-1}^1$$
$$Be_1^2 = \mathbf{0}, Be_2^2 = e_1^2, \cdots, Be_{m-1}^2 = e_{m-2}^2, Be_m^2 = e_{m-1}^2$$
$$\vdots$$
$$Be_1^{r_1} = \mathbf{0}, Be_2^{r_1} = e_1^{r_1}, \cdots, Be_{m(r_1)}^{r_1} = e_{m(r_1)-1}^{r_1}$$

従ってこれら基底を並べて得られる行列

$$P = (e_1^1, e_2^1, \cdots, e_m^1, e_1^2, \cdots, e_m^2, \cdots, e_1^{r_1}, \cdots, e_{m(r_1)}^{r_1})$$

により B は

$$P^{-1}BP = \begin{pmatrix} 0 & 1 & & & & & & & & 0 \\ & \ddots & \ddots & \vdots & & & & & & \\ & & 0 & 1 & & & & & & \\ \cdots & & 0 & 0 & & & \vdots & & \\ & & & & 0 & 1 & & & \\ & & & & & \ddots & \ddots & & \\ & & & & & & 0 & 1 & \\ & & & & \cdots & & 0 & & \\ 0 & & & & & & & & \ddots \end{pmatrix}$$

（第 m 列，第 $2m$ 列，第 m 行，第 $2m$ 行）

となる．したがって $A = B + \alpha I$ は

$$P^{-1}AP = \begin{pmatrix} \alpha & 1 & & & & & & & & 0 \\ & \ddots & \ddots & \vdots & & & & & & \\ & & & \alpha & 1 & & & & & \\ & & \cdots & & \alpha & 0 & & & \vdots & \\ & & & & & \alpha & 1 & & & \\ & & & & & & \ddots & \ddots & & \\ & & & & & & & \alpha & 1 & \\ & & & & & \cdots & & & \alpha & \\ 0 & & & & & & & & & \ddots \end{pmatrix}$$

（第 m 列，第 $2m$ 列，第 m 行，第 $2m$ 行）

となる．この右辺をジョルダン標準形という．

5.6　実正規変換

いま V を $\mathbb{R}$ 上の計量線型空間とし $T: V \longrightarrow V$ を正規変換とする．すなわち

$$T^*T = TT^*$$

であるが V は $\mathbb{R}$ 上の線型空間だから V の一つの正規直交基底 E に関しベクトル $\boldsymbol{x}$ を

$$\boldsymbol{x} = {}^t(x_1, \cdots, x_n)$$

と表すとき内積は

$$(\boldsymbol{x}, \boldsymbol{y}) = \sum_{j=1} x_j y_j$$

となる．従って T が正規変換であるとはこの基底に関する T の実行列を A と書くとき

$${}^tAA = A{}^tA$$

が成り立つことである．しかし A の固有値はその特性多項式 $\Phi_A(t)$ の零点として定まるから必ずしも実数とは限らず一般に複素数となりうる．

5.6. 実正規変換

その場合も込めると A の最小多項式 $\varphi_A(t)$ は実数の範囲では互いに素な因子の積

$$\varphi_A(t) = \varphi_1(t) \cdots \varphi_k(t)$$

に分解され各因子は次の二つのうちの一つの形となる.

$$\varphi_j(t) = \begin{cases} t - a_j, & a_j \in \mathbb{R} \\ (t-a_j)^2 + d_j^2, & d_j > 0, a_j \in \mathbb{R} \end{cases}$$

従って定理 5.2 より V は

$$V = \operatorname{Ker} \varphi_1(A) \dotplus \cdots \dotplus \operatorname{Ker} \varphi_k(A)$$

と直和に分解される. (ここで上の基底に関する表現空間 $\mathbb{R}^n$ を V と同一視し V と書いた.)

従って A を各部分空間 $\operatorname{Ker} \varphi_j(A)$ に制限して考えれば十分である.

場合 1) $\varphi_j(t) = t - a_j$ のときは $\operatorname{Ker} \varphi_j(A)$ 上 $A - a_j I = 0$ ゆえ A は対角形になっている:

$$A = \begin{pmatrix} a_j & & & 0 \\ & a_j & & \\ & & \ddots & \\ 0 & & & a_j \end{pmatrix}.$$

場合 2) $\varphi_j(t) = (t-a_j)^2 + d_j^2$ のとき簡単のため添え字 j をとって $\varphi(t) = (t-a)^2 + d^2$ $(a \in \mathbb{R}, d > 0)$ を $\operatorname{Ker} \varphi(A)$ 上で考えればよい.

いま $\varphi(A) = 0$ ゆえ $(A - aI)^2 + d^2 I = 0$ だから $S = A - aI$ とおくと

$$S^2 = -d^2 I$$

である. よって実線型空間 V を複素線型空間 $W = \mathbb{C}V$ と見なしてそこで S を考えれば

$$S = idI \quad (i = \sqrt{-1})$$

となる. すなわち W では S は

$$S^* = -S$$

を満たす．この条件を S は歪エルミート (skew Hermitian) であると
いう．

$\boldsymbol{x} \in V$ に対し $S\boldsymbol{x} = A\boldsymbol{x} - a\boldsymbol{x} \in V$ であるから

$$(S\boldsymbol{x}, \boldsymbol{x})_V \in \mathbb{R}$$

である．他方上述の基底 E に関し $\boldsymbol{x} = {}^t(x_1, \cdots, x_n)$ であるから

$$(S\boldsymbol{x}, \boldsymbol{x})_V = \sum_{j=1}^{n} (S\boldsymbol{x})_j x_j$$

である．$\boldsymbol{x} \in \mathbb{R}^n$ と同一視したので $\overline{x}_j = x_j$ であるからこの内積は

$$(S\boldsymbol{x}, \boldsymbol{x})_V = \sum_{j=1}^{n} (S\boldsymbol{x})_j x_j = \sum_{j=1}^{n} (S\boldsymbol{x})_j \overline{x}_j = (S\boldsymbol{x}, \boldsymbol{x})_W$$

となる．W では $S = -idI$ であったからこれは

$$(S\boldsymbol{x}, \boldsymbol{x})_V = (\boldsymbol{x}, S^*\boldsymbol{x})_W = (\boldsymbol{x}, -S\boldsymbol{x})_W = -(\boldsymbol{x}, S\boldsymbol{x})_W$$

となる．ところが $\boldsymbol{x} \in V$ ゆえ $S\boldsymbol{x} = A\boldsymbol{x} - a\boldsymbol{x} \in V$ であるから

$$S\boldsymbol{x} = {}^t(y_1, \cdots, y_n) \in \mathbb{R}^n$$

と書ける．よってまとめると

$$(S\boldsymbol{x}, \boldsymbol{x})_V = -(\boldsymbol{x}, S\boldsymbol{x})_W = -(\boldsymbol{x}, S\boldsymbol{x})_V = -(S\boldsymbol{x}, \boldsymbol{x})_V$$

となる．(なぜなら V ないし $\mathbb{R}^n$ 内の内積は実内積であるから．)
従ってこれより

$$(S\boldsymbol{x}, \boldsymbol{x})_V = 0$$

が得られる．

いま $\|\boldsymbol{u}\| = 1$ なる $\boldsymbol{u} \in V$ をとり

$$\boldsymbol{v} = d^{-1} S\boldsymbol{u}$$

とおく．

すると

$$
\begin{aligned}
(\boldsymbol{v},\boldsymbol{v})_V &= d^{-2}(S\boldsymbol{u},S\boldsymbol{u})_V = d^{-2}(S\boldsymbol{u},S\boldsymbol{u})_W \\
&= d^{-2}(id\boldsymbol{u},id\boldsymbol{u})_W = (\boldsymbol{u},\boldsymbol{u})_W = (\boldsymbol{u},\boldsymbol{u})_V = 1.
\end{aligned}
$$

ゆえに
$$\|\boldsymbol{v}\| = 1.$$

また上の $(S\boldsymbol{x},\boldsymbol{x})_V = 0\ (\forall \boldsymbol{x} \in V)$ より

$$(\boldsymbol{u},\boldsymbol{v})_V = (\boldsymbol{u},d^{-1}S\boldsymbol{u})_V = 0.$$

従って
$$(\boldsymbol{u},\boldsymbol{v})_V = 0$$

でベクトル $\boldsymbol{u}$ と $\boldsymbol{v}$ は互いに直交し長さ 1 のベクトルである．これらは今考えている空間

$$V = \mathrm{Ker}\ \varphi(A) = \mathrm{Ker}\ ((A-aI)^2 + d^2 I)$$

の部分空間 V_1 を張りこの空間は

$$V_1 = \langle \boldsymbol{u} \rangle \oplus \langle \boldsymbol{v} \rangle$$

と直交和に分解される．この上で S は

$$S\boldsymbol{u} = d\boldsymbol{v},\quad S\boldsymbol{v} = d^{-1}S^2(\boldsymbol{u}) = d^{-1}(-d^2\boldsymbol{u}) = -d\boldsymbol{u}$$

と作用する．すなわち V_1 のベクトル

$$\alpha\boldsymbol{u} + \beta\boldsymbol{v} = {}^t(\alpha,\beta)$$

に対し

$$S\,{}^t(\alpha,\beta) = S(\alpha\boldsymbol{u}+\beta\boldsymbol{v}) = \alpha S\boldsymbol{u}+\beta S\boldsymbol{v} = \alpha d\boldsymbol{v}+\beta(-d\boldsymbol{u}) = \begin{pmatrix} 0 & -d \\ d & 0 \end{pmatrix} \begin{pmatrix} \alpha \\ \beta \end{pmatrix}$$

と作用する．すなわち S は V_1 の基底 $\boldsymbol{u},\boldsymbol{v}$ に関して行列

$$\begin{pmatrix} 0 & -d \\ d & 0 \end{pmatrix}$$

と表される．従って元の行列 $A = S + aI$ はこの基底に関し

$$A \begin{pmatrix} a & -d \\ d & a \end{pmatrix}$$

と表される．以上を繰り返せば V では A は

$$A = \begin{pmatrix} a & -d & & & & & & \\ d & a & & & & & \text{\huge 0} & \\ & & a & -d & & & & \\ & & d & a & & & & \\ & & & & \ddots & & & \\ & & & & & a & -d & \\ \text{\huge 0} & & & & & d & a & \end{pmatrix}$$

と表されることがわかる．

場合 1) と併せて実正規線型変換 T は実数の範囲内では一般的に以下の形に表現される．

$$A = \begin{pmatrix} a_1 & & & & & & & & & \text{\huge 0} \\ & \ddots & & & & & & & & \\ & & a_\ell & & & & & & & \\ & & & a_{\ell+1} & -d_{\ell+1} & & & & & \\ & & & d_{\ell+1} & a_{\ell+1} & & & & & \\ & & & & & \ddots & & & & \\ & & & & & & a_k & -d_k & & \\ & & & & & & d_k & a_k & & \\ & & & & & & & & 0 & \\ \text{\huge 0} & & & & & & & & & \ddots \end{pmatrix}$$

第 II 部

数学の基礎

第Ⅱ部

植生の変遷

第6章 数学の論理

これまで線型現象から入って具体的な線型写像等の性質と表現を考察してきた．そこでは実数という概念が当たり前のものとして使われてきた．しかし実数とは何か，そして数とは何か，数学とはいったい何なのか．しばらくより基本的な事柄を考察しのちの展開の準備をしよう．

数学では論証が重要な役割を果たす．あるいは数学とは数を扱う学問であるがその本質はその論理的な考察，思考方法にあると言っても過言ではないであろう．そのような数学の論証に使われる論理は日常使われる論理とは少々異なる．この章ではそのような数学で使われる論理について考察してみよう．

6.1 数学的な言語

数学には，何が真理であるのかというこだわりがある．そして，それを示すには，しっかりとした論理的な言葉遣いが不可欠であろう．しかし，どのような言葉を使えば論理的で明晰と言えるのだろうか．すくなくとも何も前提にしなければ何の結論もでてこないだろう．つまり，間違いなく真理であるといえるような文を予め公理と呼んで認めることから始めなくてはならない．公理とは，物理における法則のようなものであるが，より素朴に正しいと直感することができるようなものを文字列にしたものである．つまり，ふつうはもともと日常感覚から得られた関係を表すと見なせるが，文字列として書き下された後は，もとの解釈とは表面上は無関係に振る舞うことができる．

例えば，ある数学的な言語の最も簡単な体系 $\mathcal{L}$ として，次のような文のあつまりを考えることができる．

1. ある p が言語 $\mathcal{L}$ の文であるとき，その否定 $\neg p$ も $\mathcal{L}$ に含まれるとする．

2. ある p と q が言語 $\mathcal{L}$ の文であるとき，記号 $\Rightarrow$ によるその結合 $p \Rightarrow q$ も言語 $\mathcal{L}$ の文であるとする．

3. $\mathcal{L}$ の任意の文 p に対して $H(p)$ も $\mathcal{L}$ の文となるとき，H は言語 $\mathcal{L}$ の述語であるという．

4. 述語 H も言語 $\mathcal{L}$ の文である（または対応する文を持ち，これを同じ記号 H で表す）．

このような言語 $\mathcal{L}$ が次のような n 個の公理を持っているとしよう．

　　公理 $A_{\mathcal{L}}$:　　$A_1, A_2, ..., A_n$

さらに，数学的な言語には公理が与えられていると，そこから出発して幾らでも多くの真なる文をつくりだす推論規則なるものがある．推論規則の最も重要なものには，三段論法 (Modus ponens) がある．

　　推論規則 $I_{\mathcal{L}}$: 文 p が真であり，$p \Rightarrow q$ が真であるなら，文 q は真である．

ただし，言語 $\mathcal{L}$ 内で推論の過程も表すことができるようにするためには，この推論規則 $I_{\mathcal{L}}$ 自体，言語 $\mathcal{L}$ の中で対応する記号列として公理と矛盾しないように表すことができなければならない．そこで，ここでは公理 A_1 がこの推論を表すものとしておこう．

さて，このように構成された言語体系は，矛盾を含んでいないかどうかが問題となる．矛盾が一つでもあれば，任意の文が正しくもあり誤りでもあることになって，何一つ意味のある文とならなくなってしまう．しかし，ゲーデルは，そのような体系の無矛盾性（オリジナルの論文では ω-無矛盾性）は，もし体系が矛盾していなければ体系内では証明できないという不完全性を明らかにした[1]．

クレタ人のパラドクスというのは読者はご存知であろう．これは，嘘しか言うことのできない人がいたとしたとき，この人が次のようなことを言ったという場合に起こるパラドクスのことである．

---

[1] 後述のようにこれはゲーデルの第二定理と呼ばれる．

「私は嘘つきである．」

このようにいうクレタ人は本当に嘘つきであり続けることができるかどうかということである．もし，本人が嘘つきなら，嘘つきであることを告白するこの言明は嘘ということになり，少なくとも本当のことを言うことがあることになり，常に嘘をつくという前提に反する．また，この言明が正しく，もし嘘つきであると正直に告白しようものなら，もはや嘘つきではない．このように，自分自身に言及することは矛盾を導くことがある．

このパラドクスをはじめて聞くと，このような矛盾には人間のみがもつ言葉にはできないようななんらかの特質が関わっているようにも感じられるかもしれない．しかし，このような疑いは，次のように書かれた文によって一挙に打ち砕かれる．

「この文は偽である．」

この文というのは，この書かれた文章そのもののことを指し示している．こうして，人間の複雑な心理とはすくなくとも表面上は関係なく，パラドクスは一人歩きしはじめる．もし，この文が偽であるなら，それがこの文の内容であるために真であることになる．一方，もし，この文が真であるならば，この文の内容から偽であることになり，この連鎖は永遠に続くだろう．

数学的な言語のひな形としてここで導入した言語 $\mathcal{L}$ においても，クレタ人のパラドクスを書くことができる．まず，任意の述語 H に対し，次のような自己言及述語 Π を定義できるので，この Π も $\mathcal{L}$ の述語となることは明らかである．

$$\Pi(H) \stackrel{def}{=} H(H).$$

ここで，ある文が真であるという述語 T が体系 $\mathcal{L}$ 内で記述可能とすると，次のような述語 $T\Pi$ も言語 $\mathcal{L}$ 内で定義できなくてはならない．

$$T\Pi(H) \stackrel{def}{=} T(H(H)).$$

このとき，クレタ人のパラドクスは，この言語 $\mathcal{L}$ 内の文となる．

$$\neg T\Pi(\neg T\Pi).$$

この言語 $\mathcal{L}$ 内の文は真か偽かのどちらかでなくてはならないのに，これは前述のクレタ人のパラドクスと同様真偽が定まらない．したがって，真理述語 T の存在が否定されるのである．このようにして，次のタルスキーの定理が導かれる．

> 言語 $\mathcal{L}$ の真理集合 T は，言語 $\mathcal{L}$ 内の文では言及できない．つまり，真であることを示す述語 T は，言語 $\mathcal{L}$ 内に存在してはならない．

さて，後に詳しく調べる数学の公理系では，言語 $\mathcal{L}$ のような性質があり，真偽をその体系内で表すことはできない．しかし証明可能かどうかは，具体的に述語として表すことができる．つまり「証明可能である」を意味する述語 P によって，文 p が証明可能であることは $P(p)$ と表される．ただし，言語 $\mathcal{L}$ の述語は次の性質をみたすとし，このとき言語 $\mathcal{L}$ は正確であるという[2]．

任意の文 q に対して $P(q)$ が真であれば q も真である．

そこで，次のような述語 $P\Pi$ が可能となる．

$$P\Pi(H) \stackrel{def}{=} P(H(H)).$$

このとき，クレタ人のパラドクスに似た次の文はゲーデル文と呼ばれる．

$$\neg P\Pi(\neg P\Pi).$$

これは証明可能ではないが真であることが分かる．なぜなら，この文が真であるとすれば $\neg P\Pi(\neg P\Pi)$ つまり $\neg P(\neg P\Pi(\neg P\Pi))$ となり，これは真である文 q について，$\neg P(q)$ も真であり，ゲーデル文が証明できないことが分かる．しかしこの文が偽であるなら $P\Pi(\neg P\Pi)$ つまり $P(\neg P\Pi(\neg P\Pi))$ が真であるが，これはゲーデル文が証明できることになってしまうから言語 $\mathcal{L}$ の正確性に矛盾するのである[3]．

---

[2] 正確であれば ω-無矛盾であり，ω-無矛盾であれば単純無矛盾である．

[3] $P\Pi(H)$ は $P(H(H))$ と定義したので，今の言語では $H = \neg P\Pi$ とすることができて，$\neg P\Pi(\neg P\Pi)$ はこの定義から $\neg P(\neg P\Pi(\neg P\Pi))$ となっている．同様に，$P\Pi(\neg P\Pi)$ は $P(\neg P\Pi(\neg P\Pi))$ である．

6.1. 数学的な言語

このようなゲーデル文の存在から，言語 $\mathcal{L}$ が正確であれば，その内の真なる文はすべて証明可能であるとする完全性は否定される．これがゲーデルの不完全性定理のもっとも簡単な説明である．さらに，ある体系 $\mathcal{L}$ が無矛盾ならば，それ自体の無矛盾性 (いまの場合は正確性) をその言語の範囲内で導くことはできないことも結論される．少なくとも，真であることを証明できないゲーデル文は矛盾となる可能性があり，それ自体が矛盾でないことは，体系 $\mathcal{L}$ の無矛盾性を前提として，はじめて議論されただけだからである．

さて，以上の議論に違和感が残るかもしれないので，多少の注意をつけ加えておきたい．というのも，ある言語 $\mathcal{L}$ の性質を考えるのに，その外に出て，メタ言語，いまの場合は日常言語を用いているからであろう．さらに，この推論では，暗にその日常言語には矛盾がないことを前提にしている．そうでなければ，以上の推論に用いられているような背理法は不可能となる．そもそも背理法とは，用いている言語体系の無矛盾性が前提となっている．そして，証明可能述語 P には，そのような背理法が含まれないことに注意しておかなくてはならない．

次の節で，具体的に数論の不完全性をみることになるが，ここでは，ゲーデル文ではなく，より強力なロッサー文というものを考える[4]．言語 $\mathcal{L}$ においては，まず，次のような述語 Δ を定義する．

$$\Delta(A) \stackrel{def}{=} P\Pi(A) \Rightarrow P(\neg\Pi(A)).$$

このとき，言語 $\mathcal{L}$ において拡大解釈してロッサー文に対応すると思われる文は次のように構成できる．

$$\Delta(\Delta).$$

これを言葉で表すと，クレタ人のパラドクスに似て次のような文として表すことができる．

「この文は，証明可能であるならば反駁可能でもある．」

---
[4]ロッサー文は，ゲーデル文による不完全性定理の証明が ω-無矛盾性という強い前提にあったのを改良して，単純無矛盾性を前提にした強い結果を得るためにロッサーによって導入されたものである．ここでは，言語 $\mathcal{L}$ の正確性の前提が単純無矛盾性へと強められている．

これは，ゲーデル文と同様に体系 $\mathcal{L}$ 内で決定不可能な文である．もし，真であることが証明できるならば，証明可能でありかつ反駁可能であることが証明できることになり，矛盾している．したがって，証明はできない．しかし，反駁もできない．もし，偽であることが証明されるならば，この文は証明可能でありかつ反駁可能でないことが証明されることになるので，仮定に反する．したがって，証明可能でも反駁可能でもない．しかし，体系 $\mathcal{L}$ が矛盾していなければ，この文はゲーデル文と同様に真である．というのも，もし偽であれば，この文は証明可能でありかつ反駁可能でないことが真となるので，矛盾する．一方，真であれば，この文は証明可能でないか反駁可能であることになり，証明可能でないが真であるということができる．さらに，ロッサー文の否定 $\neg\Delta(\Delta)$ も同様に決定不能である．この場合は，偽であるにも関わらず，それを矛盾のない体系 $\mathcal{L}$ 内で導くことはできない．

6.2　ペアノの公理系

　数学では最終的に論証が数の操作に置き換えられる形で論理を考える．このような論理のとらえ方を観るために論理的推論を含む数学理論を形式的体系 (formal system) に書き出すことによって数学の理論を客観的にとらえられるようにするのがふつうである．

　形式的体系の記述は理論の記述の基礎となる記号を導入することから始まる．ここでは自然数の理論を例に取り形式的体系とはどのようなものかを見てゆく[5]．

　自然数論の基礎となる原始記号は以下のものからなる．

論理記号

$\Rightarrow$ (implies), $\wedge$ (and), $\vee$ (or), $\neg$ (not),
$\forall$ (for all), $\exists$ (there exists)

---

[5]この節は S. C. Kleene, Introduction to metamathematics, North-Holland Publishing Co. 1964 および R. M. Smullyan, Gödel's Incompleteness Theorems, Oxford University Press 1992 の記述を参考にしている．

6.2. ペアノの公理系

述語記号	$=$ (equals)
関数記号	$+$ (plus), $\cdot$ (times), $'$ (successor)
個体記号	0 (zero)
変数記号	$a, b, c, \cdots$
括弧	$(\ )$, $\{\ \}$, $[\ ]$, $\cdots$.

これらの記号は互いに独立ではなく、他の記号の組み合わせで表されるものもある。そこで、記号の数をなるべく少なくして、次の記号のみで表す。

$$(\ )\ ,\ \Rightarrow\ \neg\ \forall\ =\ +\ 0\ '$$

これらが最小数の記号ではないが、ここでは原始記号あるいは形式的記号 (primitive symbols, formal symbols) と呼ぶことにする。このうち、プライム $'$ は 0 に続けることで (0 を含む) 自然数を表す。たとえば、$0, 0', 0'', 0''', \ldots$ は自然数 $0, 1, 2, 3 \ldots$ を表すことにし、これらを括弧でくくった記号 $(0'), (0''), (0'''), \ldots$ は、様々な変数 $a_1, a_2, a_3 \ldots$ を表すことにする。ただし、$a_1, a_2, a_3 \ldots$ の一部を $a, b, c, d, \ldots, x, y, z$ と書くこともある。さらに、記号 $+$ にプライム $'$ を後続させて、自然数の積を表すことにする。つまり、$+, +'$ はそれぞれ和 $+$、積 $\cdot$ を表すものとする。論理記号については、つぎのように取り決める。

定義 6.1 原始記号以外の記号を含む記号列 $\mathbf{X}$ が原始記号のみで表すことのできる記号列 $\mathbf{Y}$ を表すとき、$\mathbf{X}$ は $\mathbf{Y}$ で定義されるといい以下で表すことにする。

$$\mathbf{X} \stackrel{def}{=} \mathbf{Y}$$

はじめの記号がプライム $'$ ではない任意の記号列 $\mathbf{A}, \mathbf{B}$ とプライム $'$ のみの列 $''\cdots'$ について、以下のように定義する。

1. $\wedge$

$$\mathbf{A} \wedge \mathbf{B} \stackrel{def}{=} \neg(\mathbf{A} \Rightarrow (\neg \mathbf{B}))$$

2. ∨

$$\mathbf{A} \vee \mathbf{B} \stackrel{def}{=} (\neg \mathbf{A}) \Rightarrow \mathbf{B}$$

3. ⇔

$$(A) \Leftrightarrow (B) \stackrel{def}{=} (((A) \Rightarrow (B)) \wedge ((B) \Rightarrow (A)))$$

4. ∃

$$\exists (0''\cdots{}') \mathbf{A} \stackrel{def}{=} \neg (\forall (0''\cdots{}') (\neg \mathbf{A}))$$

以上の原始記号を並べるだけではほとんど意味のないもの，つまり，数学が扱いたいものにならない．そこで，最低限，意味のある記号列に制限する必要があろう．原始記号のそのような有限列の全体をこの体系の「形式的表現 (formal expressions)」または単に表現と呼ぶ．そのような表現のうち個別の対象を「項 (term)」という．項は「数値」と「変数」とその演算からなり，以下のように帰納的 (inductive) ないし再帰的 (recursive) に定義される．

1. 0は数値である．
2. s が数値であるなら，s' も数値である．
3. s が数値であるなら，(s') は変数である．
4. s が数値または変数であるなら，s は項でもある．
5. s, t が項であれば $(s+t)$, $(s+'t)$ すなわち $(s \cdot t)$ も項である．
6. 1-5 によって定義されるもののみがこの体系の項である．

これら項に対して，短縮記号法を拡張する．

定義 6.2　原始記号列 $\mathbf{A}$，項 t, t_1, t_2 と変数 x，つまり $(0''\cdots{}')$ と表されるものについて，以下のように定義する．

6.2. ペアノの公理系

1. $\neq$
$$t_1 \neq t_2 \stackrel{def}{=} \neg(t_1 = t_2)$$

2. $\leq$
$$t_1 \leq t_2 \stackrel{def}{=} \exists x(t_1 + x = t_2)$$

3. $\forall x \leq t, \exists x \leq t$
$$(\forall x \leq t)\mathbf{A} \stackrel{def}{=} \forall x\,(x \leq t \Rightarrow \mathbf{A}), \quad (\exists x \leq t)\mathbf{A} \stackrel{def}{=} \neg(\forall x \leq t)\neg \mathbf{A}$$

4. $<$
$$t_1 < t_2 \stackrel{def}{=} \exists x(t_1 + x = t_2) \land \neg(t_1 = t_2)$$

5. $\forall x < t, \exists x < t$
$$(\forall x < t)\mathbf{A} \stackrel{def}{=} \forall x\,(x < t \Rightarrow \mathbf{A}), \quad (\exists x < t)\mathbf{A} \stackrel{def}{=} \neg(\forall x < t)\neg \mathbf{A}$$

項から「論理式」または単に式 (formula) を以下のようにやはり帰納的に定義する．

1. s, t が項であれば $s = t$ は式である．このような式を原始論理式と呼ぶ．

2-3. A, B が式であれば
$$(A) \Rightarrow (B), \quad \neg(A)$$
も式である．

4. x が変数項で A が式であれば $\forall x(A)$ も式である．

5. 1-4 によって定義されるもののみがこの体系の式である．

ここで、A, B が式であれば、$(A) \wedge (B)$ は式 $\neg((A) \Rightarrow (\neg(B)))$ を表し、$(A) \vee (B)$ は式 $(\neg(A)) \Rightarrow (B)$ を表す。さらに、x が変数項で A が式であれば $\exists x(A)$ も式 $\neg(\forall x(\neg(A)))$ を表す。

ここで、x を変数 (つまり、$(0''\cdots')$ と表されるもの) とするとき

$$\Rightarrow \quad \wedge \quad \vee \quad \neg \quad \forall x \quad \exists x \quad = \quad + \quad \cdot \quad '$$

を作用素ないし演算子 (operators) と呼ぶ。このうち

$$\Rightarrow \quad \wedge \quad \vee \quad \neg \quad \forall x \quad \exists x$$

を論理作用素ないし論理演算子と呼び最初の 4 個を命題結合子 (propositional connectives)、最後の二つを量化子 (quantifiers) と呼ぶ。また $\forall$ を全称量化子 (universal quantifier)、$\exists$ を存在量化子 (existential quantifier) と呼ぶ。

ある変数 x が式 A の中でいずれかの量化子の影響範囲に現れているものを束縛変数 (bounded variable) と呼び、そうでない変数 x の現れを自由変数 (free variable) と呼ぶ。また、x を自由変数に持つ式 $A(x)$ において変数 x が項 t の中のいかなる変数 y に対しても $A(x)$ 中の量化子 $\forall y$ あるいは $\exists y$ の影響範囲に現れないとき、「項 t は $A(x)$ の変数 x に対し自由である」という。そして、項ないし式 A の中に現れている自由変数 x をすべて同時にある具体的数値 n (このようにメタレベルでは記号だが、実際は体系内の特定の数) で置き換えることを「変数 x への数値 n の代入」、「数値 n を変数 x に代入する」等と呼ぶ。

ところで、自由変項に数値を代入するというこの操作が体系内で表されるということは、ゲーデルの結果にとって最も重要な要素となっている。自由変項 x をもつ論理式 $F(x)$ があったとき、この体系においては変数 x にある数値 n を代入したもの $F(\mathbf{n})$ をメタレベルで次のように表すことができる。

$$F(\mathbf{n}) \stackrel{def}{=} \forall x \, ((x = n) \Rightarrow (F(x)))$$

これを一般化して、x を自由変項にもたない任意の論理式 F にたいしては、対応する論理式をもつこのメタレベルの記号法を拡張することができる。

$$F(\mathbf{n}) \stackrel{def}{=} \forall x \, ((x = n) \Rightarrow (F))$$

6.2. ペアノの公理系

　数学の論証は以上で定義される式つまり通常の言葉で言えば「数学的命題」を論理規則と呼ばれるある規則に従って変形すること，ととらえられる．以下それらを述べるために A, B, C, F は式 (つまり命題) を表すとし，x は変数，C は変数 x を自由変数としては含まない式とする．

　表現によって意味のある式というものを決めることにしたが，その式が真であるか偽であるかを決める手段がまだない．この手段を与えるのが公理と推論規則である．公理とは，あらかじめ正しい式と言える式を決めておく規約で，推論規則によって，公理から帰納的に正しいと言える式を決めていくことができる．推論規則 (rules of inference) には，次のようなものがある．

I_1：三段論法 (Modus ponens. Syllogism)：式 A と $(A) \Rightarrow (B)$ から B を帰結する．

$$\frac{A, \quad (A) \Rightarrow (B)}{B}$$

I_2：一般化 (Generalization)：任意の変数 x において，式 F から全称量化子を入れて $\forall x(F)$ を帰結する．

$$\frac{(C) \Rightarrow (F)}{(C) \Rightarrow (\forall x(F))}$$

定義 6.3 ある式 C がある一つの式 A ないし二つの式 A, B の直接的帰結であるとは C が推論規則の横線の下に現れ他の式 A あるいは A, B がその横線の上に現れる時を言う．

　これによって，真なる式から別の真なる式を導くことができる．ただし，真なる式が必ず，公理からはじめてこの推論規則によって有限回で導かれると結論することはできない．というのも，何らかのメタレベルの要請 (例えば，数論の無矛盾性) から，この手続きによって導かれることのない式までもが真でなくてはならないことが示される可能性があるのである．

　さて，数論において真なる式の出発点となるペアノの公理をみていこう．この公理は，推論規則の正しさを保証するために，推論規則の表現を含んでいる．

A1. 命題計算に関する公理 (A, B, C は任意の式.)

$Prop_1$: $(A) \Rightarrow ((B) \Rightarrow (A))$

$Prop_2$: $((A) \Rightarrow (B)) \Rightarrow (((A) \Rightarrow ((B) \Rightarrow (C))) \Rightarrow ((A) \Rightarrow (C)))$

$Prop_3$: $(A) \Rightarrow (((A) \Rightarrow (B)) \Rightarrow (B))$ (推論規則 (a rule of inference))

$Prop_4$: $(\,(\neg(A)) \Rightarrow (\neg(B))\,) \Rightarrow (\,(B) \Rightarrow (A)\,)$

$Prop_5$: $(\,(A) \Rightarrow (B)\,) \Rightarrow (\,((B) \Rightarrow (C)) \Rightarrow (\,(\,(\neg(A)) \Rightarrow (B)\,) \Rightarrow (C)\,)\,)$

$Prop_6$: $(\,(A) \Rightarrow (B)\,) \Rightarrow (\,((A) \Rightarrow (\neg(B))) \Rightarrow (\neg(A))\,)$

$Prop_7$: $(\neg(\neg(A))\,) \Rightarrow A$

$Prop_8$: $(\,(\neg(A)) \Rightarrow (\neg(B))\,) \Rightarrow (\,(B) \Rightarrow (A)\,)$

A2. 述語計算に関する公理 (A は任意の式, B は変数 x を自由変数として含まない式, $F(x)$ は自由変数 x をもつ式で, 項 t は $F(x)$ の変数 x に対し自由なもの.)

$Pred_1$: $((B) \Rightarrow (A)) \Rightarrow ((B) \Rightarrow (\forall x(A)))$ (推論規則 (a rule of inference))

$Pred_2$: $(\,\forall x(F(x))\,) \Rightarrow (\,F(t)\,)$

A3. 自然数の計算に関する公理 (a, b, c は任意の項.)

Nat_1: $(a' = b') \Rightarrow (a = b)$

Nat_2: $\neg(a' = 0)$

Nat_3: $(a = b) \Rightarrow ((a = c) \Rightarrow (b = c))$

Nat_4: $(a = b) \Rightarrow (a' = b')$

Nat_5: $(a + 0) = a$

Nat_6: $(a \cdot 0) = 0$

Nat_7: $(a \cdot b') = ((a \cdot b) + a)$

A4. 数学的帰納法に関する公理 (F は任意の式.)

MI: $(\,(\,F(\mathbf{0})\,) \land (\,\forall x(\,(\,F(\mathbf{x})\,) \Rightarrow (\,F(\mathbf{x}')\,)\,)\,)\,) \Rightarrow (\,\forall x(\,F(\mathbf{x})\,)\,)$

さらに，推論過程を体系内の意味のある表現として表すために形式的列というものを追加する．すなわち，複数の式 $F_1, F_2, ..., F_n$ の形式的列は，原始記号の残りの一つ , (カンマ) を用いて次のようにそのまま体系内でも表される．

$$F_1, F_2, ..., F_n$$

このとき，(形式的) 証明を以下のように定義する．

定義 6.4 一つ以上の式の有限列が形式的証明であるとはその形式的列のおのおのの式が公理であるかその式の前に現れる式の直接的帰結である時を言う．形式的証明はその有限列の最後の式の「証明」であるといわれ，その最後に現れる式をこの体系で証明可能である，あるいはこの体系の定理であるという．

この証明ないし証明列の定義も上述の項と論理式ないし命題の定義と同様帰納的ないし再帰的定義であることに注意されたい．

例 6.1 $a = a$ は定理である．実際以下の式を順番にカンマ , を介して並べたものはその形式的証明である．この証明は，主に公理に用いられている変数 a, b, c を項 $a + 0$ に置き換えるために長くなっている．

1. $a = b \Rightarrow (a = c \Rightarrow b = c)$ (公理 Nat_3 を適用．)

2. $0 = 0 \Rightarrow (0 = 0 \Rightarrow 0 = 0)$ (公理 $Prop_1$ を適用．)

3. $\{a = b \Rightarrow (a = c \Rightarrow b = c)\} \Rightarrow \{[0 = 0 \Rightarrow (0 = 0 \Rightarrow 0 = 0)] \Rightarrow [a = b \Rightarrow (a = c \Rightarrow b = c)]\}$
(公理 $Prop_1$ を適用．)

4. $[0 = 0 \Rightarrow (0 = 0 \Rightarrow 0 = 0)] \Rightarrow [a = b \Rightarrow (a = c \Rightarrow b = c)]$ (1 と 3 に推論 I_1 を適用．)

5. $[0 = 0 \Rightarrow (0 = 0 \Rightarrow 0 = 0)] \Rightarrow \forall c[a = b \Rightarrow (a = c \Rightarrow b = c)]$ (4 に推論 I_2 を適用．)

6. $[0 = 0 \Rightarrow (0 = 0 \Rightarrow 0 = 0)] \Rightarrow \forall b \forall c [a = b \Rightarrow (a = c \Rightarrow b = c)]$ (5 に推論 I_2 を適用.)

7. $[0 = 0 \Rightarrow (0 = 0 \Rightarrow 0 = 0)] \Rightarrow \forall a \forall b \forall c [a = b \Rightarrow (a = c \Rightarrow b = c)]$ (6 に推論 I_2 を適用.)

8. $\forall a \forall b \forall c [a = b \Rightarrow (a = c \Rightarrow b = c)]$ (2 と 7 に推論 I_1 を適用.)

9. $\forall a \forall b \forall c [a = b \Rightarrow (a = c \Rightarrow b = c)] \Rightarrow \forall b \forall c [a + 0 = b \Rightarrow (a + 0 = c \Rightarrow b = c)]$ (公理 $Pred_2$ を適用.)

10. $\forall b \forall c [a + 0 = b \Rightarrow (a + 0 = c \Rightarrow b = c)]$ (8 と 9 に推論 I_1 を適用.)

11. $\forall b \forall c [a + 0 = b \Rightarrow (a + 0 = c \Rightarrow b = c)] \Rightarrow \forall c [a + 0 = a \Rightarrow (a + 0 = c \Rightarrow a = c)]$
    (公理 $Pred_2$ を適用.)

12. $\forall c [a + 0 = a \Rightarrow (a + 0 = c \Rightarrow a = c)]$ (10 と 11 に推論 I_1 を適用.)

13. $\forall c [a + 0 = a \Rightarrow (a + 0 = c \Rightarrow a = c)] \Rightarrow [a + 0 = a \Rightarrow (a + 0 = a \Rightarrow a = a)]$ (公理 $Pred_2$ を適用.)

14. $a + 0 = a \Rightarrow (a + 0 = a \Rightarrow a = a)$ (12 と 13 に推論 I_1 を適用.)

15. $a + 0 = a$ (公理 Nat_5 を適用.)

16. $a + 0 = a \Rightarrow a = a$ (15 と 14 に推論 I_1 を適用.)

17. $a = a$ (15 と 16 に推論 I_1 を適用.)

問 6.1 $(a + 0') = a'$ および $(a \cdot 0') = a$ は定理であることを示せ. $0'$ を 1 と書き括弧を省くと，これらの定理の意味は $a + 1 = a'$ および $a \cdot 1 = a$ である．前者は a の後者 (successor) a' が $a + 1$ に等しいことを示している．

このように自然数論は再帰的に構成された記号列に関する帰納的ないし再帰的に定義される形式的な約束による論理の運用によって展開されうる．

このような形式的運用は最初に述べたように自然数の演算として言い換えることができる．以下その概要を述べてみよう．

定義 6.5 式 $D_1, \cdots, D_\ell$ ($\ell \geq 0$) が与えられたとき一つ以上の有限個の式の列が仮定 $D_1, \cdots, D_\ell$ からの演繹的推論であるとはその列のどの式もこれら ℓ 個の式の一つであるか公理であるかあるいはそれより前の式の直接的帰結である時を言う．演繹的推論はその最後の式 E の演繹である，あるいは式 E は仮定 $D_1, \cdots, D_\ell$ から演繹可能であるという．このことを

$$D_1, \cdots, D_\ell \vdash E$$

と書く．E はこの推論の結論であるという．

定義 6.6 Γ を有限個の式の列とするとき $\Gamma \vdash A$ の形の表現を超数学的定理 (metamathematical theorem) と呼ぶ．

例 6.2
1) $A \Rightarrow (B \Rightarrow C), B, A \vdash C$
2) $\vdash A \Rightarrow A$
3) $A, B \vdash A \wedge B$
4) $A \wedge B \Rightarrow C, A, B \vdash C$

命題 6.1 以下 A, B, C, D, E を式，Γ, Δ を式の有限列とする．
1) $E \vdash E$
2) $\Gamma \vdash E$ ならば $C, \Gamma \vdash E$．
3) $C, C, \Gamma \vdash E$ ならば $C, \Gamma \vdash E$．
4) $\Delta, D, C, \Gamma \vdash E$ ならば $\Delta, C, D, \Gamma \vdash E$．
5) $\Delta \vdash C$ かつ $C, \Gamma \vdash E$ ならば $\Delta, \Gamma \vdash E$．
6) $A \vdash B$ かつ $A, B, C \vdash D$ かつ $B, D \vdash E$ ならば $A, C \vdash E$．

問 6.2 上の命題 6.1 を示せ.

論理命題の中でも，事実上有限回のプロセスで真偽を判定することができる狭いクラスのものを構成的数論関係式，略して構成的式と呼ぶことにする．これは，次のように帰納的に定義される．

1. s, t, u が項であれば $s+t=u, s\cdot t=u, s=t, s\leq t$ を原始有限論理式と呼ぶ．構成的原始式は構成的式である．

2-3. A, B が構成的式であれば

$$(A) \Rightarrow (B), \quad \neg(A)$$

も構成的式である．

4. 変数 x と数値 n について，A が構成的式であれば $\forall x(x \leq n \Rightarrow A)$ および $\forall x(x < n \Rightarrow A)$ も構成的式である．

5. 1-4 によって定義されるもののみがこの体系の構成的式である．

単なる論理式とこの構成的式との違いは，4番目の全称量化子に関する部分である．構成的式のみからできるペアノの体系の部分系について完全性を証明することができることも知られている．

つまり，数学の論理は，束縛されない量化子を含み，これが体系を不完全にする一つの原因となっている．そして，次の節で問題となるゲーデル文やロッサー文は，このような束縛されない存在量化子を含み，束縛されない全称量化子を複数含まない帰納的に定義されるような式で表され，このような論理式は帰納的関係式と言われる．ゲーデルの ω-無矛盾の仮定に基づく理論では，構成的関係式 $F(x)$ について，$F(1), F(2), F(3), ...$ はそれぞれ決定可能であるが，帰納的関係式 $\forall x F(x)$ は決定可能でないようなものが存在することが証明される．

これらの事柄は以下で示す不完全性は基本的に「無限」に起因することを示している．事実我々の公理系から数学的帰納法の公理を除いた体系ではやはり完全性が示される．上述の束縛されない量化子を含まない構成的式は基本的に有限個の自然数に関する命題であり無限性を持たないのである．

6.3 数論の不完全性

前節で述べてきた自然数論の形式的体系を S と表すことにする．以下では，S の不完全性を導く[6]．すでに述べたところであるが，S の不完全性とは S に関する論証を S 内で行う限り不完全である，という意味である．体系外でさらに強い仮定をおけば S 内の真なる命題がすべて証明可能となることはあり得るのである．したがってここで言う不完全性を示すには，以下で定義するロッサー文を体系 S 内で表現しかつある式の列がその証明列であることおよびその否定の証明列であることを S 内に「写す」ことができることを示すと言うことである．こうした上で S 内においてはいかなる式の列もロッサー文およびロッサー文の否定の証明列でないことを示すことが不完全性の証明の数学的内容である．この目的のためゲーデルは S の任意の論理記号列に自然数を対応させることを思いついた．この対応付けには様々な方法があり得るが，ここではクワイン[7]による p 進数による対応づけを少し手直しし技術的にも有用である $p = 2$ としたものを採用する[8]．以下必要な全ての文を具体的に S 内の文として書き下せることを証明する．

はじめに，S の論理的展開を自然数の演算として表すために S の各原始記号に次のように自然数を対応させる．

′	0	(	)	+	=	⇒	¬	∀	,
2^0	2^1	2^2	2^3	2^4	2^5	2^6	2^7	2^8	2^9

ここで，二つの自然数 n, m について，m の 2 進法における桁数を $l(m)$ とするとき，次の結合積 $\star$ を定義する．

$$n \star m = 2^{l(n)+1} \cdot m + n$$

このようにすれば原始記号による二つの記号列 A_1, A_2 の Gödel 数が $g(A_1)$, $g(A_2)$ であるとき，結合列で表される式 $A_1 A_2$ のゲーデル数 $g(A_1 A_2)$ を次

---

[6] この節はゲーデルのオリジナルの論文 Kurt Gödel, Über formal unentscheidbare Sätze der Principia Mathematica und verwandter Systeme I, Monatshefte für Mathematik und Physik, v.38, p. 173-198 に加えて，R. M. Smullyan, Gödel's Incompleteness Theorems, Oxford University Press 1992 の記述を参考にしている．

[7] Willard Van Orman Quine, Mathematical Logic, Norton 1940 revised Harvard Univ. Press 1981

[8] 同じ p 進数による方法を採用しているクワインとスマリアンではそれぞれ $p = 10$, $p = 13$ としている．

のように定義することができる．

$$g(A_1 A_2) = g(A_1) \star g(A_2)$$

このように原始記号列に対応する自然数を一般にゲーデル数という．この対応は 1 対 1 対応であるが上への対応ではない．ゲーデル数の決め方には様々な方法があるが，以下ではこの 2 進法に基づくゲーデル数の定義を採用する．

例 6.3 たとえば式 $\exists a_1(a_1 = 0)$ は，原始記号のみで表すと $\neg(\forall(0')(\neg((0') = 0)))$ のことであるので，そのゲーデル数は 2 進数で次のように書ける．

$$(10000000010010000000010010110001001000000001001001011000100001010001000)_2$$

定義 6.7 ゲーデル数が x となる原始記号列を E_x と表す．

ここで，ゲーデル数を構成するプロセス自体を体系内の言葉で表すことができる．これは二つの自然数 x と y の接合演算 $\star$ が原始論理式で表されることが分かれば明らかである．具体的には，以下のように帰納的に構成できる．ただし，以降で括弧は省略しても混乱しない場合は省略してある．

1. $Div(x, y) : x$ は y の因数である．

$$(\exists z \leq y)(x \cdot z = y)$$

2. $2^\times(x) : x$ は 2 の冪である．

$$(\forall z \leq x)((Div(z, x) \wedge (z \neq 1)) \Rightarrow Div(2, z))$$

3. $y = 2^{l(x)} : y$ は x より大きい最小の 2 の冪である．

$$(2^\times(y) \wedge (y > x) \wedge (y > 1)) \wedge (\forall z < y)\neg(2^\times(z) \wedge (z > x) \wedge (z > 1))$$

4. $z = x \star y$: z は x と y を 2 進表示で接合した数値である．

$$(\exists w \leq z)(z = 2 \cdot (w \cdot x) + y \wedge w = 2^{l(y)})$$

さらに，2 進表示での数値を分解して，対応する原始記号列から部分列を取り出す作業は，全て数論的である．

5. $Begin(x, y)$: x は y の 2 進表示において先頭部分の (対応する原始記号列をもつ) 数字列である．

$$x = y \vee (x \neq 0 \wedge (\exists z \leq y)(x \star z = y))$$

6. $End(x, y)$: x は y の 2 進表示において後尾部分の (対応する原始記号列をもつ) 数字列である．

$$x = y \vee (x \neq 0 \wedge (\exists z \leq y)(z \star x = y))$$

7. $Part(x, y)$: x は y の 2 進表示において (対応する原始記号列をもつ) 数字部分列である．

$$x = y \vee (x \neq 0 \wedge (\exists z \leq y)(End(z, y) \wedge Begin(x, z)))$$

これを用いて，項の種類を判定する述語を構成できる．

8. $Succ(x)$: E_x は ′ の列である．

$$(x \neq 0) \wedge (\forall y \leq x)(Part(y, x) \Rightarrow Part(1, x))$$

9. $Var(x)$: E_x は変数である．

$$(\forall y \leq x)(Succ(y) \wedge x = (10010)_2 \star y \star (1000)_2)$$

10. $Num(x)$: E_x は数値である．

$$(x = (10)_2) \vee (\forall y \leq x)(Succ(y) \wedge x = (10)_2 \star y)$$

ところで，体系内の意味のある表現として形式的列 $E_{x_1}, E_{x_2}, ..., E_{x_n}$ のゲーデル数は次のように表される．

$$x_1 \star 2^9 \star x_2 \star 2^9 ... 2^9 \star x_n$$

形式的な列であることやある式が形式的列に含まれることは次のように体系内で記述される．

11. $Seq(x) : E_x$ は形式的な列である．

$$Part(2^9, x)$$

12. $x \in y : E_y$ は形式的な列で，E_x はその要素である．

$$Seq(y) \land \neg Part(2^9, x) \land$$
$$\bigl(Begin(x \star 2^9, y) \lor End(2^9 \star x, y) \lor Part(2^9 \star x \star 2^9, y)\bigr)$$

13. $x \prec_z y :$ 形式的な列 E_z の要素 E_x と E_y について，E_x は E_y の先に現れる．

$$(x \in z) \land (y \in z) \land (\exists w \le z) Part(x \star w \star y, z) .$$

このような形式列を用いると，以下のように論理式の構成を体系内で表すことができる．

14. $Term(x) : E_x$ は項である．

$$\exists y(\ (x \in y) \land (\forall z \in y)(\ Var(z) \lor Num(z) \lor$$
$$(\exists v \prec_y z)(\exists w \prec_y z)(\ (2^2 \star v \star 2^5 \star w \star 2^3 = z) \lor$$
$$(2^2 \star v \star 2^5 \star 2^0 \star w \star 2^3 = z)\ )\ )\ .$$

15. $Atom(x) : E_x$ は原始論理式である．

$$(\exists y \le x)(\exists z \le x)(\ Term(y) \land Term(z) \land$$
$$((x = y \star 2^5 \star z) \lor (x = leq(y, z)))) .$$

ただし，関数 leq は次のように帰納的に定義される．

1. $neq(x,y) : E_x \neq E_y$ のゲーデル数

$$2^7 \star 2^2 \star x \star 2^5 \star y \star 2^3$$

2. $leq(x,y) : E_x \leq E_y$ のゲーデル数

$$(100000001001000000001001011000100)_2 \star$$
$$neq(x \star (100001001011000)_2, y) \star (10001000)_2$$

16. $Gen(x,y)$: 変数 E_z について E_y は $\forall E_z(E_x)$ に等しい．

$$(\exists z \leq y)\left(Var(z) \land y = 2^8 \star z \star 2^2 \star x \star 2^3\right)$$

17. $Form(x)$: E_x は論理式である．

$$\exists y(\ (x \in y) \land (\forall z \in y)(\ Atom(z) \lor$$
$$(\exists v \prec_y z)(\exists w \prec_y z)((y = v \star 2^5 \star w)) \lor$$
$$(y = 2^7 \star 2^2 \star v \star 2^3) \lor Gen(w,y))\ )\ ) \ .$$

これから，公理が実際に体系内で表されることを確認していく．まず，命題計算と自然数の計算に関する公理を体系内で表す．

18. $Pro(x)$: E_x は命題計算に関する公理である．

$$Prop_1(x) \lor Prop_2(x) \lor Prop_3(x) \lor Prop_4(x) \lor Prop_5(x) \lor$$
$$Prop_6(x) \lor Prop_7(x)$$

ただし，$Prop_1(x), Prop_2(x), Prop_3(x), Prop_4(x), Prop_5(x),$
$Prop_6(x), Prop_7(x)$ は以下のように決まる．

1. $Prop_1(x)$: E_x は公理 $Prop_1$ である．

$$(\exists a < x)(\exists b < x)(Form(a) \land Form(b) \land$$
$$x = (100)_2 \star a \star (10001000000100100)_2 \star b \star$$
$$(10001000000100)_2 \star a \star (10001000)_2\ )$$

2. $Prop_2(x) : E_x$ は公理 $Prop_2$ である.

$$(\exists a < x)(\exists b < x)(\exists c < x)(Form(a) \wedge Form(b)$$
$$\wedge Form(c) \wedge x = (100100)_2 \star a \star (10001000000100)_2 \star$$
$$b \star (1000100010000010010010100)_2 \star a \star$$
$$(10001000000100100)_2 \star b \star (10001000000100)_2$$
$$\star c \star (100010001000100010001000000100100)_2 \star a \star$$
$$(10001000000100)_2 \star c \star (100010001000)_2 \,)$$

3. $Prop_3(x) : E_x$ は公理 $Prop_3$ である.

$$(\exists a < x)(\exists b < x)(Form(a) \wedge Form(b) \wedge$$
$$x = (100)_2 \star a \star (10001000000100100)_2 \star a \star$$
$$(10001000000100)_2 \star b$$
$$\star (100010001000000100)_2 \star b \star (10001000)_2$$

4. $Prop_4(x) : E_x$ は公理 $Prop_4$ である.

$$(\exists a < x)(\exists b < x)(\, Form(a) \wedge Form(b) \wedge$$
$$x = (10010010000000100)_2 \star a \star$$
$$(1000100010000001000100000000100)_2 \star b$$
$$\star (10001000100010000001000100)_2 \star b \star$$
$$(10001000000100)_2 \star a \star (10001000)_2 \,)$$

6.3. 数論の不完全性　137

5. $Prop_5(x)$: E_x は公理 $Prop_5$ である．

$$(\exists a < x)(\exists b < x)(\exists c < x)(Form(a) \wedge Form(b)$$
$$\wedge Form(c) \wedge x = (100100)_2 \star a \star$$
$$(10001000000100100100)_2 \star b \star (10001000000100)_2 \star c$$
$$\star (1000100010000001001001000000100)_2 \star a \star$$
$$(100010001000000100)_2$$
$$\star b \star (100010001000000100)_2 \star c \star (100010001000)_2)$$

6. $Prop_6(x)$: E_x は公理 $Prop_6$ である．

$$(\exists a < x)(\exists b < x)(Form(a) \wedge Form(b) \wedge$$
$$x = (100100)_2 \star a \star (100010000001000)_2 \star b \star$$
$$(1000100010000001001001000)_2$$
$$\star a \star (100010000001001000000100)_2 \star b$$
$$\star (10001000100010000001001000000100)_2 \star a \star$$
$$(100010001000)_2)$$

7. $Prop_7(x)$: E_x は公理 $Prop_7$ である．

$$(\exists a < x)(Form(a) \wedge$$
$$x = (100100000010010000000100)_2 \star a \star$$
$$(1000100010001000000100)_2 \star a \star (1000)_2)$$

8. $Prop_8(x)$: E_x は公理 $Prop_8$ である．

$$(\exists a < x)(\exists b < x)(Form(a) \wedge Form(b) \wedge$$
$$x = (10010010000000100)_2 \star a \star$$
$$(10001000100000100100000000100)_2$$
$$\star b \star (10001000100010000001000100)_2 \star b \star$$
$$(10001000000100)_2 \star a \star (10001000)_2)$$

19. $Nat(x)$: E_x は自然数の計算に関する公理である．

$$Nat_1(x) \lor Nat_2(x) \lor Nat_3(x) \lor Nat_4(x) \lor Nat_5(x) \lor$$
$$Nat_6(x) \lor Nat_7(x)$$

ただし，$Nat_1(x), Nat_2(x), Nat_3(x), Nat_4(x), Nat_5(x),$ $Nat_6(x), Nat_7(x)$ は以下のように決まる．

1. $Nat_1(x) : E_x$ は公理 Nat_1 である．

$$(\exists a < x)(\exists b < x)(\ Term(a) \land Term(b) \land$$
$$x = (100)_2 \star a \star (1100000)_2 \star b \star (110001000000100)_2$$
$$\star a \star (100000)_2 \star b \star (1000)_2 \ )$$

2. $Nat_2(x) : E_x$ は公理 Nat_2 である．

$$(\exists a < x)(\ Term(a) \land x = (10000000100)_2 \star a \star$$
$$(1100000)_2 \star (101000)_2 \ )$$

3. $Nat_3(x) : E_x$ は公理 Nat_3 である．

$$(\exists a < x)(\exists b < x)(\exists c < x)(\ Term(a) \land Term(b) \land$$
$$Term(c) \land x = (100)_2 \star a \star (100000)_2 \star b \star$$
$$(10001000000100100)_2 \star a \star (100000)_2 \star c \star$$
$$(10001000000100)_2 \star b \star$$
$$(100000)_2 \star c \star (10001000)_2 \ )$$

4. $Nat_4(x) : E_x$ は公理 Nat_4 である．

$$(\exists a < x)(\exists b < x)(\ Term(a) \land Term(b) \land$$
$$x = (100)_2 \star a \star (100000)_2 \star b \star (10001000000100)_2$$
$$\star a \star (1100000)_2 \star b \star (11000)_2 \ )$$

5. $Nat_5(x)$: E_x は公理 Nat_5 である.

$$(\exists a < x)(\ Term(a) \land x = a \star (1000010100000)_2 \star a\ )$$

6. $Nat_6(x)$: E_x は公理 Nat_6 である.

$$(\exists a < x)(\ Term(a) \land x = a \star (1000011010000010)_2 \star a\ )$$

7. $Nat_7(x)$: E_x は公理 Nat_7 である.

$$(\exists a < x)(\exists b < x)(\ Term(a) \land Term(b) \land$$
$$x = a \star (100001)_2 \star b \star (1100000)_2 \star a \star$$
$$(100001)_2 \star b \star (10000)_2 \star a\ )$$

次に，数学的帰納法に関する公理を記述する．ここでは，変数の形式的な代入の数論性に基づいて表される．

20. $sub_a(x,y)$: E_a の変数 E_x に E_y を形式的に代入するという式 $\forall E_x((E_x = E_y) \Rightarrow (E_a))$ のゲーデル数．

$$2^8 \star x \star (100100)_2 \star x \star (1000001)_2 \star y \star$$
$$(10001000000100)_2 \star a \star (10001000)_2$$

21. $MI(x)$: E_x は数学的帰納法に関する公理である．

$$(\exists a < x)(\exists b < x)(\exists c < x)(\ Form(a) \land Var(b) \land Var(c) \land$$
$$x = (10010000000100100)_2 \star sub_a(b, 2^1) \star$$
$$(10001000000100100000000100100000000)_2$$
$$\star c \star (100100)_2 \star sub_a(b,c) \star (10001000000100)_2 \star$$
$$sub_a(b, c \star 2^0) \star$$
$$(10001000100010001000100000000100100000000)_2$$
$$\star c \star (100)_2 \star sub_a(b,c) \star (10001000)_2\ )$$

最後に，述語論理に関する公理を記述する．とくに公理 $Pred_2$ では，実際に式に含まれるすべての変数を項に置き換える作業を考えなくてはならない．

22. $Pred_1(x) : E_x$ は公理 $Pred_1$ である．

$$(\exists a < x)(\exists b < x)(\exists c < x)(Form(a) \wedge Form(b) \wedge Var(c) \wedge$$
$$x = (100100)_2 \star b \star (10001000000100)_2 \star a \star$$
$$(10001000000100100)_2 \star b \star (100010000010010000000)_2$$
$$\star c \star (100)_2 \star a \star (100010001000)_2 \ )$$

23. $Seq(x, y, z)$: 形式列でなく $'$ で始まらない文字列 E_x と E_y の組 $\{E_x, E_y\}$ は列 z のこの順番でとなり合う要素からなる．ただし，組を表す括弧 $\{$ と $\}$ は，通常の括弧との違いを明らかにし，他の記号との混同を避けるためにともに $,,$ とカンマの繰り返しで表す．

$$\neg Seq(x) \wedge \neg Seq(y) \wedge \neg (x = 0) \wedge \neg (y = 0) \wedge$$
$$\neg Part(2^9 \star 2^9 \star 2^9, z) \wedge Part(2^9 \star 2^9 \star x \star 2^9 \star y \star 2^9 \star 2^9, z)$$

24. $Free(x, y)$: 項 E_x に含まれる如何なる変数も文字列 E_y 内で束縛されない．

$$Term(x) \wedge$$
$$(\forall z < x) \left((Var(z) \wedge Part(z, x)) \Rightarrow (\neg Part(2^8 \star z, y)) \right)$$

25. $x = alt_y(z, t)$: 式 E_x は式 E_y の変数 E_z の位置に自由な項 E_t を代入したものである．

$$Form(x) \wedge Form(y) \wedge Var(z) \wedge Free(t, y) \wedge$$
$$Part(z, y) \wedge \neg Part(z, x) \wedge \exists w (\ Seq(y, x, w) \wedge ($$
$$(\forall a < w)(\forall b < w)(Seq(a, b, w) \Rightarrow (\ (\neg Part(z, a) \wedge a = b) \vee$$
$$(\exists c_1 < a)(\exists c_2 < b)(\exists d_1 < a)(\exists d_2 < b)(Seq(c_1, c_2, w) \wedge$$
$$Seq(d_1, d_2, w) \wedge a = c_1 \star z \star d_1 \wedge b = c_2 \star t \star d_2))$$

26. $Pred_2(x) : E_x$ は公理 $Pred_2$ である．

$$(\exists a < x)(\exists b < x)(\exists c < x)(\exists t < x)(\, Form(a) \land Var(b) \land$$
$$Term(t) \land c = alt_a(b,t) \land$$
$$x = (100100000000100)_2 \star b \star (100)_2 \star a \star$$
$$(100010001000000100)_2 \star c \star (1000)_2 \,)$$

以上から，公理をすべて体系内で表すことができた．これから，公理と推論規則によりつくられる証明列が体系内で記述可能であることが以下のように分かる．

27. $Axiom(x) : E_x$ は公理である．

$$Pro(x) \lor Nat(x) \lor Pred_1(x) \lor Pred_2(x) \lor MI(x)$$

28. $Proof(x) : E_x$ は証明列である．

$$Seq(x) \land \forall y(y \in x \Rightarrow (Axiom(y) \lor (\exists v \prec_x y)(\exists w \prec_x y)$$
$$(\, (w = v \star 2^6 \star y) \lor$$
$$(\exists a < v)(\exists b < v)(\exists c < y)(\, v = a \star 2^6 \star b \land$$
$$y = a \star 2^6 \star c \land Gen(b,c) \,)\,)\,)$$

29. $Pr(x) : E_x$ は証明可能である．

$$\exists y \, (Proof(y) \land (x \in y))$$

30. $Re(x) : E_x$ は反証可能である．

$$\exists y \, (Proof(y) \land (2^7 \star 2^2 \star x \star 2^3 \in y))$$

さてロッサー文で用いられる述語は以下により定義される．

定義 6.8

1) 述語 $\mathbf{A}(a,b)$ を次の意味の述語とする．

「a は自由変数 x(変数であれば何でもよい) を持つ式 $A(x)$ のゲーデル数で b は式 $A(\mathbf{a})$ の証明列の Gödel 数である．」

2) $\mathbf{B}(a,c)$ を次の意味の述語とする．

「a は式 $A(x)$ の Gödel 数で c は $\neg A(\mathbf{a})$ の証明列のゲーデル数である．」

この節の冒頭に述べた「ロッサー文を体系 S 内で表現しかつある式の列がその証明列であることおよびその否定の証明列であることを S 内に「写す」ことができることを示す」ということは一般のメタレベルの述語 $\mathbf{P}(x_1,\cdots.x_n)$ について述べれば以下のようになる．

定義 6.9 $\mathbf{P}(x_1,\cdots.x_n)$ をメタレベルの直観的な述語とする．この述語 $\mathbf{P}(x_1,\cdots,x_n)$ が形式的体系 S 内で数値的に表現可能であるとは相異なる自由変数 $x_1,\cdots,x_n$ のほかには自由変数を持たないある式 $P(x_1,\cdots,x_n)$ が存在して以下を満たすことを言う．すなわち任意の n 個の自然数 $x_1,\cdots,x_n$ に対し次が成り立つことを言う．

i) $\mathbf{P}(x_1,\cdots,x_n)$ が真であれば $\vdash P(\mathbf{x}_1,\cdots,\mathbf{x}_n)$ が成り立つ．

ii) $\mathbf{P}(x_1,\cdots,x_n)$ が偽であれば $\vdash \neg P(\mathbf{x}_1,\cdots,\mathbf{x}_n)$ が成り立つ．

ただし以上で真・偽とはメタレベルで直観的に真か偽かが証明可能なことを言う．

上述の **1** から **30** の手続きにより以下が従う．

補題 6.1 上で述べたゲーデル数の対応付けにより定義 6.8 の述語 $\mathbf{A}(a,b)$, $\mathbf{B}(a,c)$ はある対応する式 $A(a,b)$, $B(a,c)$ により数値的に表現可能である．

6.3. 数論の不完全性

証明 これらの述語は自らをゲーデル数を通して変数に代入するという対角式を含む。この際、E_x と数 y について $y = 2^x$ が数論的であることを示す必要がある。このためには、$y = 2^x$ の組 (x, y) が具体的な計算列 $(0, 1), (1, 2), (2, 4), (3, 8), ...$ に入っていることを言えば良い。しかし、E_x が形式列を含むゲーデル数となることから、この計算列の構成にはカンマ、による形式列を用いることはできない。したがって、体系内の項、式、列のいずれのゲーデル数でもないような数 s, t によって列数を $s \star (0)_2 \star t \star (1)_2 \star s \star (1)_2 \star t \star (10)_2 \star s \star (10)_2 \star t \star (100)_2 \star s \star (11)_2 \star t \star (1000)_2 \star s...$ として考える必要がある。ここでは、$s = 2^{10}$, $t = 2^{11}$ として $y = 2^x$ を以下のように体系内で表すことにする。

31. $SEQ(x, y, z)$: z は組数 (x, y) の列数である。

$$Part(2^{10} \star x \star 2^{11} \star y \star 2^{10}, z) \land \neg Part(2^{10}, x) \land \neg Part(2^{10}, y)$$

32. $y = 2^x$: 式 E_x と数 y について $y = 2^x$ が成り立つ。

$$\exists w (\ SEQ(x, y, w) \land (\forall a \leq w)(\forall b \leq w) SEQ(a, b, w) \Rightarrow$$
$$(\ (a = 0 \land b = 1) \lor (\exists c \leq a)(\exists d \leq b)(SEQ(c, d, w) \land$$
$$a = c + 1 \land b = d \cdot 2) \ ) \ )$$

以上の準備のもとに問題の述語 **A**(a, b) および **B**(a, b) は体系 S 内で以下のように数値的に表現される。

33. $A(a, b)$: E_a は自由変数 x をもち、E_b は E_a の $x = a$ の場合の証明列である。

$$\exists x (Var(x) \land Part(x, a) \land Proof(b) \land$$
$$\exists w (w' = 2^a \land (sub_a(x, 2^1 \star w) \in b)) \ )$$

34. $B(a, b)$: E_a は自由変数 x をもち、E_b は E_a の $x = a$ の場合の反証列である。

$$\exists x (Var(x) \land Part(x, a) \land Proof(b) \land$$
$$\exists w (w' = 2^a \land (2^7 \star 2^2 \star sub_a(x, 2^1 \star w) \star 2^3 \in b)) \ )$$

ただし，数 a について $w' = 2^a$ となる w は 2 進表現で 1 が a 個ならぶ数字となるので，$2^1 \star w$ が数 a に対応する数項 $0'''\cdots{}'$ のゲーデル数を与えることを用いている．

証明終わり

これらの述語を用いてロッサー文 $E_q(\mathbf{q})$ は以下のように定義される．

定義 6.10 q を以下の式のゲーデル数とする．

$$\forall b \, (A(a,b) \Rightarrow \exists c(c \leq b \wedge B(a,c))).$$

すなわち

$$E_q(a) \stackrel{def}{=} \forall b \, (A(a,b) \Rightarrow \exists c(c \leq b \wedge B(a,c)))$$

従って，

$$E_q(\mathbf{q}) \stackrel{def}{=} \forall b \, (A(\mathbf{q},b) \Rightarrow \exists c(c \leq b \wedge B(\mathbf{q},c)))$$

ただし，

$$A(\mathbf{q},b) \stackrel{def}{=} \forall a \, ((a=q) \Rightarrow (A(a,b))), B(\mathbf{q},c) \stackrel{def}{=} \forall a \, ((a=q) \Rightarrow (B(a,c)))$$

である．

これらの準備のもとにロッサー文およびその否定がともに体系 S が無矛盾である限り体系 S 内の推論ないし「計算」によっては証明されないことを見る．

いま S が整合的すなわち無矛盾 (証明可能かつ反証可能な論理式が存在しない) と仮定する．

このとき

$$\vdash E_q(\mathbf{q}) \text{ in } S \tag{6.1}$$

とし e を $E_q(\mathbf{q})$ の証明のゲーデル数とする．すると $\mathbf{A}(a,b)$ の数値的表現可能性により

$$\vdash A(\mathbf{q}, \mathbf{e}) \tag{6.2}$$

である．S が無矛盾であるという我々の仮定により

$$\vdash E_q(\mathbf{q}) \text{ in } S$$

は

$$\text{not } \vdash \neg E_q(\mathbf{q}) \text{ in } S$$

を含意する．従って任意の非負整数 d に対し $\mathbf{B}(q,d)$ は偽である．特に $\mathbf{B}(q,0), \cdots, \mathbf{B}(q,e)$ は偽である．よって $\mathbf{B}(a,c)$ の数値的表現可能性により

$$\vdash \neg B(\mathbf{q}, \mathbf{0}), \vdash \neg B(\mathbf{q}, \mathbf{1}), \cdots, \vdash \neg B(\mathbf{q}, \mathbf{e})$$

が得られる．ゆえに

$$\vdash \forall c(c \leq \mathbf{e} \Rightarrow \neg B(\mathbf{q}, c))$$

である．これと (6.2) の $\vdash A(\mathbf{q}, \mathbf{e})$ により

$$\vdash \exists b\, (A(\mathbf{q}, b) \wedge \forall c(c \leq b \Rightarrow \neg B(\mathbf{q}, c)))$$

である．これは次と同値である．

$$\vdash \neg E_q(\mathbf{q}) \text{ in } S.$$

これは仮定 (6.1) と矛盾し S が無矛盾であるという大前提に反する．従って

$$\text{not } \vdash E_q(\mathbf{q}) \text{ in } S$$

でなければならない．

逆に
$$\vdash \neg E_q(\mathbf{q}) \text{ in } S \tag{6.3}$$
と仮定する．すると $\neg E_q(\mathbf{q})$ の S における証明のゲーデル数 k が存在し
$$\mathbf{B}(q, k) \text{ は真である．}$$
従って $\mathbf{B}(a, c)$ の数値的表現可能性により
$$\vdash B(\mathbf{q}, \mathbf{k}).$$
これより
$$\vdash \forall b\,(b \geq \mathbf{k} \Rightarrow \exists c(c \leq b \wedge B(\mathbf{q}, c))) \tag{6.4}$$
が従う．$\neg E_q(\mathbf{q})$ は S において証明可能と仮定したから我々の大前提「S は無矛盾である」ことから $E_q(\mathbf{q})$ の証明は S においては存在しない．よって
$$\vdash \neg A(\mathbf{q}, \mathbf{0}), \vdash \neg A(\mathbf{q}, \mathbf{1}), \cdots, \vdash \neg A(\mathbf{q}, \mathbf{k-1})$$
が成り立つ．従って
$$\vdash \forall b\,(b < \mathbf{k} \Rightarrow \neg A(\mathbf{q}, b)).$$
これと (6.4) を併せて
$$\vdash \forall b\,(\neg A(\mathbf{q}, b) \vee \exists c(c \leq b \wedge B(\mathbf{q}, c)))$$
となる．これは次を意味する．
$$\vdash E_q(\mathbf{q}).$$
ところがこれは (6.3) に矛盾し S が無矛盾であるという大前提に反する．従って
$$\text{not } \vdash \neg E_q(\mathbf{q}) \text{ in } S$$
が示された．

以上により以下のロッサー (Rosser) 型のゲーデルの「不完全性定理」が証明された．

定理 6.1 S が整合的と仮定する．このとき $E_q(\mathbf{q})$ もその否定 $\neg E_q(\mathbf{q})$ もともに S において証明可能でない．

　この定理は自然数論 S においてはそれが無矛盾である限りその肯定も否定も証明できない命題が存在することを示している．つまり自然数論においてはすべての命題の真偽を証明という方法によっては判定し得ない，ということを意味する定理である．このことを「形式的体系 S は不完全である」と呼ぶ．

　ここで前提として「S は無矛盾である」をおいていることを思い起こすとこの定理は以下のように言い換えることができる．

定理 6.2 S は矛盾しているか不完全であるかのどちらかである．

　西暦 1900 年前後に数学の基礎について様々な問題が現れ，ヒルベルト (David Hilbert) は数学を基礎づける概念として形式的体系を導入し，それが意味を持つ基準として「無矛盾性」と「完全性」を提唱した．数学が無矛盾かつ完全な形式的体系として記述されることを期待してのことであった．しかしゲーデル (Kurt Gödel) が 1931 年に提出した決定不可能性の定理，いわゆる上述の不完全性定理によりこの夢は潰え去った．数学は形式的体系としては記述が不完全であり，従ってコンピューターにかけて数学的定理をすべて証明するという近代初頭にライプニッツ (Gottfried Wilhelm von Leibniz) (1646-1716) の描いた夢は実現不可能なことが判明したのである．さらに上述の定理はいわゆるゲーデルの第一定理と呼ばれるものであり第二定理として「S が無矛盾である限り S 内で形式化される方法によっては S の無矛盾性自体が証明できない」という結果があることを付け加えておく．

　ところで読者はこの章で用いた帰納的ないし再帰的な項や式および証明列の構成・生成が第 1 章で述べたフラクタル図形や非線型方程式の自己相似な構成・生成と同じであることに気づかれただろうか．項や式，証明の定義は有限個の規則の自己相似な適用の繰り返しにすぎない．上述のゲー

デルの結果と併せて考えれば我々人間の表現が必然的に限界を持ち，その限界が自然界を眺めるとき必然的に有限個の規則の繰り返しで物事をとらえるという自己相似な描像・見方を生み出すのであろう．自然界は有限の人間が言葉によって記述しようとする限り決して真の姿を現さないものなのかもしれない．

注 6.1 ゲーデル自身が示した不完全性定理は「S が ω-整合的なら S の命題 $E_p(\mathbf{p})$ でその肯定も否定も証明できないものが存在する」というものであった．ω-整合的 (ω-consistent) とは，自由変数 x をもつ論理式 $F(x)$ で $\exists x F(x)$ が証明可能であると同時に各論理式 $F(\mathbf{0})$, $F(\mathbf{1})$, ... が反証可能であるようなものが存在しないことを意味する．このとき整合的なことも従うが逆は真でないのでゲーデルの元の形の定理はロッサー型の定理より弱い結果である．しかしそこでの命題 $E_p(\mathbf{p})$ はその意味がより直観的に理解できる形である．実際命題 $E_p(a)$ は以下のように定義される．

$$E_p(a) \stackrel{def}{=} \forall b \neg A(a, b).$$

すなわち右辺の命題のゲーデル数を p とするのである．すると肯定も否定も証明できない命題

$$E_p(\mathbf{p}) \stackrel{def}{=} \forall b \neg A(\mathbf{p}, b)$$

の意味は，定義 6.8 の述語 $\mathbf{A}(a, b)$ の意味

> 「a はただ一つの自由変数を持つ式 (それを $A(a)$ と表す) のゲーデル数で b は式 $A(\mathbf{a})$ の証明列のゲーデル数である」

から言えば

> 「$E_p(\mathbf{p})$ の証明は存在しない」

となる．従って $E_p(\mathbf{p})$ が証明可能であればその意味から $E_p(\mathbf{p})$ は証明可能でないし，その否定 $\neg E_p(\mathbf{p})$ が証明可能であれば $E_p(\mathbf{p})$ は証明可能となり，どちらの場合も矛盾が導かれ，従って S が無矛盾である限りどちらも証明可能ではない．従ってこの命題 $E_p(\mathbf{p})$ はメタレベルの議論から見れば正しい命題である．すなわち真な命題で形式的体系内では証明できないものが

存在することが言えた.実際には無限個の命題を同時には扱えないため ω-整合性の仮定を用いるが,本質的にはこういう事情がゲーデルの不完全性定理の意味である.これを見れば命題 $E_p(\mathbf{p})$ は自分自身に言及していることがわかる.すなわち実数の個数が自然数の個数より大きいことを示した集合論の始祖カントール (Georg Cantor) に由来するいわゆる「対角線論法」が使われているのである.

第7章 公理的集合論

現代の数学はそのおおかたが集合論 (set theory) の上に基礎づけられる．実数も集合の一部と見なして構成される．すなわち前章で形式的体系により記述した自然数を集合論の中で集合 (set) として構成した上で集合の性質を用いて実数論が展開される．このとき，集合の要素を順序づける問題が生ずる．そこでこの章ではそれらの基礎を与える集合という概念を見ていこう．

7.1 集合とパラドクス

集合は素朴に「ものの集まり」と考えることができる．最初に集合の概念の重要性に気づき定式化したのは先述のカントール (Georg Cantor) であった．19 世紀末の話である．しかしいまたとえば以下のような集合 A を考えてみる．
$$A = \{x | x \notin x\}.$$
このとき「A は A 自身の要素であるか？」を考えてみると，もし $A \in A$ と仮定してみると A は A を定義する条件
$$A \notin A$$
を満たすはずであるが，これは仮定「$A \in A$」自身に反し矛盾である．それならば反対に $A \notin A$ と仮定してみるとこれは A が A の要素である条件を満たすという意味だから
$$A \in A$$
となりやはり仮定「$A \notin A$」に矛盾する．どちらの場合も矛盾が生ずるのだから集合という概念ないしは素朴な集合論は矛盾を呈する．(この論法は

前章で述べたゲーデル (Gödel) の不完全定理の証明と同様のものであることに注意されたい．) これがバートランド ラッセル (Bertrand Russell) が 1902 年 6 月 16 日付けでフレーゲ (Gottlob Frege) に書き送った手紙で提出したいわゆるラッセルのパラドクスである．(発見は 1901 年 6 月とも 5 月ともあるいは春とも言われている．) その数年前にも素朴集合論には順序数の全体に関してブラリ-フォルティ(Cesare Burali-Forti) により矛盾が見つかっていたが，ラッセルのパラドクスはその簡明さのため深刻に受け止められた．事実フレーゲは手紙を受け取った後彼の本 Grundgesetze der Arithmetik (The Basic Laws of Arithmetic, 1893, 1903) の第二巻にラッセルの発見を論ずる附録を急遽加え，またラッセル自身出版間近の Principles of Mathematics という当時の数学を論理的な基礎の上にまとめる試みをした本の附録に，解決法の案としてタイプ理論 (type theory) の考えを急いで付け加えた．

ラッセルのパラドクスの原因のひとつは，集合の素朴な概念が真理(または存在) 概念を原理的に含んでいたことにあるだろう．タルスキーの定理により真理集合が言及できないことが，命題 $P(x)$ を真とするような x のあつまりとして定義される集合 P が他の集合の元と成り得るとは限らないことに対応する．事実，ラッセルのパラドクスはクレタ人のパラドクスの集合論的表現とみなすこともできる．たとえば，集合 x に対する述語を同じ記号 x であらわすことにすると，

$$x(y) \stackrel{def}{=} y \in x.$$

ここで，集合 A は，この命題を真とする要素 x のあつまりである．そして，いまの場合には自己言及述語 Π は次のように定義される．

$$\Pi(x) \stackrel{def}{=} x \in x.$$

これが真とならない集合 $A = \{x | x \notin x\}$ の存在は次の文がこの言語内にあることに等しい．

$$\neg T\Pi(x).$$

さらに，述語 $\neg T\Pi$ に対応する集合 A 自体が A に含まれるということは，

7.1. 集合とパラドクス

次のように, うそつきのパラドクスの形になっていることが分かる.

$$\Pi(\neg T\Pi) \quad \text{or} \quad \neg T\Pi(\neg T\Pi).$$

したがって, 真理集合が記述可能であってはならなかったことと同様に, ラッセルの集合 A は体系の式としては除外されなくてはならない. とくに, 集合の素朴な概念を真理概念を含まないものとして形式的に定義するにとどめ, その真理性や存在性は公理的に構成されなくてはならない.

このような事情から, 前章の形式的自然数論と同様の形式的公理論の形に集合論を書き出す形でこれらパラドクスが現れないようにする公理論的集合論が提出され, 当面数学は露わには矛盾を含まない形式的集合論の上に基礎づけられるようになった. これは 1908 年に最初にツェルメロ (Ernest Zermelo) により定式化されたのちフレンケル (Adolf Fraenkel) により整備され, 今日ツェルメロ-フレンケル (Zermelo-Fraenkel) の公理論的集合論 ZF と呼ばれているもので, 後に追加された選択公理 (axiom of choice) を含めたかたちのものを ZFC とよぶ. また, 後にゲーデルにより多少異なる定式化が与えられた今日ゲーデル-バーネイ (Gödel-Bernays) の公理論的集合論 GB と呼ばれているものも存在する. 後者では上述のパラドクスを生ずる A のような「ものの集まり」すなわち他の集合の要素にならないものを類 (class) と呼び, 形式的集合やその要素を表す x のような対象と区別して理論内での取り扱いを可能にしている. これにより, A が自分自身を要素にもつようなことはなくなる. ただし, GB は ZFC に類に関する公理を付け加えたものに等しく, 類に対する変数を含まない命題について ZFC と GB は互いに同値な定式化を与える.

ZFC 公理論的集合論とその拡張としての GB での論理記号は前章の自然数論と同じ

$$\Rightarrow, \land, \lor, \neg, \forall, \exists$$

であり述語記号は「x は y の要素ないし元である」ことを意味する「$x \in y$」に使われる「$\in$」と「等しい」ことを表す等号「$=$」のみであり, 関数記号や他の述語記号 (包含関係 $\subset$ 等) は後にメタ的に定義されるもの以外は使われない. 以下では命題 A, B に対し命題「$A \equiv B$」は命題「$(A \Rightarrow B) \land (B \Rightarrow A)$」を意味するものとする.

まず，GB にしたがって，$A(x)$ を集合 x を変数にもつ集合論的論理式 (類に関する束縛変数を含まない論理式) とするとき，類の存在を次の公理によって保証する．

公理 0 類の公理 (Axiom of class)

$$\exists X \forall x (x \in X \equiv A(x)).$$

この理論に現れる類以外のすべての変数と公理 0 以外の以下の公理を満たす類は集合を表すものと解釈される．また，論理公理は自然数論と同じく前章の A1 および A2 であるが，その他の自然数論の公理 A3 と数学的帰納法の公理 A4 の代わりに以下の公理をおく．ただし，選択公理に現れる関数 f はそれ以前の公理で定義され，公理 5 と公理 6 は自然数で番号づけられた命題 $F(x,y)$ に対する無限個の公理である．

公理 1 外延性の公理 (Axiom of extensionality)

$$\forall x \forall y (\forall z (z \in x \equiv z \in y) \Rightarrow x = y).$$

公理 2 空集合の公理 (Axiom of null set)[1]

$$\exists x \forall y (\neg (y \in x)).$$

公理 3 非順序対の公理 (Axiom of unordered pair)

$$\forall x \forall y \exists z \forall w (w \in z \equiv (w = x \lor w = y)).$$

公理 4 和集合の公理 (Axiom of sum set)

$$\forall x \exists y \forall z (z \in y \equiv \exists t (z \in t \land t \in x)).$$

公理 5 置換公理 (Axiom of substitution)

$$(\forall x \exists_1 y F(x,y)) \Rightarrow \forall u \exists v \forall r (r \in v \equiv \exists s (s \in u \land F(s,r))).$$

---

[1] 文献によっては，これは特別に公理として陽に書かれないこともある．

公理 6 選択公理 (Axiom of choice)

$$\forall x \exists y(x \in a \Rightarrow F(x,y)) \Rightarrow \exists f \forall x(x \in a \Rightarrow F(x, f(x))).$$

公理 7 正則公理 (Axiom of regularity)

$$\forall x \exists y(x = \emptyset \lor (y \in x \land \forall z(z \in x \Rightarrow \neg(z \in y)))).$$

公理 8 無限公理 (Axiom of infinity)

$$\exists x(\emptyset \in x \land \forall y(y \in x \Rightarrow y \cup \{y\} \in x)).$$

公理 9 冪 (べき) 集合の公理 (Axiom of power set)

$$\forall x \exists y \forall z(z \in y \equiv z \subset x).$$

本章の以下の節では，諸公理の意味と導入の理由について順に述べていく．そこでは，これら公理群がラッセルのパラドクスに抵触しないように決められ，自然数や実数のような数学的な対象をなるべく簡潔な形式から導くことが追求されていることをみる．

7.2 集合の基本的構成

集合とは，これもまた集合である元の集まりとして考えられる．したがって，二つの集合が同じあるいは等しいということは，その内容つまり要素がすべて同じであるということを意味する．これを次の公理で定める．

公理 1 外延性の公理 (Axiom of extensionality)

$$\forall x \forall y(\forall z(z \in x \equiv z \in y) \Rightarrow x = y).$$

これに関連し集合の包含関係を以下のように定義する．

定義 7.1 $x \subset y := \forall z(z \in x \Rightarrow z \in y)$.

このとき x は y の部分集合 (subset) であるという．あるいは y は x を含む，x は y に含まれるともいう．

また，空集合の存在を保証するのが次の公理である．

公理 2 空集合の公理 (Axiom of the null set)

$$\exists x \forall y (\neg(y \in x)).$$

このような集合 x は公理 1 により一意に定まる．それを $\emptyset$ と書く．

さらに，次の公理は任意の二つの要素を持った集合が存在することを保証する．

公理 3 非順序対の公理 (Axiom of unordered pair)

$$\forall x \forall y \exists z \forall w (w \in z \equiv (w = x \lor w = y)).$$

この z を $z = \{x, y\}$ と表す．そして x のみを要素として持つ単元集合 (ただひとつの要素からなる集合) を $\{x\} := \{x, x\}$ と定義する．この公理で保証するのは非順序対 (unordered pair) つまり二つの順序のついていない要素を持つ集合あるいは組の存在であるが，これを用いて順序のついた組つまり順序対 $\langle x, y \rangle$ が以下のように定義される．

$$\langle x, y \rangle = \{\{x\}, \{x, y\}\}.$$

7.2. 集合の基本的構成

問 7.1 $(\langle x,y \rangle = \langle u,v \rangle) \equiv (x = u \wedge y = v)$ を示せ.

これから，写像の概念を次のように導入することができる．

定義 7.2 集合 f が関数ないし写像であるとは f が順序対の集合であり任意の x について，$\langle x,y \rangle$, $\langle x,z \rangle$ がともに f の元であれば $y = z$ が導かれるものをいう．つまり
$$\forall x \left((\langle x,y \rangle \in f \wedge \langle x,z \rangle \in f) \Rightarrow y = z \right).$$
このとき，
$$y = f(x)$$
とかき，この y を f の x における値という．

写像に関する諸定義を以下列挙していく．

1. 次の集合を関数 f の定義域 (domain) とよぶ．
$$\mathcal{D}(f) := \{x | \exists y \text{ s.t. } \langle x,y \rangle \in f\}$$
また，次の集合を関数 f の値域 (range) または像 (image) とよぶ．
$$\mathcal{R}(f) := \{y | \exists x \text{ s.t. } \langle x,y \rangle \in f\}$$
とくに，$\mathcal{D}(f) = A$ かつ $\mathcal{R}(f) = B$ のとき，$f : A \to B$ とかく．

2. 次がなりたつとき，関数 f は集合 u の中への関数ないし写像 (into mapping) であるという．
$$\mathcal{R}(f) \subset u.$$
また，
$$\mathcal{R}(f) = u$$
のとき f は u の上への写像 (onto mapping) あるいは全射 (surjection) であるという．

3.　$x, y \in \mathcal{D}(f)$ について,
$$x \neq y \Rightarrow f(x) \neq f(y)$$
であれば f は 1 対 1 対応 (one-to-one mapping) あるいは単射 (injection) であるという.

4.　上への 1 対 1 写像を全単射 (bijection) という. この写像をその値に着目して
$$\{f(x)\}_{x \in \mathcal{D}(f)}$$
の形に表すことがある. このときこれを集合族 (family) ともよぶ. たとえば各パラメタ $\lambda \in \Lambda$ に対し集合 A_λ が対応しているときなど $\{A_\lambda\}_{\lambda \in \Lambda}$ のように書く.

5.　f が関数のとき $A \subset \mathcal{D}(f)$ に対し $f|_A$ は f の A への制限と呼ばれ, $u \in A$ を満たす $\langle u, v \rangle \in f$ なる組全部のなす集合のことである.

6.　関数 f が 1 対 1 のとき, その逆関数ないし逆写像とは,
$$f^{-1} = \{\langle x, y \rangle | \langle y, x \rangle \in f\}$$
のことである.

集合の和集合の存在を保証する公理がつぎのものである.

公理 4 和集合の公理 (Axiom of sum set (or union))
$$\forall x \exists y \forall z (z \in y \equiv \exists t (z \in t \wedge t \in x)).$$

このような集合 y を
$$y = \bigcup x = \bigcup_{t \in x} t$$

等と表す．たとえば与えられた二つの集合 x,y に対し集合 $\{x,y\}$ が公理 3 により存在するから公理 4 により x と y の和集合 (sum set)

$$z = \bigcup\{x,y\} = \bigcup_{t\in\{x,y\}} t = x \cup y$$

が存在する．

フレンケルは，ツェルメロが唱えた公理系では数学を構成するには十分でないことを見いだし，置換公理を追加した．前の章でもみたように，このような形式的論理の命題つまり式はすべて番号づけられる．この番号付けで第 n 番目の式を A_n と表すことにする．そのうち最低 2 個の自由変数 x,y を持つ式 $A_n(x,y)$ を考える．ただし，$A_n(x,y)$ は x と y 以外に n によって決まる k 個の自由変数 $t_1,\cdots,t_k$ をもっていて，$A_n(x,y) = A_n(x,y;t_1,\cdots,t_k)$ と書けるような場合を含む．このとき，次の公理は「置き換え」によって集合を作る強力な公理である．

公理 5 置換公理 (Axiom of substitution)

$$(\forall x \exists_1 y A_n(x,y)) \Rightarrow \forall u \exists v \forall y(y \in v \equiv \exists x(x \in u \land A_n(x,y))).$$

つまり，任意の x について論理式 $A_n(x,y)$ を満たす y がただひとつ存在するとき，そのような y のなす集合の存在を保証している．この公理は実際には各 n に対し要請される可算個の公理群である．これはこの前までの公理が構成的に集合を作るのに対し非構成的な集合の生成を保証する公理である．この置換公理を写像を用いて表すと，置換公理の意味は以下の通りである．

$A_n(x,y)$ を満たす y が各 x に対し一意的に定まるとしたとき関数 $y = \varphi(x)$ が定義されるが，このとき，任意の集合 u に対し φ による u の像 (range)

$$\mathcal{R}(\varphi) = \varphi(u) := \{\varphi(s) | s \in u\}$$

は集合である．

たとえば，ある命題 $F(y)$ が与えられているときこの公理で $A_n(x,y)$ を

$$F(y) \land x = y$$

という命題と取れば公理 5 より与えられた集合 u の元の中で性質 $F(y)$ を満たすものの全体の集合が存在することが従う．この集合を

$$\{x | F(x), x \in u\}$$

と書く．つまり，本書で採用したかたちの置換公理は，ツェルメロがラッセルのパラドクスの回避の為に導入した次の分出公理 (Axiom of subset (or comprehension)) を含んでいることがわかる．

$$\exists a \forall x (F(x) \Rightarrow x \in a) \Rightarrow \exists b \forall x (x \in b \equiv F(x)).$$

これは，既に集合と認められたもの a に含まれる要素 x が，ある命題 $F(x)$ を満たすような部分集合 b をもつことを保証する．この公理があれば，次のようななんらかの集合の部分集合であることが前提にされないものは集合とは認められなくなる．

$$\{x | x \notin x\}.$$

その一方で，ある集合 a の部分集合となっている次のような集合は認められる．

$$\{x | x \notin x \land x \in a\} \subset a.$$

また，u を任意の集合とし分出公理で $F(y) \equiv \forall t(t \in u \Rightarrow y \in t)$ とするとき $a = \bigcup u$ とおけば

$$\forall y (F(y) \Rightarrow y \in a)$$

が成り立つから分出公理より

$$\exists v \forall y (y \in v \equiv \forall t(t \in u \Rightarrow y \in t)).$$

すなわち，任意の集合 (の族)u に対しその要素 (集合) の共通部分 (ないし積あるいは積集合ともいう)

$$\bigcap u = \bigcap_{t \in u} t := \{z | \forall t(t \in u \Rightarrow z \in t)\}$$

7.2. 集合の基本的構成

が存在することもわかる．しかし，和集合の存在はこの公理では定義できない．これは，分出公理がすでに存在する集合の部分集合であることを前提にしているためで，これが和集合の公理 4 が別途必要となった理由である．

一方，非順序対の公理 3 と置換公理 5 を前提にすると，任意の二つの集合 A, B に対しその積集合ないし直積集合 (direct product)

$$A \times B = \{\langle x, y \rangle | x \in A \land y \in B\}$$

の存在が保証される．

問 7.2 一般に集合族 $\{A_\lambda\}_{\lambda \in \Lambda}$ に対しその直積集合

$$\prod_{\lambda \in \Lambda} A_\lambda = \{\{a_\lambda\}_{\lambda \in \Lambda} | a_\lambda \in A_\lambda (\lambda \in \Lambda)\}$$

が存在することを示せ．

つぎにいわゆる選択公理ないし選出公理と呼ばれるものは次のように表される．

公理 6 (選択公理 (Axiom of choice)) 集合 x, y を変数にもつ式 $F(x, y)$ について，次がなりたつ．

$$\forall x \exists y (x \in a \Rightarrow F(x, y)) \Rightarrow \exists f \forall x (x \in a \Rightarrow F(x, f(x))).$$

とくに，$x \mapsto A_x (\neq \emptyset)$ が集合 a 上で定義された関数で，$F(x, y) \equiv (y \in A_x)$ とすると，a 上で定義された別の関数 f で任意の $x \in a$ に対し $f(x) \in A_x$ であるものが存在する．

この公理は特定の性質が与えられなくとも集合族 $\{A_x\}_{x \in a}$ の各集合 A_x からいっぺんに無限個の元を選び出すことができることを保証する．したがって公理 5 と併せて適用すれば多くの集合をつくることができる．

162   第7章 公理的集合論

選択公理がなければ，無限個の元をもつ集合 Λ に対して集合族 $\{A_\lambda\}_{\lambda \in \Lambda}$ の直積集合 $\prod_{\lambda \in \Lambda} A_\lambda$ を考えるとき，任意の $\lambda \in \Lambda$ に対し $A_\lambda \neq \emptyset$ となっても，その直積 $\prod_{\lambda \in \Lambda} A_\lambda$ が空にならないとは限らない．選択公理を措くことにより，各 $A_\lambda \neq \emptyset$ から元 $a_\lambda \in A_\lambda$ を一斉に一つづつ選ぶことができるようになってはじめて

$$\forall \lambda (\lambda \in \Lambda \Rightarrow A_\lambda \neq \emptyset) \quad \Longrightarrow \quad \prod_{\lambda \in \Lambda} A_\lambda \neq \emptyset$$

がいえるようになる．一方，これが成り立てば選択公理が成り立つことから，これは選択公理の別の表現である．また，次章で，選択公理の他の表現 (整列可能定理) もみる．

次の公理はなくてもよいが付け加えておくと便利である．

公理 7 正則公理 (Axiom of regularity)

$$\forall x \exists y (x = \emptyset \lor (y \in x \land \forall z (z \in x \Rightarrow \neg (z \in y)))).$$

この公理は「任意の空でない集合 x は関係 $\in$ に関し極小元を持つ」つまり「ある元 $y \in x$ があって任意の $z \in x$ に対し $z \in y$ となることはない」という意味である．この公理で任意の集合 x に対し集合 $\{x\}$ を考えるとそれは空でないから公理よりある集合 y が $\{x\}$ の中にありそれは任意の $\{x\}$ の元 z に対し y の元でない．このとき明らかに $y = x, z = x$ であるから結局 $x \notin x$ が任意の集合 x に対していえる．もっと一般に以下が示される．

問 7.3 いかなる有限個の集合 $x_1, \cdots, x_k$ に対しても

$$x_1 \in x_2 \in x_3 \in \cdots \in x_k \in x_1$$

とはならないことを示せ．

しかし，ラッセルのパラドクス自体は，すでに置換公理 5 の一部である分出公理から回避されており，この意味で $x \notin x$ を導く公理 7 は必ずしも必要な訳ではない．

問 7.4

$$\cdots \in x_{n+1} \in x_n \in x_{n-1} \in \cdots \in x_2 \in x_1$$

となる集合列 $\{x_n\}_{n=1}^{\infty}$ は存在しないことを示せ．

自然数や実数はすべて公理 2 で存在が保証されている空集合 $\emptyset$ から構成され問 7.4 のような $\in$ に関する無限下降列はふつうの数学では現れない．しかし，この公理 7 を否定する公理に置き換えても集合論は矛盾しないことが知られている (もちろん他の公理群が矛盾しない場合の話である)．このとき，公理 7 を有基礎の公理 (axiom of well-foundation) といい，無基礎の公理 (axiom of non-well-foundation) という公理 7 で保証される集合の有基礎の性質 (well-foundation property) を否定し，無限下降列の存在を保証する公理のもとに集合論を展開する研究も行われている．

7.3 自然数と無限公理

ここでは，自然数を集合論的に定義する．まず，公理 2 により一意に定義された空集合 $\emptyset$ はゼロの概念に相当する．そのとき，空自体ではないはじめのものは，その世界の内部 (空自体) にはなく，外から規定されるものとして空集合 $\emptyset$ からなる集合 $\{\emptyset\}$ として導入される．このとき，既に知られている空集合 $\emptyset$ と集合 $\{\emptyset\}$ の和集合は和集合の公理 4 から保証される．この新しい集合 $\emptyset \cup \{\emptyset\}$ を 1 とすることができる．さらに，この世界 $\emptyset \cup \{\emptyset\}$ の外から規定される新たな集合 $\{\emptyset \cup \{\emptyset\}\}$ を加えて，$\emptyset \cup \{\emptyset\} \cup \{\emptyset \cup \{\emptyset\}\}$ を 2 とできる．このように，既に定義された集合内で新たなものを見いだせないという否定性から，その全体を新たな要素とする集合を導入することは，ラッセルの集合が集合の世界からは見いだせなかったが，類という集

合の範疇(はんちゅう)を超えたものとしては定義できたことと類似した考えであろう[2].

このような考えに従うと，自然数と等価な無限集合の存在は，次の公理で保証される.

公理 8 無限公理 (Axiom of infinity)

$$\exists x(\emptyset \in x \land \forall y(y \in x \Rightarrow y \cup \{y\} \in x)).$$

この集合 x は以下の集合を元として持つ.

$$\emptyset, \quad \emptyset \cup \{\emptyset\}, \quad \emptyset \cup \{\emptyset\} \cup \{\emptyset \cup \{\emptyset\}\}, \quad \cdots.$$

これらをこの順序でそれぞれ自然数に対応させ

$0 = \emptyset, \quad 0' = 1 = \emptyset \cup \{\emptyset\} = \{\emptyset\} = \{0\},$
$0'' = 1' = 2 = \emptyset \cup \{\emptyset\} \cup \{\emptyset \cup \{\emptyset\}\} = \{\emptyset, \{\emptyset\}\} = \{0, 1\}, 3 = \{0, 1, 2\}, \cdots.$

とし，ZF 体系内で自然数を自然に構成することができる[3]．それらの演算は後者(successor)の作用素 $'$ を $y' = y \cup \{y\}$ と定義し帰納的に

$$a + 0^{(k+1)} = (a + 0^{(k)})'$$

と定義すれば自然に定められる．後にこれら自然数が第 6 章で挙げた自然数に関する公理 A3, A4 を満たすことを見るであろう．

一般に，集合 x に対し集合 $x \cup \{x\}$ を x の後者(successor)といい x' と書く．集合 z が次を満たすとき z は後者集合(successor-set)であるという.

---

[2]公理的集合論の金字塔的著作 "PRINCIPIA MATHEMATICA"(1910 年初版出版. 主要部分は A.N. Whitehead and B. Russell, "PRINCIPIA MATHEMATICA to *56," Cambridge University Press 1997 にある.) の著者であるホワイトヘッド (Alfred North Whitehead) は，晩年は哲学者としても知られ，主著書『過程と存在』(A.N. Whitehead, "Process and Reality," The Free Press 1978) では，無限公理や次章の順序数の定義のこのような生成過程を一般化し，創造性 (Creativity) の原理として表している.
[3]自然数の正確な定義は後に順序数の一部として定義 8.10 によって与えられる.

1. $\emptyset \in z$.

2. $n \in z$ ならば $n' \in z$.

無限公理 8 より後者集合は少なくとも一つ存在する．したがってそれらの全体を s とすると $s \neq \emptyset$. そこで

$$\omega = \bigcap s$$

とおき，ω を自然数の集合，ω の元を自然数 (natural number) という．先述のようにそれら自然数を直観的な 10 進法の記号 $0, 1, 2, 3, \ldots$ で表す．このとき，次が成り立つことは明らかであろう．

定理 7.1

1) $0 \in \omega$.

2) $n \in \omega$ ならば $n' \in \omega$.

3) 任意の $n, m \in \omega$ に対し $n' = m'$ ならば $n = m$.

4) 任意の $n \in \omega$ に対し $0 \neq n'$.

5) $M \subset \omega$ が $0 \in M$ を満たしかつ $n \in M$ なら必ず $n' \in M$ を満たすなら $M = \omega$.

$A(n)$ を式つまり変数 n に関する命題であるとすると，最後の条件 5) は以下のように言い換えられる．

5)′ $A(0)$ が正しくかつ $A(n)$ が成り立つとき必ず $A(n')$ が成り立つならばすべての $n \in \omega$ に対し $A(n)$ が成り立つ．

これと 5) との同値性は，5) における集合 M をつぎのようにおけばわかる．

$$M = \{x | x \in \omega, A(x)\}$$

この 5)′ が第 5 章のペアノの公理 A4 と同値であることは明らかであろう．これを数学的帰納法の原理 (principle of mathematical induction) とよぶ．

　ω の元すなわち自然数の演算は以下の条件を満たす ω 上の関係として，つぎのように帰納的に定義される．

1. $m + 0 = m, \quad m + n' = (m + n)'$.

2. $m \cdot 0 = 0, \quad m \cdot n' = m \cdot n + m$.

以下 $m \cdot n$ 等を mn と書く．定理 7.1 とあわせればこれにより第 6 章の公理 A3 が成り立つことがわかる．このとき次がやはり数学的帰納法により証明される．

定理 7.2

1) $(m + n) + p = m + (n + p), \quad (mn)p = m(np)$.

2) $m + n = n + m, \quad mn = nm$.

3) $m(n + p) = mn + mp$.

4) $m + 0 = m, \quad m \cdot 1 = m$.

以下では，以上の和および積を定義した組 $(\omega, +, \cdot)$ を $\mathbb{N}$ とかく．また，$\mathbb{N}$ の 2 元の大小関係ないし順序関係は以下のように定義される．

7.3. 自然数と無限公理

定義 7.3 $m, n \in \omega$ に対し $m \leq n$ とは

$$\exists p \in \omega \text{ s.t. } m + p = n.$$

のことである．また，$m < n$ とは $m \leq n$ かつ $m \neq n$ のことである．すなわち

$$\exists p \neq 0 \in \omega \text{ s.t. } m + p = n.$$

のことである．

このとき次が成り立つことは容易に示される．任意の $\mathbb{N}$ の元 x, y, z に対し

1) $x \leq x$.

2) $(x \leq y \wedge y \leq x) \Rightarrow x = y$.

3) $(x \leq y \wedge y \leq z) \Rightarrow x \leq z$.

4) $x \leq y \vee y \leq x$.

すなわち ω は上で定義した大小関係ないし順序関係 $\leq$ に関し全順序集合をなす．

定義 7.4 $m \leq n$ のとき $p \in \omega$ で $m + p = n$ を満たすものを n と m の差といい $n - m$ と表す．

さらに ω は次の性質を満たす．

命題 7.1 任意の空でない ω の部分集合 $A \subset \omega, A \neq \emptyset$ に対し

$$\exists m \in A \text{ s.t. } \forall n \in A : m \leq n.$$

この m を集合 A の最小元という．

証明 A のすべての元より小なる自然数の全体を B とおくと，A は空でないから，ある $p \in A \subset \omega$ について $\forall k \in B \, (k < p)$ である．すなわち，B は有

限集合である．いま，$r \in B$ かつ $\ell < r$ ならば $\ell \in B$ である．実際，$\ell \notin B$ とすると，ある $s \in A$ に対し $s \leq \ell$ となり，したがって，$r \in B$ は $r < s \leq \ell$ を満たし，これは $\ell < r$ と矛盾する．したがって，B の元の個数を m $(m \geq 0)$ とおくと，$m \geq 1$ のときは $B = \{0, 1, 2, \cdots, m-1\}$ であり，$m = 0$ のときは $B = \emptyset$ である．いずれの場合も m は $m \in A$ を満たし A の最小元となる．

証明終わり

命題 7.1 の性質を満たす集合を整列集合という．すなわち関係 $\leq$ に関する全順序集合 W が整列集合 (well-ordered set) であるとは，W の任意の空でない部分集合 A が A 内に最小元を持つことをいう．次章で自然数の集合 ω を順序数の一つとして定義することによりこの命題 7.1 はより明確に示される．また，次章で一般に選択公理 6 を用いて任意の与えられた集合にある順序を入れて整列集合とすることができることを見る (Zermelo の整列定理)．逆にこのことが成り立てば選択公理 6 がいえるのでこれらは同値な事柄である．

前章と本章では n に対し n' は自然数 n の後者を表したが次節以降はふつうの記号法の通り a に対し a' 等は単に a とは異なったものを表す．また f' はときには関数 f の微分を表すこともある．プライム $'$ はいろいろな意味に使われる便利な記号である．

7.4 冪集合と集合の同値

与えられた集合 A について集合 A の要素どうしに関係 (relationship) を定義することができる．

1. 集合 A 上の関係 R とは直積集合 $A \times A$ の部分集合のことをいう．$\langle u, v \rangle \in R$ のことを uRv とも書く．

7.4. 冪集合と集合の同値　169

2. 集合 $x_1, x_2, \cdots, x_n$ の n 組 (n-tuple) は以下のように帰納的に定義される．$n = 2$ のときはすでに定義したから一般の n に対し以下のように定義する．

$$\langle x_1, x_2, \cdots, x_n \rangle = \langle x_1, \langle x_2, \cdots, x_n \rangle \rangle.$$

関係の中でもっとも基本的なものは同値関係であろう．

3. 集合 A 上の関係 $\sim$ が同値関係であるとは以下が成り立つことである．

   1. $x \sim x$.
   2. $x \sim y \Rightarrow y \sim x$ (反射律).
   3. $x \sim y, y \sim z \Rightarrow x \sim z$ (推移律).

集合 A と B の間に上への 1 対 1 写像 $\varphi : A \to B$ が存在するならば，これらの集合は集合としてはこの意味においてのみ等しいとみなすことができる．そこで，A, B を含む族，たとえば対 $\{A, B\}$ について，集合としての同値関係 $\sim_{set}$ をつぎのように定める．

定義 7.5 二つの集合 M から N への上への 1 対 1 写像があるとき，M と N は，集合として同値であるといい，

$$M \sim_{set} N$$

と表す．

これと前節で導入した自然数により，無限集合と有限集合の違いを規定することができる．

定義 7.6 自然数 $n \in \omega$ と集合 z について，$z \sim_{set} n$ であるとき，集合 z は有限集合 (finite set) であるという．それ以外のとき，z は無限集合 (infinite set) であるという．また，集合 z が有限集合 (finite set) であり $z \sim_{set} n$ であるとき，z の元の個数は n であるという．

さらに無限集合を，自然数の全体 ω と同値である集合とそうでないものとに分けることができる．ω と同値である集合は，その要素すべてに自然数で番号がつけられるので，可付番集合または可算集合と呼ばれる．

定義 7.7 集合 z が無限集合 (infinite set) であるとき，自然数の全体 ω から z への 1 対 1 上への写像があるならば，z は可算無限 (countably infinite) であるといい，ないとき，z は非可算 (uncountable) であるという．z が有限であるか可算無限であるとき，z は高々可算であるという．

ここで，自然数の集合 $\mathbb{N} \sim_{set} \omega$，整数の集合 $\mathbb{Z}$，有理数の集合 $\mathbb{Q}$ について，つぎの同値関係が成り立つことがわかる[4]．

---

[4]次章第 9.1 節に述べるように自然数 $\mathbb{N}$ の演算により，整数の集合 $\mathbb{Z}$ を定義することができる．まず，集合
$$\mathbb{N}_\pm = (\{\emptyset\} \times \mathbb{N}) \cup (\mathbb{N} \times \{\emptyset\})$$
に以下のように演算 $+, \cdot$ を拡張したものを $\mathbb{Z}$ とかき，整数の集合とよぶ．任意の $x, y \in \mathbb{N}$ について，

1. $(x, 0) + (y, 0) = (x + y, 0)$, $(0, x) + (0, y) = (0, x + y)$.
2. $\exists z (x = y + z \wedge z \in \mathbb{N}) \Rightarrow (0, x) + (y, 0) = (y, 0) + (0, x) = (0, z)$.
3. $\exists z (y = x + z \wedge z \in \mathbb{N}) \Rightarrow (0, x) + (y, 0) = (y, 0) + (0, x) = (z, 0)$.
4. $(x, 0) \cdot (y, 0) = (0, x \cdot y)$, $(0, x) \cdot (0, y) = (0, x \cdot y)$.
5. $(x, 0) \cdot (0, y) = (x \cdot y, 0)$.

以降，$(x, 0), (0, x) \in \mathbb{Z}$ について $(x, 0) \equiv -x$, $(0, x) \equiv x$ と直感的な記号を用いる．$\mathbb{N}$ と $\{\emptyset\} \times \mathbb{N}$ を同一視すると，$\mathbb{N} \subset \mathbb{Z}$ とみなせる．
また，
$$\mathbb{N}_\times = \mathbb{Z} \times (\mathbb{N} - \{\emptyset\})$$
の任意の要素 $(x, y), (a, b) \in \mathbb{N}_\times$ の間に同値関係 $(x, y) \sim (a, b)$ をつぎのように定義する．
$$\exists z (\ z \in \mathbb{N} - \{\emptyset\} \ \wedge \ a = x \cdot z \ \wedge \ b = y \cdot z \ ).$$
このとき，$\mathbb{N}_\times$ のこの同値関係における商集合 $\mathbb{Q} = \mathbb{N}_\times / \sim$ を有理数の集合 $\mathbb{Q}$ とする．さらに，$(x, y) \in \mathbb{N}_\times$ について直感的な記号 $(x, y) = x/y$ を用いる．

7.4. 冪集合と集合の同値

命題 7.2
$$\mathbb{N} \sim_{set} \mathbb{Z} \sim_{set} \mathbb{Q}$$

たとえば，上への 1 対 1 写像 $\mathbb{N} \to \mathbb{Z}$ として，

$$0 \to 0,\ 1 \to 1,\ 2 \to -1,\ 3 \to 2,\ 4 \to -2,\ 5 \to 3,\ 5 \to -3, \dots$$

と正負を交互に選ぶことができる．したがって，$\mathbb{N} \sim_{set} \mathbb{Z}$ が成り立つ．これを拡張して，$\mathbb{N} \sim_{set} \mathbb{Z} \times \mathbb{N}$ も成り立つ．この場合には，

$$0 \to (0,0),\ 1 \to (1,0),\ 2 \to (0,1),\ 3 \to (-1,0),\ 4 \to (0,-1),$$
$$5 \to (2,0),\ 6 \to (0,2),\ 7 \to (-2,0),\ 8 \to (0,-2),\ 9 \to (0,3),\dots$$

と x-y 面内の格子点を渦巻き状に数え上げる．これと $\mathbb{N} \subset \mathbb{Q} \subset \mathbb{Z} \times \mathbb{N}$ より，$\mathbb{N} \sim_{set} \mathbb{Q}$ も成り立つ．とくに無限集合の場合には，このようにある集合がその部分集合と同値になる場合がある．また，無限集合であれば，このような可算集合を部分集合にかならずもつ．

命題 7.3 すべての無限集合は可算集合を部分集合にもつ．

これは，無限集合には無限個の要素があるため，常にその中から順番に要素を取りだして，自然数と対応づけることができることによる．

ここで，次の公理は任意の集合の部分集合全体がやはり集合をなす事を保証する．

公理 9 冪集合の公理 (Axiom of power set)

$$\forall x \exists y \forall z (z \in y \equiv z \subset x).$$

この y を x のべき集合 (power set) と呼び $\mathcal{P}(x)$ と書く．

定理 7.3 A を集合とする．各 $a \in A$ に集合 $\{a\} \in \mathcal{P}(A)$ を対応させる写像 $A \longrightarrow \mathcal{P}(A)$ は 1 対 1 対応である．しかしいかなる写像 $\varphi : A \longrightarrow \mathcal{P}(A)$ も上への写像とはならない．すなわち，

$$A \not\sim_{set} \mathcal{P}(A).$$

証明 ある写像 $\varphi : A \longrightarrow \mathcal{P}(A)$ が上への写像であるとする．いま

$$z = \{x | x \in A, \neg(x \in \varphi(x))\}$$

とおくと $z \subset A$. すなわち $z \in \mathcal{P}(A)$. ゆえに φ が上への写像と仮定したからある $y \in A$ に対し $z = \varphi(y)$ となるはずである．

　Case 1)　$y \in z = \varphi(y)$ のとき．z の定義より $\neg(y \in \varphi(y) = z)$. すなわち $y \notin z$. これは矛盾である．

　Case 2)　$y \notin \varphi(y) = z$ のとき．z の定義より $y \in z$. これも矛盾である．

したがって，すべての場合で矛盾が生ずるから我々の大前提「$\varphi : A \longrightarrow \mathcal{P}(A)$ が上への写像である」は誤りであり，いかなる写像 $\varphi : A \longrightarrow \mathcal{P}(A)$ も上への写像ではない．

証明終わり

この定理はべき集合 $\mathcal{P}(A)$ の元の個数が A の元の個数より大きいことを示す．この証明の論法は前出ゲーデルの不完全性定理の証明やラッセルのパラドクスの構成法と同じである．これがいわゆるカントールの対角線論法である．

　とくに自然数の集合 $\mathbb{N}$ の冪集合 $\mathcal{P}(\mathbb{N})$ が存在することから，つぎのような集合が存在する．

$$\mathbf{R} = \left\{ y \,\middle|\, x \in \mathcal{P}(\mathbb{N}) \wedge N \in \mathbb{Z} \wedge y = \sum_{n \in x} 2^{N-n} \right\}$$

7.4. 冪集合と集合の同値

これは実数の集合 $\mathbb{R}$ に等しい[5]。この部分集合で 0 より大きく 1 より小さい実数のなす集合

$$\mathbf{R}_{(0,1)} = \left\{ y \,\middle|\, x \in \mathcal{P}(\mathbb{N}) \,\wedge\, x \neq \{0\} \,\wedge\, y = \sum_{n \in x-\{0\}} 2^{-n} \right\}$$

を考えると，この構成法自体が $\mathcal{P}(\mathbb{N}) \to \mathbf{R}_{(0,1)}$ なる上への 1 対 1 写像を与える．すなわち，$\mathbf{R}_{(0,1)} \sim_{set} \mathcal{P}(\mathbb{N})$．さらに，次のような上への 1 対 1 写像 $f: \mathbf{R}_{(0,1)} \to \mathbf{R}$ が存在することから $\mathbf{R} \sim_{set} \mathbf{R}_{(0,1)}$ である．

$$f(x) = \tan \pi \left(x - \frac{1}{2} \right)$$

これとカントールの定理 7.3 より，$\mathbf{R} \not\sim_{set} \mathbb{N}$ となるので，$\mathbf{R}$ は非可算無限集合である．

一般的に，集合の大きさを不等号で比較することができる．

定義 7.8 $A \sim_{set} B$ のとき，集合 A, B が同じ濃度 (cardinality) をもつといい，記号で $\overline{A} = \overline{B}$ とかく．また，$\exists C$ s.t. $(A \sim_{set} C \subset B)$ のとき，$\overline{A} \leq \overline{B}$ とかく．$\overline{A} = \overline{B}$ ではなく $\overline{A} \leq \overline{B}$ ならば，$\overline{A} < \overline{B}$ とかく．

したがって，$\overline{\mathbb{N}} < \overline{\mathbf{R}}$ である．次の定理はカントール-ベルンシュタイン (Cantor-Bernstein) の定理と呼ばれているものである．

定理 7.4 A, B を集合とする．このとき，$\overline{A} \leq \overline{B}$ かつ $\overline{B} \leq \overline{A}$ ならば $\overline{A} = \overline{B}$ である．

証明

1) まず，A の任意の元 a に対し $\langle 0, a \rangle$ を対応させる写像は，A から $A' := \{\langle 0, a \rangle | a \in A\}$ の上への 1 対 1 写像である．同様に，B と $B' := \{\langle 1, b \rangle | b \in B\}$ も 1 対 1 上への対応を持つ．よって，$\overline{A} = \overline{A'}$，$\overline{B} = \overline{B'}$ であり，かつ $A' \cap B' = \emptyset$ である．したがって，定理をいうには，もとの A と B が共通部分を持たないと仮定して示せばよい．

---

[5]実数の正確な定義は，後続の実数の章をみられたい．

2) このとき,f を A から B の中への 1 対 1 写像,g を B から A の中への 1 対 1 写像とする.任意の $x_0 \in A$ に対し $y_0 = f(x_0)$, $x_1 = g(y_0)$, $y_1 = f(x_1), \cdots$ と列 $\{x_0, y_0, x_1, y_1, x_2, \cdots\}$ をつくる.また,$x_0 \in \mathcal{R}(g)$ のときは $g(y_{-1}) = x_0$ によって y_{-1} をつくる.さらに,この y_{-1} が $y_{-1} \in \mathcal{R}(f)$ を満たすときは,$f(x_{-1}) = y_{-1}$ によって x_{-1} を定義する.以下同様に続けると,ある $m < 0$ で止まる場合とすべての $m < 0$ に対し定義できる場合があるが,どちらの場合もできた列を $s = \{\cdots, x_n, y_n, \cdots\}$ と表す.同様に任意の $y_0 \in B$ からはじめて列 $s = \{\cdots, x_n, y_n, \cdots\}$ を同じように定義できる.

3) このような 2 つの列 $\{\cdots, x_n, y_n, \cdots\}$, $\{\cdots, x'_n, y'_n, \cdots\}$ がある番号 n と m に対し $x_n = x'_m$ あるいは $y_n = y'_m$ となれば,列 s の定義よりこれらの列はすべての整数 ℓ に対し $x_{n+\ell} = x'_{m+\ell}$, $y_{n+\ell} = y'_{m+\ell}$ を満たし,2 つの列は値の集合として一致する.このような集合として一致する列は同じと見なす.集合として同じでないときは,したがって,どのような番号 n, m をとっても $x_n \neq x'_m$ かつ $y_n \neq y'_m$ となるから,2 つの列が同じでなければそれらは共通部分を持たない集合である.

4) このような列がすべての $x_0 \in A$ および $y_0 \in B$ に対し定義されるから,これらの互いに共通部分を持たない集合 s すべての和集合は $A \cup B$ に等しい.よって,このような列の全体を S と表すと

$$A \cup B = \bigcup_{s \in S} [(s \cap A) \cup (s \cap B)] = \bigcup_{s \in S} (s \cap A) \cup \bigcup_{s \in S} (s \cap B)$$

となり,和集合で結ばれる任意の 2 つの集合は共通部分を持たない.(このような和集合を直和という.)

5) いま,各 $s \in S$ に対し $s \cap A$ から $s \cap B$ の上への写像 φ を以下のように定義する.$x_n \in s \cap A$ に対しては $\varphi(x_n) = y_n = f(x_n) \in \mathcal{R}(f)$ と定義する.$y'_{n-1} \in s \cap B - \mathcal{R}(f)$ に対しては $x'_n = g(y'_{n-1})$ と定義したが,このような $x'_n \in s \cap A$ に対しては $\varphi(x'_n) = y'_{n-1} = g^{-1}(x'_n)$ と定義する.このとき,$x_n \neq x'_n$ である.実際仮に $x_n = x'_n$ とすると,φ の定義より $y_n = \varphi(x_n) = \varphi(x'_n) = y'_{n-1}$ となり,$y_n \in \mathcal{R}(f)$,

$y'_{n-1} \notin \mathcal{R}(f)$ したがって $y_n \neq y'_{n-1}$ であることに反する．したがって，この写像 φ の定義は整合的である．この定義より，φ が各 $s \in S$ に対し $s \cap A$ から $s \cap B$ の上への1対1写像であることは明らかである．よって，4) の式により，この写像 φ は A から B の上への1対1写像である．

証明終わり

第8章　順序数と濃度

　集合論は「無限」に関する考察から生まれたといってよい．事実，集合論の創始者カントール (Georg Cantor) の問題は関数の三角級数展開が一意的か？つまり三角級数が可算個の点を除いてゼロに収束するときその級数は恒等的にゼロか？というものであった．この問題をカントールは「実数から可算個の点を取り除くという操作をいかなる超限無限回数繰り返せば実数を全部取り尽くせるか？」という問題に帰着させ考察した．これがいわゆる連続体仮説の起こりであり後にコーヘン (Paul J. Cohen) によってこの問題は集合論の公理からは決定不可能であることが示されたものである．しかしながら，この考察からカントールは順序数の概念を得，集合論を作り上げた．この順序数は自然数の無限大への自然な拡張であり，無限を考察する集合論の構造を理解する上で重要な役割を果たす．直観的には順序数は先述の整列集合の同値類として理解される．しかし，先にふれたブラリ-フォルティによる順序数全体に関する矛盾により実際は同値類としては表現し得ない．フォンノイマン (John von Neumann) は代わりにその同値類に相当するものの代表元として順序数を特徴づける方法を考案した．現今，順序数を分類する方法はこのフォンノイマンによるもののみであろう[1]．そして，選択公理を採用すると，任意の集合が整列集合になることから，集合の大きさにもとづくこの分類法はあらゆる集合の分類へと一般化される．

---

[1]このような順序数の構成については P. J. Cohen, Set theory and the continuum hypothesis, W. A. Benjamin, Inc. 1966, K. Gödel, The consistency of the continuum hypothesis, Princeton University Press, 1940 や G. Takeuti and W. M. Zaring, Introduction to axiomatic set theory, second edition, Springer-Verlag, 1982 等の集合論に関する講義録，論文や教科書に載っているが日本語の本で公理論的集合論に沿った紹介は極めて少ないので以下これらの文献を参考にして解説する．これら文献で最初のコーヘンのものはツェルメロ-フレンケルの公理論的集合論に沿って述べてあるが後者の二つの文献はゲーデル-バーネイの公理論的集合論を述べている．

第8章 順序数と濃度

8.1 整列集合の分類

　一般的に数学の特徴は，その名にあるように自然数や実数など順序をもった数を用いることにある．したがって，公理的集合論にもとづいて，このような性質をもった集合をすべて分類することが問題となる．とくに，すべての元が順序関係でつながれていて，最小値が存在するような集合を整列集合という．そこで，この整列集合をその大きさに応じて分類することからはじめる．

　順序とは集合上の関係で次のように定義されるものである．

定義 8.1 集合 A 上の関係 R が順序関係であるとは以下が成り立つことである．

- **a)** xRx.
- **b)** $[(xRy) \wedge (yRx)] \Rightarrow x = y$.
- **c)** $[(xRy) \wedge (yRz)] \Rightarrow xRz$.

この関係 xRy を $x \leq y$ と書く．また，順序関係 $x \leq y$ が全順序関係であるとはさらに次が成り立つときをいう．

- **d)** $x \leq y \vee y \leq x$.

$x < y$ とは $x \leq y$ かつ $x \neq y$ のことである．また $x \leq y$ のことを $y \geq x$，$x < y$ のことを $y > x$ とも書く．$<$ を強い意味の順序関係とよぶ．

　たとえば，集合間の包含 $\subset$ は，冪集合 $\mathcal{P}(S)$ 上の順序関係である[2]．これは，集合 S に対して，冪集合 $\mathcal{P}(S)$ の要素 x, y, z について，次がなりたつことから明らかである．

1. $x \subset x$.
2. $[(x \subset y) \wedge (y \subset x)] \Rightarrow x = y$.

---

[2]本書では記号 $\subset$ は等号を含む

8.1. 整列集合の分類

3. $[(x \subset y) \land (y \subset z)] \Rightarrow x \subset z$.

しかし，$(x \subset y) \lor (y \subset x)$ は成り立たないので全順序ではない．

さらに，最小元が存在するとき，全順序関係は整列順序であるという．

定義 8.2 集合 S 上の全順序関係 $\leq$ が S の整列順序であるとは S の空でない任意の部分集合が最小元を持つことである．すなわち次が成り立つことである．

$$B \subset S \land B \neq \emptyset \Rightarrow \exists x (x \in B \land \forall y (y \in B \Rightarrow x \leq y)).$$

このとき S は順序 $\leq$ に関し整列集合であるという．

整列集合については，上界および上限を定義することができる．

定義 8.3 S を整列集合とする．

1. $B \subset S$ のとき $x \in S$ が B の上界とは $y \in B \Rightarrow y < x$ が成り立つときをいう．

2. S は整列集合としたから，少なくとも一つ上界が存在するときは B の上界全体の集合の最小元が存在する．それを B の上限といい $\sup B$ と書く．

S が整列集合であることと上限の定義より $\sup B$ はやはり B の上界であり任意の $y \in B$ に対し $y < \sup B$ を満たす[3]．

整列集合の先頭部分，すなわちある元より小さいすべての元のなす部分集合は切片とよばれる．

---

[3]これは整列集合の部分集合の上限の定義である．後に見るように実数の順序体 $\mathbb{R}$ における集合 B の上界は $y \in B \Rightarrow y \leq x$ なる $x \in \mathbb{R}$ として定義されそのとき定義される上限 $\sup B$ はこの性質「任意の $y \in B$ に対し $y < \sup B$」は満たさないが，代わりに「任意の $y \in B$ に対し $y \leq \sup B$」を満たす．ただし整列集合の部分集合の上限を後者の実数の場合と同義に定義する流儀もある．たとえば先の脚注で述べた Takeuti and Zaring は後者の定義を採用している．

定義 8.4 集合 S が整列集合のとき，$B \subset S$ が S の切片であるとは，
$$(x \in B \land y < x \land y \in S) \Rightarrow y \in B$$
が成り立つことである．

例 8.1 S を整列集合とするとき，任意の $x \in S$ に対し $\{y | y < x \land y \in S\}$ および $\{y | y \leq x \land y \in S\}$ は S の切片である．

ここで，つぎのことを確かめる．

命題 8.1 整列集合 S の部分集合 B が S の切片であれば $B = S$ であるか，あるいは，ある $x \in S$ に対し $B = \{y | y \in S \land y < x\}$ である．

証明 $B \neq S$ であれば，差集合 $S - B := \{z | z \in S \land z \notin B\}$ は空でないから，その最小元 x が存在する．よって $y \in S$ かつ $y < x$ ならば $y \in B$ である．逆に $y \in B$ とする．このとき $x \leq y$ とすると切片の定義から $x \in B$ であるが，これは x が $S - B$ の最小元であることに反し矛盾であるから $y < x$ でなければならない．

証明終わり

以下で順序集合どうしを比較するために，まず順序を維持する写像である順序同型写像を定義しよう．

定義 8.5 順序集合 S から順序集合 T への写像 f が順序を保つ写像であるないし (順序) 準同型写像であるとは，$x < y$ なら $f(x) < f(y)$ が成り立つことをいう．集合 S, T が全順序集合で f が上への写像であるとき，そのような写像 f を (順序) 同型写像であるという．

とくに，切片への順序同型写像を切片写像という．すなわち，切片写像とは，元の順序を小さい方から維持する，一方の集合から他方の集合への1対1写像をいう．

定義 8.6 S, T を整列集合とする．このとき S から T のある切片の上への同型写像を S から T への切片写像という．

以下の定理 8.1 は，のちに順序数および濃度に関し基本的な役割を果たす．

定理 8.1 集合 S, T が整列集合のとき，次のいずれかが成り立つ．

1. S から T への切片写像が一意的に存在する．
2. T から S への切片写像が一意的に存在する．

証明

1. f が S から T への切片写像であれば任意の $x \in S$ に対し，

$$f(x) = \sup\{f(y) | y < x\}$$

である．

実際，f は同型写像ゆえ $y < x$ なら $f(y) < f(x)$ である．したがって，$t = \sup\{f(y)|y < x\}$ とすると，$f(x) \geq t$ である．もし $t < f(x)$ であれば，$\mathcal{R}(f)$ は切片であるから，$t \in \mathcal{R}(f)$ でなければならない．したがって，f は順序を保つゆえ，ある $y < x$ に対し $t = f(y)$ でなければならない．よって，$t = f(y) < f(x)$ となり，$t = \sup\{f(y)|y < x\}$ は集合 $\{f(y)|y < x\}$ の上界となる．したがって，任意の $y < x$ に対し $f(y) < t$ であることに矛盾する．ゆえに，$f(x) \leq t$ でなければならない．最初の $f(x) \geq t$ と併せて，$f(x) = t$ を得る．

2. 任意の二つの整列集合 S と T に対し，S から T への切片写像は高々一つしかない．

もし，f と g がともに S から T への切片写像で，異なるものであれば，$f(x) \neq g(x)$ なる $x \in S$ が存在する．そのような最小の x をとると，$f(x) = \sup\{f(y)|y < x\} = \sup\{g(y)|y < x\} = g(x)$ となり矛盾する．よってそのような x は存在しない．

3. S から T への切片写像 f の切片 $B \subset S$ への制限 $f|_B$ も切片写像である．

もし $x \in B$ で $z < f(x)$ $(z \in T)$ なら，ある $y \in S$ に対し $z = f(y)$ であるが，f したがって f^{-1} は順序を保つ．よって，$y = f^{-1}(z) < f^{-1}(f(x)) = x$ である．したがって，$y \in B$ であり $z = f(y) \in \mathcal{R}(f|_B)$ である．以上で $w \in \mathcal{R}(f|_B)$ かつ $z < w$ なら $z \in \mathcal{R}(f|_B)$ がいえたから，$\mathcal{R}(f|_B)$ は切片であり，証明が終わる．

4. いま
$$C = \{x | x \in S \land \exists \text{切片写像}: \{y | y \leq x\} \longrightarrow T\}$$
とおく．

(a) $x \in C$ で，$y < x$ かつ f が $\{z | z \leq x\}$ から T への切片写像であれば，$f|_{\{z|z \leq y\}}$ も 3 より切片写像である．したがって，$y \in C$ である．よって C は切片である．

(b) $x \in C$ に対し，f_x を $\{z | z \leq x\}$ から T の中への切片写像とする．すると，2 と 3 により，$z \leq x \leq y$ なら $f_x(z) = f_y(z)$ である．任意の $x \in C$ に対し $f(x) := f_x(x)$ とおくと，もし $x, y \in C$ で $x < y$ なら $f(x) = f_x(x) = f_y(x) < f_y(y) = f(y)$ で，f は順序を保つ．

(c) もし $x \in C$, $t < f(x)$ なら $t < f_x(x)$ だから，ある y があって $y < x$ かつ $t = f_x(y) = f_y(y) = f(y)$ である．よって，f は C から T の中への切片写像である．

(d) もし $C = S$ なら，証明は終わる．

(e) そうでなく，$C \neq S$ なら，$t = \sup C$ かつ $C' = \mathcal{R}(f)$ とおく．もし $C' = T$ なら，f^{-1} は順序を保ち，T から S のある切片の上への切片写像であり，証明が終わる．仮に $C' \neq T$ とする．このとき，$u = \sup C'$ とおき $f(t) = u$ と f を拡張すると，f は $\{z|z \leq t\}$ から T のある切片の上への切片写像となるから $t \in C$ である．しかし，これは $\forall x \in C : x < t = \sup C$ に矛盾する．よって，仮定 $C' \neq T$ は誤りであり，$C' = T$ でなければならない．

証明終わり

この証明より以下が成り立つことが示される．

定理 8.2 S, T を整列集合とする．f を S から T の中への切片写像，g を T から S の中への切片写像とすると f, g はともに上への写像で互いに逆写像となる．

証明 $\mathcal{R}(f) = B$ とすると，B は T の切片であり，f^{-1} は B から S の上への切片写像である．このとき，$g|_B$ も B から S の中への切片写像である．したがって，定理 8.1 の証明中の 2) より $f^{-1} = g|_B$ である．f^{-1} は B から S の上への切片写像だから，これより，g も B から S の上への切片写像である．したがって，g は 1 対 1 であることから，$B = T$ かつ $f^{-1} = g$ となる．

証明終わり

とくに，切片写像が上への写像であれば，二つの集合は整列集合として等しいといえる．これらの事実により整列集合の間の一種の順序関係が以下のように定義される．

定義 8.7 整列集合 S, T に対し S から T への切片写像があるとき，$\widetilde{S} \leq \widetilde{T}$ と書く．この写像が上へのでないとき，$\widetilde{S} < \widetilde{T}$ と書く．上への写像であるとき，$\widetilde{S} = \widetilde{T}$ と書く．

この関係 = から整列集合 S, T 間の新たな関係 $\sim$ を

$$S \sim T \Leftrightarrow \tilde{S} = \tilde{T}$$

により定義すると，$\sim$ は同値関係となる．もし整列集合の全体が集合たとえば V を成していれば $T \in V$ の同値類[4]を

$$[T] = \{S | S \in V, S \sim T\}$$

によって導入し

$$\bigcup_{T \in V} [T] = V,$$

かつ

$$\neg(S \sim T) \Rightarrow [S] \cap [T] = \emptyset$$

と V を分類できる．

しかし，置換公理 5 の一部となっている分出公理から，何らかの集合の部分集合であることが前提となっていない V は集合としては定義できない (ブラリ-フォルティのパラドックス)．つまり，上記の定義 8.7 の $\leq$ は定義 8.1 の性質 a)-d) を満たすという意味で類 V の全順序関係になっているが集合内で定義されたものではない．仮に V が集合をなすとすると，自らを含む集合となることから正則公理のもとに矛盾する．あるいはこの公理を指定しなくとも，ベキ集合 $\mathcal{P}(V)$ もまた，整列集合の族となっている．すなわち，$\mathcal{P}(V) \subset V$ とならなくてはならないが，これは $\overline{V} < \overline{\mathcal{P}(V)}$ と明らかに矛盾である (定理 7.3 と定義 7.8 を参照)．したがって，このような同値類は作れない．

とはいうものの，類 (class) としての V の同値関係にはなっている．すべての整列集合の類 V が集合でなくても，切片写像による各同値類を代表す

---

[4] ここの同値類は第 5 章第 5.5 節の定義 5.6 と同じ意味である．すなわち，集合 A 上に同値関係 $\sim$ が定義されるとき，任意の $a \in A$ に対して A の部分集合

$$[a] = \{x \mid x \sim a \ \land \ x \in A\} \subset \mathcal{P}(A)$$

を集合 $a \in A$ の同値類とよび，同値類の集合を商集合 $A/\sim$ とよぶ．

$$A/\sim = \{[x] \mid x \in A \ \land \ [x] \in \mathcal{P}(A) \}.$$

るような大きさの基準となる集合があれば，それによって分類は達成されると考えて良いだろう．一般には，t が集合になり同値類 $[t]$ 等が作れるときその任意の元 $t_0 \in [t]$ をその同値類の代表元といい，そのような基準となる代表元が次節で導入する順序数である．

整列集合の演算に関しては 2 つの共通部分が空な整列集合 S, T が与えられたとき新たな整列集合 $S + T$ を和集合 $S \cup T$ で順序関係 $<$ が

$$x < y \Leftrightarrow [x \in S \ \& \ y \in T] \vee [x, y \in S \ \& \ x < y] \vee [x, y \in T \ \& \ x < y]$$

で与えられているものとして定義できる．共通部分を持つ場合は $\tilde{S} = \tilde{S'}$, $\tilde{T} = \tilde{T'}$ なる S', T' で共通部分を持たないものの和として $S + T$ を定義できる．また 2 つの一般の整列集合 S, T に対しその積 $S \times T$ を集合としては直積で順序は

$$\langle x, y \rangle < \langle t, u \rangle \Leftrightarrow y < u \vee [y = u \ \& \ x < t]$$

として定義できる．これにより整列集合の四則が定義される．この演算はふつうの四則とは異なる[5]．たとえば

$$2 + \omega = \omega, \quad \omega + 2 \neq \omega, \quad 2 \times \omega = \omega, \quad \omega \times 2 = \omega + \omega.$$

8.2 順序数と濃度

すべての整列集合の類 V を同値関係で分類する際，その同値類の代表元となるようなものが順序数である．この順序数は，自然数を定義する無限公理の自然な拡張によって定義されるもので，自然数もまたこのような順序数の一つとして再定義されることとなる．前章の第 7.3 節での自然数の集合論的構成において，次の推移性をもつ集合を自然数と見なすという

---

[5]これらの整列集合の算法は以下の定理により順序数の算法に帰着するがこの順序数の算法については前出 Takeuti and Zaring の第 8 章が詳しい．興味のある方はそちらを参照されたい．

公準を採用していた．

定義 8.8 集合 x が推移的 (transitive) とは $y \in x, z \in y \Rightarrow z \in x$ が成り立つことである．

ここで，集合の要素関係 $\in$ は x の上の全順序関係になることが判る．とくに整列集合でもあるとき，この x を順序数とよぶ．

定義 8.9 集合 α が順序数 (ordinal number) であるとは α が関係 $\in$ を強い意味の順序関係として整列集合でありかつ $\in$ が α において推移的なときをいう．α が順序数 (ordinal number) であることを $\mathrm{Odn}(\alpha)$ と書く．

たとえば前章で述べた ω，自然数 $0, 1, 2, 3, \cdots, n, \cdots$ はすべて順序数である．

命題 8.2 以下が成り立つ．

1. $\mathrm{Odn}(\alpha)$ で I が α の切片であれば，$\mathrm{Odn}(I)$ である．

2. $\mathrm{Odn}(\alpha)$ かつ $x \in \alpha$ なら，$x = \{y | y \in \alpha \land y < x\}$ である．

3. $\mathrm{Odn}(\alpha)$ で $x \in \alpha$ ならば，$\mathrm{Odn}(x)$ である．

4. $\mathrm{Odn}(\alpha)$ ならば，$\beta = \alpha \cup \{\alpha\}$ も順序数である．これを α の後者 (successor) といい，$\alpha + 1$ と書く．

証明

1. $y \in I$ かつ $z \in y$ であれば $y \in \alpha$ であるから，$z \in \alpha$ である．よって，切片の定義から $z \in I$ である．すなわち，I は推移的である．また，整列集合 α の部分集合として，I も整列集合である．ゆえに，$\mathrm{Odn}(I)$ である．

2. $x \in \alpha$ とする. $y \in \alpha$ が $y < x$ を満たせば, $y \in x$ であることは順序 $<$ が $\in$ であることによる. 逆に, $y \in x$ ならば, α の推移性より $y \in \alpha$ となり, $x = \{y | y \in \alpha \ \wedge \ y < x\}$ が言える.

3. $x \in \alpha$ ならば, 2 より, $x = \{y | y \in \alpha \ \wedge \ y < x\}$ であるから, 例 8.1 より, x は α の切片である. よって, 1 より, $\mathrm{Odn}(x)$ である.

4. β が順序 $\in$ に関し整列集合であることは明らかである. また, $x \in \beta = \alpha \cup \{\alpha\}$ かつ $y \in x$ とする. $x \in \alpha$ の場合は α は推移的だから, $y \in \alpha \subset \beta$ となる. $x = \alpha$ のときは, $y \in x$ と合わせて $y \in x = \alpha \subset \beta$ となるから, $y \in \beta$ となり, β は推移的である. よって, $\beta = \alpha \cup \{\alpha\}$ も順序数である.

証明終わり

このように順序数は整列集合である. そして, 一般の整列集合は実はいずれかの順序数かつただひとつの順序数と順序同型である.

定理 8.3 S が整列集合であればただ一つの f と α があって $\mathrm{Odn}(\alpha)$ で f は S から α の上への順序を保つ同型写像である. すなわち S はただ一つの順序数 α と順序同型である.

証明 S が空であれば明らかであるから空でないとする.

1) $\{\emptyset\}$ はただ 1 つの元を持つ順序数であるがこのような順序数はこれのみである.

   実際, $x = \{a\}$ がそのような順序数であれば, $b \in a$ ならば $b \in x$ であるが, x は単元集合だから $b = a$ であり, したがって $a \in a$ である. ところが, $\in$ は強い意味の順序関係 $<$ であるから, これより $\neg(a < a)$ すなわち $\neg(a \in a)$ である. よって, $b \notin a$ であり, これらをまとめれば $a = \emptyset$ となる.

2) Odn(α) ならば α は整列集合だから,定理 8.1 の証明中の 2 により,集合 S から α の上への同型写像は存在しても高々一つである.そこで,A を S の元 x で,任意の $t \leq x$ に対し $I_t := \{y|y \leq t\}$ から順序数 $\alpha(t)$ の上への順序同型写像 f_t があるような順序数 $\alpha(t)$ が一意に定まるものの全体とすると,A は S の切片である.

A は空集合ではない.実際 x を $S \neq \emptyset$ の最小元とすれば,$I_x = \{y|y \leq x\} = \{x\}$ は $\{\emptyset\}$ と同型であり,$\{\emptyset\}$ はそのようなただ一つの順序数である.

いま,関数 $f(x)$ ($x \in A$) を $f(x) = f_x(x)$ と定義する.置換公理 5 より $\alpha = \mathcal{R}(f) = \{f_x(x)|x \in A\} = \bigcup_{x \in A} \alpha(x)$ は集合である.この α の表現と A の定義からこの α は順序数であることは明らかである.さらに $\alpha = \mathcal{R}(f)$ ゆえ f は A から α の上への写像であり A と f の定義から f は順序同型写像である.

いま $g : A \longrightarrow \beta$ を順序数 β の上への順序同型写像とする.すると $x \in A$ に対し g の I_x への制限 $g|_{I_x}$ は I_x から β のある切片 J の上への順序同型写像であり,Odn(J) である.ゆえに f, g はともに A から順序数 $\alpha \cup J$ への切片写像である.よって定理 8.1 の証明中の 2 により $g(x) = f(x)$ ($x \in A$) でありしたがって $\beta = \alpha$,$g = f$ で,f, α が一意に定まることがわかった.

あとは $A = S$ を示せば証明が終わる.$A \neq S$ と仮定する.このとき $z = \sup A \in S - A$ とおき $A \cup \{z\}$ 上の関数 g を $g(x) = f(x)$ ($x \in A$) かつ $g(z) = \alpha$ と定義する.すると g は I_z から順序数 $\alpha \cup \{\alpha\} = \alpha + 1$ の上への同型写像となる.よって $z \in A \cup \{z\}$ に対し「任意の $t \leq z$ に対し $I_t := \{y|y \leq t\}$ から順序数 $\alpha(t)$ の上への順序同型写像 f_t があるような順序数 $\alpha(t)$ が一意に定まる」ことが言えれば $A \cup \{z\}$ は A の定義の条件を満たすことが示され $z \in A$ かつ $z = \sup A \notin A$ と矛盾が導かれ証明が終わる.

このかぎ括弧「 」内のことは $t < z$ なら $t \in A$ だから正しい.よっ

て $t = z$ に対し $\alpha(t) = \alpha(z) = \alpha + 1$ でなければならないことを言えばよい．ところが $A \cup \{z\}$ からある順序数 β の上への順序同型写像 h があれば前々節と同様に $h(x) = g(x)$ $(x \in A \cup \{z\})$ が言えるから $\beta = \alpha + 1$ となる．

証明終わり

命題 8.3 $\mathrm{Odn}(\alpha)$ かつ $\mathrm{Odn}(\beta)$ とする．このとき，

1. α から β の上への同型写像が存在するならば，$\alpha = \beta$ である．
2. α から β の中への同型写像が存在するならば，$\alpha \in \beta$ である．

証明 1 は定理 8.3 の一意性の結果による．α から β の中への同型写像が存在するならば，α から β の真部分切片 I の上への同型写像が存在する．I は順序数 β の切片だから，命題 8.2 の 1 より順序数であり，かつ，ある $\gamma \in \beta$ に対し $I = \{x | x \in \beta \ \wedge \ x < \gamma\}$ と書ける．ゆえに，等号に関する結果より，$\alpha = I$ である．他方，命題 8.2 の 2 より $\gamma = I$ である．よって $\alpha = I = \gamma \in \beta$ である．

証明終わり

特に順序数は自身より小さい順序数の全体に等しい．また順序数の大小関係 $<$ は定義 8.7 で定義されるがそれは順序数内の大小関係 $\in$ と同値である．

問 8.1 α が順序数のとき，$\alpha \cup \{\alpha\} = \alpha + 1$ は α より大きい最小の順序数であることを示せ．

ここで，順序数にはかならず最小元が存在することを確認しておく．

定理 8.4 S が順序数の空でない集合であれば，S には最小元が存在する．

証明 $\beta \in S$ とすると $\beta+1 = \beta \cup \{\beta\}$ は順序数であるから整列集合である．よって，その部分集合 $(\beta+1) \cap S$ は空でないから最小元 α をもつ．この α は S の最小元でもある．

証明終わり

定理 8.5 S が順序数の集合であれば，$\beta \in S \Rightarrow \beta \in \alpha$ となる最小の順序数 α が存在する．この α を $\sup S$ と書く[6]．

証明 $\gamma = \bigcup S$ とおく．$x, y, z \in \gamma$ ならば，ある順序数 $\alpha_1, \alpha_2, \alpha_3 \in S$ に対し $x \in \alpha_1, y \in \alpha_2, z \in \alpha_3$ である．一般性を失うことなく $\alpha_1 < \alpha_2 < \alpha_3$ と仮定してよい．すると $x, y, z \in \alpha_3$ である．したがって，$\in$ は γ における強い意味の順序関係を定義することが γ の定義より容易に示される．

$x \in \gamma$ かつ $y \in x$ ならば，ある $\tau \in S$ に対し $x \in \tau$ で τ は順序数ゆえ $y \in \tau \subset \gamma$ であり，したがって γ は推移的である．

$\emptyset \neq T \subset \gamma$ とする．$\tau \in S$ を $\tau \cap T \neq \emptyset$ ととれる．$\tau \cap T$ は整列集合 τ の部分集合だから整列集合であり，したがって最小元 δ を持つ．$\beta \in T$ が $\beta < \delta$ を満たすと仮定すると，$\beta \in \delta \in \tau$ であるから $\beta \in \tau \cap T$ である．ところが，δ は $\tau \cap T$ の最小元だから，$\delta \leq \beta$ であり仮定 $\beta < \delta$ と矛盾する．よって，$\beta \in T$ ならば $\delta \leq \beta$ であり T は最小元 δ を持つ．ゆえに γ は順序関係 $\in$ に関し整列集合である．したがって，γ は順序数である．

$\beta \in S$ ならば，γ の定義から $\beta \subset \gamma$ すなわち $\beta \leq \gamma$ である．α' が順序数で $\beta \in S \Rightarrow \beta < \alpha' (\Rightarrow \beta \subset \alpha')$ を満たせば，$\tau \in \gamma = \bigcup S$ はある $\beta \in S$ に対し $\tau \in \beta \subset \alpha'$ を満たす．したがって，$\gamma \subset \alpha'$ すなわち $\gamma \leq \alpha'$ となる．よって，任意の $\beta \in S$ に対し $\beta < \gamma$ となる場合は，$\alpha = \gamma$ が求める $\sup S$ である．そうでない場合，すなわち任意の $\beta \in S$ に対し $\beta \leq \gamma$ でかつある $\beta' \in S$ に対し $\gamma = \beta'$ となる場合は，$\alpha = \gamma + 1$ ととれば問 8.1 よりこの α が $\sup S$ である．

証明終わり

---

[6] S は整列集合とは仮定していないが，上限という意味としては同様であることは明らかであろう．したがって，同じ記号を用いる．

8.2. 順序数と濃度

この証明における場合分けは順序数には以下に定義する極限数である場合とそうでない場合があることを示している.

定義 8.10

1. 順序数 α が後者 (successor) であるとは, ある順序数 β に対し $\alpha = \beta+1$ となることをいう. α が極限数 (limit ordinal) であるとは, $\alpha \neq 0$ かつ α が後者でないことをいう.

2. 順序数 α が自然数ないし非負整数 (nonnegative integer) であるとは, $\beta \leq \alpha$ ならば β は後者であるか 0 であることをいう.

定理 8.6 極限数が存在する.

証明 x を無限公理 8 のものとする. $\alpha = \sup\{\beta \mid \mathrm{Odn}(\beta) \land \beta \in x\}$ を x に含まれる順序数の上限とする. すると公理 8 よりまず $0 \in \alpha$ である. よって $\alpha \neq 0$. また順序数 $\beta \in x$ に対し公理 8 より $\beta+1 \in x$ であるから $\beta < \beta+1 < \alpha$ である. いまある順序数 γ に対し $\alpha = \gamma+1$ と書けたと仮定すると $\gamma < \alpha$. ゆえにある順序数 $\beta \in x$ で $\gamma \leq \beta$ なるものがある. この $\beta \in x$ は今述べたことより $\beta+1 \in x$ を満たすから $\gamma+1 \leq \beta+1 < \alpha$ となり $\alpha = \gamma+1$ という仮定に反する. よってこの仮定は誤りでありいかなる順序数 γ に対しても $\alpha = \gamma+1$ とは書けない. したがって α は極限数である.

証明終わり

定義 8.11 α を定理 8.6 で存在を保証された極限数のひとつとし α 以下の極限数のうち最小のものを ω と書く.

定理 8.7 最小の極限数 ω は自然数の全体である.

証明 n が自然数であれば, $n \in \omega$ である. 実際, ω は極限数だから, $\omega \neq 0$ ゆえ $\tilde{0} < \tilde{\omega}$ である. よって, $0 \in \omega$ である. また, ある自然数 $n \neq 0$ に対し $\omega \leq n$ となったとすると, ω 自身後者となり ω が極限数であることに矛盾する. よって, $n < \omega$ である. したがって, 任意の自然数 n に対し $n \in \omega$ である. 逆に $n \in \omega$ とすると, ω が x 以下の極限数のうち最小の極限数であることから, $m \leq n$ ならば m は 0 か後者でなければならないから, n は自然数である. よって, この最小の極限数 ω は自然数の全体である.

証明終わり

以下は数学的帰納法の原理である.

定理 8.8 $x \subset \omega$ かつ $0 \in x$ かつ $[n \in x \Rightarrow n+1 \in x]$ ならば $x = \omega$ である.

証明 $x \neq \omega$ と仮定する. すると $\omega - x \neq \emptyset$ で, $\omega - x$ は整列集合 ω の空でない部分集合であるから, その最小元である自然数 $n \in \omega - x$ が存在する. 仮定から $0 \in x$ であるから, $n \neq 0$ である. n は自然数であるから, $k \leq n$ なる k はすべて後者か 0 である. 特に $n \neq 0$ はある自然数 $m \in \omega$ により $n = m+1$ と書ける. この m は $m < n$ であるから, n の定義より $m \in x$ を満たす. したがって, 定理の仮定より $n = m+1 \in x$ であるが, これは $n \in \omega - x$ に矛盾する. ゆえに, $x = \omega$ である.

証明終わり

数学的帰納法の原理の拡張である超限帰納法の原理を述べるため, V を順序数全体のなす類とする. 第7章に述べたように, 類 (class) は我々の考察している ZFC(Zermelo-Fraenkel) の公理論的集合論では定義されない. GB(Gödel-Bernays) にもとづいて V を類として規定すると, 第7.3節および上で述べた数学的帰納法の原理の拡張である以下の超限帰納法の原理が成り立つ.

定理 8.9 V を順序数全体のなす類とする．いま類 U が $U \subset V$ および $\forall \gamma\,[\gamma \subset U \Rightarrow \gamma \in U]$ を満たすとすると $U = V$ である．

証明 $V \subset U$ を言えばよい．もしそうでないとすると，$V - U \neq \emptyset$．よって，定理 8.4 の類への拡張により，$V - U$ には最小元 $\gamma \in V - U$ が存在する．ここで，$\gamma \cap (V - U) = \emptyset$ である．実際，ある $\delta \in \gamma \cap (V - U)$ が存在すると仮定すれば，$\delta \in V - U$ だから，γ が $V - U$ の最小元であることから $\gamma \leq \delta$．ところが，これは仮定の $\delta \in \gamma$ すなわち $\delta < \gamma$ に矛盾する．ゆえに，$\gamma \cap (V - U) = \emptyset$．$\gamma \subset V$ であるからこれより $\gamma \subset U$ となる．よって，定理の仮定より $\gamma \in U$．ところがこれは γ が $V - U$ の最小元であり，したがって $\gamma \in V - U$ であったことに矛盾する．

証明終わり

ここで，数学的帰納法的構成の拡張である超限帰納法的構成法を述べる．そのため以下 $A_n(x, y; t_1, \cdots, t_k)$ は公理 5 と同様に n を自然数として動かすとき集合論の式つまり命題で二つの自由変数 x, y を持つものすべてを動くものとする．

定理 8.10 $t_i\ (i = 1, 2, \cdots, k)$ が与えられているとし

$$\forall x \exists_1 y A_n(x, y; t_1, \cdots, t_k)$$

を仮定し，したがって，これにより関数 $y = \varphi(x)$ が定義されているとする．このとき，任意の順序数 α と集合 z に対し，$\alpha + 1 = \{\beta | \beta \leq \alpha\}$ 上で定義された関数 f で，$f(0) = z$ かつ任意の $\beta \leq \alpha$ に対し $f(\beta) = \varphi(f|_\beta)$ を満たすものが一意的に存在する．

証明 α と z が与えられているとする．S を定理において α の代わりに $\gamma \in \alpha + 1 = \{\gamma | \gamma \leq \alpha\}$ としたものが成立する γ の全体とする．そして，f_γ を f に対応する関数とする．定理における f に関する一意性の条件より，$\gamma_1 \in S$ かつ $\gamma_2 < \gamma_1$ ならば，$\gamma_2 \in S$ かつ $f_{\gamma_2} = f_{\gamma_1}|_{\gamma_2+1}$ である．したがって，$S(\subset \alpha + 1)$ は順序数 $\alpha + 1 = \{\gamma | \gamma \leq \alpha\}$ の切片でそれ自身順序数である．

第 8 章　順序数と濃度

$\alpha \in S$ なら証明は終わりである．そうでないと仮定すると，$\{\gamma | \gamma \leq \alpha\} - S \neq \emptyset$ ゆえその最小元 $\gamma_0 \in \{\gamma | \gamma \leq \alpha\} - S$ が存在する．S 上の関数 g を $\gamma < \gamma_0$ に対し $g(\gamma) = f_\gamma(\gamma)$ と定義する．$w = \varphi(g)$ とおき，$f(\gamma) = g(\gamma)$ $(\gamma < \gamma_0)$ かつ $f(\gamma_0) = w$ とおく．すると，この関数 f は定理で α を γ_0 としたものを満たす一意的な関数である．したがって，$\gamma_0 \in S$ となり，$\gamma_0 \notin S$ と矛盾する．よって，$\alpha \in S$ でなければならない．

証明終わり

この定理は，任意の順序数 α に対し，整列順序に従ったある規則（上述の定理では φ で与えられる規則）によって，$\beta < \alpha$ まで定義された関数 $f(\beta)$ から $f(\alpha)$ を定義する方法を与えている．要点は，その拡張が一意的にできることであり，それは整列集合の上で定義された関数であるため，可能であることを示している．このような構成法を超限帰納法という．

例 8.2　以下は定理 8.10 で述べた超限帰納法による構成の例である．

1) 固定された順序数 α に対し，$\alpha+\beta$ を $\alpha+0 = \alpha, \alpha+\beta = \sup\{\alpha+\gamma | \gamma < \beta\}$ と定義する．

2) 固定された順序数 α に対し，$\alpha \cdot \beta$ を $\alpha \cdot 0 = 0, \alpha \cdot (\beta+1) = \alpha \cdot \beta + \alpha$, $\alpha \cdot \beta = \sup\{\alpha \cdot \gamma | \gamma < \beta\}$（$\beta$ が極限数の場合）と定義する．

2) 固定された順序数 α に対し，α^β を $\alpha^0 = 1, \alpha^{\beta+1} = \alpha^\beta \cdot \alpha, \alpha^\beta = \sup\{\alpha^\gamma | \gamma < \beta\}$（$\beta$ が極限数の場合）と定義する．

問 8.2　第 7 章 定義 7.7 で見たように ω から集合 A の上への 1 対 1 写像があるとき A を可算無限集合といった．順序数の可算無限性も同様に集合と見て定義される．

順序数 α, β が可算無限であれば $\alpha + \beta, \alpha \cdot \beta, \alpha^\beta$ も可算無限であることを示せ．

定理 8.3 により，任意の整列集合に対し，対応する順序数によって集合の大きさの比較をすることができるようになる．この尺度を濃度とよぶ．

定義 8.12 濃度 (cardinal) とは順序数 α で次の性質を満たすものをいう．

$$\forall \beta \,[\, \mathrm{Odn}(\beta) \wedge \beta < \alpha \Rightarrow \overline{\beta} < \overline{\alpha} \,].$$

すなわち濃度 (cardinal) α とはその濃度 (cardinality) を持つ順序数のうち最小のもののことである．

濃度の代数は A, B が共通部分を持たない集合のとき

$$\overline{A} + \overline{B} = \overline{A \cup B}, \quad \overline{A} \cdot \overline{B} = \overline{A \times B}$$

によって定義される．

問 8.3 A, B が無限集合のとき

$$\overline{A} + \overline{B} = \overline{A} \cdot \overline{B} = \max(\overline{A}, \overline{B})$$

を示せ．

読者は以上から順序数 α は

$$\alpha = \{\beta | \beta < \alpha\}$$

という関係によって自己言及的に定義される概念であることを見たであろう．この構成は超限帰納法による構成と同じであり，順序数という概念自体が本章で述べた公理論的集合論における形式的定義とは別に，本質的に第1章で見たフラクタル，第6章の形式的論理体系の式や命題，定理の構成と同様「自己言及」という方法により定義されているものであることを示している．このように現代数学の基礎はその冠たる特徴である「無限」の概念自体「自己言及」であり，したがってこのことから現代数学自体一種の矛盾性を含んでいることが見られる．詳しくは拙論 "Is mathematics consistent?," http://arXiv.org/abs/math.GM/0306007 (2003) や "Does Church-Kleene ordinal ω_1^{CK} exist?," http://arXiv.org/abs/math.GM/0307090 (2003) などを見ていただきたいが，19世紀末に始まった無限の本源的探求において見いだされたこれら現代数学の一種の自己循環的な矛盾的様相は先述の「コンピューターにかけて数学的定理をすべて証明する」という近代初頭にライプニッツ (Gottfried Wilhelm von Leibniz (1646-1716)) の描いた夢の破綻を示すものであろう．と同時にこの「破綻」は実は数学は形式的体系というような「閉じた宇宙ではない」ということを我々に示し認識させるものなのである．

　カントールが三角級数展開の一意性の証明に失敗したのは集合という内容のない概念を用いて解決しようとしたからである．連続体を考えるということは実数を考えるということであり内容の空な集合という概念によって元々解析学の問題であったカントールの三角級数の問題を考えるということ自体が無意味な一般化であったということかもしれない．事実彼の問題は解析学的手法で解かれている．しかし物事には必ず副産物が伴うものである．カントールの最初の問題の解決には役に立たなかったが集合論は現代数学の基礎を与えたのである．

8.3　選択公理と連続体仮説

　集合のうち，どのようなものが適当な順序関係を導入することによって整列集合とみなすことができるだろうか．もし，これができれば，その集合の大きさを対応する順序数によって測ることができるようになる．ツェルメロは，ZFCの構成をはじめる前に，任意の集合が整列可能であることを証明したという内容の論文を1904年に発表した．この内容は，任意の集合が整列することができること(整列可能定理)と，その集合の空でない無限個の部分集合から識別された要素をただ一つずつ選び出すこと(選択公理)が同値であることを示すものであった．これを整列定理という．当時，後者すなわち選択公理はなかなか容認されず，1908年の論文でツェルメロはその別証明を与えるとともに，最初の論文への反論に対して言及している．しかし，数学のあまりに多くの局面で暗々裏に用いられていることが

認識されるにしたがって，選択公理は必要なものとして公理のひとつに付け加えられるようになった．

さて，ツェルメロの整列定理では集合間の包含関係を利用して，集合の要素を整列させ，任意の集合が整列順序関係をもつことを示す．選択公理から，S のべき集合 $\mathcal{P}(S)$ について選択関数 $f : \mathcal{P}(S) \to S$ が存在する．つまり，$x \neq \emptyset$ となる $x \in \mathcal{P}(S)$ について $f(x) \in x \subset S$ である．これは，$f(\{y\}) = y$ となるので，上への写像である．そこで，補集合 $\bar{x}$ を

$$\bar{x} = S - x$$

とするとき，以下にみるように任意の元 $z \in \bar{x}$ に対して $z < f(x)$ と定義できる．このような関係 $\leq$ が順序関係になっていることがわかれば，全順序でもあることは，f が全射であることからわかる．とくに $f(S) \in S$ は最小値となるので，S は関係 $<$ について整列順序である．したがって，次の整列可能定理が成り立ち，選択関数 f に対し，一意に集合は整列する．

定理 8.11 任意の集合 S は整列集合にできる．

証明

1) S のべき集合 $\mathcal{P}(S)$ に選択公理 6 を適用して，$\{x | x \subset S, x \neq \emptyset\}$ 上で定義された選択関数 f で，$f(x) \in x$ なるものがとれる．S の部分集合 T で定義された整列順序関係 $<$ が (この選択関数 f に関し) 整合的であるということを，

$$\forall x \in T \ : \ x = f(S - \{y | y \in T \ \land \ y < x\})$$

が成り立つことと定義する．

2) S の二つの部分集合 T_1, T_2 が整合的な整列順序 $<_1, <_2$ を持つとすると，一方は他方に含まれかつ切片になる．特に，集合 $T \subset S$ 上の整合的な整列順序は高々一つである．

実際，T_1, T_2 は整列集合だから，定理 8.1 により，T_1 から T_2 のある切片の上への順序同型写像 φ が存在する．(T_2 から T_1 への場合でも同様である．) ある $x \in T_1$ に対し $\varphi(x) \neq x$ となるとし，矛盾を導く．こう仮定すると，T_1 は整列集合だから $\varphi(x) \neq x$ なる最小の $x \in T_1$ がある．定理 8.1 の証明中の 1) より，$\varphi(x) = \sup\{\varphi(y)|y <_1 x\}$ である．ただし，ここの sup は T_2 の順序 $<_2$ に関するものである．$<_2$ は整合的であるから，$\varphi(x) = f(S - \{z|z \in T_2 \wedge z <_2 \varphi(x)\}) = f(S - \{\varphi(y)|y <_1 x\}) = f(S - \{y|y <_1 x\})$ である (二番目の等号は φ が順序同型写像であることから従い最後の等号は上の x の定義による)．$<_1$ も整合的だから，$x = f(S - \{y|y <_1 x\})$ である．よって，まとめて $\varphi(x) = x$ となり，これは仮定に矛盾する．従って任意の $x \in T_1$ に対し $\varphi(x) = x$ であり，整列順序集合として $T_1 \subset T_2$ がいえた．

3) T を，S の部分集合 T_α で整合的な整列順序を持つもの全部の和集合とする．すると，2) より，T にはすべての T_α の整列順序をその部分とする整列順序 $<$ が自然に導入される．さらに，この整列順序は整合的である．実際，$x \in T_\alpha$ ならば $\{y|y < x\} = \{y|y \in T_\alpha \wedge y <_\alpha x\}$ であり，$<_\alpha$ が整合的であるから，$x = f(S - \{y|y \in T_\alpha \wedge y <_\alpha x\}) = f(S - \{y|y < x\})$ となり，$<$ も整合的な整列順序である．

4) あとは $T = S$ を言えばよい．もし $T \neq S$ とすると，$S - T \neq \emptyset$ ゆえ $x_0 = f(S - T) \in S - T$ がある．$T_0 = T \cup \{x_0\}$ とおき，T_0 の順序を T では $<$ により定義し，$x \in T$ と x_0 に対しては $x < x_0$ と定義すれば，これは明らかに T_0 の整合的な整列順序になる．よって，T_0 はある α に対し $T_0 = T_\alpha$ でなければならず，$x_0 \in T_0 = T_\alpha \subset T$ で矛盾する．

証明終わり

注 8.1 この定理 8.11 より任意の集合 A, B は整列集合にできる．すると定理 8.1 より $\overline{A} \leq \overline{B}$ か $\overline{B} \leq \overline{A}$ が成り立つ．すなわち濃度の関係 $\leq$ はすべての集合の類上の全順序関係になっている．

また，この結果より選択公理6が従う．実際 $A_\lambda \neq \emptyset$ をそこの集合族とし $\bigcup_\lambda A_\lambda$ に対し上の定理 8.11 を適用しそれを整列集合とする．するとその部分集合 A_λ は空でないから最小元を持つ．その最小元を選択公理 6 の関数 f の値 $f(\lambda)$ とすればよい．したがって選択公理 6 とツェルメロの整列可能定理は集合論の他の公理のもとに互いに同値である．

選択公理を認めると，すべての集合にたいして濃度が定義され，その大きさを評価することができるようになる．とくに，実数の濃度が自然数の濃度より大きいことは，冪集合の公理を導入するところで述べたように，明らかである．一般に，前章の定理 7.3 で任意の集合 A からその部分集合の全体 $\mathcal{P}(A)$ の上への写像は存在しないことを見た．したがって定義 7.8 より $\overline{A} < \overline{\mathcal{P}(A)}$ である．このことはいくらでも大きな濃度したがって順序数が存在することを示している．

定理 8.10 の超限帰納法により任意の順序数 α に無限濃度 $\aleph_\alpha$ を対応させる写像：$\alpha \mapsto \aleph_\alpha$ を $\aleph_\alpha$ が任意の $\beta < \alpha$ に対する $\aleph_\beta$ より大きな無限濃度のうち最小のものとして定義できる．超限帰納法により $\aleph_\alpha \geq \alpha$ が導かれるから $\aleph_\alpha$ は任意に大きい濃度を取りうる．さらに $\aleph_\alpha$ は α の選び方によりすべての無限濃度をとる．この最後の事実は整列可能定理 8.11 を用いて任意の集合は定理 8.3 によりある順序数と同型になることから従う．$\aleph_0 = \omega$ である．

$\mathcal{C} = \mathcal{P}(\omega)$ とおく．定理 7.3 より

$$\overline{\mathcal{C}} > \aleph_0$$

である．この $\overline{\mathcal{C}}$ がどの程度の大きさであるかつまり超限列 $\{\aleph_\alpha\}_{\alpha \geq 0}$ の中のどの位置を占めるかがカントールの時代からの疑問であった．カントール自身，自然数の濃度より大きく実数の濃度より小さい濃度が存在しないという仮説をおいた．

カントールの連続体仮説： $\overline{\mathcal{C}} = \aleph_1$．

もっと一般に次の予想が立てられていた．

一般連続体仮説： $\overline{\mathcal{P}(\aleph_\alpha)} = \aleph_{\alpha+1}$．

元の個数が n の有限集合 A の場合その部分集合全体の個数は 2^n となる．これと同様に一般の集合 A に対し $\mathcal{P}(A)$ あるいはその濃度を 2^A と書くことがある．すると一般連続体仮説は

$$2^{\aleph_\alpha} = \aleph_{\alpha+1}$$

と書ける．この予想は選択公理 6 とともに ZFC の他の公理と独立であることがコーヘン (Paul J. Cohen) によって証明されている (1963)．これらが ZFC の諸公理と整合的であることはそれより以前にゲーデル (Kurt Gödel) により示されている (1940)．

第9章 実数

以上で数学の論理を見，数学の展開の基礎となる集合論を概観し，その上で自然数がどのように構成されるかを見てきた．それらをもとにこの章では実数がどのように構成され，どのような性質が実数を特徴づけているのかを見ていこう．ただし，無理数の存在に関する議論に際しては，実数の性質を端的に垣間みることができるようにするために，以降の章で定義される積分を先取りして，読者の知っている関数に限定して用いる．

9.1 無理数の存在

はじめに，ここまでで定義した自然数から整数，そして有理数をつくることを考える．前章まででは自然数の全体は ω で表したがふつうの数学では自然数の全体は $\mathbb{N}$ で表される．自然数から整数をつくるには以下のようにすればよい．

まず，0 および正の整数は自然数そのものと考えてよいがここでの問題はそのようには表せない負の整数を表すものをつくりたいのである．負の整数は自然数 $m, n \in \mathbb{N}$ で $m < n$ を満たすものが与えられたときその差

$$m - n$$

に対応するものである．しかし，自然数の範囲ではこのような差は存在しない．そこで，このような自然数の組ないし順序対 $\langle m, n \rangle$ を整数とみなす．正確に言えばそのような組 $\langle m, n \rangle$, $\langle m', n' \rangle$ が互いに同値と言うことを一般的に $m, n \in \mathbb{N}$ 等の大小関係にはよらず

$$\langle m, n \rangle \sim \langle m', n' \rangle \Leftrightarrow m + n' = m' + n$$

という関係によって定義し組 $\langle m, n \rangle$ に対しそのような関係にあるもの全体として整数を定義する (第 7.3 節最後で注意したように，ここでは m' などは第 6 章で用いた自然数 a の後者 a' の意味には使わず単に m とは異なった数を表す別の変数 m' として用いる). すなわち整数とは自然数の組のなす (第 8 章の定義 8.7 の後で述べた) 同値類

$$[\langle m, n \rangle] = \{\langle m', n' \rangle | \langle m', n' \rangle \sim \langle m, n \rangle\}$$

のことと定義するのである. 明らかに

$$[\langle m, 0 \rangle]$$

は自然数 $m \in \mathbb{N}$ に対応する整数と見なすことができる.

このような同値類の間の和の演算を

$$[\langle m, n \rangle] + [\langle k, \ell \rangle] = [\langle m+k, n+\ell \rangle]$$

と定義すると

$$\langle m', n' \rangle \sim \langle m, n \rangle, \langle k', \ell' \rangle \sim \langle k, \ell \rangle \Rightarrow [\langle m', n' \rangle] + [\langle k', \ell' \rangle] = [\langle m, n \rangle] + [\langle k, \ell \rangle]$$

となり，この演算は同値類の代表元の取り方によらず定まり整合的に定義されている. また, 同様に積は

$$[\langle m, n \rangle] \cdot [\langle k, \ell \rangle] = [\langle mk+n\ell, m\ell+nk \rangle]$$

として整合的に定義される.

整数の大小関係ないし順序関係は

$$[\langle m, n \rangle] < [\langle k, \ell \rangle] \Leftrightarrow m+\ell < k+n$$

により定義される. この関係も代表元の取り方によらず整合的に定義されている. このような整数の全体を $\mathbb{Z}$ と表す.

問 9.1 これら和と積および順序関係の整合性を示せ.

9.1. 無理数の存在

整数がこのように定義されたら有理数を以下のように構成することができる.

整数 q,p の組 $\langle q,p \rangle$ を分数 $\frac{q}{p}$ と考えそのような二つの組 $\langle q,p \rangle$, $\langle q',p' \rangle$ ($p \neq 0, p' \neq 0$) に対し同値関係 $\sim$ を

$$\langle q,p \rangle \sim \langle q',p' \rangle \Leftrightarrow qp' = pq'$$

によって定義し，その同値類

$$[\langle q,p \rangle] = \{\langle q',p' \rangle | \langle q',p' \rangle \sim \langle q,p \rangle\}$$

を有理数と定義するのである．和と積は以下のようにすれば整合的に定義され，かつ通常の分数の間の演算の性質を満たす．ただし，$p \neq 0, s \neq 0$ とする．

$$[\langle q,p \rangle] + [\langle r,s \rangle] = [\langle qs+pr, ps \rangle],$$
$$[\langle q,p \rangle] \cdot [\langle r,s \rangle] = [\langle qr, ps \rangle]$$

また大小関係は $q,p,r,s > 0$ のとき

$$[\langle q,p \rangle] < [\langle r,s \rangle] \Leftrightarrow qs < pr$$

により定義される．他の場合，つまり $q,p.r.s$ のいずれかが負の整数になる場合は，それぞれ符号を考慮した通常の定義をすればよい．このような有理数の全体を $\mathbb{Q}$ と表す．

問 9.2 これら有理数の間の和と積および順序関係の整合性を示せ．またこれらの演算が結合法則，交換法則，分配法則を満たすことを示し $[\langle 0,1 \rangle]$, $[\langle 1,1 \rangle]$ がそれぞれ零元 0 および単位元 1 の性質を満たすことを示せ．すなわち任意の有理数 $[\langle q,p \rangle]$ に対し

$$[\langle q,p \rangle] + [\langle 0,1 \rangle] = [\langle q,p \rangle],$$
$$[\langle q,p \rangle] \cdot [\langle 1,1 \rangle] = [\langle q,p \rangle]$$

を示せ.

さて，実数の中には有理数と呼ばれるもの以外に無理数というものがあることはよく知られていることであろう．たとえば二乗して 2 になる正の

数 $\sqrt{2}$ は無理数である．実際有理数とは $\frac{q}{p}$ のような分母 p 分子 q とも整数である分数の形で表されるものであるから $\sqrt{2}$ が有理数であると仮定し，$\sqrt{2} = \frac{q}{p}$ とおいてみよう．ただし，$p \neq 0$ で p, q はともに正の整数と仮定する．p, q を互いに素な自然数にとれるが，そのとき両方を素因数に分解して

$$q = q_1 q_2 \cdots q_\ell, \quad p = p_1 p_2 \cdots p_k$$

とする．ただし，$p_1, \cdots, p_k, q_1, \cdots, q_\ell$ は素数である．これは互いに素な自然数の素因数分解であるから，どの p_i ($i = 1, \cdots, k$) もいずれの q_j ($j = 1, \cdots, \ell$) にも等しくない．$\sqrt{2} = \frac{q}{p}$ の両辺を 2 乗して p^2 を両辺にかけると

$$2 p_1^2 \cdots p_k^2 = q_1^2 \cdots q_\ell^2$$

が得られる．$p_1, \cdots, p_k, q_1, \cdots, q_\ell$ はすべて素数であるから，いずれかの q_i は 2 に等しい．たとえば $q_1 = 2$ として一般性は失われないから，そうすると

$$p_1^2 \cdots p_k^2 = 2 q_2^2 \cdots q_\ell^2$$

が得られる．すると今と同様にたとえば $p_1 = 2$ でなければならないが，これは $p_1 = q_1$ を意味し我々の仮定に反する．よって矛盾であり，その矛盾は $\sqrt{2} = \frac{q}{p}$ と仮定したことから帰結したのだから，$\sqrt{2}$ は有理数ではあり得ない．従って有理数でない実数は実際存在することがわかる．このように整数を分母分子に持つ分数の形に書けない数を無理数と呼ぶ．

無理数はいくらでもつくれることは，$p_0 = 2, p_1 = 3, p_2 = 5, p_4 = 7, p_5 = 11, \cdots$ を無限にある素数として，$\sqrt{p_i}$ が上と同様にして無理数であることが言えることからわかる．このようなもののほかにも無理数はたくさんある．たとえば，自然対数の底

$$e = \sum_{n=0}^{\infty} \frac{1}{n!} = \lim_{n \to \infty} \left(1 + \frac{1}{n} \right)^n = 2.7182818284 \cdots$$

も無理数であり，よく知られた円周率

$$\pi = 3.14159265358979323846 \cdots$$

も無理数である．この π は $\cos(x/2) = 0$ なる最小の正の数 x として定義されるが，たとえばライプニッツにより級数

$$\frac{\pi}{4} = \sum_{n=0}^{\infty} \frac{(-1)^n}{2n+1}$$

で与えられることが示されている．実際それを確かめてみよう．等比級数の式

$$\frac{1}{1+x^2} = 1 - x^2 + x^4 - \cdots + (-1)^n x^{2n} + \frac{(-1)^{n+1} x^{2n+2}}{1+x^2}$$

を $x = 0$ から 1 まで積分して

$$\int_0^1 \frac{dx}{1+x^2} = 1 - \frac{1}{3} + \frac{1}{5} - \cdots + (-1)^n \frac{1}{2n+1} + R_n$$

を得る．左辺は $y = (1+x^2)^{-1}$ のグラフの $x = 0$ から $x = 1$ の間の面積であるから，有限の値である．剰余項 R_n は上の式から評価

$$|R_n| = \int_0^1 \frac{x^{2n+2}}{1+x^2} dx \leq \int_0^1 x^{2n+2} dx = \frac{1}{2n+3} \to 0 \quad (\text{as } n \to \infty)$$

を満たす．ゆえに級数は収束して次を満たす．

$$\int_0^1 \frac{dx}{1+x^2} = \sum_{n=0}^{\infty} \frac{(-1)^n}{2n+1}.$$

同様に積分区間を $x = 0$ から $x = a$ $(a > 0)$ として議論することにより，$-1 \leq x \leq 1$ に対し級数の形で定義される関数

$$f(x) = \int_0^x \frac{dy}{1+y^2} = \sum_{n=0}^{\infty} \frac{(-1)^n}{2n+1} x^{2n+1}$$

は収束することがわかる．このことをもう少し別の見方で見てみよう．この級数は項が進むにつれ交互にその符号が入れ替わる．そのような級数を交代級数と呼ぶが，今の場合各項の絶対値が強い意味で単調減少である．すなわち $-1 \leq x \leq 1$ のとき

$$\left| \frac{(-1)^{n+1}}{2(n+1)+1} x^{2(n+1)+1} \right| < \left| \frac{(-1)^n}{2n+1} x^{2n+1} \right|$$

である．$-1 \leq x < 0$ の場合は $0 \leq x \leq 1$ の場合に帰着できるので $0 \leq x \leq 1$ と仮定し第 n 項を
$$(-1)^n a_n = \frac{(-1)^n}{2n+1} x^{2n+1}$$
と書けば $a_n \geq 0$ で $f(x)$ の第 $2N$ 部分和は
$$f_{2N}(x) = \sum_{n=0}^{2N-1} (-1)^n a_n = \sum_{k=0}^{N-1} (a_{2k} - a_{2k+1}),$$
第 $(2N+1)$ 部分和は
$$f_{2N+1}(x) = \sum_{n=0}^{2N} (-1)^n a_n = a_0 - \sum_{k=1}^{N} (a_{2k-1} - a_{2k})$$
となり，$a_n - a_{n+1} > 0$ なので上の $f_{2N}(x)$ は N について単調増大であり，下の $f_{2N+1}(x)$ は N について単調減少となる．ところがこれらの差は
$$f_{2N+1}(x) - f_{2N}(x) = a_{2N} > 0 \quad \text{かつ} \quad \to 0 \quad (N \to \infty)$$
である．まとめれば以下のような大小関係が成り立っている．
$$f_0(x) < f_2(x) < f_4(x) < \cdots < f_{2N}(x) < \cdots$$
$$\cdots < f_{2N+1}(x) < \cdots < f_3(x) < f_1(x)$$
$$(N = 0, 1, 2, \cdots, \quad 0 \leq x \leq 1).$$
これはいわゆるはさみうちの原理で，双方とも収束せざるを得ないのである．従って，もとの級数 $f_n(x)$ が $0 \leq x \leq 1$ に対し $n \to \infty$ のとき $f(x)$ に収束することがわかる．このはさみうちの原理は後に詳しく見るように実は「実数の連続性」という実数を特徴づける性質そのものなのである．

収束がわかったから $f(x)$ を形式的に微分してみよう．すると
$$f'(x) = \sum_{n=0}^{\infty} (-1)^n x^{2n} = \frac{1}{1+x^2}$$
となる．他方で三角関数 $x = \tan y$ $(-\pi/2 < y < \pi/2)$ の逆関数を $y = \arctan x$ と書くとその x に関する微分は
$$(\tan(\arctan x))' = x' = 1$$

より
$$(\tan y)'|_{y=\arctan x}(\arctan x)' = 1.$$
従って $(\tan y)' = \cos^{-2} y = 1 + \tan^2 y$ より
$$(\arctan x)' = \frac{1}{1+x^2}$$
が得られる．従って以上より
$$(\arctan x - f(x))' = 0$$
となりこの括弧内の差は定数でなければならない．すなわち
$$\arctan x = f(x) + 定数.$$
定義より $x=0$ で $\arctan x = 0$, $f(0) = 0$ だからこの定数は 0 であり
$$\arctan x = f(x) = \sum_{n=0}^{\infty} \frac{(-1)^n}{2n+1} x^{2n+1} \tag{9.1}$$
が得られた．π が $\cos(x/2) = 0$ なる最小の正の数 x として定義されていることより $x = \frac{\pi}{4}$ のとき $\tan x = \frac{\sin x}{\cos x} = 1$ となるから $\arctan 1 = \frac{\pi}{4}$ でありこれらより求める式
$$\frac{\pi}{4} = \sum_{n=0}^{\infty} \frac{(-1)^n}{2n+1}$$
が得られる．これより π の近似値が計算できる．たとえば $3 < \pi < 4$ 等は第 8 項までみればわかる．しかし以下のようにもっと収束の速度が速い近似が知られており実際の計算にはそのような近似が使われる．いま $\gamma = \arctan \frac{1}{5}$ とおくと $\sin, \cos$ の加法定理から
$$\tan 2\gamma = \frac{2\tan \gamma}{1-\tan^2 \gamma} = \frac{5}{12}, \quad \tan 4\gamma = 1 + \frac{1}{119},$$
$$\tan\left(4\gamma - \frac{\pi}{4}\right) = \frac{\tan 4\gamma - \tan \frac{\pi}{4}}{1 + \tan 4\gamma \tan \frac{\pi}{4}} = \frac{1}{239}.$$
これより
$$\frac{\pi}{4} = 4\arctan \frac{1}{5} - \arctan \frac{1}{239}.$$

右辺を (9.1) によって書き直せば，Machin による公式

$$\pi = 16 \sum_{n=0}^{\infty} \frac{(-1)^n}{2n+1} \left(\frac{1}{5}\right)^{2n+1} - 4 \sum_{n=0}^{\infty} \frac{(-1)^n}{2n+1} \left(\frac{1}{239}\right)^{2n+1} \tag{9.2}$$

を得る．この級数は急速に収束するので π の計算に使われる．

この π は無理数である．実際無理数でないとし $\pi = q/p$，ただし $p, q \geq 1$ は整数としてみる．任意の自然数 $n \in \mathbb{N}$ に対し $h_n(x) = x^n(q-px)^n/n!$ $(x \in \mathbb{R})$ とおく．すると計算により ℓ 階微分 $h_n^{(\ell)}(x)$ の $x = 0, \pi$ における値はすべて整数であることがわかる．このことから，部分積分 (以下の定理 15.20) により

$$J_n = \int_0^\pi h_n(x) \sin x \, dx$$

は整数であることがわかる．ところが，h_n の定義から n が十分大きいとき

$$0 < J_n \leq \int_0^\pi \frac{x^n q^n}{n!} dx = \frac{(q\pi)^{n+1}}{q(n+1)!} < 1$$

となり矛盾が導かれる．よって π は無理数である．

9.2 実数の構成

以上で整数の全体 $\mathbb{Z}$ および有理数の全体 $\mathbb{Q}$ が定義された．これらはすべて集合論の上に構成されており公理論的集合論の一部として記述される．それでは $\sqrt{2}$ のような無理数はどう構成されるのだろうか．有理数の範囲では $\sqrt{2}$ は表されていないが有理数の集合

$$\{r \mid r \leq 0 \vee (r > 0 \wedge r^2 < 2)\}$$

を考えると $\sqrt{2}$ はちょうどこの集合の上方の境界として考えることができることは明らかであろう．このように実数を有理数のある集合として定義する．そのような集合は一般的に以下の条件によって規定される．

定義 9.1 有理数の集合 α が $\mathbb{Q}$ の切断 (cut) であるとは α が次の条件を満たすことを言う．

1. $\alpha \neq \emptyset$, $\quad \alpha^c := \mathbb{Q} - \alpha = \{s | s \in \mathbb{Q} \land s \notin \alpha\} \neq \emptyset$.

2. $r \in \alpha, s < r, s \in \mathbb{Q} \Rightarrow s \in \alpha$.

3. α は最大元を持たない.

この定義の条件 2 は定義 8.4 における整列集合の切片を定義する条件と同じであることに注意されたい.この定義のもとに以下が容易に示される.

問 9.3 α を有理数の切断とする.このとき以下が成り立つ.

1. $r \in \alpha, s \in \alpha^c \Rightarrow r < s$.

2. $s \in \alpha^c, t > s \Rightarrow t \in \alpha^c$.

順序数の定義から類推されるように,有理数は以下で定義される主切断として得られると考えることもできる.

定義 9.2 任意の $r \in \mathbb{Q}$ に対し

$$r^* = \{p | p \in \mathbb{Q}, p < r\}$$

と定義すると r^* は明らかに $\mathbb{Q}$ の切断となる.このような切断を主切断 (principal cut) という.これは有理数 $r \in \mathbb{Q}$ そのものに対応する切断である.明らかに $r \notin r^*$ である.

このような類推を切断全体に拡げると,実数は有理数の集合 $\mathbb{Q}$ の切断全体のなす集合として定義できる.

定義 9.3 $\mathbb{Q}$ の切断全体のなす集合を実数の集合といい $\mathbb{R}$ と書く.この $\mathbb{R}$ の元である $\mathbb{Q}$ の切断を実数と呼ぶ.$\mathbb{Q}$ の元は上の主切断と同一視し $\mathbb{R}$ の一部と見なす.

問 9.4 $\alpha, \beta \in \mathbb{R}$ のとき

$$\alpha \subset \beta \quad \text{または} \quad \beta \subset \alpha$$

である.

つまり，切断として定義される実数において，包含関係 ⊂ は順序関係となっている．そこで以下のように実数の順序関係を定義する．

定義 9.4 $\alpha, \beta \in \mathbb{R}$ とする．このときこれらの間の順序関係ないし大小関係を以下のように定義する．

1. $\alpha < \beta \Leftrightarrow \exists b \in \beta$ s.t. $b \notin \alpha$.
2. $\alpha \leq \beta \Leftrightarrow \alpha < \beta \lor \alpha = \beta$.

これが確かに順序となっていることを確かめておく．

命題 9.1 実数の順序関係 $\leq$ は順序関係である．

証明 まず順序関係の性質すなわち定義 8.1 の a)-c) を満たすことを見る．以下 $\alpha, \beta, \gamma \in \mathbb{R}$ とする．

a) $\alpha \leq \alpha$ は明らかである．

条件 b) の前に c) を示す．

c) $\alpha < \beta, \beta < \gamma$ とすると
$$\exists c \in \gamma \text{ s.t. } c \notin \beta, \quad \exists b \in \beta \text{ s.t. } b \notin \alpha.$$
問 9.3 により $c > b$ となるから $b \notin \alpha$ と併せて $c \notin \alpha$ である．従って
$$c \in \gamma \text{ かつ } c \notin \alpha$$
となる．これは定義より $\alpha < \gamma$ を意味する．

b) $\alpha \leq \beta, \beta \leq \alpha$ と仮定する．仮に $\alpha \neq \beta$ とすると，順序関係の定義 9.4 より $\alpha < \beta$ かつ $\beta < \alpha$ が成り立たねばならない．これより今示した c) を用いて $\alpha < \alpha$ が導かれ，矛盾する．従って，仮定 $\alpha \neq \beta$ は誤りであり，$\alpha = \beta$ が言えた．

証明終わり

とくに包含関係は順序関係に正確に対応している．

9.2. 実数の構成

補題 9.1 任意の $\alpha, \beta \in \mathbb{R}$ をとるとき,

$$\alpha \leq \beta \Leftrightarrow \alpha \subset \beta$$

証明 $\alpha \leq \beta$ と仮定する．このとき，ある $r \in \alpha$ があって $r \notin \beta$ であるとして矛盾を導く．この仮定の下に，順序関係の定義により $\beta < \alpha$ となるが，$\alpha \leq \beta$ であるから $\alpha < \alpha$ となり，矛盾が言えた．

逆は，$\alpha = \beta$ なら明らかだから，α が β の真部分集合と仮定してよい．すると，ある $s \notin \alpha$ s.t. $s \in \beta$ ゆえ，順序関係の定義 9.4 より $\alpha < \beta$ となり，補題の証明が完結した．

証明終わり

この補題の帰結として，順序 $\leq$ について実数の全順序性が示される．

補題 9.2 実数の集合 $\mathbb{R}$ は全順序である．

証明 いま $\alpha \leq \beta$ でないと仮定すると補題より $\alpha \subset \beta$ ではないから

$$\exists s \in \alpha \text{ s.t. } s \notin \beta.$$

ところがこれは順序の定義 9.4 より $\beta < \alpha$ を意味し全順序であることが言えた．

証明終わり

切断による実数の構成により，有理数の四則演算を実数に拡張することができる．

定義 9.5 $\alpha, \beta \in \mathbb{R}$ に対し,

$$\alpha + \beta = \{r | r \in \mathbb{Q} \land \exists p \in \alpha, \exists q \in \beta \text{ s.t. } r = p + q\}$$

と和を定義する．

命題 9.2 上の $\alpha + \beta$ は実数である．すなわち $\mathbb{Q}$ の切断である．

証明 $\gamma = \alpha + \beta$ とおく. $\gamma \neq \emptyset$ は明らかである. いま $p' \notin \alpha, q' \notin \beta$ とし, $r' = p' + q'$ とおく. すると $r' \notin \gamma$ である. 実際 $r' \in \gamma$ と仮定すると, ある $p \in \alpha, q \in \beta$ に対し $r' = p + q$ と書ける. これが $p' + q'$ $(p' \notin \alpha, q' \notin \beta)$ に等しいのだが, $p \in \alpha$ と $p' \notin \alpha$ より $p < p'$ が導かれ, 同様に $q < q'$ となる. 従って, 有理数の大小関係の定義から $r = p + q < p' + q' = r'$ となり, 矛盾である. よって, 元 $r' \in \gamma^c$ が存在し, $\gamma^c \neq \emptyset$ が言えた.

また, $r = p + q \in \gamma$ $(p \in \alpha, q \in \beta), s < r$ $(s \in \mathbb{Q})$ とすると, $s = r + (s - r) = p + (q + s - r)$ で $s < r$ より $q + s - r < q$ だから $p \in \alpha$, $q + r - s \in \beta$ が言え, 定義より $s \in \gamma$ が示された.

いま, γ 内に最大元 $r = p + q, p \in \alpha, q \in \beta$ があると仮定する. このとき $p' \in \alpha$ ならば $r' = p' + q \in \gamma$ だから, r が γ の最大元であることから $r' = p' + q \leq r = p + q$ である. ゆえに $p' \leq p$ となり, これは p が α の最大元であることを意味する. しかし, α は切断であったから, 最大元は持たず矛盾が生ずる. よって γ には最大元はない.

以上より γ は $\mathbb{Q}$ の切断であり, 従って $\mathbb{R}$ の元である.

証明終わり

以下, 実数の零元 0 を $0 = 0^*$ と定義する. また, $\alpha, \beta, \gamma \in \mathbb{R}$ とする.

問 9.5 以下を示せ.

1. $(\alpha + \beta) + \gamma = \alpha + (\beta + \gamma)$.

2. $\alpha + \beta = \beta + \alpha$.

3. $\alpha + 0 = 0 + \alpha = \alpha$.

命題 9.3 $\alpha < \beta \Rightarrow \alpha + \gamma < \beta + \gamma$.

証明 $\alpha < \beta$ より $\exists p \in \beta$ s.t. $p \notin \alpha$ である. β は最大元を持たないから, $\exists q \in \beta - \alpha$ s.t. $p < q$. いま $r \in \gamma, s \in \gamma^c$ を

$$(0 <) q - p = s - r$$

ととる. すると

$$p + s = q + r \in \beta + \gamma$$

となる．他方，$p \notin \alpha, s \notin \gamma$ ゆえ $p+s \notin \alpha+\gamma$ であり，従って

$$\alpha + \gamma < \beta + \gamma$$

となる．

証明終わり

この定理の簡単な帰結として，いくつか系を挙げる．

系 9.1 $\alpha + \gamma = \beta + \gamma \Rightarrow \alpha = \beta$.

証明 命題より $\alpha < \beta \Rightarrow \alpha + \gamma < \beta + \gamma$ および $\alpha > \beta \Rightarrow \alpha + \gamma > \beta + \gamma$ であるから，$\alpha + \gamma = \beta + \gamma$ ならば $\alpha = \beta$ でなければならない．

証明終わり

系 9.2 $\alpha + \gamma = \alpha \Rightarrow \gamma = 0$.

証明 $\alpha + 0 = \alpha = \alpha + \gamma$ だから上の系による．

証明終わり

逆元の存在は次の定理による．

定理 9.1 任意の $\alpha \in \mathbb{R}$ に対しただ一つ $\beta \in \mathbb{R}$ が存在して $\alpha + \beta = 0$ が成り立つ．この β を $-\alpha$ と書き α の加法に関する逆元という．

証明 $\alpha + \beta' = 0$ と仮定すると上の系 9.1 より $\beta' = \beta$ となり一意性が言える．

存在を言うには以下により定義される β が定理の性質を満たすことを言えばよい．

$$\beta = \{p | p \in \mathbb{Q} \ \land \ -p \in \alpha^c \ \land \ -p \text{ は } \alpha^c \text{ の最小元でない}\}.$$

まずこれが切断を定義することを見る．$\beta \neq \emptyset, \beta^c \neq \emptyset$ は，それぞれ $\alpha^c \neq \emptyset$, $\alpha \neq \emptyset$ より得られる．

いま $p \in \beta, q < p$ とする．すると $-p \in \alpha^c, -q > -p$ ゆえ，$-q \in \alpha^c$ で $-q$ は α^c の最小元ではない．ゆえに $q \in \beta$ である．また $p \in \beta$ が β の最大元とすると，$-p \in \alpha^c$ は α^c の最小元となり，β の定義に反する．以上で β が切断であることが言えた．

次に，$\alpha + \beta = 0$ を示す．$u \in \alpha + \beta$ とすると，ある $p \in \alpha, q \in \beta$ に対し $u = p + q$ と書ける．従って，$-q \in \alpha^c$ であるから $p < -q$．よって，$u = p + q < 0$ であり，$u \in 0^* = 0$ が言えた．

逆に $u \in 0 = 0^*$ とすると，$u < 0$ だから $-u > 0$．α の元はすべて α^c の元より小さいから，$p \in \alpha, q \in \alpha^c$ がとれて $-u = q - p$ となる．そしてこの q は α^c の最小元ではないようにとれるから，

$$u = p - q, \quad p \in \alpha, -q \in \beta$$

となり，$u \in \alpha + \beta$ が言えた．以上まとめれば，$0 = \alpha + \beta$ が示された．

証明終わり

問 9.6 以下を示せ．

1. $(-\alpha) + \alpha = 0$．
2. $\alpha + \gamma = 0 \Rightarrow \gamma = -\alpha$．
3. $-(-\alpha) = \alpha$．
4. $\alpha > 0 \Leftrightarrow -\alpha < 0$,
   $\alpha = 0 \Leftrightarrow -\alpha = 0$,
   $\alpha < 0 \Leftrightarrow -\alpha > 0$．

二つの実数 α, β の差を $\alpha - \beta = \alpha + (-\beta)$ と定義する．

定理 9.2 $\alpha, \beta \in \mathbb{R}, \alpha \geq 0, \beta \geq 0$ に対し

$$\alpha\beta = (-\infty, 0) \cup \{r | r \in \mathbb{Q} \ \wedge \ \exists p \in \alpha, \exists q \in \beta \ \text{s.t.} \ [p \geq 0, q \geq 0, r = pq]\}$$

は $\mathbb{Q}$ の切断になる．これを α と β の積という．ただしここで $(-\infty, 0) = \{r | r \in \mathbb{Q}, r < 0\}$ は $\mathbb{Q}$ の区間である．

9.2. 実数の構成

証明 $\gamma = \alpha\beta$ とおく.

a) $\gamma \neq \emptyset$ は明らかである. $\gamma^c \neq \emptyset$ は以下のようにして示される. $s \in \alpha^c$, $t \in \beta^c$, $s > 0, t > 0$ と s, t をとると, $st > 0$ で $st \notin \gamma$ となる. 実際 $st \in \gamma$ と仮定すると, γ の定義からある $p, q > 0$, $p \in \alpha, q \in \beta$ に対し $st = pq$ となるが, $s \notin \alpha, t \notin \beta$ より $pq < st$ となり, 矛盾が導かれる. 従って, $st \notin \gamma$ が言え, $\gamma^c \neq \emptyset$ が示された.

b) $r \in \gamma, t < r$ とすると, γ の定義より $r < 0$, またはある $p \in \alpha, q \in \beta$, $p, q \geq 0$ に対し $r = pq$ と書ける. $r < 0$ のときは, $t < r$ なら $t < 0$ となるから $t \in \gamma$ が言える. $r = pq, p \in \alpha, q \in \beta, p, q \geq 0$ のときは, $t < 0$ なら今と同じく $t \in \gamma$ だから, $t \geq 0$ として $t \in \gamma$ を示せばよい. このとき $0 \leq t < r = pq$ であるが, $s = t/p$ とおくと $t = ps$, $0 \leq s < q, q \in \beta$. 従って, $s \in \beta$ である. よって $p \in \alpha, p \geq 0$ とあわせて, $t \in \gamma$ となる.

c) $r \in \gamma$ とする. $r < 0$ のときは $r < r/2 < 0$ だから r は γ の最大元ではない. $r = pq, p, q \geq 0, p \in \alpha, q \in \beta$ のとき p, q はそれぞれ α, β の最大元ではないからある $p' \in \alpha$ と $q' \in \beta$ に対し $p < p', q < q'$ となる. よって $r = pq < p'q' \in \gamma$ となりこのときも r は γ の最大元ではない.

証明終わり

問 9.7 以下を示せ.

1. $\alpha \geq 0, \beta \geq 0 \Rightarrow \alpha\beta \geq 0$.

2. $\alpha > 0, \beta > 0 \Rightarrow \alpha\beta > 0$.

定義 9.6 1. $|\alpha| = \alpha$ if $\alpha \geq 0$, $= -\alpha$ if $\alpha < 0$.

2.
$$\alpha\beta = \begin{cases} \gamma \text{ (定理 9.2 と同じ)} & \text{if } \alpha \geq 0, \beta \geq 0, \\ -|\alpha||\beta| & \text{if } \alpha \geq 0, \beta < 0 \text{ or } \alpha < 0, \beta \geq 0, \\ |\alpha||\beta| & \text{if } \alpha < 0, \beta < 0, \end{cases}$$

問 9.8 以下を示せ.

1. $\alpha\beta = \beta\alpha$.

2. $\alpha 0 = 0\alpha = 0$.

3. $\alpha(-\beta) = (-\beta)\alpha = -\alpha\beta$.

4. $(\alpha\beta)\gamma = \alpha(\beta\gamma)$.

5. $\alpha(\beta + \gamma) = \alpha\beta + \alpha\gamma$.

以下, $\mathbb{R}$ の単位元 1 を $1 = 1^*$ と定義する.

命題 9.4 $\alpha 1 = 1\alpha = \alpha$.

証明 $\alpha > 0$ の時を示せば十分である. このとき定義から $\alpha 1 \leq \alpha$ は明らかである. 逆に $r \in \alpha, r > 0$ とすると α には最大元がないから, ある $s \in \alpha$ に対し $r < s$ となる. 従って, $r/s < 1$ であり, $r = s(r/s)$ かつ $s \in \alpha, r/s \in 1^* = 1$ となる. よって, $r \in \alpha 1$ となる. すなわち, $\alpha \subset \alpha 1$ つまり $\alpha \leq \alpha 1$ が言えた.

証明終わり

定理 9.3 $\alpha > 0$ とするとき

α^{-1}
$= (-\infty, 0] \cup \{r | r \in \mathbb{Q}, r > 0, 1/r \in \alpha^c$ かつ $1/r$ は α^c の最小元ではない $\}$

は $\mathbb{Q}$ の切断であり $\alpha^{-1} > 0$ である. このとき $\alpha\alpha^{-1} = 1$ でありかつ $\alpha\beta = 1$ ならば $\beta = \alpha^{-1}$ である. この α^{-1} を α の積に関する逆元という. $\alpha < 0$ に対しては $\alpha^{-1} = -(|\alpha|)^{-1}$ と定義する.

証明 $\gamma = \alpha^{-1}$ とおく.

a) $\gamma \neq \emptyset$ は明らかである. $\alpha > 0$ から, ある $r \in \alpha$ で $r > 0$ なるものが存在する. $1/r \in \gamma$ とすると, $r \in \alpha^c$ となって矛盾するから $1/r \in \gamma^c$ であり, 従って $\gamma^c \neq \emptyset$ である.

b) $r \in \gamma, q < r$ とする. $q \leq 0$ なら明らかに $q \in \gamma$ である. $q > 0$ なら $1/q > 1/r > 0$ でかつ $r \in \gamma$ より $1/r \in \alpha^c$ だから $1/q \in \alpha^c$ である. 従って $q \in \gamma$ である.

c) $r \in \gamma$ とする. $r < 0$ なら, $r < r/2 < 0$ ゆえ r は γ の最大元ではない. $r = 0$ なら, α が切断であることより, ある $s > 0$ で $1/s \in \alpha^c$ かつ $1/s$ が α^c の最小元ではないものが存在する. ゆえに, $r = 0 < s$ で $s \in \alpha^{-1}$ である. よって, $r = 0$ は $\gamma = \alpha^{-1}$ の最大元ではない.

d) $r > 0$ のとき, $1/r \in \alpha^c$ で $1/r$ は α^c の最小元ではない. よって, $0 < 1/s < 1/r$ かつ $1/s \in \alpha^c$ なる $s \in \mathbb{Q}$ で, やはり $1/s$ は α^c の最小元でないものがある. 従って, $s \in \gamma = \alpha^{-1}$ でかつ $0 < r < s$ であるから, r は γ の最大元ではない.

以上より $\gamma = \alpha^{-1}$ は切断である.

α は切断だから, ある $r > 0$ で $1/r \in \alpha^c$ かつ $1/r$ は α^c の最小元でないものが存在する. よって, α^{-1} はこの $r > 0$ を元に持ち従って $\alpha^{-1} > 0$ である.

次に, $\alpha\alpha^{-1} = 1$ を示す. いま $r \in \alpha, s \in \alpha^{-1}$ とする. 積の定義から $r \geq 0, s \geq 0$ の時を考えれば十分である. $s = 0$ のときは $rs = 0 \in 1^* = 1$ は明らかである. $s > 0$ のとき, $u = 1/s \in \alpha^c$ である. $rs = r/u$ であるが $r \in \alpha, u \in \alpha^c$ ゆえ $rs = r/u < 1$ つまり $rs \in 1^*$ となる. 以上で, $\alpha\alpha^{-1} \subset 1^*$ が言えた.

逆に, $u \in 1^*$ すなわち $u < 1$ とする. $u \leq 0$ なら $u \in \alpha\alpha^{-1}$ は明らかである. $u > 0$ のとき $u < 1$ ゆえ $1/u > 1$ である. よって, ある $p \in \alpha$ と $q \in \alpha^c$ で $p, q > 0$ なるものがあって, q は α^c の最小元ではなくかつ $1/u = q/p$ すなわち $u = p(1/q)$ なるものがある. ここで, $p \in \alpha, 1/q \in \alpha^{-1}$ ゆえ $u \in \alpha\alpha^{-1}$ が言えた. 以上まとめて, $1 = \alpha\alpha^{-1}$ が示された.

逆元の一意性は, $\alpha\beta' = 1 = \alpha\beta$ と仮定すると, $\beta' = \alpha^{-1}(\alpha\beta') = \alpha^{-1}(\alpha\beta) = \beta$ より明らかである.

証明終わり

問 9.9 以下を示せ.

1. $\forall \alpha \neq 0 : (\alpha^{-1})^{-1} = \alpha.$

2. $\forall \alpha \neq 0, \forall \beta, \exists_1 \gamma$ s.t. $\alpha\gamma = \beta.$

3. $\alpha < \beta, \gamma > 0 \Rightarrow \alpha\gamma < \beta\gamma.$

$\alpha \neq 0, \beta \in \mathbb{R}$ に対し分数ないし割り算を

$$\frac{\beta}{\alpha} = \beta/\alpha = \beta\alpha^{-1}$$

と定義する.

定義 9.3 で述べたように，有理数 $r \in \mathbb{Q}$ は主切断 $r^* = \{q|q \in \mathbb{Q}, q < r\}$ と同一視して $\mathbb{R}$ の一部と見なした．以上の実数の演算の定義から，この同一視によって $\mathbb{Q}$ における演算はそのまま $\mathbb{R}$ の中の演算に写されること (つまり $(rs)^* = r^*s^*$) がわかる．このような四則演算が定義され，結合法則，交換法則，分配法則等が成り立つものを体という．有理数体 $\mathbb{Q}$ はこの同一視によって実数体 $\mathbb{R}$ にその演算を不変にして「埋め込まれた」のである．この同一視を埋め込み写像という．この意味で実数体 $\mathbb{R}$ は有理数体 $\mathbb{Q}$ の拡大になっている．

定理 9.4 $\alpha < \beta$ ならばある有理数 $r \in \mathbb{Q}$ があって $\alpha < r < \beta$ を満たす.

証明 $\alpha < \beta$ なら，ある $p \in \beta$ に対し $p \notin \alpha$ である．p は β の最大元ではないから，ある $r \in \beta$ に対し $p < r$ である．従って $p \in r^*$ であり，$p \notin \alpha$ とあわせて $\alpha < r^* = r$ が言える．また，$r \in \beta$ で $r \notin r^*$ ゆえ $r^* < \beta$ である．よって，$\alpha < r = r^* < \beta$ が言えた.

証明終わり

このように $\mathbb{Q}$ の元は $\mathbb{R}$ の至るところに存在している．このことを $\mathbb{Q}$ は $\mathbb{R}$ で稠密であるという.

系 9.3 $\mathbb{R}$ はアルキメデス的 (archimedean) である．すなわち，任意の正の実数 $\alpha, \beta > 0$ に対しある自然数 n がとれて $n\alpha > \beta$ とできる．同様に，$\mathbb{Q}$ もアルキメデス的である.

証明 まず $\mathbb{Q}$ について示す. $a, b \in \mathbb{Q}, a, b > 0$ とすると, $a = q/p, b = t/s$ なる自然数 $q, p, t, s > 0$ がとれる. $nqs > pt$ なる自然数 n がとれることを言えばよいが, qs, pt は $qs, pt \geq 1$ なる自然数なので, $n = pt + 1$ ととれば $nqs \geq pt + 1 > pt$ となり示された.

実数の場合, 定理 9.4 より, $\alpha, \beta > 0, \alpha, \beta \in \mathbb{R}$ に対し $\alpha^{-1}\beta + 1 > r^* > \alpha^{-1}\beta$ なる有理数 $r \in \mathbb{Q}$ がある. この r に対し $\mathbb{Q}$ がアルキメデス的であることより自然数 n で $n > r$ なるものがとれるから, $n > \alpha^{-1}\beta$ すなわち $n\alpha > \beta$ がいえる.

証明終わり

問 9.10 任意の $\alpha \in \mathbb{R}$ と $p \in \mathbb{Q}$ に対し

$$p \in \alpha \Leftrightarrow p^* < \alpha$$

である.

定理 9.5 $\alpha \in \mathbb{R}$ とする. このとき次が成り立つ.

$$\alpha^c \text{ が最小元を持つ } \Leftrightarrow \exists r \in \mathbb{Q} \text{ s.t. } \alpha = r^*.$$

証明 α^c が最小元 r を持つとすると, $p \in r^* \Leftrightarrow p < r \Leftrightarrow p \in \alpha$ より $\alpha = r^*$ が言える. 逆に, $\alpha = r^*$ なら $r \notin r^* = \alpha$. よって, $r \in \alpha^c$ である. また, $s < r$ なら $s \in r^* = \alpha$ ゆえ $s \notin \alpha^c$ である. ゆえに, r は α^c の最小元である.

証明終わり

問 9.11 $\sqrt{2}$ と同様に $\sqrt{3}$ は二乗して 3 となる正の実数として定義される. それは切断としては $\sqrt{3} = (-\infty, 0] \cup \{r | r \in \mathbb{Q}, r > 0, r^2 < 3\}$ となることを示せ. つまりこの集合が $\mathbb{Q}$ の切断であり二乗すると 3 となることを示せ.

第10章　実数の連続性

この章では実数を特徴づけるいわゆる「実数の連続性」について述べその八つの同値な記述を述べる.

1. 部分集合による表現

    (a) デデキントの公理

    (b) 上界公理

    (c) ボルツァーノ-ワイエルシュトラスの公理

2. 数列による表現

    (a) 有界数列公理

    (b) 単調数列公理

    (c) コーシーの公理

3. 閉区間列による表現

    (a) 二等分割公理

    (b) カントールの公理

これらの記述は我々が遭遇する場面によって様々に連続性を適用し問題を解決することができるように発見されたものであるが同時に実数の連続性が如何に多様な形で我々の物事の認識に関わっているかを示すものとも言える．これらの公理を順に紹介したのち，その同等性を最後に証明する．

10.1　部分集合による表現

まず有理数 $\mathbb{Q}$ の切断に対応する実数 $\mathbb{R}$ の切断を定義する．

定義 10.1 $\mathbb{R}$ の部分集合 A が $\mathbb{R}$ の切断であるとは以下の条件が成り立つことを言う．

1. $A \neq \emptyset, \quad A^c := \mathbb{R} - A = \{\alpha | \alpha \in \mathbb{R} \wedge \alpha \notin A\} \neq \emptyset$.

2. $\alpha \in A, \beta < \alpha, \beta \in \mathbb{R} \Rightarrow \beta \in A$.

3. A は最大元を持たない．

以下の定理はデデキント (Richard Dedekind) によって証明されたものでこの条件が実数の連続性の一つの表現である．

定理 10.1 実数の切断 A の補集合 A^c は必ず最小元を持つ．

証明 A より $\mathbb{Q}$ の部分集合 β を以下のようにして作る．

$$\beta = \bigcup A = \bigcup_{\alpha \in A} \alpha = \{s | s \in \mathbb{Q} \wedge \exists \alpha \in A \text{ s.t. } s \in \alpha\}.$$

これが $\mathbb{Q}$ の切断であることを示す．

a) $A \neq \emptyset$ ゆえ $\exists \alpha \in A$ で，この α は空でなく β の部分集合だから $\beta \neq \emptyset$ である．また $A^c \neq \emptyset$ だから $\exists \gamma \in A^c$ で，この γ は任意の $\alpha \in A$ に対し $\alpha < \gamma$ を満たす．この γ に対し $\delta \in \mathbb{R}$ を $\gamma < \delta$ ととれる．実際 $r, s \in \mathbb{Q}$ を $r \notin \gamma, r < s$ ととれるから，$\delta = s^*$ とおけば $\gamma < \delta$ となる．そこで $t \in \delta, t \notin \gamma$ と $t \in \mathbb{Q}$ をとる．いま $\exists \alpha \in A$ s.t. $t \in \alpha$ とすると，$\alpha < \gamma$ より $t \in \gamma$ となり $t \notin \gamma$ に反する．従って，$\forall \alpha \in A : t \notin \alpha$ でなければならない．これは β の定義より $t \notin \beta$ を意味し，従って $\beta^c \neq \emptyset$ である．

b) $r \in \beta, s < r$ とする．$r \in \beta$ ゆえ $\exists \alpha \in A$ s.t. $r \in \alpha$. よって，$s < r$ よりこの α に対し $s \in \alpha$ であるが，$\alpha \in A$ より $\alpha \subset \beta$ であるから，$s \in \beta$ である．

c) $r \in \beta$ とする.すると $\exists \alpha \in A$ s.t. $r \in \alpha$.よって $\alpha \in \mathbb{R}$ ゆえ α は最大元を持たないから $\exists t \in \alpha$ s.t. $r < t$.ゆえに $t \in \alpha \subset \beta$ かつ $r < t$ なる $t \in \mathbb{Q}$ が存在することが言えたから β は最大元を持たない.

以上で β は切断であり従って $\beta \in \mathbb{R}$ が言えた.次にこの β が A^c の最小元であることを言う.それには以下に注意すればよい.

$$\begin{aligned}\gamma < \beta &\Leftrightarrow \exists s \in \beta \text{ s.t. } s \in \gamma^c = \mathbb{Q} - \gamma \\ &\Leftrightarrow \exists \alpha \in A, \exists s \in \mathbb{Q} \text{ s.t. } s \in \alpha \,\wedge\, s \in \gamma^c \\ &\quad (s \in \beta \Leftrightarrow [\exists \alpha \in A \text{ s.t. } s \in \alpha] \text{ による}) \\ &\Leftrightarrow \exists \alpha \in A \text{ s.t. } \gamma < \alpha \\ &\Leftrightarrow \gamma \in A \;(\Rightarrow \text{は定義 10.1 の 2) により} \Leftarrow \text{は定義 10.1 の 3) による.}).\end{aligned}$$

すなわち
$$\forall \gamma \in \mathbb{R}[\gamma < \beta \Leftrightarrow \gamma \in A].$$
言い換えれば
$$\forall \gamma \in \mathbb{R}[\beta \leq \gamma \Leftrightarrow \gamma \in A^c].$$
特に $\beta \in A^c$ で β は A^c の最小元であることが言えた.

証明終わり

定理 9.5 と比べてみると,有理数の切断 α の補集合 $\alpha^c = \mathbb{Q} - \alpha$ は必ずしも最小元を持たないのに対し,この定理 10.1 で言っていることは,実数の切断 A の補集合 $A^c = \mathbb{R} - A$ は必ず最小元を持ち,したがって A の上方の境界は A^c の最小元として必ず $\mathbb{R}$ 自体の中に存在することとなっている.すなわち $\mathbb{Q}$ の切断はその上方の境界を意味するものとして導入され,それは実際に $\mathbb{Q}$ の真の拡大である実数体 $\mathbb{R}$ を生み出し拡張されたが,$\mathbb{R}$ は切断をさらに行ってももはや拡大されないと言うことを述べているのである.この意味で実数体 $\mathbb{R}$ は完全ないし完備 (complete) であるといい,この定理 10.1 の条件の性質を「$\mathbb{R}$ の完全性 (completeness)」ないし「$\mathbb{R}$ の完備性」という.これが実数の連続性といわれているものである.この実数の完全性ないし連続性は後章で述べる距離空間の完全性ないし完備性という性質の特別の場合である.

定理 10.1 に述べた条件をデデキントの公理と呼ぶことにする．全順序付けを持った体の公理系とこのデデキントの公理をあわせると実数体の特徴付けを与えこれらの公理群を満たす集合は互いに順序体として同型となるためである．

公理 1 (デデキントの公理)　$\mathbb{R}$ の任意の切断 A の補集合 A^c が必ず最小元を持つ．

すなわち，この公理によって前章で構成された実数の存在が保証される．すなわち完備な全順序体は同型を除いて一意に定まる．従ってデデキントの示した条件を公理の一つとして実数体を公理論的に構成できる．以下の定理 10.5 はしたがって「$\mathbb{R}$ に関する」という部分を「全順序を持つ体に関する」と読み替えて成り立つことを意味している．便宜のため「$\mathbb{R}$ に関する」と述べたが読者はその証明を読まれる際はこのように解釈していただきたい．

ここで，実数 $\mathbb{R}$ の部分集合について上界と下界という言葉を導入する．

定義 10.2　任意の部分集合 $A \subset \mathbb{R}$ について，その上界 A^+，下界 A^- を次のように表す．

$$A^+ \equiv \{s \mid \forall x \in A,\ x \leq s\}, \quad A^- \equiv \{s \mid \forall x \in A,\ x \geq s\}.$$

これらが空集合でないとき，それぞれ A は上に有界，または下に有界であるという．さらに，A の上界の中に最小のものがあるときそれを A の上限 (supremum) といい $\sup A$ と書く．同様に，A の下界の最大元がある場合それを A の下限 (infimum) といい $\inf A$ と書く．

$$\sup A \equiv \min\{s \mid \forall x \in A,\ x \leq s\}, \quad \inf A \equiv \max\{s \mid \forall x \in A,\ x \geq s\}$$

また，集合 X の関数 $f: X \to \mathbb{R}$ について，次のような表記も用いる．

$$\sup_{x \in X} f(x) \equiv \sup\{f(x)\}_{x \in X}, \quad \inf_{x \in X} f(x) \equiv \inf\{f(x)\}_{x \in X}.$$

とくに，空集合の上限下限は $\sup \emptyset = -\infty$, $\inf \emptyset = +\infty$ と約束する．

後に示されるように，このような上限と下限が存在することはデデキントの公理と同等である．ここでは，これをワイエルシュトラス (Weierstrass) の公理 (または他を前提にしたときの定理) または上界公理とよぶ．

公理 2 (上界公理)　$\mathbb{R}$ の空でない上に (または下に) 有界な部分集合 K は上限 (または下限) をもつ．

ところで，上限や下限は次の集積点の性質を有する．

定義 10.3　$\mathbb{R}$ の元 p が $\mathbb{R}$ の部分集合 E の集積点であるとは任意の正の数 $\epsilon > 0$ に対し $|q - p| < \epsilon$ かつ $q \neq p$ なる E の点 $q \in E$ が存在することを言う．

この集積点を用いると実数の連続性は次のボルツァーノ-ワイエルシュトラスの公理 (Bolzano-Weierstrass axiom) により表される．

公理 3 (ボルツァーノ-ワイエルシュトラスの公理)　実数 $\mathbb{R}$ の任意の有界な無限部分集合 K は $\mathbb{R}$ 内に集積点を持つ．

これはデデキントの公理や上界公理に比べ一般的な表現となっているように見えるが，実際にはこれらすべては互いに同値であることを最後の節でみる．

10.2　収束列による表現

以下，実数の無限個の点による数列 $\{q_1, q_2, q_3, ...\}$ を $\{q_j\}_{j=1}^{\infty}$ と表す．このとき部分列は次のように定義される．

定義 10.4　列 $\{q_j\}_{j=1}^{\infty}$ が $\{p_n\}_{n=1}^{\infty}$ の部分列であるとは 1 以上の自然数全体からそれ自身の中へのある写像: $j \mapsto n_j$ $(j = 1, 2, \cdots)$ で

$$i < j \Rightarrow n_i < n_j$$

なるものに対し $q_j = p_{n_j}$ $(j = 1, 2, \cdots)$ となることである．

また，ある実数列 $\{x_n\}_{n=1}^{\infty} = \{x_1, x_2, ...\}$ が収束することは次のように表される．

定義 10.5 実数の集合 $\mathbb{R}$ について，次の条件を満たす点列 $\{x_n\}_{n=1}^{\infty}$ は点 $x \in \mathbb{R}$ に収束するという．

$$\exists x \in M, \ \forall \epsilon > 0, \ \exists N \in \mathbb{N} \ \ s.t. \ \forall n \geq N, \ |x_n - x| < \epsilon.$$

このことを
$$x = \lim_{n \to \infty} x_n.$$
あるいは $x_n \to x$ (as $n \to \infty$) と書き，x は数列 $\{x_n\}_{n=1}^{\infty}$ の $n \to \infty$ のときの極限であるという．

このように論理記号で定義してはじめて極限という概念は明白になる．すなわち，点列 $\{x_n\}_{n=1}^{\infty}$ が点 $x \in \mathbb{R}$ に収束するとは，正の実数 ϵ を如何にとって開区間

$$(x - \epsilon, x + \epsilon) = \{\, y \mid x - \epsilon < y < x + \epsilon \,\}$$

を考えようとも，自然数 n がある十分大きな自然数 N 以上になれば常に $x_n \in (x - \epsilon, x + \epsilon)$ となっていることを意味する．また，このような極限が存在しないとき，数列は発散するという．

定義 10.6 次の条件を満たす点列 $\{x_n\}_{n=1}^{\infty} \subset \mathbb{R}$ は発散するという．

$$\lim_{n \to \infty} x_n = \infty \quad \Leftrightarrow \quad \forall M \in \mathbb{R}, \ \exists N \in \mathbb{N}, \ \forall n \geq N : \ x_n > M.$$
$$\lim_{n \to \infty} x_n = -\infty \quad \Leftrightarrow \quad \forall M \in \mathbb{R}, \ \exists N \in \mathbb{N}, \ \forall n \geq N : \ x_n < M.$$

このとき，以下の条件を有界数列公理 (the bounded-sequence axiom) と呼ぶ．

公理 4 (有界数列公理)　$\mathbb{R}$ の任意の有界な数列は収束する部分列を持つ．

単調増大な数列を用いて実数の連続性を表すこともできる．

10.2. 収束列による表現

定義 10.7 数列 $\{p_n\}_{n=1}^{\infty}$ が単調増大とは任意の $n = 1, 2, \cdots$ に対し

$$p_n \leq p_{n+1}$$

が成り立つことである．特に

$$p_n < p_{n+1}$$

が成り立つとき強い意味で単調増大であるという．不等号を逆にした条件が成り立つ場合単調減少という．

次の条件を単調数列公理 (the monotonic-sequence axiom) という．

公理 5 (単調数列公理)　$\mathbb{R}$ の有界な単調数列は $\mathbb{R}$ のある元に収束する．

この公理を認めれば，最初から極限が知られていないような実数列が収束するかどうか判定するのに用いることができる．たとえば，自然対数の底

$$e = \lim_{n \to \infty} \left(1 + \frac{1}{n}\right)^n$$

の存在はこの方法で確かめることができる．二項定理により $e_n = \left(1 + \frac{1}{n}\right)^n$ および $e_{n+1} = \left(1 + \frac{1}{n+1}\right)^{n+1}$ を展開すると，

$$\begin{aligned} e_n &= \sum_{k=0}^{n} {}_nC_k \left(\frac{1}{n}\right)^k \\ &= \sum_{k=0}^{n} \frac{1}{k!} 1 \cdot \left(1 - \frac{1}{n}\right) \cdots \left(1 - \frac{k-1}{n}\right) \\ &< e_{n+1} = \sum_{k=0}^{n+1} \frac{1}{k!} 1 \cdot \left(1 - \frac{1}{n+1}\right) \cdots \left(1 - \frac{k-1}{n+1}\right) \\ &< 1 + \sum_{k=1}^{\infty} \frac{1}{k!} \\ &< 1 + \sum_{k=0}^{\infty} \frac{1}{2^k} = 3 \end{aligned}$$

が成り立つから，数列 $\{e_n\}_{n=1}^{\infty}$ は単調増加で有界である．すなわち，単調数列公理から $\{e_n\}_{n=1}^{\infty}$ の極限である e の存在が示されたことになる．

また，収束の別の判定法として，数列がつぎのような基本列またはコーシー列と呼ばれるものになっているか否かを見る方法がある．

定義 10.8 実数列 $\{x_n\}$ は，以下の条件を満たすとき，コーシー列または基本列であるとよばれる．

$$\forall \epsilon > 0, \ \exists N \in \mathbb{N} \ \ s.t. \ \forall n, m \geq N, \ |x_n - x_m| < \epsilon.$$

極限の定義から，点列に極限が存在すればコーシー列の条件を満たすことが容易に示せる．

定理 10.2 点列 $\{x_n\}_{n=1}^{\infty}$ は，点 $x \in \mathbb{R}$ に収束するならば基本列である．

証明 もし，$\mathbb{R}$ 上の点列 $\{x_n\}_{n=1}^{\infty}$ が点 $x \in \mathbb{R}$ に収束するならば，

$\forall \epsilon > 0, \ \exists N \in \mathbb{N} \ \ s.t. \ \forall n, m \geq N, \ |x_n - x| < \epsilon/2 \ \text{and} \ |x_m - x| < \epsilon/2.$

従って，

$$|x_n - x_m| \leq |x_n - x| + |x_m - x| < \epsilon.$$

証明終わり

実数列については，この逆も成り立ち実数の連続性を表す公理として採用される．これをコーシー (Cauchy) の公理と呼ぶ．

公理 6 (コーシーの公理)　$\mathbb{R}$ の任意のコーシー列が $\mathbb{R}$ のある点に収束する．すなわち，収束する実数列であることとコーシー列であることは同値である．

有理数の集合 $\mathbb{Q}$ について，有理数から成るコーシー列が収束する点を $\mathbb{Q}$ に付け加えると，実数 $\mathbb{R}$ が得られる．そして，収束値の一意性も確かめられる．

定理 10.3 実数列 $\{x_n\}_{n=1}^{\infty}$ が収束する列なら，唯一つの実数値に収束する．

証明 点列 $\{x_n\}_{n=1}^{\infty}$ が相異なる 2 点 $x, x' \in M$ に収束するとし，実数 d を次のように定義する．
$$d = |x - x'|.$$
この $d > 0$ に対し収束の定義により，
$$\exists N, \ \forall n > N : \ |x_n - x| < d/2 \quad \text{and} \quad |x_n - x'| < d/2.$$
従って，
$$d = |x - x'| \leq |x - x_n| + |x_n - x'| < d.$$
これは矛盾であるので，収束点の一意性が証明された．

証明終わり

10.3 閉区間列による表現

実数の集合 $\mathbb{R}$ において，2 つの実数 a, b に対して閉区間 $[a,b] = \{x | a \leq x \leq b\}$ を定義する．このとき閉区間の二等分割を考える．

定義 10.9 与えられた実数の閉区間 $[a_1, b_1]$ ($-\infty < a_1 < b_1 < \infty$) をはじめの区間 I_1 とし第二の閉区間 I_2 は I_1 の二等分割区間 I_2 すなわち

$$I_2 = [a_2, b_2] \quad \text{ただし } a_2 = a_1, b_2 = \frac{a_1 + b_1}{2} \text{ または } a_2 = \frac{a_1 + b_1}{2}, b_2 = b_1$$

なるものとし以下同様に各 I_n ($n = 1, 2, \cdots$) の二等分割閉区間 I_{n+1} を作り閉区間列 $\{I_n\}_{n=0}^{\infty}$ が得られる．このようにして得られる区間列を二等分割区間列と呼ぶ．

このとき，以下の条件を二等分割公理 (bisection axiom) と呼ぶ．

公理 7 (二等分割公理)　$\mathbb{R}$ の任意の二等分割区間列 $\{I_n\}_{n=0}^{\infty}$ に対し
$$\bigcap_{n=1}^{\infty} I_n \neq \emptyset.$$
が成り立つ．

より一般的に任意の減少する閉区間の列 $\{[x_n^-, x_n^+]\}_{n=1}^{\infty}$ を考える．

定義 10.10 $\mathbb{R}$ の閉区間列 $\{[x_n^-, x_n^+]\}_{n=1}^{\infty}$ がカントール (Cantor) 列であるとはこれが次を満たすことである．

   a) すべての $n = 1, 2, \cdots$ に対し $[x_n^-, x_n^+] \neq \emptyset$．

   b) $x_n^- \leq x_{n+1}^-$ かつ $x_n^+ \geq x_{n+1}^+$ $(n = 1, 2, \cdots)$．

   c) $\lim_{n \to \infty} |x_n^+ - x_n^-| = 0$．

このような集合列に対して，より緩やか条件にみえる次のカントールの公理も二等分割公理と同等に実数の連続性を表している．

公理 8 (カントールの公理) $\mathbb{R}$ の任意のカントール列 $\{[x_n^-, x_n^+]\}_{n=1}^{\infty}$ は

$$\bigcap_{n=1}^{\infty} [x_n^-, x_n^+] \neq \emptyset$$

を満たす．

問 10.1 カントールの公理が成り立つときその集合列 $\{[x_n^-, x_n^+]\}_{n=1}^{\infty}$ に対し

$$\exists x \in \mathbb{R} \quad \text{s.t.} \quad \{x\} = \bigcap_{n=1}^{\infty} [x_n^-, x_n^+].$$

であることを示せ．

  実際，実数体 $\mathbb{R}$ の中ではカントールの公理が二等分割公理と同値なことを示す．

定理 10.4 $\mathbb{R}$ のとき以下が成り立つ．

$$\text{カントールの公理} \iff \text{二等分割公理}.$$

証明 二等分割列はカントール列であるから $\Rightarrow$ は明らかである．よって二等分割公理を仮定してカントールの公理を示す．

  $\{[x_n^-, x_n^+]\}_{n=1}^{\infty}$ を $\mathbb{R}$ のカントール列とする．このとき

$$\bigcap_{n=1}^{\infty} [x_n^-, x_n^+] \neq \emptyset$$

10.3. 閉区間列による表現

を示す．定義より

$$\forall \epsilon > 0,\ \exists N > 0,\ \forall n \geq N : |x_n^+ - x_n^-| < \epsilon.$$

ゆえに

$$x, y \in [x_N^-, x_N^+] \Rightarrow |x - y| < \epsilon \Rightarrow y - \epsilon < x < y + \epsilon.$$

従って y を $[x_N^-, x_N^+]$ から任意にとって固定するとき

$$[x_N^-, x_N^+] \subset [y - \epsilon, y + \epsilon] = I_1$$

となる．いま記号を変えて

$$F_n = [x_{N+n}^-, x_{N+n}^+] \quad (n = 1, 2, \cdots)$$

と書くと

$$F_{n+1} \subset F_n, \quad F_n \subset I_1 \quad (n = 1, 2, \cdots).$$

上記の区間 $I_1 = [y - \epsilon, y + \epsilon]$ を二等分割して一方の二等分割区間 I_2 が

$$\forall n \geq 1 : I_2 \cap F_n \neq \emptyset$$

となるようにできる．実際 I_1 の二等分割区間の両方があある $m \geq 1$ に対し F_m の点を全く含まないとするとその和集合である I_1 自身が F_m と共通部分を持たなくなるがこれは $F_m \subset I_1$ に反する．以下同様に二等分割区間列 $\{I_n\}_{n=1}^{\infty}$ を作り

$$\forall n \geq 1,\ \forall \ell \geq 1 : I_\ell \cap F_n \neq \emptyset$$

とできる．仮定の二等分割公理よりある点 $p \in \mathbb{R}$ に対し

$$\bigcap_{\ell=1}^{\infty} I_\ell = \{p\}$$

である．ゆえに任意の $\delta > 0$ に対しある番号 $\ell_\delta \geq 1$ があって

$$I_{\ell_\delta} \subset (p - \delta, p + \delta).$$

他方 I_ℓ の作り方より

$$\forall n \geq 1,\ \forall \delta > 0 : F_n \cap I_{\ell_\delta} \neq \emptyset.$$

以上より
$$\emptyset \neq F_n \cap I_{\ell_\delta} \subset F_n \cap (p-\delta, p+\delta).$$
従って
$$\forall n \geq 1,\ \forall \delta > 0:\ F_n \cap (p-\delta, p+\delta) \neq \emptyset.$$
$\delta = 1/n$ ととって
$$\forall n \geq 1:\ F_n \cap (p-1/n, p+1/n) \neq \emptyset.$$
各 $n = 1, 2, \cdots$ に対しこの集合より一点 p_n を取ると
$$\lim_{n \to \infty} p_n = p.$$
ある番号より先の p_n が一点 p に等しい場合は明らかにその点 p が F_n ($n = 1, 2, \cdots$) の共通部分にはいる．そうでない場合は p は F_n の集積点となるから F_n が閉集合であることから $p \in F_n$ ($n = 1, 2, \cdots$) となる．いずれの場合も
$$\forall n \geq 1:\ p \in F_n.$$
$F_n = [x_{N+n}^-, x_{N+n}^+] \subset [x_\ell^-, x_\ell^+]$ ($\ell = 1, 2, \cdots, N$) だから以上より
$$p \in \bigcap_{n=1}^{\infty} [x_n^-, x_n^+]$$
が言えカントールの公理が示された．

証明終わり

ここで，上限と下限に対して上極限と下極限を次のように導入する．

定義 10.11 実数列 $\{x_n\}_{n=1}^{\infty}$ の上極限を
$$\limsup_{n \to \infty} x_n = \inf_{n} \left(\sup\{x_m | m \geq n\} \right)$$
下極限を
$$\liminf_{n \to \infty} x_n = \sup_{n} \left(\inf\{x_m | m \geq n\} \right).$$

すると，カントールの公理から，極限の存在の判定条件は上極限と下極限の一致という形にまとめることもできる．別の言い方では，実数列 $\{x_n\}_{n=1}^{\infty}$ の極限値 x が存在する一つの判定方法は，次のような単調増加列 $\{x_n^-\}_{n=1}^{\infty}$ と単調減少列 $\{x_n^+\}_{n=1}^{\infty}$ が存在することである．

$$x_n^- \leq x_n \leq x_n^+, \quad x = \lim_{n \to \infty} x_n^- = \lim_{n \to \infty} x_n^+.$$

10.4 諸表現の同値性

すでに前節において二等分割公理とカントールの公理の同値性は示された．これより，コーシーの公理を除くすべての公理が同値であることは次の定理により明らかになる．

定理 10.5 $\mathbb{R}$ に関する以下の六つの条件は互いに同値である．

1. デデキントの公理
2. 上界公理
3. 二等分割公理
4. ボルツァーノ-ワイエルシュトラスの公理
5. 有界数列公理
6. 単調数列公理

証明 次の含意関係を示せばよい．

$$1) \Rightarrow 2) \Rightarrow 3) \Rightarrow 4) \Rightarrow 5) \Rightarrow 6) \Rightarrow 1).$$

1. デデキントの公理 $\Rightarrow$ 上界公理の証明：
   K を上界公理で存在を仮定された空でない上に有界な $\mathbb{R}$ の部分集合とする．$U = \{b | b \in \mathbb{R}, b \text{ は } K \text{ の上界である}\}(\subset \mathbb{R})$ とおく．K は上に有界であるから $U \neq \emptyset$ である．$L = U^c = \mathbb{R} - U$ とおく．このとき L が $\mathbb{R}$ の切断であることが言えれば，デデキントの公理より $L^c = U$ は最小元を持ち，したがって最小上界すなわち $\sup K$ の存在が言える．以下 L が $\mathbb{R}$ の切断であることを示す．

(a) $L^c = U \neq \emptyset$ は上に示したから $L \neq \emptyset$ を言えばよいが、K は空でないから K の元 $k \in K$ がとれる。すると任意の $\ell < k$ なる $\ell \in \mathbb{R}$ は上界でないから $\ell \in U^c = L$。よって、$L \neq \emptyset$ が言えた。

(b) $k \in L, \ell < k$ とする。このとき仮に $\ell \notin L$ とすると、$\ell \in L^c = U$。ゆえに、ℓ は K の上界となる。よって、$\ell < k$ と仮定したから k も K の上界となり、$k \in U = L^c$ だがこれは仮定 $k \in L$ に矛盾する。よって、仮定 $\ell \notin L$ は誤りであり $\ell \in L$ でなければならない。

(c) L に最大元 ℓ があるとして矛盾を導く。すなわち $\forall p \in L : p \leq \ell$ と仮定する。

このとき $\forall k \in K : k \leq \ell$ である。

実際逆に $\exists k \in K$ s.t. $\ell < k$ と仮定すると ℓ は L の最大元だから $\ell < m < k$ なる任意の m は $m \notin L$ を満たす。ゆえに $m \in L^c = U$ であるから $k \leq m$ となるがこれは $m < k$ に反する。ゆえに $\forall k \in K : k \leq \ell$ が言えた。

以上より ℓ は K の一つの上界であり従って $\ell \in U = L^c$ となるがこれは我々の仮定すなわち ℓ は L の最大元であること従って $\ell \in L$ であることに反する。ゆえに背理法により L には最大元はないことがわかった。

以上で L は $\mathbb{R}$ の切断であることがわかり 1)$\Rightarrow$2) が示された。

2. 上界公理 $\Rightarrow$ 二等分割公理: $I_n = [a_n, b_n]$ を二等分割公理で仮定された二等分割列とする。すると区間の左右の端点はそれぞれ

$$a_1 \leq a_2 \leq \cdots \leq a_n < b_n \leq \cdots \leq b_2 \leq b_1$$

を満たす。いま自然数 k, n に対し

$k \leq n$ のとき　　$a_n \leq b_n \leq b_k$,
$k \geq n$ のとき　　$a_n \leq a_k \leq b_k$

であるから

(*) $\forall k, \forall n : a_n \leq b_k$.

従って集合 $\{a_n | n = 1, 2, \cdots\}$ は上界 b_k ($k = 1, 2, \cdots$) を持つ．ゆえに上界公理より最小上界

$$s = \sup\{a_n | n = 1, 2, \cdots\}$$

が存在する．これは任意の自然数 $n = 1, 2, \cdots$ に対し

$$a_n \leq s$$

を満たす．また (*) により b_n は $\{a_n | n = 1, 2, \cdots\}$ の上界だから

$$s \leq b_n$$

となり従って任意の $n = 1, 2, \cdots$ に対し

$$s \in [a_n, b_n]$$

となる．すなわち

$$s \in \bigcap_{n=1}^{\infty} I_n.$$

特に

$$\bigcap_{n=1}^{\infty} I_n \neq \emptyset.$$

以上で二等分割公理が導かれた．

3. 二等分割公理 $\Rightarrow$ ボルツァーノ-ワイエルシュトラスの公理:

K をボルツァーノ-ワイエルシュトラスの公理で仮定された有界な無限集合とする．有界だからある実数 a_1, b_1 で $a_1 < b_1$ なるものに対し

$$K \subset I_1 = [a_1, b_1]$$

となる．I_2 を I_1 の二等分割区間の一方で $I_2 \cap K$ が無限集合になるものとする．このような取り方は K が無限集合だから可能である．以

下同様に区間 I_n を I_{n-1} $(n=2,3,\cdots)$ の二等分割区間で $I_n \cap K$ が無限集合になるようにとれる．すると二等分割公理より

$$\bigcap_{n=1}^{\infty} I_n \neq \emptyset$$

となる．ところが各区間 I_n の幅は $(b_1-a_1)2^{-(n-1)} \to 0$ (as $n \to \infty$) であるからもしこの共通部分に二点 p,q が元として含まれているとすると

$$|p-q| \leq (b_1-a_1)2^{-(n-1)} \to 0 \quad (\text{as } n \to \infty)$$

となる．右辺は $n \to \infty$ のとき 0 に限りなく近づき左辺は n に関し定数であるからこの不等式がすべての $n=2,3,\cdots$ に対し成り立つためには $p=q$ でなければならず結局上の共通部分はただ一点 $p \in \mathbb{R}$ のみからなることがわかる．各 $n=1,2,\cdots$ に対し $I_n \cap K$ は無限集合だから $I_n \cap K$ から p とは異なる一点 p_n がとれるがそれのなす数列 $\{p_n\}$ は $p_n, p \in I_n$ を満たすから

$$|p_n - p| \leq (b_1-a_1)2^{-(n-1)} \to 0 \quad (\text{as } n \to \infty)$$

が成り立つ．従って

$$\lim_{n \to \infty} p_n = p, \quad p_n \neq p, \quad p_n \in K$$

が言えた．これは p が K の集積点であることを意味しボルツァーノ-ワイエルシュトラスの公理が示された．

4. ボルツァーノ-ワイエルシュトラスの公理 ⇒ 有界数列公理:

$\{p_n\}_{n=1}^{\infty}$ を有界数列公理で仮定された有界数列とする．ある番号 $N \geq 1$ より先の $n \geq N$ に対し $p_n = p_N$ であれば明らかにこの数列 $\{p_n\}$ は $n \to \infty$ のとき p_N に収束するから

$$\forall N \geq 1, \exists n \geq N \text{ s.t. } p_n \neq p_N$$

と仮定して一般性は失われない．この場合 $K = \{p_n\}$ という集合は無限集合になるからボルツァーノ-ワイエルシュトラスの公理より K は

$\mathbb{R}$ のある点 p に集積する. すなわちある点 $p \in \mathbb{R}$ が存在して次を満たす.

$$\forall \epsilon > 0, \exists n(\epsilon) \geq 1 \text{ s.t. } |p_{n(\epsilon)} - p| < \epsilon \wedge p_{n(\epsilon)} \neq p.$$

$\epsilon = 1/k$ ($k = 1, 2, \cdots$) と取り $n_k = n(1/k)$ を必要なら番号を付け替えて $n_{k+1} > n_k$ ($k = 1, 2, \cdots$) とできる. このとき上より

$$\lim_{k \to \infty} p_{n_k} = p$$

で $\{p_{n_k}\}_{k=1}^{\infty}$ は $\{p_n\}_{n=1}^{\infty}$ の部分列であるから有界数列公理が示された.

5. 有界数列公理 $\Rightarrow$ 単調数列公理:

$\{p_n\}_{n=1}^{\infty}$ を単調数列公理で仮定された有界な単調増大数列とする. (単調減少数列の場合も同様に示される.) すなわちある $b \in \mathbb{R}$ に対し

$$p_1 \leq p_2 \leq \cdots \leq p_n \leq p_{n+1} \leq \cdots \leq b$$

を満たす数列とする. このとき $\{p_n\}_{n=1}^{\infty}$ は有界な数列だから有界数列公理よりある部分列 $\{p_{n_k}\}_{k=1}^{\infty}$ は収束する. すなわちある $p \in \mathbb{R}$ に対し

$$\lim_{k \to \infty} p_{n_k} = p.$$

これと上の不等式よりもとの数列 $\{p_n\}_{n=1}^{\infty}$ も $n \to \infty$ のとき同じ極限 p に収束し単調数列公理が示される.

6. 単調数列公理 $\Rightarrow$ デデキントの公理:

$L \subset \mathbb{R}$ をデデキントの公理で仮定された $\mathbb{R}$ の切断とする. この補集合 $L^c = \mathbb{R} - L$ が最小元を持つことを示せば十分である. いま L は切断であるから $L \neq \emptyset, L^c \neq \emptyset$ ゆえある点 $a_1 \in L, b_1 \in L^c$ がとれる. 取り方より $a_1 < b_1$ である. a_1, b_1 の二等分点 $(a_1 + b_1)/2$ が L^c の場合 $a_2 = a_1, b_2 = (a_1 + b_1)/2$ と a_2, b_2 を取る. そうでない場合すなわち $(a_1 + b_1)/2 \in L$ の場合 $a_2 = (a_1 + b_1)/2, b_2 = b_1$ と取る. するといずれの場合も $a_2 \in L, b_2 \in L^c$ となる. 以下同様に a_n, b_n の二等分点を取り $a_{n+1} \in L, b_{n+1} \in L^c$ ($n = 0, 1, 2, \cdots$) となるように数列

$\{a_n\}_{n=1}^\infty, \{b_n\}_{n=1}^\infty$ を作ることができる．このとき作り方よりこれらの数は

$$a_1 \leq a_2 \leq \cdots \leq a_n \leq a_{n+1} < b_{n+1} \leq b_n \leq \cdots \leq b_2 \leq b_1$$

を満たしかつ各 $n = 1, 2, \cdots$ に対し

$$(b_n - a_n) = (b_1 - a_1)2^{-(n-1)}, \quad a_n \in L, \quad b_n \in L^c$$

を満たす．従って数列 $\{a_n\}_{n=1}^\infty, \{b_n\}_{n=1}^\infty$ はそれぞれ有界な単調増大数列，単調減少数列であり従って単調数列公理よりそれぞれ極限 $a \in \mathbb{R}$, $b \in \mathbb{R}$ を持ちかつ

$$a_n \leq a \leq b \leq b_n \quad (n = 1, 2, \cdots)$$

を満たす．従って上の $(b_n - a_n)$ の式から 3) と同様の論法により

$$a = b$$

であることがわかる．

この数 $a = b$ は L の上界である．実際上界でないとしある $\ell \in L$ に対し $b < \ell$ と仮定すると $\lim_{n \to \infty} b_n = b$ よりある番号 $N \geq 1$ に対し $n \geq N$ なら $b \leq b_n < \ell$ となる．すると $\ell \in L$ で L は切断だから $b_n \in L$ $(n \geq N)$ となり $b_n \in L^c$ に反し矛盾である．従って $a = b$ は L の上界である．

さらにこの $a = b$ は L の最小上界である．実際最小の上界でないと仮定し他の L の上界 c で $c < b$ となるものがあると仮定する．c は L の上界であるから任意の $\ell \in L$ に対し $\ell \leq c < b \leq b_n$ $(n = 1, 2, \cdots)$ である．特に $a_n \in L$ $(n = 1, 2, \cdots)$ だから $a_n \leq c < b \leq b_n$ $(n = 1, 2, \cdots)$ である．よって

$$0 < b - c \leq b_n - a_n = (b_1 - a_1)2^{-(n-1)} \quad (n = 1, 2, \cdots).$$

右辺は $n \to \infty$ のとき 0 に収束するが左辺は n によらない正の定数であるから矛盾である．従って $a = b$ は L の最小上界である．

この数 $a = b$ は $a = b \notin L$ を満たす．実際 $b \in L$ とすると b は L の最小上界であることから b は L の最大元となり L が切断であることに矛盾する．よって $a = b \in L^c$ である．L は切断だから $\ell \in L^c$ は任意の $k \in L$ に対し $k < \ell$ を満たす．従って L^c の元はすべて L の上界である．よって $a = b \in L^c$ は L の最小上界であることから L^c の最小元である．

以上でデデキントの公理が単調数列公理から導かれた．

証明終わり

さらに，コーシーの公理もまた上の諸公理と同値であることは，カントールの公理と同値であることを示す次の定理から明らかとなる．

定理 10.6 実数 $\mathbb{R}$ について，

$$\text{コーシーの公理} \iff \text{カントールの公理}.$$

証明 $\Rightarrow$: $\{[x_n^-, x_n^+]\}_{n=1}^\infty$ をカントール列であるとする．各 $[x_n^-, x_n^+]$ は空でないから $x_n \in [x_n^-, x_n^+]$ がとれる．$m > n$ なら $x_n, x_m \in [x_n^-, x_n^+]$ ゆえ $|x_n - x_m| \leq |x_n^- - x_n^+|$ である．しかも $|x_n^- - x_n^+| \to 0$ (as $n \to \infty$) すなわち

$$\forall \epsilon > 0, \ \exists N \in \mathbb{N}, \ \forall n, m \ [m > n \geq N \Rightarrow |x_n - x_m| \leq |x_n^- - x_n^+| < \epsilon]$$

だから $\{x_n\}_{n=1}^\infty$ はコーシー列である．よって仮定のコーシーの公理から x_n は $\mathbb{R}$ のある点 x に収束する．すなわち

$$\lim_{n \to \infty} x_n = x.$$

$m \geq n \geq 1$ なら $x_m \in [x_m^-, x_m^+] \subset [x_n^-, x_n^+]$ だから x は $[x_n^-, x_n^+]$ の集積点である．ゆえに，$x \in [x_n^-, x_n^+]$ $(n = 1, 2, \cdots)$．すなわち

$$x \in \bigcap_{n=1}^\infty [x_n^-, x_n^+].$$

240　第10章　実数の連続性

よって
$$\bigcap_{n=1}^{\infty}[x_n^-, x_n^+] \neq \emptyset.$$

⇐: $\{x_n\}_{n=1}^{\infty}$ をコーシー列とする．すなわち

$$\forall \epsilon > 0, \exists N > 0, \forall m, n \geq N : |x_n - x_m| < \epsilon$$

とする．いま

$$x_n^+ = \sup\{x_m | m \geq n\}, \quad x_n^- = \inf\{x_m | m \geq n\}$$

とおくと

$$[x_{n+1}^-, x_{n+1}^+] \subset [x_n^-, x_n^+] \quad (n = 1, 2, \cdots).$$

$n \geq N$ のとき

$$|x_n^+ - x_n^-| = \sup\{|x_p - x_q| | p, q \geq n\} \leq \epsilon.$$

これは

$$\lim_{n \to \infty} |x_n^+ - x_n^-| = 0$$

を意味する．従って $\{[x_n^-, x_n^+]\}_{n=1}^{\infty}$ はカントール列である．よって，仮定のカントールの公理より

$$\exists x \in \bigcap_{n=1}^{\infty}[x_n^-, x_n^+].$$

ここで $x_n \in [x_n^-, x_n^+]$, $x \in [x_n^-, x_n^+]$ ゆえ，$|x_n - x| \leq |x_n^+ - x_n^-| \to 0$ (as $n \to \infty$). これは

$$\lim_{n \to \infty} x_n = x$$

を示し，コーシーの公理が言えた．

証明終わり

以上により八つのすべての公理の同値性が示された．

第11章 位相と距離

2つの集合の要素間に上への1対1写像が1つみつかれば2つの集合はそのような意味で同等であると考えることができた．さらに選択公理を仮定すると，その違いは対応する順序数により濃度で表すことができた．ここで，2つのものが等しいということにより強い制限を設けることを考えたい．そのために集合に構造を与え，その構造が保たれるような1対1対応があるときにのみ2つの集合を同じと考える．そのもっとも素朴なものが，ここで紹介する位相 (topology) や距離である．位相は集合の元どうしの間に親近性を確定する仲間分けを意味する．すなわち，1つの集合内の互いに親近性のある2つの元を，他の集合の互いに親近性のある2つの元にそれぞれ写すような上への1対1写像 (同相写像) によって，2つの集合はこの意味で同等とみなされる．

実数の集合においては位相はその順序関係により決められる．この実数の性質を利用して位相を定義することができるものとして，応用上もっとも大切な距離空間およびノルム空間という概念を得る．この結果，実数は距離空間の一種として再解釈される．さらに，有界閉集合の一般化に相当するコンパクトの概念を得る．

11.1 位相

有限集合においては，親近性を決めることは集合内の元を単に仲間分けすることに相当する．つまり，有限集合 X の元のうち，何らかの (有限集合 Λ の元 λ によって名付ける) 意味で仲間とみなせるものの集合 C_λ をつくり，その族 $\mathcal{C} = \{C_\lambda\}_{\lambda \in \Lambda} \subset \mathcal{P}(X)$ を考える．ここで，ある仲間 C_1 と別

の仲間 C_2 の共通部分はより親近性があるといえるから，

$$C_1, C_2 \in \mathcal{C} \quad \Rightarrow \quad C_1 \cap C_2 \in \mathcal{C}$$

となる．また，仲間どうしの和集合もより穏やかな意味では親近性があるひとつの仲間を決めるといえるから，

$$C_1, C_2 \in \mathcal{C} \quad \Rightarrow \quad C_1 \cup C_2 \in \mathcal{C}$$

さらに，全集合も空集合もある意味でそれぞれ仲間の定義とみなすことができる．

$$X \in \mathcal{C}, \quad \emptyset \in \mathcal{C}.$$

このような親近性を無限集合について考える際には注意が必要となる．無限集合 X について，X 内で互いに親近性をもった部分集合 C_λ の集まり $\mathcal{C} = \{C_\lambda\}_{\lambda \in \Lambda} \subset \mathcal{P}(X)$ を選ぶとき，番号付けの集合 Λ を (必ずしも可算とは限らない) 無限集合とする可能性がある．この場合にも，互いに親近性のある無限個の仲間どうしの共通部分はより親近性があるといえるから，

$$C_\lambda \in \mathcal{C} \ \text{for} \ \forall \lambda \in \Lambda \quad \Rightarrow \quad \bigcap_{\lambda \in \Lambda} C_\lambda \in \mathcal{C}.$$

となる．しかし，互いに親近性のある仲間どうしの無限個の和集合については，もはや親近性は保証されない．つまり，和集合については，有限個までの和集合に限り，親近性が維持されるとみなされる．また，全集合も空集合もある意味で親近性のあるグループとみなす．

$$X \in \mathcal{C}, \quad \emptyset \in \mathcal{C}.$$

このような親近性をもった集合 C_λ を閉集合 (closed set) とよび，$\mathcal{C} = \{C_\lambda\}_{\lambda \in \Lambda}$ を閉集合族とよぶ．

定義 11.1 次の性質をもつ集合 X の部分集合の族 $\mathcal{C} = \{C_\lambda\}_{\lambda \in \Lambda}$ を閉集合族と呼び，その要素を閉集合と呼ぶ．

1. 閉集合を有限個または無限個選んできて，その共通部分をとっても閉集合となる．すなわち Λ の任意の部分集合 Λ_1 に対し

$$C_\lambda \in \mathcal{C} \ \text{for} \ \forall \lambda \in \Lambda_1 \quad \Rightarrow \quad \bigcap_{\lambda \in \Lambda_1} C_\lambda \in \mathcal{C}.$$

2. 閉集合を有限個（無限個は不可）選んできて，その和集合をとっても閉集合となる．

$$C_1, C_2 \in \mathcal{C} \quad \Rightarrow \quad C_1 \cup C_2 \in \mathcal{C}.$$

3. 全集合も空集合も閉集合の仲間とする．

$$X \in \mathcal{C}, \quad \emptyset \in \mathcal{C}.$$

自然数，有理数，実数の各集合では，要素間の順序または不等号を利用して要素間の親近性を決めることができる．とくに，実数の集合に不等号によって定義される閉集合族では，任意の閉区間は閉集合族に含まれ，$[a,b]$ と $[c,d]$ との和集合 $[a,b] \cup [c,d]$ はやはり閉集合となり，無限個の閉区間の共通部分もまた閉区間 (閉集合) となる．とくに，カントールの公理によると 1 点からなる集合 $\{a\} = [a,a]$ も閉区間 (閉集合) である．

集合の位相は，閉集合の補集合である開集合の族として定義される[1]．

定義 11.2 集合 X の位相 $\mathcal{O}$ とは，その要素が X の次のような開部分集合の性質を満たすような集合の族をいう．

1. 開集合を有限個または無限個選んできて，その和集合をとっても開集合となる．すなわち Λ の任意の部分集合 Λ_1 に対し

$$O_\lambda \in \mathcal{O} \ \text{ for } \ \forall \lambda \in \Lambda_1 \quad \Rightarrow \quad \bigcup_{\lambda \in \Lambda_1} O_\lambda \in \mathcal{O}.$$

2. 開集合を有限個（無限個は不可）選んできて，その共通部分をとっても開集合となる．

$$O_1, O_2 \in \mathcal{O} \quad \Rightarrow \quad O_1 \cap O_2 \in \mathcal{O}.$$

---

[1] 教科書によっては開集合族を「近い」という概念に対応させる説明がなされることがあるが，これは以後定義される開近傍という概念を言葉にしようとしたものである．以上のように注意深くみると，むしろその補集合である閉集合族の方が親近性というニュアンスを代弁するようにみえる．しかし，開集合は決して疎遠性を表すものではない．疎遠性はひとつの閉集合の内部と外部 (すなわち，その補集合である開集合の内部) の間になりたつ関係に相当すると考えられるからである．

3. 全集合も空集合も開集合の仲間とする．

$$X \in \mathcal{O}, \quad \emptyset \in \mathcal{O}.$$

族 $\mathcal{O}$ の要素を X の開集合 (open set) と呼び，このとき X (または組 $(X, \mathcal{O})$) を位相空間 (topological space) と呼ぶ．

位相および閉集合族の定義において，全体 X(とその補集合 $\emptyset$) は閉集合でありかつ開集合でもあるという意味で，特別な地位にある．閉か開どちらかでなければならないというのではないから矛盾ではない．トポロジー（位相）とは場所を表すトポスというギリシア語に起源をもち，集合が位相を持つということはその集合が空間としての性質を獲得することを意味する．今後，位相空間の要素を単に点と呼ぶ．様々な位相が定義可能であり，そのもっとも単純な例をここに挙げる．

問 11.1 以下は，それぞれの集合上の位相を与えることを示せ．

1. 任意の集合 X 上のべき集合族 2^X．これを自明な位相空間という．このとき，全ての集合は開かつ閉である．

2. 任意の集合 X について，$\{\emptyset, X\}$．これを密着空間という．

3. 2点からなる集合 $X = \{a, b\}$ について，$\{\emptyset, \{b\}, X\}$．これを二点空間という．

ここで，1つの集合 X に対して，様々な位相の入れ方があることに注意しておく．この場合，位相に強弱の関係をつけることができる．

定義 11.3 2つの位相空間 $(X, \mathcal{O}_1)$ と $(X, \mathcal{O}_2)$ について，$\mathcal{O}_1 \subset \mathcal{O}_2$ のとき，$\mathcal{O}_1$ は $\mathcal{O}_2$ より弱いという．

実数の集合 $\mathbb{R}$ には，アルキメデスの順序により位相を導入することができる．

例 11.1 以下は，それぞれの集合上の位相を与える．

1. 実数の集合 $\mathbb{R}$ に相当する数直線上の有限個ないし無限個の開区間の任意の和集合および任意の有限個数の共通部分のなす集合族．(このように与えられた集合族 $\{A_\gamma\}_{\gamma\in\Gamma}$ からその任意個数の集合の和集合および任意有限個数の共通部分を作ってえられる位相を $\{A_\gamma\}_{\gamma\in\Gamma}$ より生成される位相と呼ぶ．)

2. N 次元ユークリッド空間 $\mathbb{R}^N$ について，開区間の族より生成される位相．

3. N 次元ユークリッド空間 $\mathbb{R}^N$ について，円の内部（円周を除いた部分）の族より生成される位相．

ここで，位相の定義の中で，開集合の無限和を開集合とするのになぜ無限積を開集合としなかったのか具体的に理解できる．つまり，次のように，開区間の無限積が閉区間になることがあるからである．

例 11.2 実数の集合 $\mathbb{R}$ の自然数 $n \in \mathbb{N}$ について，次の集合は開集合である．

$$O_n = \left(-1 - \frac{1}{n}, 1 + \frac{1}{n}\right).$$

このとき，この無限積（無限個の共通部分）は，閉集合となる．

$$\bigcap_{n\in\mathbb{N}} O_n = [-1, 1] \notin \mathcal{O}.$$

このような位相空間（親近性のネットワーク）としての同値性は，閉集合を閉集合に，または，開集合を開集合に 1 対 1 に写す上への写像が存在することにより定義できる．

定義 11.4 位相空間 $(X, \mathcal{O})$ と $(X', \mathcal{O}')$ について上への 1 対 1 写像 $f : X \to X'$ が次を満たすとき，φ は同相写像であるという．

1. 写像 φ によって，X 内の開集合は，X' 内の開集合に写る．

$$\forall O \in \mathcal{O}: \quad f(O) \in \mathcal{O}'.$$

2. 逆写像 φ^{-1} によって，X' 内の開集合は，X 内の開集合に写る．

$$\forall O' \in \mathcal{O}': \quad f^{-1}(O') \in \mathcal{O}.$$

また，このような同相写像が存在するとき，X と X' は同相であるといい，次のように表す．
$$X \simeq X'.$$

11.2 距離空間と完備性

我々を取り巻く世界では，多くの場合，2点間とは距離を用いて理解される．このような距離についての近さの概念は，集合の要素間の親近性と同じでないにしても深く関係している．まず，距離と言えるようなものはどのようなものであるか，明確にすることから始めよう．

定義 11.5 集合 S が関数 $d: S \times S \longrightarrow \mathbb{R}$ を距離関数として距離空間を成すとは，任意の $x, y, z \in S$ に対し以下の条件が成り立つことを言う．

1) $d(x, y) \geq 0$ かつ 等号 $=$ は $x = y$ の時かつそのときのみ成り立つ．

2) $d(x, y) = d(y, x)$.

3) $d(x, z) \leq d(x, y) + d(y, z)$. （三角不等式）

このときこの距離空間を距離関数 d を明示して (S, d) と書くときもある．

実数の集合 $\mathbb{R}$ が距離空間の一種であることはすぐにわかる．

例 11.3

1. $\mathbb{R}$ は $d(x, y) = |x - y|$ を距離関数として距離空間を成す．

2. $n = 1, 2, \cdots$ を一つ固定するとき第 2 章冒頭で述べた
$$\mathbb{R}^n = \left\{ \begin{pmatrix} x_1 \\ \vdots \\ x_n \end{pmatrix} \middle| \, x_i \in \mathbb{R} \ (i = 1, 2, \cdots, n) \right\}$$

は $x = {}^t(x_1, \cdots, x_n), y = {}^t(y_1, \cdots, y_n)$ に対し

$$d(x, y) = \sqrt{\sum_{j=1}^{n}(x_j - y_j)^2}$$

を距離関数として距離空間を成す. (本章以降ではベクトルを表すのに太字 $\boldsymbol{x}$ 等は用いずふつうの活字 x 等を当てる. ベクトルであることは文脈により明らかで混乱は起きないからである. また混乱の起きない限り縦ベクトル $x = {}^t(x_1, \cdots, x_n)$ を横ベクトルの記号 $x = (x_1, \cdots, x_n)$ 等で表す.)

3. $(S_1, d_1), (S_2, d_2)$ を二つの距離空間とするとき直積集合 $S_1 \times S_2$ の二元 $x = (x_1, x_2), y = (y_1, y_2) \in S_1 \times S_2$ の間に

$$d((x_1, x_2), (y_1, y_2)) = \{d_1(x_1, y_1)^2 + d_2(x_2, y_2)^2\}^{1/2}$$

によって関数 $d(x, y)$ を定義するとこれは定義 11.5 の三条件を満たし距離関数になる. $S_1 \times S_2$ にこの距離を入れた距離空間 $(S_1 \times S_2, d)$ を (S_1, d_1) と (S_2, d_2) の直積距離空間という. この空間で「近い」ということは (S_j, d_j) $(j = 1, 2)$ の双方の空間で同時に「近い」ということであり直積距離空間という言葉は直観的にも正しい.

このような距離空間では, 実数において考えたのと同じようにして, 点列の収束を定義することができる.

定義 11.6 距離空間 (S, d) について, 次の条件を満たす点列 $\{x_n\}_{n=1}^{\infty}$ は点 $x \in S$ に収束するという.

$$\forall \epsilon > 0, \quad \exists N \in \mathbb{N}, \quad \forall n \geq N: \quad d(x_n, x) < \epsilon.$$

さらに, 点列 $\{x_n\}_{n=1}^{\infty}$ が点 $x \in S$ に収束することを $x_n \to x \ (n \to \infty)$ または次のように表す.

$$x = \lim_{n \to \infty} x_n.$$

距離が定義されると, 球を定義することができる.

定義 11.7 $p \in S$, $\epsilon \in \mathbb{R}$, $\epsilon > 0$ に対し次を中心 p, 半径 ϵ の開球 (または単に球) または ϵ-近傍 (ϵ-neighborhood) という.

$$O_\epsilon(p) = \{x | x \in S, d(x, p) < \epsilon\}.$$

また, S の集合 $V (\subset S)$ がある $\epsilon > 0, p \in S$ に対し

$$O_\epsilon(p) \subset V$$

をみたすとき V を p の近傍 (neighborhood) と呼ぶ.

一般的に, 距離空間の任意の部分集合にもその大きさのひとつの指標として直径を定義することができる.

定義 11.8 $K \subset S$, $K \neq \emptyset$ のとき K の直径 $d(K)$ を

$$d(K) = \sup\{d(x, y) | x, y \in K\} (\geq 0)$$

と定義する. $d(K) < \infty$ のとき K は有界という.

直径の例を挙げる.

例 11.4

- $\mathbb{R}$ の区間 $I = [a, b] = \{x | a \leq x \leq b\}$ の直径は

$$d(I) = b - a$$

である.

- $\mathbb{R}^2$ の円周 $C = \{(x, y) | x^2 + y^2 = r^2\}$ ($r \geq 0$) の直径は

$$d(C) = 2r$$

である.

ここで, 実数の場合と同様に集積点および極限点を以下のように定義する.

定義 11.9

11.2. 距離空間と完備性

1. $E \subset S$ とする. $p \in S$ が E の集積点であるとは p の任意の近傍の中に p 以外の E の点が含まれることを言う.

2. $E \subset S$ とする. $p \in S$ が E の極限点であるとは

$$\exists \{s_n\}_{n=1}^{\infty} \subset E \text{ s.t. } \lim_{n \to \infty} s_n = p \ \wedge \ [s_n \neq s_m \text{ if } n \neq m]$$

を満たすことである.

このとき，集積点と極限点は同じ概念であることを示すことができる.

補題 11.1 $E \subset S, p \in S$ とする. このとき p が E の集積点であることは p が E の極限点であることと同値である.

証明 p が E の極限点であるとするとある点列 $\{s_n\} \subset E$ で $\lim_{n \to \infty} s_n = p$, $s_n \neq s_m \ (n \neq m)$ なるものがある. このとき

$$\forall \epsilon > 0, \exists N > 0, \forall n \geq N : s_n \in O_\epsilon(p)$$

である. $s_n \neq s_m \ (n \neq m)$ だからある番号 $M > 0$ に対し $n > M$ ならば $s_n \neq p$ である. よって p は E の集積点である.

逆に p が E の集積点であるとする. すると集合

$$R_k = O_{1/k}(p) - O_{1/(k+1)}(p) \quad (k = 1, 2, \cdots)$$

は互いに共通部分を持たずかつ集積点の定義から R_k が E の点を含むような番号 k は無限個ある. それらの列を

$$R_{k_1}, R_{k_2}, \cdots \quad (k_1 < k_2 < \cdots)$$

とおく. いま各 $j = 1, 2, \cdots$ に対し

$$q_j \in R_{k_j}$$

なる点 q_j をとると明らかに

$$q_j \neq q_i \text{ if } i \neq j$$

でかつ

$$\lim_{j \to \infty} q_j = p$$

となる. すなわち p は E の極限点である. 　　　　　　証明終わり

距離空間において，閉集合や境界は以下のように定義される．

定義 11.10

1. $E \subset S$ が閉集合であるとは E が E の極限点をすべて含むことである．

2. $E \subset S$ のとき $p \in S$ が E の内点であるとは p のある近傍 V に対し $V \subset E$ が成り立つ時を言う．内点の全体を E の開核といい E° と表す．

3. $E \subset S$ のとき $p \in S$ が E の外点であるとは p が E の補集合 $E^c := S - E$ の内点であることを言う．

4. $E \subset S$ のとき $p \in S$ が E の境界点であるとは p が E の内点でも外点でもないことを言う．境界点の全体を ∂E と表す．

このように定義された閉集合は，たしかに閉集合の諸性質を満たす．

問 11.2 定義 11.10 の閉集合より成る族 $\mathcal{C} = \{C_\lambda\}_{\lambda \in \Lambda}$ が以下の性質を満たすことを示せ．

1. $\forall \Lambda_1 \subset \Lambda \ [\ C_\lambda \in \mathcal{C} \ \text{ for } \ \forall \lambda \in \Lambda_1 \ \Rightarrow \ \bigcap_{\lambda \in \Lambda_1} C_\lambda \in \mathcal{C} \ ]$.

2. $C_1, C_2 \in \mathcal{C} \ \Rightarrow \ C_1 \cup C_2 \in \mathcal{C}$.

3. $X \in \mathcal{C}, \quad \emptyset \in \mathcal{C}$.

開集合はこのような閉集合の補集合として定義される．あるいは，開集合の別の定義は次の命題により与えられる．

命題 11.1 $E \subset S$ が開集合である必要十分条件は

$$\forall p \in E, \ \exists r > 0 \ \text{ s.t. } \ O_r(p) \subset E$$

である．つまり E が開集合であるとは E のすべての点が E の内点であることである．

証明 E が開集合であるとすると,$S-E$ は閉集合であるから $S-E$ は $S-E$ の極限点をすべて含む.いまある $p \in E$ があって,任意の p の近傍 $O_r(p)$ が E の部分集合でないとして,矛盾を導く.従って,この仮定で $r = 1/n$ $(n = 1, 2, \cdots)$ とすると

$$p_n \in O_{1/n}(p) - E$$

なる点列 $\{p_n\}_{n=1}^{\infty}$ がとれる.この点列は必要なら取り直せば

$$\lim_{n \to \infty} p_n = p, \quad p_n \neq p_m \text{ if } (n \neq m), \quad p_n \in S - E$$

を満たすようにできる.よって,p は $S-E$ の極限点である.$S-E$ は閉集合であるから $p \in S-E$ となるが,これは仮定 $p \in E$ に反し,矛盾である.よって,背理法により

$$\forall p \in E, \exists O_r(p) \text{ s.t. } O_r(p) \subset E$$

となる.

逆に

$(\star)$ $\quad \forall p \in E, \exists O_r(p) \text{ s.t. } O_r(p) \subset E$

を仮定して $S-E$ が閉集合であることを示す.いま

$$\{p_n\} \subset S - E, \quad p_n \neq p_m, \quad \lim_{n \to \infty} p_n = p$$

と仮定して,$p \in S-E$ を言えばよい.今仮に $p \in E$ とすると,仮定 $(\star)$ からある $r > 0$ に対し

$$O_r(p) \subset E$$

である.このとき,仮定の $\lim_{n \to \infty} p_n = p$ から

$$\exists N > 0, \forall n \geq N : p_n \in O_r(p).$$

よって,以上より

$$n \geq N \Rightarrow p_n \in O_r(p) \subset E$$

となる.これは仮定の $\{p_n\} \subset S-E$ に反し,矛盾である.よって,$p \in E$ は誤りであり,背理法により $p \notin E$ つまり $p \in S-E$ が示された.

証明終わり

つまり，距離空間 (S,d) について集合 $O \subset S$ が開集合であるとは，$x \in S$ の近傍全体の族を $\mathcal{O}_x$ とすると，

$$[\forall x \in O, \ \exists \delta > 0: \ O \supset O_\delta(x) \in \mathcal{O}_x] \quad \text{or} \quad O = \emptyset$$

となることである.

　前節で実数 $\mathbb{R}$ の位相を実数の全順序性に基づいて定義することができたが，距離の概念はこの実数の性質を利用してより幅広い集合に対して位相を与えることを可能にする．そして，この開集合は，位相の性質をもっているので，この位相により，距離空間は位相空間でもあることがわかる．すなわち，この位相により定義される閉集合は要素間の親近性を表すと言える.

定理 11.1 距離空間 (S,d) について，全ての開集合の族 $\mathcal{O} = \{O_\lambda\}_{\lambda \in \Lambda}$ は距離空間 S の位相を定める．すなわち，

1. $O_\gamma \in \mathcal{O}$ for $\forall \gamma \in \Gamma \in \Lambda \ \Rightarrow \ \bigcup_{\gamma \in \Gamma} O_\gamma \in \mathcal{O}$.

2. $O_1, O_2 \in \mathcal{O} \ \Rightarrow \ O_1 \cap O_2 \in \mathcal{O}$.

3. $X \in \mathcal{O}, \ \emptyset \in \mathcal{O}$.

証明

1. $O_\gamma \in \mathcal{O}$ より，

   $$\forall x \in \bigcup_{\gamma \in \Gamma} O_\gamma, \ \exists \gamma \in \Gamma \ [x \in O_\gamma \ \wedge \ [\exists \delta > 0: \ O_\gamma \supset O_\delta(x) \in \mathcal{O}_x]].$$

   従って，

   $$\forall x \in \bigcup_{\gamma \in \Gamma} O_\gamma, \ \exists \delta > 0: \ \bigcup_{\gamma \in \Gamma} O_\gamma \supset O_\delta(x) \in \mathcal{O}_x.$$

   つまり，$\bigcup_{\gamma \in \Gamma} O_\gamma \in \mathcal{O}$.

2. $O_1 \cap O_2 = \emptyset$ のとき，定義より成立．以下では，$O_1 \cap O_2 \neq \emptyset$ とする．$x \in O_1 \cap O_2$ について，

   $$[\exists \delta_1 > 0: \ O_1 \supset O_{\delta_1}(x) \in \mathcal{O}_x] \ \wedge \ [\exists \delta_2 > 0: \ O_2 \supset O_{\delta_2}(x) \in \mathcal{O}_x].$$

   従って，$\delta = \min\{\delta_1, \delta_2\} > 0$ とすると，$O_1 \cap O_2 \supset O_\delta(x) \in \mathcal{O}_x$ となる．よって，$O_1 \cap O_2 \in \mathcal{O}$.

3. 定義より明らか．

証明終わり

ところで，コーシー列は距離空間上でも定義される．

定義 11.11 距離空間 (S, d) 上の点列 $\{x_n\}$ は，以下の条件を満たすときコーシー列または基本列であると呼ばれる．

$$\forall \epsilon > 0, \ \exists N \in \mathbb{N} \ s.t. \ \forall n, m \geq N : \ d(x_n, x_m) < \epsilon.$$

極限の定義から，点列に極限が存在すればコーシー列の条件を満たすことがわかる．

補題 11.2 点列 $\{x_n\}_{n \in \mathbb{N}}$ は，点 $x \in S$ に収束するならば基本列である．

証明 もし S 上の点列 $\{x_n\}_{n \in \mathbb{N}}$ が点 $x \in S$ に収束するならば，

$$\forall \epsilon > 0, \ \exists N \in \mathbb{N} \ s.t. \ [\forall n, m \geq N : \ d(x_n, x) < \epsilon/2 \ \wedge \ d(x_m, x) < \epsilon/2].$$

従って，

$$d(x_n, x_m) \leq d(x_n, x) + d(x_m, x) < \epsilon.$$

証明終わり

この逆も常に成り立つとき，そのような空間を完備であると呼ぶ．

定義 11.12 任意のコーシー列 $\{x_n\}_{n \in \mathbb{N}}$ が距離空間 (S, d) 内で収束するならば，距離空間 S は完備 (complete) であるという．さらに，距離空間 (S, d) に任意のコーシー列 $\{x_n\}_{n \in \mathbb{N}}$ が収束する点を全て付け加えて完備距離空間をつくることを完備化という．

たとえば有理数体 $\mathbb{Q}$ を完備化すると実数体 $\mathbb{R}$ となる．そして，このような完備距離空間の存在を保証するという意味で，これをコーシーの公理と名づけ，実数の場合と同じ公理番号で表す．

公理 6 (コーシーの公理) 完備距離空間 S 内の任意のコーシー列 $\{x_n\}_{n \in \mathbb{N}}$ は S 内で収束する．

さらに，完備距離空間上の基本列は唯一つの点に収束する．

定理 11.2 [収束の一意性 (uniqueness of convergence)] 完備距離空間 (S, d) について，基本列 $\{x_n\}_{n \in \mathbb{N}}$ は S 上の唯一つの点に収束する．

証明 点列 $\{x_n\}_{n \in \mathbb{N}}$ が相異なる 2 点 $x, x' \in S$ に収束するとし，実数 δ を次のように定義する．
$$\delta = d(x, x').$$
コーシー列であることからある番号 $N \geq 1$ に対し
$$\forall n, m > N : d(x_n, x_m) < \delta/3.$$
また収束の定義により，
$$\exists n \geq N : \ d(x_n, x) < \delta/3 \quad \text{and} \quad \exists m \geq N : \ d(x_m, x') < \delta/3.$$
従って，
$$\delta = d(x, x') \leq d(x_n, x) + d(x_n, x_m) + d(x_m, x') < \delta.$$
これは矛盾であるので，収束点の一意性が証明された．

証明終わり

開集合とその境界の和集合は閉集合となる．より一般に集合の閉包を考える．

定義 11.13 $E(\subset S)$ の閉包 $\overline{E}$ とは E の点と E の極限点全体との和集合のことである．

閉包は閉集合になる．

問 11.3 以下を示せ．

1. E が閉集合である $\iff$ $\overline{E} = E$.

2. $p \in \overline{E} \iff p$ の任意の近傍が E の点を含む $\iff p \in E \cup \partial E$.

定義 11.14 E が S で稠密 (dense) であるとは $\overline{E} = S$ のことである．

問 11.4 以下を示せ．

$$E \text{ が } S \text{ において稠密} \iff \forall p \in S, \ \forall O_r(p): \ O_r(p) \cap E \neq \emptyset.$$

補題 11.3 $E \subset S$ とする．このとき $\overline{E}$ の直径は E の直径に等しい．すなわち

$$d(\overline{E}) = d(E).$$

証明 $E \subset \overline{E}$ ゆえ $d(E) \leq d(\overline{E})$ は明らかである．そこで $d(E) < d(\overline{E})$ を仮定して矛盾を導く．

こう仮定すると直径の定義から

$$\exists p, \ \exists q \in \overline{E} \text{ s.t. } d(E) < d(p,q).$$

従って

$$d(p,q) = d(E) + a, \quad a > 0$$

と書ける．特に p または q は E に含まれない．一般性を失うことなく

$$p \notin E$$

と仮定してよい．このとき

$$p \in \overline{E}$$

であったから p は E の極限点である．従って

$$\forall r > 0, \ \exists x_r \in E \text{ s.t. } x_r \in O_r(p).$$

つまり

$$\forall r > 0, \ \exists x_r \in E \text{ s.t. } d(x_r, p) < r.$$

ここで三角不等式

$$d(p,q) \leq d(p, x_r) + d(x_r, q)$$

より

$$d(x_r, q) \geq d(p,q) - d(p, x_r).$$

ここで
$$d(p,q) = d(E) + a, \quad d(x_r, p) < r$$
を使うと
$$d(x_r, q) \geq d(E) + a - r.$$
$r = a/2$ ととって
$$d(x_{a/2}, q) \geq d(E) + a/2 > d(E).$$
$x_{a/2} \in E$ ゆえ q も E の元ではない. 他方で $q \in \overline{E}$ であったから q は E の極限点である. ゆえに
$$\forall s > 0, \ \exists y_s \in E \text{ s.t. } y_s \in O_s(q).$$
$s = a/4$ ととると
$$d(q, y_{a/4}) < a/4$$
を得る. 三角不等式より
$$d(q, x_{a/2}) \leq d(q, y_{a/4}) + d(y_{a/4}, x_{a/2})$$
だから
$$\begin{aligned} d(y_{a/4}, x_{a/2}) &\geq d(q, x_{a/2}) - d(q, y_{a/4}) \\ &\geq d(E) + a/2 - a/4 = d(E) + a/4 > d(E). \end{aligned}$$
ところが $y_{a/4}, x_{a/2} \in E$ だったからこれは矛盾であり, 背理法により $d(E) = d(\overline{E})$ が得られた.

証明終わり

実数の場合と同様に, 距離空間上に減少閉集合列であるカントール列を考えることができる.

定義 11.15 S の集合列 $\{E_n\}_{n=1}^{\infty}$ がカントール列であるとはこれが次を満たすことである.

1. すべての $n=1,2,\cdots$ に対し E_n は閉集合でありかつ $E_n \neq \emptyset$.

2. $E_{n+1} \subset E_n$ $(n=1,2,\cdots)$.

3. $\lim_{n\to\infty} d(E_n) = 0$.

このとき，実数の完備性の条件に対応する距離空間上のカントールの公理を次のように表すことができる．

公理 8 (カントールの公理) 完備距離空間 S 上の任意のカントール列 $\{E_n\}$ が

$$\bigcap_{n=1}^{\infty} E_n \neq \emptyset$$

を満たす．

問 11.5 カントールの公理が成り立つときその集合列 $\{E_n\}_{n=1}^{\infty}$ に対しある点 $p \in S$ があって

$$\bigcap_{n=1}^{\infty} E_n = \{p\}$$

であることを示せ．

コーシーの公理とカントールの公理の同値性が以下のように示される．

定理 11.3

$$\text{コーシーの公理} \iff \text{カントールの公理}.$$

証明 $\Rightarrow$: $\{E_n\}_{n=1}^{\infty}$ をカントール列であるとする．各 E_n は空でないから $s_n \in E_n$ がとれる．$m > n$ なら $s_n, s_m \in E_n$ ゆえ $d(s_n, s_m) \leq d(E_n)$ である．しかも $d(E_n) \to 0$ (as $n \to \infty$) だから $\{s_n\}_{n=1}^{\infty}$ はコーシー列である．よって仮定のコーシーの公理から s_n は S のある点 p に収束する．すなわち

$$\lim_{n\to\infty} s_n = p.$$

$m \geq n \geq 1$ なら $s_m \in E_m \subset E_n$ だから p は E_n の集積点である．(E_n がある番号より先有限集合になる場合は集積点ではないがこの場合は自明である．）ゆえに $\overline{E_n} = E_n$ より $p \in E_n$ $(n = 1, 2, \cdots)$．すなわち

$$p \in \bigcap_{n=1}^{\infty} E_n.$$

よって

$$\bigcap_{n=1}^{\infty} E_n \neq \emptyset.$$

$\Leftarrow$: $\{s_n\}_{n=1}^{\infty}$ をコーシー列とする．すなわち

$$\forall \epsilon > 0, \exists N > 0, \forall m, n \geq N : d(s_n, s_m) < \epsilon$$

とする．いま

$$F_n = \{s_m | m \geq n\} \quad (n = 1, 2, \cdots)$$

とおくと

$$F_{n+1} \subset F_n \quad (n = 1, 2, \cdots).$$

従って

$$\overline{F_{n+1}} \subset \overline{F_n} \quad (n = 1, 2, \cdots).$$

$n \geq N$ のとき補題 11.3 より

$$d(\overline{F_n}) = d(F_n) = \sup\{d(s_p, s_q) | p, q \geq n\} \leq \epsilon.$$

これは

$$\lim_{n \to \infty} d(\overline{F_n}) = 0$$

を意味する．従って $\{\overline{F_n}\}_{n=1}^{\infty}$ はカントール列である．よって仮定のカントールの公理より

$$\exists p \in \bigcap_{n=1}^{\infty} \overline{F_n}.$$

ここで $s_n \in F_n, p \in \overline{F_n}$ ゆえ $d(s_n, p) \leq d(\overline{F_n}) \to 0$ (as $n \to \infty$)．これは

$$\lim_{n \to \infty} s_n = p$$

を示しコーシーの公理が言えた． 証明終わり

すでに述べたように一般の距離空間 S においてその完備化 (completion) が必ずできることが次の定理からわかる．この定理の証明は少々難しいがここまで学んでこられた読者ならばできるであろう．従ってその証明は問いとしておく．

定理 11.4 距離空間 S においてそのコーシー列 $\{s_n\}_{n=1}^\infty$, $\{t_n\}_{n=1}^\infty$ の間に同値関係
$$\{s_n\}_{n=1}^\infty \sim \{t_n\}_{n=1}^\infty \Leftrightarrow \lim_{n\to\infty} d(s_n, t_n) = 0$$
を導入する．この同値関係による同値類
$$[\{s_n\}_{n=1}^\infty]$$
の全体を $\overline{S}$ とおく．このとき $\overline{S}$ に距離
$$d([\{s_n\}_{n=1}^\infty], [\{t_n\}_{n=1}^\infty]) = \lim_{n\to\infty} d(s_n, t_n)$$
を導入すると $\overline{S}$ は以下の埋め込み写像により S の拡張となりかつ完全である．
$$S \ni s \mapsto [\{s\}] \in \overline{S}.$$
ただし $\{s\}$ は $s_n = s\ (n = 1, 2, \cdots)$ なる定数点列を表す．

問 11.6 定理 11.4 を示せ．

11.3　コンパクト性

　閉集合が集合の要素間の親近性という意味を持っていることから，そのような要素間の関係を閉集合族自体よりその補集合である開集合族としての位相によって表してきた．しかし，この閉集合という概念は要素間の親近性を表すという点では，まだかなりぼやけたものであろう．例えば全集合も常にその仲間に入れている．そこで，要素間の親近性をより強く規定するコンパクト (compact) という言葉を導入する．

定義 11.16 位相空間 $(X, \mathcal{O})$ において，部分集合 $K \subset X$ がコンパクト集合であるとは任意の K の開被覆 $\{U_\alpha\}_{\alpha \in A}$，つまりこの族の任意の U_α が開集合でありかつ

$$K \subset \bigcup_{\alpha \in A} U_\alpha$$

が成り立つとき，必ずこれらのうちから有限個の $\{U_{\alpha_j}\}_{j=1}^k$ を取り出してそれらが K を被覆するようにできるとき，すなわち

$$K \subset \bigcup_{j=1}^k U_{\alpha_j}$$

が成り立つときをいう．

つまりある部分集合 K がコンパクトであるとは，K が開集合の無限個の和で覆われたとしても，実際にはそのうち有限個の開集合の和のみを残しても覆われたままであるという意味である．とくに，距離空間の場合，点列の収束によってこのコンパクト性を表すことができる．これを，一般の位相空間におけるコンパクトと区別して点列コンパクト (sequentially compact) と呼ぶ．

定義 11.17 距離空間 (S, d) において，部分集合 $K \subset S$ が点列コンパクトであるとは K の任意の点列 $\{a_k\}_{k=1}^\infty$ が K の点に収束する部分列を持つことを言う．

距離空間においては，コンパクトであることと点列コンパクトであることは同じであることが後に述べる定理でわかる．さらに部分集合が次の意味で全有界かつ完備であることとも同値になる．

定義 11.18 距離空間 (S, d) において部分集合 $B \subset S$ が有界とは，ある $x \in S, r > 0$ が存在して

$$B \subset O_r(x)$$

となることである[2]．B が全有界とは，任意の $\epsilon > 0$ に対し有限個の点

---

[2] この定義は先述の定義 11.8 の有界性と同値である．

$x_1, \cdots, x_n \in S$ が存在して

$$B \subset \bigcup_{j=1}^n O_\epsilon(x_j)$$

となることである．

以上の同等性を定理にまとめると，次のようになる．

定理 11.5 距離空間 S において K を S の部分集合とする時次の 3 条件は互いに同値である．

1. K はコンパクトである．

2. K は全有界かつ完備である．

3. K は点列コンパクトである．

証明

1. K は点列コンパクトである．$\Longrightarrow$ K は全有界かつ完備である．

 まず K が点列コンパクトなら K は全有界なことを示す．全有界でないと仮定すると，ある $\eta > 0$ があって K は有限個の $O_\eta(p_i)$ で被覆できない．任意の $q_1 \in K$ を取り，固定する．いまある整数 $n \geq 2$ まで点 $q_1, \cdots, q_{n-1} \in K$ がとれていて，$1 \leq i, j \leq n-1$, $i \neq j$ で $d(q_i, q_j) \geq \eta$ となっているとする．K は $\bigcup_{i=1}^{n-1} O_\eta(q_i)$ では覆われない．従って，ある点 $q_n \in K$ があって $q_n \in K - \bigcup_{i=1}^{n-1} O_\eta(q_i)$ となる．ゆえに，この q_n は $1 \leq i \leq n-1$ に対し $d(q_i, q_n) \geq \eta$ を満たしている．従って，帰納的に点列 $\{q_i\}_{i=1}^\infty$ がとれて，任意の $i, j \geq 1$, $i \neq j$ に対し $d(q_i, q_j) \geq \eta$ となる．この点列 $\{q_i\}$ は従ってそのいかなる部分列も収束しない．これは K が点列コンパクトであることに反し，矛盾である．従って，K は全有界である．

 次に K が完備であることを示す．$\{a_k\}_{k=1}^\infty$ が K のコーシー列であるとする．仮定の K の点列コンパクト性により，$\{a_k\}_{k=1}^\infty$ のある部分列 $\{a_{k_j}\}_{j=1}^\infty$ が K のある点 a に収束する．ところが元の点列 $\{a_k\}_{k=1}^\infty$

はコーシー列であったから,その部分列が a に収束すれば元の点列 $\{a_k\}_{k=1}^{\infty}$ も $a \in K$ に収束し,K は完備であることがわかる.

2. K は全有界かつ完備である. $\implies$ K はコンパクトである.

K がコンパクトを示すには,K の任意の開被覆が有限部分被覆を持つことを言えばよい.背理法によって証明する.そのため,ある開被覆 $\{U_\alpha\}_{\alpha \in A}$ でそのいかなる有限部分も K の被覆とならないものがあると仮定する.

いま $B_0 = S$ とすると,今の仮定から $B_0 \cap K = K$ は $\{U_\alpha\}$ の有限部分による被覆を持たない.いま $n \geq 1$ を整数とし,$n-1$ までこのような集合 $B_{n-1} = \overline{O_{1/2^{n-1}}(p_{n-1})}$ $(p_{n-1} \in K)$ で $B_{n-1} \cap B_{n-2} \neq \emptyset$ なるものを構成できたとする.ただし,B_0 は S とする.すなわち,B_{n-1} は $B_{n-1} \cap K$ が $\{U_\alpha\}$ の有限部分による被覆を持たないものとする.K は全有界なので有限個の $K_j = \overline{O_{1/2^n}(q_j)}$ $(q_j \in K, j = 1, \cdots, J)$ により被覆される.もしすべての K_j $(j = 1, \cdots, J)$ に対し $K_j \cap K$ が $\{U_\alpha\}$ の有限部分で被覆されれば,$B_{n-1} \cap K$ も $\{U_\alpha\}$ の有限部分による被覆を持ち仮定に反するから,K_{j_0} $(1 \leq j_0 \leq J)$ で B_{n-1} と共通部分を持つもののうちのいずれかは $K_{j_0} \cap K$ が $\{U_\alpha\}$ の有限部分で被覆されない.従って,この $K_{j_0} = \overline{O_{1/2^n}(p_n)}$ $(p_n := q_{j_0})$ を B_n と定義すると,$B_n \cap K$ は $\{U_\alpha\}$ の有限部分による被覆を持たない.しかも $B_n \cap B_{n-1} \neq \emptyset$ を満たす.以上より,帰納的に集合列 B_n $(n = 0, 1, 2, \cdots)$ で $B_n \cap K$ が $\{U_\alpha\}$ のいかなる有限部分による被覆を持たずかつ $B_n \cap B_{n-1} \neq \emptyset$,$B_n = \overline{O_{1/2^n}(p_n)}$ $(n \geq 1)$ を満たすものを構成できた.従って,$n = 2, 3, \cdots$ に対して

$$d(p_n, p_{n-1}) \leq \frac{1}{2^{n-1}} + \frac{1}{2^n} \leq \frac{1}{2^{n-2}}.$$

ゆえに $N = 2, 3, \cdots$ に対し $m > n \geq N$ とすると,

$$\begin{aligned} d(p_n, p_m) &\leq d(p_n, p_{n+1}) + \cdots + d(p_{m-1}, p_m) \\ &\leq \frac{1}{2^{n-1}} + \cdots + \frac{1}{2^{m-2}} \leq \frac{1}{2^{N-2}}. \end{aligned}$$

従って、$\{p_n\}_{n=1}^\infty$ は K のコーシー列をなし、仮定 2 の K の完備性からこれはある点 $p \in K$ に収束する。いま $\{U_\alpha\}_{\alpha \in A}$ が K の開被覆なので、ある α_0 に対し $p \in U_{\alpha_0}$ である。U_{α_0} は開集合なので、ある $\epsilon > 0$ に対し $O_\epsilon(p) \subset U_{\alpha_0}$ である。$p_n \to p$ (as $n \to \infty$) なので、ある番号 N に対し $d(p_N, p) < \epsilon/2$ かつ $1/2^N < \epsilon/2$. ゆえに、

$$B_N = \overline{O_{1/2^N}(p_N)} \subset O_\epsilon(p) \subset U_{\alpha_0}.$$

これは上の「$B_N \cap K$ は有限個の U_α によっては被覆されない」という仮定に反する。よって矛盾が導かれ、K のコンパクト性が示された。

3. K はコンパクトである。 $\Longrightarrow$ K は点列コンパクトである。

K が点列コンパクトでないとすると、K のある点列 $\{a_k\}_{k=1}^\infty$ があって、そのいかなる部分列もいずれの K の点にも収束しない。従って、各点 $p \in K$ に対しある正数 $\epsilon(p) > 0$ があって、$O_{\epsilon(p)}(p)$ には $\{a_k\}_{k=1}^\infty$ の点は有限個しか存在しない。開集合の族 $\{O_{\epsilon(p)}(p)\}_{p \in K}$ は K の開被覆だから、K はそのうちの有限個の $\{O_{\epsilon(p_j)}(p_j)\}_{j=1}^J$ ($1 \leq J < \infty$) で被覆される。これらの有限個の各開集合 $O_{\epsilon(p_j)}(p_j)$ には、$\{a_k\}_{k=1}^\infty$ のうちの有限個の点 $\{a_{k_{j\ell(j)}}\}_{\ell(j)=1}^{L(j)}$ ($1 \leq L(j) < \infty$) しか含まれない。ところが、それら有限個の点の有限和 $\bigcup_{j=1}^J \{a_{k_{j\ell(j)}}\}$ は $\{a_k\}_{k=1}^\infty$ に等しい。従って、$\{a_k\}_{k=1}^\infty$ は有限個の相異なる点からなる点列であり、従って収束する。これは最初の仮定に矛盾する。従って、背理法により K が点列コンパクトであることが言えた。

証明終わり

一般の距離空間 S において次が成り立つ[3].

定理 11.6 距離空間 S において次の三条件は互いに同値である。

---

[3] これらは有限次元空間 $\mathbb{R}$ または $\mathbb{R}^d$ では成り立ち公理として採用されたが一般の距離空間は無限次元であり得るため成り立つとは限らない。この定理の意味はこれらの条件は互いに同値と言うことだけである。条件 3 は $\mathbb{R}$ においては先述の 8 個の完備性の条件と同値であり 9 番目の $\mathbb{R}$ の完備性の条件を与える。

1. ボルツァーノ-ワイエルシュトラスの条件:
   S の有界な無限部分集合 K は S 内に集積点を持つ.

2. 有界点列の収束性の条件:
   S の有界な点列は収束する部分列を持つ.

3. S の有界閉集合 K はコンパクトである.

問 11.7 定理 11.6 を示せ.

問 11.8 コンパクト集合 K の任意の閉部分集合 B はコンパクトであることを示せ.

問 11.9 K を $\mathbb{R}^d$ の部分集合とする. 次を示せ.

K は $\mathbb{R}^d$ のコンパクト集合である $\iff$ K は $\mathbb{R}^d$ の有界閉集合である.

これをハイネ-ボレル (Heine-Borel) の定理と呼ぶ.

第III部

解析学入門

第四編

門人筆錄

第12章　連続写像

位相空間および距離空間には，互いに近い2つの元を他の互いに近い2つの元にそれぞれ写すような写像として連続写像が定義される．連続写像は連結な領域をこれもまた連結な領域に写す．これにより，実数体から実数体への連続写像について解析学において極めて重要な中間値の定理が導かれる．また，連続写像の特別な場合として縮小写像があるが，この縮小写像がもつ重要な性質である不動点定理についても述べる．

12.1　連続性

距離空間において，連続写像は無限に互いに近い2点は無限に互いに近い2点へと写す写像である．これを定義するにあたり，距離空間の間における写像について極限操作を拡張する．

定義 12.1 距離空間 (S_1, d_1) から距離空間 (S_2, d_2) への写像 $f : S_1 \longrightarrow S_2$ について，

$$\lim_{x \to p} f(x) = y \Leftrightarrow \lim_{n \to \infty} f(x_n) = y \text{ for } \forall \{x_n\}_{n \in \mathbb{N}} \subset \mathbb{R} \text{ s.t. } \lim_{n \to \infty} x_n = p.$$

と定義する．

すると，ある点で写像 f が連続であるとは次のように表すことができる．

定義 12.2 以下の条件が成り立つ場合かつその場合に限って，写像 $f : S_1 \longrightarrow S_2$ は点 $p \in S_1$ で連続であるという．

$$\lim_{x \to p} f(x) = f(p).$$

また，写像 $f: S_1 \longrightarrow S_2$ が S_1 上連続とは f が S_1 の任意の点で連続であることである．

この連続性の定義は，次のような ϵ-δ 論法によって簡潔に表すことができる．この事実をカントール-ハイネ (Cantor-Heine) の定理と呼ぶ．

定理 12.1 距離空間 (S_1, d_1) から距離空間 (S_2, d_2) への写像 $f: S_1 \longrightarrow S_2$ について，$\lim_{x \to p} f(x) = f(p)$ は以下の条件と同値である．

$$\forall \epsilon > 0, \ \exists \delta > 0 \ [d_1(x, p) < \delta \Rightarrow d_2(f(x), f(p)) < \epsilon].$$

このとき，$\epsilon = \epsilon(p)$ 及び $\delta = \delta(\epsilon, p)$ は点 $p \in S_1$ に依る．

証明 条件の十分性：次を仮定する．

$$\forall p \in S_1, \ \forall \epsilon > 0, \ \exists \delta > 0: \ d_1(x, p) < \delta \Rightarrow d_2(f(x), f(p)) < \epsilon. \quad (12.1)$$

もし，$\{x_n\}_{n \in \mathbb{N}} \subset S_1$ が $\lim_{n \to \infty} x_n = p$ を満たす点列ならば，

$$\forall \delta > 0, \ \exists N (\in \mathbb{N}) > 0, \ \forall n \geq N: \ d_1(x_n, p) < \delta.$$

関係 (12.1) より，任意の $\epsilon > 0$ について上の δ を適当に選ぶことができるからあわせて

$$\forall \epsilon > 0, \ \exists \delta > 0, \ \exists N (\in \mathbb{N}) > 0, \ \forall n \geq N: d_2(f(x_n), f(p)) < \epsilon$$

が得られる．これは，$\lim_{n \to \infty} f(x_n) = f(p)$ に同値だから，定義より $\lim_{x \to p} f(x) = f(p)$ が成り立つ．

必要性：ここでは対偶を考え，関係 (12.1) がある点 $p \in S$ で成立しないと仮定する．

$$\exists \epsilon > 0, \ \forall \delta > 0, \ \exists x \in S_1 \ \text{s.t.} \ d_1(x, p) < \delta \ \wedge \ d_2(f(x), f(p)) \geq \epsilon.$$

もし，$\{x_n\}_{n \in \mathbb{N}} \subset S_1$ が $\lim_{n \to \infty} x_n = p$ を満たす点列ならば，

$$\forall \delta > 0, \ \exists N \in \mathbb{N}, \ \forall n > N: \ d_1(x_n, p) < \delta,$$

しかし，この点列に対し $d_2(f(x_n), f(p)) \geq \epsilon$ となる $\epsilon > 0$ が存在するから，$\lim_{x \to p} f(x) \neq f(p)$ となる．

証明終わり

とくに，実数体上での連続な関数どうしの各点での和や積によってつくられる関数も連続である．

例 12.1 S を距離空間，$f, g : S \longrightarrow \mathbb{R}$ を連続写像とする．このとき各 $x \in S$ に対し以下で定義される関数 $f + g$, $f \cdot g$, $\max\{f, g\}$, $\min\{f, g\}$ は S から $\mathbb{R}$ への連続関数である．

$$(f + g)(x) = f(x) + g(x), \quad (f \cdot g)(x) = f(x)g(x),$$
$$\max\{f, g\}(x) = \max\{f(x), g(x)\}, \quad \min\{f, g\}(x) = \min\{f(x), g(x)\}.$$

また $g(x) \neq 0 \ (\forall x \in S)$ のとき

$$(f/g)(x) = f(x)/g(x) \quad (x \in S)$$

で定義される関数も $S \longrightarrow \mathbb{R}$ なる連続関数である．

命題 12.1 S_1, S_2, S_3 を距離空間，$f : S_1 \longrightarrow S_2$, $g : S_2 \longrightarrow S_3$ を写像とし f は点 $a \in S_1$ で連続，g は点 $f(a) \in S_2$ で連続とするとき合成写像 $g \circ f : S_1 \longrightarrow S_3$ は点 a で連続である．

問 12.1 命題 12.1 を示せ．

カントール-ハイネの定理の条件を開球を用いて表すと，

$$\forall \epsilon > 0, \ \exists \delta > 0, \ \forall x \in O_\delta(x) : \ f(x) \in O_\epsilon(f(p)).$$

ただし，$O_\delta(p)$, $O_\epsilon(f(p))$ はそれぞれ距離空間 S_1, S_2 における点 p, $f(p)$ を中心とする半径 δ, ϵ の球を表す．この直接の結論として，次の命題が得られる．

命題 12.2 距離空間 S_1 から S_2 への写像 f が点 $a \in S_1$ で連続であることは次と同値である．

$f(a)$ の任意の近傍 $U \subset S_2$ に対し点 a のある近傍 $V \subset S_1$ があって

$$f(V) \subset U$$

が成り立つ．

問 12.2 命題 12.2 を示せ.

したがって，写像の連続性は開集合に写される集合が開集合であることにより定義することができ，距離空間のみならず一般の位相空間にまで連続写像の概念を拡張できることがわかる.

定理 12.2 距離空間 S_1 から S_2 への写像 f が連続であることは次と同値である.

任意の S_2 の開集合 U に対しその逆像

$$f^{-1}(U) := \{x \in S_1 \mid f(x) \in U\}$$

が S_1 の開集合である.

証明 必要性: $f : S_1 \longrightarrow S_2$ が連続とする. 任意の $a \in f^{-1}(U)$ を取ると逆像の定義から $f(a) \in U$. U は開集合なので, U 自身が $f(a)$ の近傍であるから f の点 a での連続性からある a の開近傍 $V_a \subset S_1$ が存在して

$$f(V_a) \subset U$$

が成り立つ. そこで

$$V = \bigcup_{a \in f^{-1}(U)} V_a$$

とおくと，これは S_1 の開集合である. このとき $x \in f^{-1}(U)$ であれば, $x \in V_x \subset V$ ゆえ $f^{-1}(U) \subset V$. 逆に $x \in V$ なら, ある $a \in f^{-1}(U)$ に対し $x \in V_a$. 従って, $f(x) \in f(V_a) \subset U$. よって, $x \in f^{-1}(U)$. 従って

$$f^{-1}(U) = V$$

となり $f^{-1}(U)$ は S_1 の開集合である.

十分性: 逆に任意の S_2 の開集合 U' に対し

$$f^{-1}(U')$$

が S_1 のある開集合となったとする. このとき任意の $a \in S_1$ で f が連続であることを言えばよい. そのためには, U を $f(a)$ の S_2 における開近傍として, a の S_1 におけるある開近傍 V に対し

$$f(V) \subset U$$

を示せばよい．このとき，U は S_2 の開集合だから，仮定により $V := f^{-1}(U)$ は S_1 の開集合である．しかも $f(a) \in U$ より $a \in V$．従って，V は a の S_1 における開近傍である．さらに V の定義より，$f(V) = f(f^{-1}(U))$．よって

$$f(V) = f(f^{-1}(U)) = \{f(x) \mid x \in f^{-1}(U)\} = \{f(x) \mid f(x) \in U\} \subset U.$$

ゆえに a の開近傍 V で $f(V) \subset U$ なるものがとれて，十分性がいえた．

証明終わり

ここで逆写像の像を考えていることは，必ずしも考えている写像が 1 対 1 でないことによる．たとえば $S_1 = \mathbb{R}$ と $S_2 = \mathbb{R}$ として連続関数 f を $f(x) = x^2$ としてみる．このグラフ $y = x^2$ を考えると，開区間 $(1, 4) \subset S_2$ に写されるものは開区間 $(-2, -1) \cup (1, 2) \subset S_2$ になるが，開区間 $(-1, 1) \subset S_1$ は半開区間 $[0, 1) \subset S_2$ に写され，これは開集合ではない．また，明らかに開集合のかわりに閉集合を用いても，連続性を同様にあらわすことができる．

定理 12.3 距離空間 S_1 から S_2 への写像 f が連続であることは次と同値である．

任意の S_2 の閉集合 C に対しその逆像

$$f^{-1}(C) := \{x \in S_1 \mid f(x) \in C\}$$

が S_1 の閉集合である．

証明 任意の集合 $A \subset S_2$ について，

$$f^{-1}(S_2 - A) = S_1 - f^{-1}(A)$$

が成り立つから，前定理との同値性は示された．

証明終わり

すなわち，位相空間における連続写像では，S_2 上のひとつの閉集合で定められる親近性をもつ 2 点は，S_1 上のある閉集合で定められる親近性をもつ 2 点から写されたものである．とくに f も f^{-1} も連続であるとき f は同相写像である (定義 11.4 参照)．

さらに，連続写像はコンパクト集合をコンパクト集合に写す．

定理 12.4 K を距離空間 S_1 のコンパクト集合で $f: K \longrightarrow S_2$ を K から距離空間 S_2 への連続写像とする．このときその像 $f(K)$ も S_2 でコンパクト集合をなす．

証明 $\{V_\lambda\}_{\lambda \in \Lambda}$ を $f(K)$ の開被覆とし，そのうちの有限個で $f(K)$ が被覆されることを言えばよい．f は連続なので，定理 12.2 より $f^{-1}(V_\lambda)$ は K の開集合である．(注： K は S_1 の部分集合として，自然な距離が入った距離空間と考えている．) $\{V_\lambda\}_{\lambda \in \Lambda}$ は $f(K)$ の開被覆ゆえ，$\{f^{-1}(V_\lambda)\}_{\lambda \in \Lambda}$ は K の開被覆である．従って K のコンパクト性から，そのうちの有限族 $\{f^{-1}(V_{\lambda_j})\}_{j=1}^J$ で K は被覆され

$$K \subset \bigcup_{j=1}^J f^{-1}(V_{\lambda_j})$$

が成り立つ．ゆえに，

$$f(K) \subset f\left(\bigcup_{j=1}^J f^{-1}(V_{\lambda_j})\right) \subset \bigcup_{j=1}^J f\left(f^{-1}(V_{\lambda_j})\right) \subset \bigcup_{j=1}^J V_{\lambda_j}.$$

すなわち，$f(K)$ は $\{V_\lambda\}_{\lambda \in \Lambda}$ のうちの有限個で被覆される．

証明終わり

先の簡単な例 $f(x) = x^2$ の場合に，任意の有界な閉区間が有界な閉区間に写されることを確認しておくと良い．一般に，実数に値をもつ連続関数については，上の定理は次のように表すことができる．

定理 12.5 K を距離空間 S のコンパクト集合で $f: K \longrightarrow \mathbb{R}$ を K から実数全体 $\mathbb{R}$ への連続写像とする．このとき f は K 上最大値と最小値を取る．

証明 前定理 12.4 より $f(K)$ は $\mathbb{R}$ のコンパクト集合であるから $\mathbb{R}$ の有界閉集合である．従って $f(K)$ の上限 $\sup f(K)$ と下限 $\inf f(K)$ が存在しそれぞれ $f(K)$ の元である．従ってある $k_{\min}, k_{\max} \in K$ に対し

$$\sup f(K) = f(k_{\max}), \quad \inf f(K) = f(k_{\min})$$

が成り立ち証明が終わる．

証明終わり

12.1. 連続性

連続写像より制限の強い概念として次のようなコンパクト写像の概念がある．

定義 12.3 S_1, S_2 を距離空間とする．S_1 から S_2 への写像 f による S_1 の任意の有界集合 B の像 $f(B)$ の閉包 $\overline{f(B)}$ がコンパクト集合のとき f をコンパクト写像という．すなわち f は S_1 の任意の有界列 $\{x_n\}_{n=1}^{\infty}$ に対し $\{f(x_n)\}_{n=1}^{\infty} \subset S_2$ が収束する部分列を持つ時コンパクト写像という．

例 12.2 n, m を正の整数とする時 $\mathbb{R}^n$ から $\mathbb{R}^m$ への連続写像 f はすべてコンパクト写像である．しかし無限次元空間のあいだの連続写像はコンパクトになるとは限らない．

ところで，距離空間では通常より強い意味での連続性を表す一様連続性を定義することができる．

定義 12.4 写像 $f : S_1 \longrightarrow S_2$ が S_1 上一様連続とは

$$\forall \epsilon > 0, \exists \delta > 0, \forall x, y \in S_1 \ [\ d_1(x,y) < \delta \Longrightarrow d_2(f(x), f(y)) < \epsilon \ ]$$

が成り立つことを言う．

連続性の定義において ϵ と δ は位置 $x, y \in S_1$ に依存してとることが許されていた．しかし，一様連続性においてはこれら ϵ と δ は位置 $x, y \in S_1$ とは関係ない値をとる．すなわち，一様とは，連続の性質が場所によらない均一性を意味している．

例 12.3

1. 距離関数 $d(\cdot, \cdot)$ の入った距離空間 S において $a \in S$ を固定するとき $x \in S$ の $\mathbb{R}$-値関数
$$f(x) = d(x, a)$$
は S 上一様連続である．

2. $\mathbb{R} - \{0\}$ 上の $\mathbb{R}$-値関数 $f(x) = \sin \dfrac{1}{x}$ は $x = 0$ まで連続に拡張できない．

3. $\mathbb{R}^2$ 上の $\mathbb{R}$-値関数

$$f(x,y) = \begin{cases} \dfrac{x^2 y}{x^4 + y^2} & (x,y) \neq (0,0) \\ 0 & (x,y) = (0,0) \end{cases}$$

は $(x,y) = (0,0)$ で連続でない.

コンパクト集合上では，一様連続性は連続性に等しい.

定理 12.6 K を距離空間 S_1 のコンパクト集合で $f: K \longrightarrow S_2$ を K から距離空間 S_2 への写像とする．このとき f が連続写像であることと f が一様連続写像であることは同値である．

証明 一様連続なら連続であることは定義から自明である．いま $f: K \longrightarrow S_2$ が連続として一様連続であることを示す．連続性から

$$\forall a \in K, \forall \epsilon > 0, \exists \delta(a) > 0, \forall y \in K :$$
$$[d_1(a,y) < \delta(a) \Longrightarrow d_2(f(a), f(y)) < \epsilon/2]$$

が成り立つ．いま $\mu(a) = \frac{1}{2}\delta(a) > 0$ とおくと

$$\{O_{\mu(a)}(a)\}_{a \in K}$$

は K の開被覆であるからそのうちのある有限族

$$\{O_{\mu(a_j)}(a_j)\}_{j=1}^{J}$$

によって K は被覆される．すなわち

$$K \subset \bigcup_{j=1}^{J} O_{\mu(a_j)}(a_j)$$

となる．そこで $\mu = \min\{\mu(a_1), \cdots, \mu(a_J)\} > 0$ とおく．このとき $x, y \in K$, $d_1(x,y) < \mu$ とするとある番号 j $(1 \leq j \leq J)$ に対し $x \in O_{\mu(a_j)}(a_j)$ である．この j に対し

$$d_1(y, a_j) \leq d_1(y,x) + d_1(x, a_j) < \mu + \mu(a_j) \leq 2\mu(a_j) = \delta(a_j)$$

であるから
$$d_2(f(y), f(a_j)) < \epsilon/2$$
である．また $x \in O_{\mu(a_j)}(a_j)$ より
$$d_1(x, a_j) < \mu(a_j) < \delta(a_j)$$
であるから
$$d_2(f(x), f(a_j)) < \epsilon/2$$
となる．これら二つの評価より
$$d_2(f(x), f(y)) < \epsilon$$
が得られる．まとめると
$$\forall \epsilon > 0, \forall x, y \in K, \quad [\, d_1(x, y) < \mu \Longrightarrow d_2(f(x), f(y)) < \epsilon \,].$$
すなわち f は K 上一様連続である．

証明終わり

つまり，一様連続性が単なる連続性と異なるのはコンパクトでない集合からの写像についてのみである．また，一様連続の特別な条件例として，次のリプシッツ条件 (Lipschitz condition) がある．

定義 12.5 距離空間 (S, d) 及び (S', d') について次の条件が成り立つとき，写像 $f : S \to S'$ はリプシッツ連続であるという．

$$\exists L > 0, \quad \forall x, y \in S, \quad d'(f(x), f(y)) \leq L d(x, y).$$

この一般化として，次のヘルダー条件 (Hölder condition) と呼ばれるものもある．

定義 12.6 距離空間 (S, d) 及び (S', d') について $\alpha \in [0, 1)$ に対して次の条件が成り立つとき，写像 $f : S \to S'$ は α-ヘルダー連続であるという．

$$\exists L > 0, \quad \forall x, y \in S, \quad d'(f(x), f(y)) \leq L d(x, y)^\alpha.$$

12.2　中間値の定理

実数に値をもつ連続関数の重要な性質として中間値の定理がある．この定理は連結な実数の区間からの連続写像がもつ性質である．ここで，位相空間において連結および不連結を次のように定義する．

定義 12.7　位相空間 S の集合 E が不連結 (disconnected) であるとは S のある開集合 G_1, G_2 があって次を満たすことである．

1. $G_1 \cap E \neq \emptyset, G_2 \cap E \neq \emptyset$,
2. $(G_1 \cap E) \cap (G_2 \cap E) = \emptyset$,
3. $E = (G_1 \cap E) \cup (G_2 \cap E)$.

E が連結 (connected) であるとは E が不連結でないことである．

すなわち，位相空間 $(S, \mathcal{O})$ の部分集合 A が連結であることは，

$$\forall O_1, O_2 \in \mathcal{O} - \{\emptyset\} [A \subset O_1 \cup O_2 \wedge A \cap O_1 \neq \emptyset \wedge A \cap O_2 \neq \emptyset \Longrightarrow O_1 \cap O_2 \neq \emptyset]$$

と表せる．そして，連続写像はこのような連結な部分集合をやはり連結な部分集合に写す．

定理 12.7　S_1, S_2 を位相空間，E を S_1 の連結な部分集合，$f : E \longrightarrow S_2$ を連続写像とする．このとき像 $f(E)$ は S_2 で連結である．

証明　$f(E)$ が連結でないとして矛盾を導く．連結でないなら，S_2 のある開集合 G_1, G_2 に対し次が成り立つ．

1. $G_1 \cap f(E) \neq \emptyset, G_2 \cap f(E) \neq \emptyset$,
2. $(G_1 \cap f(E)) \cap (G_2 \cap f(E)) = \emptyset$,
3. $f(E) = (G_1 \cap f(E)) \cup (G_2 \cap f(E))$.

f は連続で G_1, G_2 は S_2 の開集合だから，$f^{-1}(G_1), f^{-1}(G_2)$ は E の開集合である．すなわち，S_1 のある開集合 V_1, V_2 があり

$$f^{-1}(G_j) = V_j \cap E \quad (j = 1, 2)$$

が成り立つ. この S_1 の開集合 V_1, V_2 は E に対し上の3条件に対応する条件を満たす. 実際, もし $V_1 \cap E = \emptyset$ とすると, $f^{-1}(G_1) = V_1 \cap E = \emptyset$. 従って, $f(x) \in G_1$ となる $x \in E$ は存在しない. つまり, $f(E) \cap G_1 = \emptyset$ となり1に矛盾するから, $V_1 \cap E \neq \emptyset$ となり, 1に対応する V_j に関する性質がいえる.

また, $f((V_1 \cap E) \cap (V_2 \cap E)) \subset f(V_1 \cap E) \cap f(V_2 \cap E) \subset (G_1 \cap f(E)) \cap (G_2 \cap f(E)) = \emptyset$ だから, 2に対応する性質: $(V_1 \cap E) \cap (V_2 \cap E) = \emptyset$ がいえる. さらに, $f^{-1}(f(E)) = \{x \mid x \in E, f(x) \in f(E)\} = \{x \mid x \in E\} = E$ ゆえ上の3より,

$$E = f^{-1}(f(E)) = f^{-1}((G_1 \cap f(E)) \cup (G_2 \cap f(E)))$$
$$= \{x \mid x \in E, (f(x) \in G_1 \cap f(E)) \vee (f(x) \in G_2 \cap f(E))\}.$$

ここで $x \in E$ のとき,

$$f(x) \in G_1 \cap f(E) \iff f(x) \in G_1 \iff x \in f^{-1}(G_1) \cap E = V_1 \cap E.$$

よって,

$$E = (V_1 \cap E) \cup (V_2 \cap E).$$

以上より E が不連結であることがいえ, 仮定に矛盾するから, $f(E)$ は連結でなければならない.

証明終わり

とくに実数体 $\mathbb{R}$ の部分集合 E が連結であるとすると, 次の補題が成り立つ.

補題 12.1 実数 $x, y \in \mathbb{R}$ が $x < y$ を満たし $E \subset \mathbb{R}$ が $x, y \in E$ を満たす連結集合であれば $[x, y] \subset E$ である.

証明 もしある $z \in [x, y]$ が E に属さないとすると, $x, y \in E$ ゆえ $z \neq x, y$. よって $z \in (x, y)$ である. いま $G_1 = (-\infty, z), G_2 = (z, \infty)$ とおくと, $z \notin E$ ゆえ $G_1 \cap E \neq \emptyset, G_2 \cap E \neq \emptyset, (G_1 \cap E) \cup (G_2 \cap E) = E$ かつ $(G_1 \cap E) \cap (G_2 \cap E) = \emptyset$ が成り立つ. 従って, E は不連結であり, 仮定に反する. ゆえに, $[x, y] \subset E$ でなければならない. 証明終わり

この補題より，連結集合 E は単調に増大する閉区間の和集合として書ける．したがって E 自体が区間である．すなわち，$\mathbb{R}$ 上の連結な部分集合は区間である．

定理 12.8 $\mathbb{R}$ の区間 $[a,b], (a,b), (a,b], [a,b)$(有界，非有界を問わない．また一点よりなる区間も含む) は連結である．これらのほかに $\mathbb{R}$ の連結集合はない．

証明 任意の区間は単調増大する閉区間の和集合として書ける．したがって一般性を失うことなく有界閉区間 $I = [a,b]$ を考えれば十分である．この区間 $[a,b]$ が連結でないとすると $\mathbb{R}$ のある開集合 G_1, G_2 が存在して次を満たす．

1. $G_1 \cap I \neq \emptyset, G_2 \cap I \neq \emptyset$,

2. $(G_1 \cap I) \cap (G_2 \cap I) = \emptyset$,

3. $I = (G_1 \cap I) \cup (G_2 \cap I)$.

3 より $b \in G_1$ または $b \in G_2$ で，2 よりこれらのうちの一方しか成り立たない．$b \in G_2$ と仮定してよい．いま $G_1 \cap I$ は有界であることと I が閉集合であることより，$c = \sup(G_1 \cap I)$ が存在して I に属する．$c \neq b$ である．実際 $c = b$ と仮定すると $c = b \in G_2$ であり，G_2 は開集合だから，$c = b$ のある近傍 $(b-\delta, b+\delta)$ $(\delta > 0)$ が G_2 に含まれる．すると仮定 2 より，$(b-\delta, b+\delta) \cap I = (b-\delta, b] \subset G_2 \cap I$ は $G_1 \cap I$ とは共通部分を持たない．$b-\delta < b$ だから，これは $b = c = \sup(G_1 \cap I)$ に矛盾する．よって，$c < b$ がいえた．また，$c = a$ とすると $a = c = \sup(G_1 \cap I)$ ゆえ $x \in G_1 \cap I$ ならば $x \leq c = a$ を満たすが，$x \in I = [a,b]$ であるから $x = a$ でなければならない．したがって，$G_1 \cap I \subset \{x\} = \{a\}$ となるが，仮定 1 より $G_1 \cap I \neq \emptyset$ だから，$G_1 \cap I = \{x\} = \{a\}$．ゆえに，$a = c = \sup(G_1 \cap I)$ が G_1 の内点となり，矛盾である．従って，$a < c < b$ である．この点 c が G_1 に属するとすると G_1 は開集合であるから，c のある近傍 $(c-\epsilon, c+\epsilon)$ $(\epsilon > 0)$ が $G_1 \cap I$ に含まれる．すると $G_1 \cap I$ には $c = \sup(G_1 \cap I)$ より大きい数が含まれることになり，矛盾する．従って，点 c は $G_2 \cap I$ に属する．G_2 は開集合だから，c のある近傍 $(c-\eta, c+\eta)$ $(\min\{c-a, b-c\} > \eta > 0)$ に対

し $(c-\eta, c+\eta) \cap I = (c-\eta, c+\eta)$ が $G_2 \cap I$ に含まれ, $G_1 \cap I$ と共通部分を持たないが, $c-\eta < c = \sup(G_1 \cap I)$ だからこれは矛盾である. いずれにしても矛盾だから, 前提の「区間 $[a,b]$ が連結でない」が誤りであり前半の証明が終わる.

$\mathbb{R}$ の部分集合 E が連結であれば区間であることはこの定理の直前に述べたとおりである.

証明終わり

以上の準備の上で, 中間値の定理を述べる.

定理 12.9 $[a,b]$ を $\mathbb{R}$ の区間, $f : [a,b] \longrightarrow \mathbb{R}$ を連続関数で $f(a) < f(b)$ を満たすものとすると任意の $\alpha \in (f(a), f(b))$ に対しある $\xi \in (a,b)$ が存在して $f(\xi) = \alpha$ を満たす.

証明 定理 12.7, 12.8 より $[a,b]$ の f による像 $f([a,b])$ は連結である. そして $f(a), f(b) \in f([a,b])$ である. この $f(a), f(b)$ に補題 12.1 を適用すれば

$$[f(a), f(b)] \subset f([a,b])$$

が得られる. ゆえに任意の $\alpha \in (f(a), f(b))$ に対しある $\xi \in [a,b]$ で $f(\xi) = \alpha$ となるものがある. いま $\xi = a$ と仮定すると $\alpha = f(\xi) = f(a)$ となり $\alpha \in (f(a), f(b))$ に反するから $\xi \neq a$. 同様に $\xi \neq b$. よって $\xi \in (a,b)$ で $f(\xi) = \alpha$ なるものの存在がいえた.

証明終わり

問 12.3 平面上に点 A と点 B を結ぶ 2 本の曲線 l_1, l_2 がある. ただし, 一方の曲線上の任意の点からの他方の曲線の距離は $2r(>0)$ より小さいとする. ここで, 常に曲線 l_1 上に中心をもつ半径 r の円 C_1 を点 A から移動させる一方で, 常に曲線 l_2 上に中心をもつ半径 r の円 C_2 を点 B から移動させる. このとき, 円 C_1 と円 C_2 が途中で交わることなくそれぞれ点 B および点 A に到達させることはできないことを示せ.

また, この中間値の定理をやや一般化したものとして次のような定理が知られる.

定理 12.10 I を $\mathbb{R}$ の区間, $f: I \longrightarrow \mathbb{R}$ を連続関数とするときその像 $f(I)$ は $\mathbb{R}$ の区間である．

証明 I が有界閉区間のとき，I は $\mathbb{R}$ のコンパクト集合である．よって f は I 上最小値 $\alpha = f(a)$, 最大値 $\beta = f(b)$ をある $a, b \in I$ に対し取る．中間値の定理 12.9 より任意の $\gamma \in (\alpha, \beta)$ に対しある $\xi \in I^\circ$ で $f(\xi) = \gamma$ となる．ゆえに $f(I) = [\alpha, \beta]$ である．

I が一般の区間であれば I はある有界閉区間の単調増加列 $\{I_k\}$ により

$$I = \bigcup_{k=1}^{\infty} I_k$$

と書ける．ゆえに

$$f(I) = \bigcup_{k=1}^{\infty} f(I_k)$$

となり上述のことから各 $f(I_k)$ は有界閉区間でこれは単調増加列だからその和の $f(I)$ は区間である．

証明終わり

12.3 べき関数と指数関数

この節では具体的な連続関数の例として，べき関数と指数関数およびそれらの逆関数を定義する．これらの関数は，以降で見るようにつぎのような単調増加という性質をもつ．

定義 12.8 $G \subset \mathbb{R}, f: G \longrightarrow \mathbb{R}$ を写像とする．f が単調増大（単調減少）であるとは

$$x < y, \quad x, y \in G \Longrightarrow f(x) < f(y) \quad (f(x) > f(y))$$

が成り立つことである．

このような関数については単調で連続な逆関数が存在する．

定理 12.11 I を $\mathbb{R}$ の区間，$f : I \longrightarrow \mathbb{R}$ を単調増大で連続な関数とする．このとき f の逆関数 $f^{-1} : f(I) \longrightarrow I$ が存在して単調増大かつ連続である．

証明 単調増大の定義から f は 1 対 1 であり $f : I \longrightarrow f(I)$ は上への 1 対 1 写像である．従って逆写像 $f^{-1} : f(I) \longrightarrow I$ が存在する．f の単調増大性の対偶より

$$f(x) < f(y) \Longrightarrow f^{-1}(f(x)) < f^{-1}(f(y))$$

だから，f^{-1} も単調増大である．あとは f^{-1} の連続性を言えばよい．仮にある $b \in f(I)$ で f^{-1} が連続でないと仮定して矛盾を導けばよい．こう仮定すると

$$\exists \epsilon > 0, \forall \delta > 0, \exists y \in f(I) : |y - b| < \delta \,\wedge\, |f^{-1}(y) - f^{-1}(b)| \geq \epsilon.$$

δ は任意ゆえ $\delta = \frac{1}{k}$ ($k = 1, 2, \cdots$) ととると各 k に対し

$$\exists y_k \in f(I) : |y_k - b| < \frac{1}{k} \,\wedge\, |f^{-1}(y_k) - f^{-1}(b)| \geq \epsilon.$$

$x_k = f^{-1}(y_k)$, $a = f^{-1}(b)$ とおくとこれより

$$|x_k - a| \geq \epsilon.$$

すなわち

$$x_k \leq a - \epsilon \ \text{ or } \ x_k \geq a + \epsilon.$$

f は単調増大ゆえこのとき

$$f(x_k) \leq f(a - \epsilon) \ \text{ or } \ f(x_k) \geq f(a + \epsilon).$$

すなわち

$$y_k = f(x_k) \leq f(a - \epsilon) < f(a) = b \ \text{ or } \ y_k = f(x_k) \geq f(a + \epsilon) > f(a) = b.$$

ところが $|y_k - b| < \frac{1}{k}$ より $\lim_{k \to \infty} y_k = b$ でこれは矛盾である．

証明終わり

第 12 章 連続写像

ここで，もっとも基本的な連続関数として，

$$\mathbb{R}^+ = (0, \infty)$$

と書いて $\mathbb{R}^+$ 上で定義された x^n のようなべき関数を考える．すると，その逆関数として自然数乗根を考えることができる．

命題 12.3 $n \geq 1$ を自然数とし $x > 0$ に対し $f(x) = x^n$ とする．このとき以下が成り立つ．

1. $f : \mathbb{R}^+ \longrightarrow \mathbb{R}^+$ は連続かつ単調増大で $f(\mathbb{R}^+) = \mathbb{R}^+$．

2. 1 より f の逆関数 $f^{-1} : \mathbb{R}^+ \longrightarrow \mathbb{R}^+$ が存在して連続かつ単調増大である．これを

$$f^{-1}(x) = x^{\frac{1}{n}}$$

と書く．

問 12.4 命題 12.3 を証明せよ．

実数の自然数乗とその自然数乗根が定義されると，そこから有理数乗が定義される．

定義 12.9

1. $x^{\frac{m}{n}} = (x^m)^{\frac{1}{n}}$．

2. $x^{-\frac{m}{n}} = \frac{1}{x^{\frac{m}{n}}}$．

3. $x \neq 0$ のとき $x^0 = 1$．

このように有理数によるべきが定義されると，次のような指数法則が成り立つ．

問 12.5 $x, y > 0, r, s \in \mathbb{Q}$ のとき次を示せ．

1. $(xy)^r = x^r y^r$．

2. $x^{r+s} = x^r x^s$．

3. $(x^r)^s = x^{rs}$.

問 12.6 $x > 1, r, s \in \mathbb{Q}, r < s$ であれば $x^r < x^s$ であることを示せ.

ここまでくると，切断を用いて実数によるべきが定義できる．

定義 12.10

1. $x > 1, y \in \mathbb{R}$ に対し
$$x^y = \sup\{x^r \mid r \in \mathbb{Q}, \ r < y\}.$$

2. $0 < x < 1, y \in \mathbb{R}$ に対し
$$x^y = \left(\frac{1}{x}\right)^{-y}.$$

3. $y \in \mathbb{R}$ に対し $1^y = 1$.

以上から，1 より大きい実数定数 a について指数関数 a^x を定義すると，これが単調かつ連続であることがわかる．

定理 12.12 $a > 1$ のとき $x \in \mathbb{R}$ の関数
$$a^x : \mathbb{R} \ni x \mapsto a^x \in \mathbb{R}$$
は単調増大かつ連続である．

証明 $x_1 < x_2$ とすると $x_1 < r < x_2$ なる $r \in \mathbb{Q}$ がある．$r < x_2$ より $r < s < x_2$ なる $s \in \mathbb{Q}$ がある．従って問 12.6, 定義 12.10 より
$$a^r < a^s \leq a^{x_2}.$$
また $x_1 < r$ より $x_1 < q < r$ なる $q \in \mathbb{Q}$ がある．従って上と同様に
$$a^{x_1} \leq a^q < a^r.$$
従って
$$a^{x_1} < a^r < a^{x_2}.$$
次に連続性を示す．そのため次の補題を証明する．

第12章 連続写像

補題 12.2 $x > 1$ のとき $\lim_{n\to\infty} x^{\frac{1}{n}} = 1$.

証明 $x > 1$, $n = 1, 2, \cdots$ に対し $x^{\frac{1}{n}} > 1$. また上の議論より $\{x^{\frac{1}{n}}\}_{n=1}^{\infty}$ は単調減少数列である．従って，単調数列公理より

$$\exists \lim_{n\to\infty} x^{\frac{1}{n}} = \alpha \in \mathbb{R}.$$

$x^{\frac{1}{n}} > 1$ より $\alpha \geq 1$ である．いま $\alpha > 1$ と仮定してみる．すると α が単調減少数列 $\{x^{\frac{1}{n}}\}_{n=1}^{\infty}$ の極限であることから，

$$x^{\frac{1}{n}} > \alpha \quad (n = 1, 2, 3, \cdots).$$

従って

$$x > \alpha^n \to \infty \quad \text{as} \quad n \to \infty$$

となり矛盾である．ゆえに仮定が誤りであり，$\alpha = 1$ でなければならない．
補題の証明終わり

定理の連続性の証明に戻る．任意に $\epsilon > 0$ を取り固定する．$x \in \mathbb{R}$ とし a^{x_1} が $x_1 < x_2 < x$ なる x_1 および x_2 について連続なことを言えば十分である．

いま $s, r \in \mathbb{Q}$ を $s < r < x$ と取ると

$$a^r - a^s = a^s(a^{r-s} - 1) < a^x(a^{r-s} - 1).$$

補題 12.2 より

$$\forall \epsilon > 0, \exists n \geq 1 : a^x(a^{\frac{1}{n}} - 1) < \epsilon.$$

よって $s < r < x$, $r - s < \frac{1}{n}$ なら

$$a^r - a^s < a^x(a^{r-s} - 1) < a^x(a^{\frac{1}{n}} - 1) < \epsilon.$$

従って $x_1 < x_2 < x$, $x_2 - x_1 < \frac{1}{n}$ なら $r, s \in \mathbb{Q}$ を

$$s < x_1 < x_2 < r < x \ \wedge \ r - s < \frac{1}{n}$$

と取れるから

$$a^{x_2} - a^{x_1} < a^r - a^s < \epsilon.$$

これは a^{x_2} が左から連続，a^{x_1} が右から連続なことを示す．x_1, x_2 は $x_1 < x_2 < x$ を満たすなら以上が成り立つからこれらは a^x が $x \in \mathbb{R}$ について連続なことを示す．
証明終わり

12.3. べき関数と指数関数

このように定義されるべきについても指数法則はそのまま拡張される．

問 12.7 $x, w > 1, y, z \in \mathbb{R}$ とする．このとき以下を示せ．

1. $(x^y)^z = x^{yz} = (x^z)^y$.

2. $x^{y+z} = x^y x^z$.

3. $(xw)^y = x^y w^y$.

4. $\left(\dfrac{x}{w}\right)^y = \dfrac{x^y}{w^y}$.

定理 12.13 $\alpha > 0$ とする．このとき以下が成り立つ．

1. 関数 $\mathbb{R}^+ \ni x \mapsto x^\alpha \in \mathbb{R}^+$ は連続で単調増大である．

2. $\lim_{x \to \infty} x^\alpha = \infty$, $\lim_{x \to 0} x^\alpha = 0$.

証明

1) まず連続性を示す．$r < \alpha < s$ と $r, s \in \mathbb{Q}$ を取る．$x > 1$ のとき $x^r < x^\alpha < x^s$，$0 < x < 1$ のとき $x^r > x^\alpha > x^s$．x^r, x^s は $x^{\frac{m}{n}} = (x^m)^{\frac{1}{n}}$ の形だから命題 12.3 より x についての連続関数である．従って
$$\lim_{x \to 1} x^r = \lim_{x \to 1} x^s = 1.$$
これらより
$$\lim_{x \to 1} x^\alpha = 1.$$
ゆえに一般の $a > 0$ においては
$$\lim_{x \to a} x^\alpha = a^\alpha \lim_{x \to a} \left(\frac{x}{a}\right)^\alpha = a^\alpha.$$

2) 次に単調性を示す．$x > 1$ のときは x^α は α について単調増大である（定理 12.12）から $\alpha > 0$ より $x^\alpha > x^0 = 1$．ゆえに $y > x$ なら
$$\frac{y^\alpha}{x^\alpha} = \left(\frac{y}{x}\right)^\alpha > 1.$$
ゆえに $y^\alpha > x^\alpha$ となり単調性が言えた．

3) 任意に $\xi > 0$ を固定し $x = \xi^{\frac{1}{\alpha}}$ とおくと $x^\alpha = \xi$. よって関数 x^α の像は
$$\mathcal{R}(x^\alpha) = (0, \infty).$$
x^α は x について単調増大だからこれより
$$\lim_{x \to \infty} x^\alpha = \infty, \quad \lim_{x \to 0} x^\alpha = 0$$
が従う．

証明終わり

同様にして以下が示される．

定理 12.14 $\alpha < 0$ とする．このとき以下が成り立つ．

1. 関数 $\mathbb{R}^+ \ni x \mapsto x^\alpha \in \mathbb{R}^+$ は連続で単調減少である．

2. $\lim_{x \to \infty} x^\alpha = 0$, $\lim_{x \to 0} x^\alpha = \infty$.

問 12.8 $a > 1, b > 0$ とするとき以下を示せ．
$$\lim_{x \to \infty} \frac{a^x}{x^b} = \infty.$$

定理 12.12, 定義 12.10 より $a > 0, a \neq 1$ とするとき関数
$$f(x) = a^x : \mathbb{R} \longrightarrow \mathbb{R}$$
は連続かつ単調である．そして $f(\mathbb{R}) = \mathbb{R}^+ = (0, \infty)$ である．ゆえに定理 12.11 より逆関数
$$f^{-1} : \mathbb{R}^+ \longrightarrow \mathbb{R}$$
が存在して単調かつ連続である．これを
$$f^{-1}(x) = \log_a x$$
と書き a を底とする対数関数という．特に $a = e$ のとき $\log_e$ を単に $\log$ あるいは $\ln$ と書きこれを自然対数関数という．

問 12.9 $a > 0, a \neq 1, \lambda \in \mathbb{R}, x, y > 0$ とする．このとき次を示せ．

1. $\log_a(xy) = \log_a x + \log_a y$.
2. $\log_a\left(\frac{x}{y}\right) = \log_a x - \log_a y$.
3. $\log_a(x^\lambda) = \lambda \log_a x$.
4. $b \neq 1, b > 0$ とすると
$$\log_b x = \log_b a \log_a x.$$

問 12.10 $\lim_{x \to \infty} \dfrac{x}{\log x} = \infty$ を示せ．

12.4　不動点定理

ところで，一様連続な写像の内，さらに強いものとして縮小写像がある．

定義 12.11 完備距離空間 (S, d) について，ある正定値 $\lambda < 1$ について次を満たす写像 $f : S \to S$ を縮小写像 (contraction) という．

$$\forall x, y \in S: \quad d(f(x), f(y)) \leq \lambda d(x, y). \tag{12.2}$$

縮小写像はリプシッツ連続写像の特別な場合に相当するため，明らかに連続である．この縮小写像によって動かない点があることは，解析学においてとても重要で，そのような不動点の存在は，実数に関するカントールの公理の一般化に相当する．これは不動点定理 (fixed point theorem) ないし縮小写像の原理 (principle of contraction mapping) と呼ばれる定理である．それを証明するため一様収束の概念を述べそれに関する命題を示しておく．

定義 12.12 S_1, S_2 を距離空間とする. $\{f_n\}_{n=1}^{\infty}$ および f を S_1 から S_2 への関数列および関数とする. このとき $\{f_n\}_{n=1}^{\infty}$ が関数 f に各点収束するとは S_1 の任意の点 x において

$$\lim_{n\to\infty} f_n(x) = f(x)$$

が成り立つことである. $\{f_n\}_{n=1}^{\infty}$ が f に S_1 上一様収束するとは

$$\forall \epsilon > 0, \exists N \geq 1, \forall n \geq N, \forall x \in S_1, d_2(f_n(x), f(x)) < \epsilon$$

が成り立つことを言う. すなわち

$$\lim_{n\to\infty} \sup_{x\in S_1} d_2(f_n(x), f(x)) = 0$$

が成り立つことを言う.

このとき次が成り立つ.

命題 12.4 S_1, S_2 を距離空間とする. $\{f_n\}_{n=1}^{\infty}$ および f を S_1 から S_2 への関数列および関数とする. 各 f_n が連続で $\{f_n\}_{n=1}^{\infty}$ が S_1 上 f に一様収束すれば f も連続である.

証明 f が任意の点 $y \in S_1$ で連続なことを示せばよい. 任意の $\epsilon > 0$ をとるとき一様収束性からある番号 $k \geq 1$ があり

$$\forall x \in S_1 : d_2(f_k(x), f(x)) < \frac{\epsilon}{3}$$

である. f_k は連続なのである正の数 $\delta > 0$ が存在して

$$d_1(x, y) < \delta \Longrightarrow d_2(f_k(x), f_k(y)) < \frac{\epsilon}{3}$$

が成り立つ. 以上より $d_1(x, y) < \delta$ なら

$$\begin{aligned} d_2(f(x), f(y)) &\leq d_2(f(x), f_k(x)) + d_2(f_k(x), f_k(y)) + d_2(f_k(y), f(y)) \\ &< \frac{\epsilon}{3} + \frac{\epsilon}{3} + \frac{\epsilon}{3} = \epsilon \end{aligned}$$

が言え証明が終わる. 証明終わり

以上の準備の元に次が証明される．

定理 12.15 S を完備な距離空間，A を S の閉部分集合，U をある距離空間，$f_u : A \longrightarrow S$ を $u \in U$ に依存し $f_u(A) \subset A$ を満たす写像の族でありかつある $\lambda \in [0, 1)$ に対し $u \in U$ に関し一様に

$$\forall x, y \in A : d(f_u(x), f_u(y)) \leq \lambda d(x, y)$$

を満たすものとする．このとき f_u はただひとつの不動点を持つ．すなわち各 $u \in U$ に対し

$$f_u(p(u)) = p(u)$$

を満たすただひとつの点 $p(u) \in A$ が存在する．さらに各 $x \in A$ に対し $f_u(x)$ が $u \in U$ について連続であれば $p : U \longrightarrow A$ は連続である．

証明 A の任意の点 x_0 を取り固定する．そして

$$x_n(u) = f_u(x_{n-1}(u)) \quad (n = 1, 2, \cdots, \ x_0(u) := x_0)$$

と A の点列 $\{x_n(u)\}_{n=0}^{\infty}$ を定義する．すると $n \geq 1$ に対し

$$d(x_n(u), x_{n-1}(u)) \leq \lambda d(x_{n-1}(u), x_{n-2}(u)) \leq \cdots \leq \lambda^{n-1} d(x_1(u), x_0).$$

よって $\ell > k \geq 1$ に対し

$$\begin{aligned}
d(x_\ell(u), x_k(u)) &\leq \sum_{j=k}^{\ell-1} d(x_{j+1}(u), x_j(u)) \\
&\leq \sum_{j=k}^{\ell-1} \lambda^j d(x_1(u), x_0) \\
&\leq \lambda^k \frac{1}{1-\lambda} d(x_1(u), x_0).
\end{aligned}$$

ゆえに $\{x_n(u)\}_{n=0}^{\infty}$ は S のコーシー列であるから S の完備性よりある点 $p(u) \in S$ に収束する．A は閉集合で $\{x_n(u)\}_{n=0}^{\infty} \subset A$ だからこの点 $p(u)$ も A に属する．仮定より f_u は連続写像だから

$$f_u(p(u)) = f_u\left(\lim_{n \to \infty} x_n(u)\right) = \lim_{n \to \infty} f_u(x_n(u)) = \lim_{n \to \infty} x_{n+1}(u) = p(u)$$

となり $p(u)$ は f の不動点である.もしほかに不動点 $q(u)$ があるとすると

$$d(p(u), q(u)) = d(f_u(p(u)), f_u(q(u))) \leq \lambda d(p(u), q(u))$$

で $0 \leq \lambda < 1$ だから $d(p(u), q(u)) = 0$ すなわち $p(u) = q(u)$ でなければならない.

もし $f_u(x_0)$ が $u \in U$ に関し連続なら上の $d(x_1(u), x_0) = d(f_u(x_0), x_0)$ は $u \in U$ の連続関数であり従って各 $u_0 \in U$ のある近傍 $O_r(u_0)$ $(r > 0)$ で有界である.従って上の評価で $d(x_1(u), x_0)$ は $O_r(u_0)$ 上同一の定数たとえば $M_r > 0$ で押さえられる.よって $\ell > k \geq 1, u \in O_r(u_0)$ に対し

$$d(x_\ell(u), x_k(u)) \leq \lambda^k \frac{1}{1-\lambda} d(x_1(u), x_0) \leq \lambda^k \frac{1}{1-\lambda} M_r$$

が成り立ち点列 $\{x_\ell(u)\}_{\ell=1}^\infty$ は $O_r(u_0)$ 上一様に収束する.そして $x_\ell(u) = f_u(x_{\ell-1}(u)) = \cdots = (f_u)^\ell(x_0)$ であるから各 $\ell = 0, 1, 2, \cdots$ に対し $x_\ell(u)$ は $u \in U$ の連続関数である.よって命題 12.4 により連続関数列の一様収束極限として $p(u)$ は $u \in O_r(u_0)$ について連続に依存する.u_0 は U の任意の点であったから $p : U \longrightarrow A \subset S$ は連続写像である.

証明終わり

ところで,主に代数方程式の解を求めるために古くから知られ,数値計算のアルゴリズムとして知られるニュートン (Newton-Raphson) 法は,縮小写像の代表的な応用例となっている.ただし,以下で用いられる微分演算の正確な定義は後の章で行う.

定理 12.16 $N \in \mathbb{N}$ 個の実数 $a_1, a_2, \ldots, a_N \in \mathbb{R}$ について,実数 $\mathbb{R}$ 上の 2 次以上の多項式 $p_N(x)$ を次のように定義する.

$$p_N(x) = a_N x^N + a_{N-1} x^{N-1} \cdots + a_1 x + a_0.$$

このとき,次の方程式を考える[1].

$$p_N(x) = 0, \qquad p'_N(x) \neq 0. \tag{12.3}$$

---

[1] x_n の周りでのテイラー展開の 1 次までの近似から,方程式 (12.3) は,

$$0 = p_N(x) \approx p_N(x_n) + p'_N(x_n)(x - x_n) \quad \Leftrightarrow \quad x \approx x_n - \frac{p_N(x_n)}{p'_N(x_n)}.$$

これから,$x_{n+1} = x$ と置くことで,ニュートン・ラフソンの漸化式 (12.4) を得る.

12.4. 不動点定理

このとき, 漸化式

$$x_{n+1} = x_n - \frac{p_N(x_n)}{p'_N(x_n)}. \tag{12.4}$$

で定義される数列 $\{x_k\}_{k\in\mathbb{N}}$ は次を満たすとき方程式 (12.3) の解に収束する.

$$x_1 \in D = \left\{ x \;\middle|\; \left|\frac{p_N(x)p''_N(x)}{p'_N(x)^2}\right| < 1, \quad p'_N(x) \neq 0 \right\}. \tag{12.5}$$

証明 平均値の定理 (後述系 14.1) から, 閉区間 $[a,b] \subset D$ について $x \in [a,b]$ が存在して,

$$1 > \lambda \geq \left|\frac{p_N(x)p''_N(x)}{p'_N(x)^2}\right| = \left|1 - \frac{\frac{p_N(a)}{p'_N(a)} - \frac{p_N(b)}{p'_N(b)}}{a-b}\right|.$$

すなわち,

$$\left|\left(a - \frac{p_N(a)}{p'_N(a)}\right) - \left(b - \frac{p_N(b)}{p'_N(b)}\right)\right| \leq \lambda |a-b|.$$

したがって, 仮に $[a,b]$ という区間が $p_N(x) = 0$ の解 x を囲む狭い区間とすればそこでは $\frac{p_N(a)}{p'_N(a)} < 0$ かつ $\frac{p_N(b)}{p'_N(b)} > 0$ であるはずだから以下の写像 f は $f:[a,b] \to [a,b]$ なる写像となりかつ縮小写像である.

$$f(x) = x - \frac{p_N(x)}{p'_N(x)}.$$

そして, その不動点 $x^* \in [a,b]$ は,

$$x^* = f(x^*) \quad \Leftrightarrow \quad p_N(x^*) = 0$$

を満たすので, 方程式 (12.3) の解となる. すなわち, $x_1 \in [a,b] \subset D$ のとき, $\{x_k\}_{k=0}^\infty$ は不動点 $x^* \in [a,b]$ に収束する.

証明終わり

ところで, 不動点定理による上の制限を超えて, ニュートン法により代数方程式のいくつかの解を求めようとするとどのようになるだろうか. ケーリーはこの問題の複雑さに気づき, 例えば $z^3 - 1 = 0$ の解をニュートン法で求める場合に如何なる複素数からはじめても必ず解が得られるかどうか

という問題に懸賞をつけたと言われている．ここで，$z^3 - 1 = 0$ のニュートン法は次のような数列 $\{z_n = x_n + iy_n\}_{n=1}^{\infty}$ の収束問題 $z_n \to z$ に対応している．

$$x_{n+1} = \frac{2}{3}x_n + \frac{x_n^2 - y_n^2}{3(x_n^2 + y_n^2)^2}, \quad y_{n+1} = \frac{2}{3}y_n - \frac{2x_n y_n}{3(x_n^2 + y_n^2)^2}.$$

20世紀初等になって，ジュリアとファトゥーが独立にこの問題を解決した．各解へ収束する部分集合はジュリア集合と呼ばれ，1980年代にはコンピューターの進化によって，このような点の集合を描くことができるようになった．

表 12.1: ジュリア集合

この図の横軸は実軸，縦軸は虚軸であり，黒，白，灰色の領域は，それぞれ

$$1, \quad -\frac{1}{2} + i\frac{\sqrt{3}}{2}, \quad -\frac{1}{2} - i\frac{\sqrt{3}}{2}$$

に対応する．これらの境界は非常に入り組んだフラクタル図形になっていて，この境界上の値は，いつまでたってもどの解にたどり着くことなく，複素平面上をさまよいつづける．

第13章 級数

複素数ないし実数のなす数列 $\{a_n\}_{n=1}^{\infty}$ について，その要素和による数列 $\{\sum_{k=1}^{n} a_k\}_{n=1}^{\infty}$ を級数といい
$$\sum_{n=1}^{\infty} a_n$$
と表す．この章では，この級数の収束する条件について考察する．

13.1 級数の収束

数列 $\{\sum_{k=1}^{n} a_k\}_{n=1}^{\infty}$ すなわち級数 $\sum_{n=1}^{\infty} a_n$ がある数 s に収束するときそれをこの級数の和といい
$$\sum_{n=1}^{\infty} a_n = s$$
と書く．

定理 13.1 級数 $\sum_{n=1}^{\infty} a_n$ が収束する必要十分条件は

$$\forall \epsilon > 0, \exists n_0 \in \mathbb{N}, \forall m \geq \forall n > n_0 : \left| \sum_{k=n}^{m} a_k \right| < \epsilon$$

となることである．特に $\sum_{n=1}^{\infty} a_n$ が収束すれば $\lim_{n\to\infty} a_n = 0$ が成り立つ．

問 13.1 定理 13.1 をコーシーの判定条件に基づき証明せよ．

ところで，級数
$$\sum_{n=1}^{\infty} \frac{1}{n}$$

は発散する（確かめてみよ）が

$$\sum_{n=1}^{\infty} \frac{(-1)^n}{n}$$

はどうであろうか？解答は第9章のはじめのライプニッツの公式

$$\frac{\pi}{4} = \sum_{n=0}^{\infty} \frac{(-1)^n}{2n+1}$$

の証明の際に与えてある．これは，絶対収束しないものの条件収束した．一般に以下の定理が成り立つ．

定理 13.2 $\{a_n\}_{n=1}^{\infty}$ を $a_n \geq 0$ ($\forall n \geq 1$) なる単調減少数列で $\lim_{n \to \infty} a_n = 0$ を満たすとき交代級数

$$\sum_{n=1}^{\infty} (-1)^{n+1} a_n = a_1 - a_2 + a_3 - a_4 + \cdots$$

は収束する．

このような級数は足し合わせる順番を変えると収束しない場合がある．たとえば，$\sum_{n=1}^{\infty} \frac{(-1)^n}{n}$ について考えると，$\sum_{k=1}^{\infty} \frac{1}{2k}$ と $\sum_{k=0}^{\infty} \frac{-1}{2k+1}$ はそれぞれ発散するため，

$$\sum_{n=1}^{\infty} \frac{(-1)^n}{n} = \sum_{k=1}^{\infty} \frac{1}{2k} + \sum_{k=0}^{\infty} \frac{-1}{2k+1}$$

という足し算は意味をなさない．

　和の順番を変えても同じ値に級数が収束すること(無条件性)を絶対収束(absolutely convergent)するという．次のディリクレ(Dirichlet)の定理により，絶対収束の必要十分条件は級数

$$\sum_{n=0}^{\infty} |a_n|$$

が収束することに等しいことがわかる．

定理 13.3 $\{a_n\}_{n\in\mathbb{N}} \subset \mathbb{R}$ を実数列とする．級数

$$\sum_{n=0}^{\infty} |a_n|$$

が収束することは，級数

$$\sum_{n=0}^{\infty} a_n$$

が和の順序に依らず収束することと同値である．

証明 $\sum_{k=0}^{\infty} |a_k|$ が収束すると仮定する．「和の順序に依らず収束する」ということには非常に多くの場合があるが，たとえば包含集合列 $\{A_n\}_{n\in\mathbb{N}}$:

$$A_n \subset \mathbb{N}, \quad \bigcup_{n\in\mathbb{N}} A_n = \mathbb{N}, \quad n < m \Rightarrow A_n \subset A_m$$

に対し数列 $\{\sum_{k\in A_n} a_k\}_{n\in\mathbb{N}}$ の収束を証明してみる．他の場合も同様である．仮定より

$$\forall \epsilon > 0, \exists N \in \mathbb{N}, \forall m > \forall n > N : \left|\sum_{k=n}^{m} |a_k|\right| < \epsilon.$$

上の包含集合列 $\{A_n\}_{n\in\mathbb{N}}$ に対し

$$\forall N, \exists N', \forall m > \forall n > N' : N \le \min(A_m - A_n)$$

だから，

$$\forall \epsilon > 0, \exists N \in \mathbb{N}, \forall m > n > N : \left|\sum_{k\in A_m - A_n} a_k\right| \le \left|\sum_{k=\min(A_m-A_n)}^{\infty} |a_k|\right| < \epsilon.$$

従って，数列 $\{\sum_{k\in A_n} a_k\}_{n\in\mathbb{N}} \subset \mathbb{R}$ は収束する．

逆に，任意の単調増大集合列 $\{A_n\}_{n\in\mathbb{N}}$ について，数列 $\{\sum_{k\in A_n} a_k\}_{n\in\mathbb{N}}$ が収束すると仮定する．このとき，次を満たす単調増大集合列 $\{A_n^\pm\}_{n\in\mathbb{N}}$ を考える．

1. $A_0^+ = A_0^- = \emptyset$.

2. $\forall k \in \mathbb{N} \ [\ a_k \geq 0 \ \Rightarrow \ A_{k+1}^+ = A_k^+ \cup \{k\}, \ \ A_{k+1}^- = A_k^-]$.

3. $\forall k \in \mathbb{N} \ [\ a_k < 0 \ \Rightarrow \ A_{k+1}^+ = A_k^+, \ \ A_{k+1}^- = A_k^- \cup \{k\}]$.

このとき各々の単調増大集合列 $\{A_n^\pm\}_{n \in \mathbb{N}}$ について,数列 $\{\sum_{k \in A_n^\pm} a_k\}_{n \in \mathbb{N}}$ が収束するから,級数

$$\sum_{n=0}^\infty |a_k| = \{\sum_{k \in A_n^+} a_k - \sum_{k \in A_n^-} a_k\}_{n \in \mathbb{N}}$$

も収束する. 証明終わり

絶対収束に対し,通常の収束を条件収束 (conditionary convergent) と呼ぶ.条件収束するが絶対収束しない級数について,その収束は和の順番に依存する.

定理 13.4 $\sum_{n=1}^\infty |a_n|$ が収束すれば $\sum_{n=1}^\infty a_n$ も収束する.

問 13.2 ある正の数 $R > 0$ が存在して任意の番号 $M \geq 1$ に対し $\sum_{n=1}^M |a_n| \leq R$ であれば $\sum_{n=1}^\infty a_n$ は絶対収束することを示せ.

定理 13.5 任意の自然数 $n \geq 1$ に対し $r_n \geq 0$ で $\sum_{n=1}^\infty r_n$ が収束し $|a_n| \leq r_n$ ($\forall n \geq 1$) が成り立てば $\sum_{n=1}^\infty a_n$ は絶対収束する.

ある変数 x のべきの和の形に書ける級数つまり

$$\sum_{n=0}^\infty a_n x^n$$

のような級数をべき級数という.このとき,次のような級数は絶対収束の例を与える.

例 13.1 べき級数

$$\sum_{n=0}^\infty \frac{x^n}{n!}$$

は任意の $x \in \mathbb{C}$ に対し収束する.実際 $x \in \mathbb{C}$ を固定して

$$\sum_{n=0}^\infty \frac{|x|^n}{n!}$$

が収束することを言えばよい．自然数 m を

$$|x| \leq \frac{1}{2}m, \quad \text{i.e.} \quad \frac{|x|}{m} \leq \frac{1}{2}$$

ととる．すると $n \geq m$ のとき

$$\frac{|x|^n}{n!} = \frac{|x|^m}{m!} \frac{|x|}{m+1} \cdots \frac{|x|}{n} \leq \frac{|x|^m}{m!} \left(\frac{1}{2}\right)^{n-m}.$$

ゆえに

$$\sum_{n=m}^{\infty} \frac{|x|^n}{n!} \leq \frac{|x|^m}{m!} \sum_{n=m}^{\infty} \left(\frac{1}{2}\right)^{n-m} = \frac{2|x|^m}{m!} < \infty.$$

よって絶対収束が言えた．

とくに $x = 1$ のとき，この級数の和

$$e = \sum_{n=0}^{\infty} \frac{1}{n!}$$

を自然対数の底 e の定義とする．

定理 13.6

$$e = \lim_{n \to \infty} \left(1 + \frac{1}{n}\right)^n.$$

証明 $e_n = (1 + 1/n)^n$ とおく．二項定理により

$$e_n = 1 + \frac{n}{1!}\frac{1}{n} + \frac{n(n-1)}{2!}\frac{1}{n^2} + \cdots + \frac{1}{n^n}.$$

いま

$$a_{n,k} = \frac{n(n-1)\cdots(n-k+1)}{k!}\frac{1}{n^k}$$

とおくと

$$e_n = 1 + \sum_{k=1}^{n} a_{n,k}.$$

ところが

$$a_{n,k} = \frac{1}{k!} \cdot 1 \cdot (1 - 1/n) \cdots (1 - (k-1)/n) < a_{n+1,k} < \frac{1}{k!}.$$

従って
$$e_n < e_{n+1} < 1 + \sum_{k=1}^{\infty} \frac{1}{k!} = e.$$

よって e_n は有界な単調増大数列ゆえ極限 $\lim_{n \to \infty} e_n$ が存在して $\leq e$ である.

あとは逆向きの不等号を言えばよい. 任意の $m \geq 1$ に対し $n \geq m$ のとき

$$1 + \sum_{k=1}^{m} a_{n,k} \leq e_n$$

である. この両辺で $n \to \infty$ とすれば

$$1 + \sum_{k=1}^{m} \frac{1}{k!} = \lim_{n \to \infty} \left(1 + \sum_{k=1}^{m} a_{n,k} \right) \leq \lim_{n \to \infty} e_n.$$

ここで m は右辺には現れないから左辺で $m \to \infty$ とできて逆向きの不等式

$$e \leq \lim_{n \to \infty} e_n$$

が言える.

証明終わり

問 13.3 e は無理数であることを示せ.

一般に絶対収束性を調べるには各項の絶対値を項に持つ級数を考えればよいから, 結局各項が正の級数を考えることに帰着する. そこで

$$\sum_{n=0}^{\infty} a_n, \quad a_n \geq 0 \ (\forall n = 0, 1, 2, \cdots)$$

なる級数を正項級数と呼んでその収束を調べよう.

定理 13.7 $\sum_{n=0}^{\infty} a_n, \sum_{n=0}^{\infty} b_n, \sum_{n=0}^{\infty} c_n$ を正項級数とし $\sum_{n=0}^{\infty} b_n$ は収束し, $\sum_{n=0}^{\infty} c_n$ は発散するとする. このとき次が成り立つ.

1. $\exists n_0, \forall n \geq n_0 : \ a_n \leq b_n$ であれば $\sum_{n=0}^{\infty} a_n$ も収束する.

2. $\exists n_0, \forall n \geq n_0 : \ a_n \geq c_n$ であれば $\sum_{n=0}^{\infty} a_n$ も発散する.

3. $\exists n_0, \forall n \geq n_0 : \frac{a_{n+1}}{a_n} \leq \frac{b_{n+1}}{b_n}$ であれば $\sum_{n=0}^{\infty} a_n$ も収束する.

4. $\exists n_0, \forall n \geq n_0 : \frac{a_{n+1}}{a_n} \geq \frac{c_{n+1}}{c_n}$ であれば $\sum_{n=0}^{\infty} a_n$ も発散する.

証明 1, 2 は明らかである. 3 は仮定より

$$\frac{a_{n+1}}{b_{n+1}} \leq \frac{a_n}{b_n} \leq \cdots \leq \frac{a_{n_0}}{b_{n_0}}$$

となる. ゆえに $n \geq n_0$ ならば

$$a_n \leq \frac{a_{n_0}}{b_{n_0}} b_n$$

となるから

$$\sum_{n=n_0}^{\infty} a_n \leq \frac{a_{n_0}}{b_{n_0}} \sum_{n=n_0}^{\infty} b_n < \infty$$

だから証明が終わる. 4 もこれと同様の考察を行えばよい.

証明終わり

定理 13.8 $\sum_{n=0}^{\infty} a_n$ を正項級数とする. このとき以下が成り立つ.

1. $\exists n_0, \exists k \in [0, 1), \forall n \geq n_0 : \sqrt[n]{a_n} \leq k$ ならば $\sum_{n=0}^{\infty} a_n$ は収束する.

2. $\exists n_0, \exists k \in [0, 1), \forall n \geq n_0 : \frac{a_{n+1}}{a_n} \leq k$ ならば $\sum_{n=0}^{\infty} a_n$ は収束する.

3. $\exists n_0, \exists k' > 1, \forall n \geq n_0 : \sqrt[n]{a_n} \geq k'$ ならば $\sum_{n=0}^{\infty} a_n$ は発散する.

4. $\exists n_0, \exists k' > 1, \forall n \geq n_0 : \frac{a_{n+1}}{a_n} \geq k'$ ならば $\sum_{n=0}^{\infty} a_n$ は発散する.

証明 1 は $a_n \leq k^n$ なので等比級数の収束に帰着され明らかである. 3 も同様である. 2 は $m > n$ なら $a_m \leq k a_{m-1} \leq k^2 a_{m-2} \leq \cdots \leq k^{m-n} a_n$ となりやはり等比級数の収束に帰着される. 4 の発散についても同様である.

証明終わり

定理 13.9 正項級数 $\sum_{n=0}^{\infty} a_n$ に対し極限

$$\lim_{n \to \infty} \frac{a_{n+1}}{a_n} = \ell (\in \mathbb{R} \cup \{\infty\})$$

が存在するとする. このとき

第13章 級数

1. $\ell < 1$ なら $\sum_{n=0}^{\infty} a_n$ は収束する．
2. $\ell > 1$ なら $\sum_{n=0}^{\infty} a_n$ は発散する．

証明 1. $\ell < 1$ ならある数 $k \in (\ell, 1)$ とある番号 n_0 があって $n \geq n_0$ ならば

$$\frac{a_{n+1}}{a_n} < k$$

となるから前定理 13.8 による．

2 も同様にある数 $k' \in (1, \ell)$ とある番号 n_0 があって $n \geq n_0$ なら

$$\frac{a_{n+1}}{a_n} > k'$$

となるから前定理 13.8 による．

証明終わり

定理 13.10 絶対収束する級数 $a = \sum_{n=0}^{\infty} a_n$, $b = \sum_{n=0}^{\infty} b_n$ に対し $c_n = \sum_{k=0}^{n} a_k b_{n-k}$ とおくと $\sum_{n=0}^{\infty} c_n$ も絶対収束しその値は ab に等しい．

証明 仮定よりまず $\sum_{n=0}^{\infty} c_n$ が絶対収束することを言う．

$$\sum_{n=0}^{m} |c_n| \leq \sum_{n=0}^{m} \sum_{p+q=n} |a_p||b_q| \leq \sum_{p=0}^{m} |a_p| \sum_{q=0}^{m} |b_q|$$

だから $\sum_{n=0}^{\infty} |c_n|$ は確かに収束する．

$$\left| \sum_{n=0}^{2m} c_n - \sum_{p=0}^{m} a_p \sum_{q=0}^{m} b_q \right| = \left| \sum_{p+q=0}^{2m} a_p b_q - \sum_{p=0}^{m} a_p \sum_{q=0}^{m} b_q \right|$$

$$\leq \sum_{q=m+1}^{2m} \sum_{p=0}^{2m-q} |a_p||b_q| + \sum_{p=m+1}^{2m} \sum_{q=0}^{2m-p} |a_p||b_q|$$

$$\leq \left(\sum_{p=0}^{m} |a_p| \right) \left(\sum_{q=m+1}^{\infty} |b_q| \right) + \left(\sum_{p=m+1}^{\infty} |a_p| \right) \left(\sum_{q=0}^{m} |b_q| \right)$$

で右辺は $m \to \infty$ のとき 0 に収束するから値についての等式も成り立つ．

証明終わり

13.2 べき級数展開

ここでは，関数列とその級数について考察する．関数列が各点で収束することと，一様に収束することの区別はすでに定義 12.12 で述べた．

数列 $\{(1+\frac{x}{n})^n\}_{n=0}^\infty$ は e^x に各点収束する．

定理 13.11 $x \in \mathbb{R}$ に対し $e^x = \lim_{n \to \infty} \left(1 + \frac{x}{n}\right)^n$.

証明 定理 13.6 より
$$e = \lim_{n \to \infty} \left(1 + \frac{1}{n}\right)^n.$$
$t > 0$ に対し $n \le t < n+1$ なる n を取ると
$$\left(1 + \frac{1}{n+1}\right)^n < \left(1 + \frac{1}{t}\right)^t < \left(1 + \frac{1}{n}\right)^{n+1}.$$
左辺右辺とも上の定理 13.6 の式から $n \to \infty$ のとき e に収束するから真ん中の項も $t \to \infty$ のとき e に収束する．従って
$$e = \lim_{t \to \infty} \left(1 + \frac{1}{t}\right)^t.$$
また $t > 0$ に対し $s = t - 1$ と s を取ると $t \to \infty$ のとき $s \to \infty$ でかつ
$$\left(1 - \frac{1}{t}\right)^{-1} = 1 + \frac{1}{s}$$
となる．よって $t \to \infty$ のとき $s \to \infty$ であるから
$$\left(1 - \frac{1}{t}\right)^{-t} = \left(1 + \frac{1}{s}\right)^t = \left(1 + \frac{1}{s}\right)^{s+1} \to e.$$
以上より
$$\lim_{t \to \pm\infty} \left(1 + \frac{1}{t}\right)^t = e.$$
$x > 0$ のとき $s = tx$ とおくと
$$\begin{aligned}
e^x &= \left\{\lim_{t \to \infty} \left(1 + \frac{1}{t}\right)^t\right\}^x = \lim_{t \to \infty} \left(1 + \frac{1}{t}\right)^{tx} \\
&= \lim_{s \to \infty} \left(1 + \frac{x}{s}\right)^s = \lim_{n \to \infty} \left(1 + \frac{x}{n}\right)^n.
\end{aligned}$$

$x < 0$ のときは $y = -x > 0$, $s = ty$ $(t, s > 0)$ とおき

$$e^x = \left\{ \lim_{t \to \infty} \left(1 - \frac{1}{t}\right)^{-t} \right\}^x$$

より同様に議論すればよい．$x = 0$ の時は明らかである．

証明終わり

一方，級数 $\sum_{n=0}^{\infty} \frac{x^n}{n!}$ すなわち関数列 $\{\sum_{k=0}^{n} \frac{x^k}{k!}\}_{n=0}^{\infty}$ は関数 e^x に任意の有界区間上一様収束する．

定理 13.12 $x \in \mathbb{R}$ に対し $e^x = \sum_{n=0}^{\infty} \frac{x^n}{n!}$.

証明 $p_n = (1 + x/n)^n$ とおくと二項定理より

$$p_n = 1 + \sum_{k=1}^{n} a_{n,k} x^k.$$

ただし

$$a_{n,k} = \frac{n!}{k!(n-k)!} \frac{1}{n^k} = \frac{1}{k!}\left(1 - \frac{1}{n}\right) \cdots \left(1 - \frac{k-1}{n}\right).$$

よって

$$0 < a_{n,k} < \frac{1}{k!}, \quad \lim_{n \to \infty} a_{n,k} = \frac{1}{k!}.$$

固定した x に対し自然数 ℓ を

$$2|x| \leq \ell, \quad \text{i.e.} \quad |x| \leq \frac{\ell}{2}$$

ととると $n > \ell$ のとき

$$\frac{|x|^n}{n!} = \frac{|x|^\ell}{\ell!} \frac{|x|}{\ell + 1} \cdots \frac{|x|}{n} < \frac{|x|^\ell}{\ell!} \left(\frac{1}{2}\right)^{n-\ell} \leq \frac{\ell^\ell}{\ell!} \frac{1}{2^n}.$$

よって $n > m > \ell$ のとき

$$\left| \sum_{k=m+1}^{n} a_{n,k} x^k \right| < \sum_{k=m+1}^{n} \frac{|x|^k}{k!} < \frac{\ell^\ell}{\ell!} \sum_{k=m+1}^{n} \frac{1}{2^k} < \frac{\ell^\ell}{\ell!} \frac{1}{2^m}.$$

ゆえにいま $n \geq m > \ell$ に対し

$$p_{n,m} = 1 + \sum_{k=1}^{m} a_{n,k} x^k$$

とおくと $p_n = p_{n,n}$ ゆえ

$$|p_n - p_{n,m}| = \left|\sum_{k=m+1}^{n} a_{n,k} x^k\right| < \frac{\ell^\ell}{\ell!} \frac{1}{2^m}.$$

また $\lim_{n\to\infty} a_{n,k} = \frac{1}{k!}$ だから固定した m に対し

$$\lim_{n\to\infty} p_{n,m} = \sum_{k=0}^{m} \frac{x^k}{k!}.$$

この右辺を w_m とおく．$n > m > \ell$ のとき

$$|p_n - w_m| \leq |p_n - p_{n,m}| + |p_{n,m} - w_m| < \frac{\ell^\ell}{\ell!} \frac{1}{2^m} + |p_{n,m} - w_m|.$$

よって $m(>\ell)$ を固定して $n \to \infty$ とすると $\lim_{n\to\infty} p_{n,m} = w_m$ より

$$\lim_{n\to\infty} |p_n - w_m| \leq \frac{\ell^\ell}{\ell!} \frac{1}{2^m}$$

を得る．定理 13.11 より $p_n = (1 + x/n)^n$ は

$$\lim_{n\to\infty} p_n = e^x$$

を満たす．ゆえに (13.1) より $m > \ell$ のとき

$$|e^x - w_m| \leq \frac{\ell^\ell}{\ell!} \frac{1}{2^m}$$

が得られる．$w_m = \sum_{k=0}^{m} \frac{x^k}{k!}$ であったからこの式は

$$\sum_{k=0}^{\infty} \frac{x^k}{k!} = e^x$$

を意味する．

証明終わり

したがって，命題 12.4 より，べき関数の連続性から指数関数の連続性も保証される[1].

このような関数列の極限として定義される指数関数は複素数上の指数関数に拡張することができる．

定義 13.1 $z \in \mathbb{C}$ に対し

$$e^z = \exp(z) = \sum_{n=0}^{\infty} \frac{z^n}{n!}$$

と定義する．すると

$$e^z = \lim_{n \to \infty} \left(1 + \frac{z}{n}\right)^n$$

となる．

これからオイラーによる三角関数および双曲関数の定義を得る．

定義 13.2 $\theta \in \mathbb{R}$ に対し

1. $\cos\theta = \operatorname{Re}(e^{i\theta}) = \dfrac{e^{i\theta} + e^{-i\theta}}{2}, \quad \sin\theta = \operatorname{Im}(e^{i\theta}) = \dfrac{e^{i\theta} - e^{-i\theta}}{2i}.$

2. $\cosh\theta = \dfrac{e^\theta + e^{-\theta}}{2}, \quad \sinh\theta = \dfrac{e^\theta - e^{-\theta}}{2}.$

このように定義される関数は，$x = \cos\theta, y = \sin\theta$ あるいは $x = \cosh\theta, y = \sinh\theta$ とおけばそれぞれ単位円 $x^2 + y^2 = 1$ や単位双曲線 $x^2 - y^2 = 1$ の座標を与える．

問 13.4 以下を示せ．任意の複素数 $z, w \in \mathbb{C}$ に対し

$$e^z e^w = e^{z+w}.$$

問 13.5 以下を示せ．

1. $\cos\theta = \sum_{n=0}^{\infty} \frac{(-1)^n}{(2n)!} \theta^{2n}.$

2. $\sin\theta = \sum_{n=0}^{\infty} \frac{(-1)^n}{(2n+1)!} \theta^{2n+1}.$

---

[1] これは定理 12.12 においてすでに示されたことではある．

3. $\cos^2\theta + \sin^2\theta = 1$.

4. $\cos(\theta + \varphi) = \cos\theta\cos\varphi - \sin\theta\sin\varphi$, $\sin(\theta + \varphi) = \sin\theta\cos\varphi + \cos\theta\sin\varphi$.

5. $\cos(-\theta) = \cos\theta, \sin(-\theta) = -\sin\theta$.

定義 13.3 $\cos\theta = 0$ となる最小の正の数 $\theta > 0$ を $\pi/2$ と定義する．π を円周率と呼ぶ．

とくに
$$e^{i\pi} = -1.$$
である．上の問 13.5 の 1 の表式より $\cos\theta > 0.07 > 0$ ($\theta \in [0, 3/2]$)，$\cos 2 < 0$ がわかりかつ後述のべき級数の微分から $(\cos\theta)' = -\sin\theta$ が存在するので $\cos\theta$ は連続関数である．したがって中間値の定理 12.9 より $\cos\xi = 0, 3/2 < \xi < 2$ なる実数 ξ が存在する．このような ξ の集合を X とするとこれは今述べたことより $X \subset (3/2, 2)$ だから $\inf X$ が存在し $2 > \inf X > 3/2$ である．このとき $\pi/2 = \inf X$ とおけばこれが $\cos\theta = 0$ を満たす最小の正の数となる．このことから特に $3 < \pi < 4$ がわかる．

問題を一般化して，べき関数の無限和により定義される関数いわゆるべき級数を考える．べき級数とは
$$\sum_{n=0}^{\infty} a_n(z-a)^n \quad (z \in \mathbb{C})$$
の形の級数である．これを a を中心とするべき級数という．

定理 13.13 べき級数
$$\sum_{n=0}^{\infty} a_n(z-a)^n \quad (z \in \mathbb{C})$$
に対し次を満たすただひとつの無限大を含む非負の実数 $R \in [0, \infty) \cup \{\infty\}$ が存在する．この R を上のべき級数の収束半径という．

1) $|z - a| < R$ ならば上の級数は絶対収束する．
2) $|z - a| > R$ ならば上の級数は収束しない．

306   第 13 章 級数

証明 実数の集合 A を

$$A = \{|z-a| \mid z \text{ において級数は収束する }\}$$

と定義し

$$R = \sup A$$

とする．このとき $|z-a| < R$ とすると R と A の定義によりある点 $z_0 \in \mathbb{C}$ で z_0 において級数は収束しかつ

$$|z-a| < |z_0 - a| < R$$

となるものがある．z_0 において級数が収束することより

$$\lim_{n \to \infty} a_n (z_0 - a)^n = 0.$$

従って数列 $\{a_n(z_0-a)^n\}_{n=0}^{\infty}$ は有界数列である．ゆえにある $M > 0$ があって任意の番号 $n \geq 0$ に対し

$$|a_n(z_0-a)^n| \leq M$$

である．ゆえに上の z は

$$|a_n(z-a)^n| = |a_n(z_0-a)^n|\frac{|(z-a)^n|}{|(z_0-a)^n|} \leq M\frac{|(z-a)^n|}{|(z_0-a)^n|}$$

を満たす．上の関係 $|z-a| < |z_0-a| < R$ より $r = \frac{|z-a|}{|z_0-a|} < 1$ であるから

$$|a_n(z-a)^n| = |a_n(z_0-a)^n|\frac{|(z-a)^n|}{|(z_0-a)^n|} \leq Mr^n.$$

従って

$$\sum_{n=0}^{\infty} |a_n(z-a)^n| \leq M \sum_{n=0}^{\infty} r^n < \infty$$

となり級数は $|z-a| < R$ なる任意の点 $z \in \mathbb{C}$ において絶対収束する．
 $|z-a| > R$ であれば R と A の定義により級数は収束しない．
 以上より R は収束半径の条件を満たす．後は一意性を見ればよいがもし $R' \in [0, \infty) \cup \{\infty\}$ も収束半径の条件を満たすとしかつ $R' \neq R$ としてみる．

13.2. べき級数展開

一般性を失うことなく $R < R'$ と仮定してよい. すると $R < |z-a| < R'$ なる点 $z \in \mathbb{C}$ が存在する. $R < |z-a|$ より級数は収束しないが他方 $|z-a| < R'$ より級数は絶対収束し矛盾であるから $R = R'$ である.

証明終わり

定理 13.14 べき級数
$$\sum_{n=0}^{\infty} a_n(z-a)^n \quad (z \in \mathbb{C})$$
に対し
$$\lim_{n \to \infty} \left|\frac{a_n}{a_{n+1}}\right| = R \in [0, \infty) \cup \{\infty\}$$
が存在すればこの R は上のべき級数の収束半径を与える.

証明
$$\lim_{n \to \infty} \left|\frac{a_{n+1}(z-a)^{n+1}}{a_n(z-a)^n}\right| = \frac{|z-a|}{R}$$
だから定理 13.9 より

a) $|z-a| < R$ ならべき級数は絶対収束する.

b) $|z-a| > R$ ならべき級数は絶対収束しない. (収束する可能性はある.)

と場合分けされる. ゆえに R' を与えられたべき級数の収束半径とすると
$$R \leq R'$$
が成り立つ. 実際 $|z-a| > R'$ とすると級数は収束しないから特に絶対収束しない. 従って $|z-a| \geq R$ である. $|z-a| > R'$ なる $z \in \mathbb{C}$ は $|z-a|$ がいくらでも R' に近くなるように選べるから $\alpha > R'$ なら $\alpha \geq R$ が言えたので $R' \geq R$ である. もし $R < R'$ であると仮定すると $R < |z-a| < R'$ なる $z \in \mathbb{C}$ が取れるが, その z においてはべき級数は $|z-a| < R'$ より絶対収束し, $R < |z-a|$ より絶対収束しないことになり矛盾である. よって $R = R'$ でなければならない.

証明終わり

以下は明らかであろう．

定理 13.15 べき級数
$$f(z) = \sum_{n=0}^{\infty} a_n(z-a)^n, \quad g(z) = \sum_{n=0}^{\infty} b_n(z-a)^n$$
の収束半径のうち小さい方を R とおくと $|z-a| < R$ でこれらの和・差および積
$$f(z) \pm g(z) = \sum_{n=0}^{\infty} (a_n \pm b_n)(z-a)^n,$$
$$f(z)g(z) = \sum_{n=0}^{\infty} c_n(z-a)^n \quad (ただし\ c_n = \sum_{k=0}^{n} a_k b_{n-k})$$
は絶対収束する．

定理 13.16 べき級数
$$\sum_{n=0}^{\infty} a_n(z-a)^n$$
および
$$\sum_{n=1}^{\infty} n a_n(z-a)^{n-1}$$
は同じ収束半径を持つ．

証明 上のべき級数の収束半径を R, 下のそれを R' とする．$n \geq 1$ のとき
$$|a_n(z-a)^n| \leq |n a_n(z-a)^{n-1}||z-a|$$
より $R' \leq R$ は明らかである．$R = 0$ のときはこれより $R' = 0$ となり $R' = R$ が言える．$R > 0$ のとき $|z-a| < R$ として $|z-a| < r < R$ なる $r > 0$ をひとつ固定する．このとき R の定義より
$$\sum_{n=0}^{\infty} |a_n| r^n$$

は収束する．とくにある定数 $M \geq 0$ に対し

$$|a_n r^n| \leq M \quad (n = 0, 1, 2, \cdots).$$

よって上の $|z - a| < r < R$ なる z に対し $k = |z - a|/r < 1$ とおけば

$$|na_n(z-a)^{n-1}| = n|a_n|r^n \cdot r^{-n}|z-a|^{n-1} = \frac{|a_n r^n|}{r} \cdot n \left|\frac{z-a}{r}\right|^{n-1} \leq n\frac{M}{r}k^{n-1}.$$

ゆえに

$$\sum_{n=1}^{\infty} |na_n(z-a)^{n-1}| \leq \frac{M}{r}\sum_{n=1}^{\infty} nk^{n-1} < \infty.$$

従って下のべき級数も $|z - a| < R$ なる任意の $z \in \mathbb{C}$ において絶対収束する．よって $R \leq R'$ となり $R = R'$ が言えた．

証明終わり

さらに以下が成り立つ．以下においては後に定義 14.3 で定義する関数の微分の概念を用いている．

定理 13.17 収束半径 $R > 0$ を持つべき級数

$$f(z) = \sum_{n=0}^{\infty} a_n(z - a)^n$$

に対しその微分は同じ収束半径を持つ

$$f'(z) = \sum_{n=1}^{\infty} na_n(z - a)^{n-1}$$

で与えられる．高階の微分も同様であり f は C^∞ である．特に $f^{(n)}(z)$ の式で $z = a$ とおくことにより

$$a_n = \frac{f^{(n)}(a)}{n!}$$

の関係が成り立つ．

証明 収束半径が同じなことは前定理による．微分可能で微分が実際二番目の級数で与えられることを見ればよい．$|z-a|<R$ とし $|z-a|<r<R$ なる $r>0$ をとる．$h\in\mathbb{C}$ を $|h|<R-r$ と取ると

$$|z+h-a|\leq|z-a|+|h|<r+R-r=R.$$

従ってこのような $h\in\mathbb{C}$ に対し $f(z+h)$ は存在する．このとき

$$\begin{aligned}f(z+h)-f(z)&=\sum_{n=1}^{\infty}a_n\{(z+h-a)^n-(z-a)^n\}\\&=h\sum_{n=1}^{\infty}a_n\sum_{k=0}^{n-1}(z+h-a)^{n-1-k}(z-a)^k.\end{aligned}$$

よって

$$\frac{1}{h}\{f(z+h)-f(z)\}-\sum_{n=1}^{\infty}na_n(z-a)^{n-1}$$
$$=\sum_{n=1}^{\infty}a_n\sum_{k=0}^{n-2}\{(z+h-a)^{n-1-k}-(z-a)^{n-1-k}\}(z-a)^k.$$

右辺の各項の絶対値は

$$\frac{1}{2}|h|n(n-1)|a_n|\{|z-a|+|h|\}^{n-1}$$

で押さえられる．上より $|z-a|+|h|<R$ だから $|z-a|+|h|<\rho<R$ と ρ を取ればこの各項は

$$|h|n^2|a_n|\rho^{n-1}$$

と押さえられ

$$\left|\frac{1}{h}\{f(z+h)-f(z)\}-\sum_{n=1}^{\infty}na_n(z-a)^{n-1}\right|\leq|h|\sum_{n=1}^{\infty}n^2|a_n|\rho^{n-1}$$

の右辺の級数は収束し従って $|h|\to 0$ のとき左辺は 0 に収束する．従って f の微分 $f'(z)$ は定理の式で与えられる．

証明終わり

これより以下の系が従う．

系 13.1 収束半径 $R > 0$ のべき級数

$$f(z) = \sum_{n=0}^{\infty} a_n (z-a)^n$$

に対し $C \in \mathbb{C}$ を任意の定数として

$$F(z) = \sum_{n=0}^{\infty} \frac{a_n}{n+1}(z-a)^{n+1} + C$$

とおくと F の収束半径は R で

$$F'(z) = f(z)$$

が成り立つ．

第14章 バナッハ空間における微分

本章ではノルムで定義される距離の入った線型空間を考察する．とくに完備なノルム線型空間はバナッハ空間と呼ばれる．このような空間上の関数について，微分を定義することができる．これは実直線上の関数の微分に加え，高次元ユークリッド空間上の多変数関数の微分である偏微分の定義を含む．さらに，陰関数定理により逆関数およびその導関数が存在する条件も明らかにする．

14.1 微分と偏微分

第2章の最後に述べたように線型空間とは集合 V でその元の間に和および ($K=\mathbb{C}$ ないし $K=\mathbb{R}$ の元による) スカラー倍が定義されていて

$$x, y \in V, \ \lambda, \mu \in K \Rightarrow \lambda x + \mu y \in V$$

の条件を満たすものである．すなわち V の任意の元 x, y とスカラー $\lambda, \mu \in K$ に対しベクトル $\lambda x + \mu y$ が V の元として定義されていてふつうの和・スカラー倍の演算に関する法則を満たすものを線型空間と呼ぶ[1]．第I部では主に有限次元の線型空間を考えたがここでは有限次元とは限らず無限次元の場合を考察し必要に応じ有限次元の場合を考える．まずノルムの定義を述べる．

定義 14.1 V を $K(=\mathbb{C} \text{ or } \mathbb{R})$ 上の線型空間とする．V から $\mathbb{R}$ への関数 $x \mapsto \|x\|$ がノルムであるとはそれが次の3条件を満たす時を言う．

1. 任意の $x \in V$ に対し $\|x\| \geq 0$ で等号が成り立つのは $x=0$ の場合に限る．

---
[1]第4章冒頭に正確な定義を与えてある．

2. $\lambda \in K$, $x \in V$ に対し $\|\lambda x\| = |\lambda|\|x\|$.

3. $x, y \in V$ に対し $\|x + y\| \leq \|x\| + \|y\|$.

ノルムの入った線型空間をノルム線型空間 (normed linear space) ないしノルム空間という．ノルム $\|\cdot\|$ の入ったノルム空間は

$$d(x, y) = \|x - y\|$$

を距離関数として自然な距離が入り距離空間となる．この距離に関し完備なノルム空間をバナッハ空間 (Banach space) と呼ぶ．

具体的なノルム空間の例を以下に与える．

例 14.1

1. $\mathbb{R}^n$ ないし $\mathbb{C}^n$ はそれらの内積 $(\cdot, \cdot)$ より $x \in \mathbb{R}^n$ ないし $x \in \mathbb{C}^n$ に対し

$$\|x\| = \sqrt{(x, x)}$$

とノルムを定義することによりノルム空間となる．

2. $\mathbb{R}^n$ (または $\mathbb{C}^n$) の標準基底 $e_1, \cdots, e_n$ をとり $x \in \mathbb{R}^n$ を

$$x = \sum_{k=1}^{n} x_k e_k \quad (x_k \in \mathbb{R})$$

と表すとき，$1 \leq p < \infty$ を満たす $p \in \mathbb{R}$ についてノルム

$$\|x\|_p = \left(\sum_{k=1}^{n} |x_k|^p \right)^{\frac{1}{p}}$$

または

$$\|x\|_\infty = \max_{k=1,2,\ldots,n} |x_k|$$

により $\mathbb{R}^n$ (または $\mathbb{C}^n$) はノルム空間となる．さらにこれらは完備であり従って有限次元のバナッハ空間である．

3. G を $\mathbb{R}^n$ の開または閉領域 (連結な開または閉集合) として

$$C(G) = C^0(G) = \{f \mid f : G \longrightarrow \mathbb{C} \text{ は有界な連続関数である}\}$$

としそのノルムを

$$\|f\|_\infty = \sup_{x \in G} |f(x)| \ (<\infty)$$

と定義するとこの空間はノルム空間となる．このノルムによる収束は定義 12.12 の意味で一様収束であり $\mathbb{C}$ の完備性と命題 12.4 よりこの空間は完備となる（確かめよ）からバナッハ空間を定義する．この空間のノルムは上の 1 の例のような内積では定義できないことに注意されたい．さらにこの空間 $C^0(G)$ は無限次元線型空間である．(実際可算無限個の多項式 $1, x, x^2, x^3, \cdots, x^k, \cdots$ は一次独立である．)

4. $f \in C^0(G)$ に対し閉集合

$$\operatorname{supp} f = \overline{\{x \mid x \in G,\ f(x) \neq 0\}}$$

を関数 f の台あるいはサポートと呼ぶ．いま

$$C_0(G) = C_0^0(G) = \{f \mid f \in C^0(G),\ \operatorname{supp}(f) \subset G^\circ\}$$

と定義するとこの空間 $C_0(G)$ も 3 のノルムに関し完備となりバナッハ空間となる．

5. $V_j\ (j = 1, 2, \cdots, d)$ をバナッハ空間とする．このとき直積 $V = V_1 \times \cdots \times V_d$ をこれに例 11.3 の 3 の直積距離を入れた距離空間と考える．これは V にノルム $\|(x_1, \cdots, x_d)\| = \{\|x_1\|^2 + \cdots + \|x_d\|^2\}^{1/2}$ を入れたバナッハ空間と考えられる．

問 14.1 $\mathbb{R}^n$ の任意の 2 つのノルム $\|\cdot\|_0$ と $\|\cdot\|_1$ は互いに同値であることを以下の順で示せ．ただしこれらが同値とはある正の数 $\alpha, \beta > 0$ があって

$$\forall x \in \mathbb{R}^n:\ \alpha \|x\|_0 \geq \|x\|_1 \geq \beta \|x\|_0$$

が成り立つことである．

1. $\mathbb{R}^n$ の標準基底 $e_1, \cdots, e_n$ をとり $x \in \mathbb{R}^n$ を
$$x = \sum_{k=1}^{n} x_k e_k \quad (x_k \in \mathbb{R})$$
と表すとき, x の標準ノルム
$$\|x\|_2 = \sqrt{\sum_{k=1}^{n} x_k^2}$$
による距離を $\mathbb{R}^n$ に入れる. このときこの距離に関し集合
$$\{y \in \mathbb{R}^n \mid \|y\|_2 = 1\}$$
はコンパクトである.

2. 1で入れた距離に関し関数 $\mathbb{R}^n \ni x \mapsto \|x\|_1 \in \mathbb{R}$ は連続である.

3. 以上より関数 $\mathbb{R}^n \ni x \mapsto \|x\|_1 \in \mathbb{R}$ は集合 $\{y \in \mathbb{R}^n \mid \|y\|_2 = 1\}$ 上最大値 $\alpha > 0$ および最小値 $\beta > 0$ をとる. このとき
$$\forall x \in \mathbb{R}^n : \alpha \|x\|_2 \geq \|x\|_1 \geq \beta \|x\|_2$$
が成り立つ.

ノルム線型空間からノルム線型空間への有界線型作用素の全体もベクトル空間となるが, これは次のノルムについてノルム線型空間となる.

定義 14.2 V, W を $K (= \mathbb{C} \text{ or } \mathbb{R})$ 上のノルム線型空間とする. V から W への線型写像ないし線型作用素 T が連続である時 T を連続な線型作用素ないし有界な線型写像あるいは有界線型作用素等と呼ぶ. このときかつこのときに限り
$$\|T\| = \sup_{\|x\| \leq 1} \|Tx\| = \sup_{\|x\| = 1} \|Tx\| = \sup_{x \neq 0} \frac{\|Tx\|}{\|x\|}$$
は有限になりこの値を T の作用素ノルムと呼ぶ. V から W への線型作用素の全体を $L(V, W)$, V から W への有界線型作用素の全体を $B(V, W)$ と書く. $L(V, W)$ は演算
$$(\lambda T + \mu S)(x) := \lambda T(x) + \mu S(x) \quad (\lambda, \mu \in K, \ x \in V)$$

により線型空間となり $B(V,W)$ はその部分空間となる．とくに $W=K(=\mathbb{C}$ or $\mathbb{R})$ のとき $B(V,W)=B(V,K)$ を V' と書き V の双対空間 (dual space) と呼ぶ．

W がバナッハ空間であれば $B(V,W)$ もバナッハ空間となる．

問 14.2 定義 14.2 において W がバナッハ空間であれば $B(V,W)$ は作用素ノルムをノルムとしてバナッハ空間となることを示せ．

例 14.2 $x \in [0,1]$ を固定するとき例 14.1 で導入されたノルムを持つ線型空間 $C^0([0,1])$ から $\mathbb{R}$ への線型写像 δ_x を

$$\delta_x(f) := f(x)$$

によって定義すると δ_x は有界線型写像である．

命題 14.1 有限次元ノルム線型空間 $\mathbb{R}^n$ から $\mathbb{R}^k$ $(1 \le n, k < \infty)$ への線型写像は有界である．

問 14.3 命題 14.1 を示せ．

いよいよ微分の定義を述べる．

定義 14.3 V,W をバナッハ空間，$G \subset V$ を開集合，$f: G \longrightarrow W$ を写像，$x_0 \in G$ とする．いま有界な線型写像 $Df(x_0): V \longrightarrow W$ で

$$\lim_{x \to x_0,\ x \ne x_0} \frac{\|f(x) - f(x_0) - Df(x_0)(x - x_0)\|}{\|x - x_0\|} = 0$$

を満たすものが存在するとき写像 f は $x_0 \in G$ で微分可能という．このとき線型写像 $Df(x_0) \in B(V,W)$ を f の x_0 における微分という．G の任意の点 x_0 で微分可能のとき f は G で微分可能という．$Df(x_0)$ は線型写像として連続であるが x_0 に連続に依存するとは限らない．G 上微分可能で $Df(x_0) \in B(V,W)$ が $x_0 \in G$ に連続に依存するとき f は G で連続微分可能という．このように $Df(x)$ を $x \in G$ の関数と見なすとき $Df(x)$ を導関数と呼ぶことがある．$Df(x)$ が $x \in G$ から $B(V,W)$ への写像としてさらに微分可能なときその微分を $D^2f(x) \in B(V, B(V,W))$ などと表し 2

階微分という．この $D^2f(x) \in B(V,B(V,W))$ は $V \times V$ から W への有界双線型写像と見なすことができる．このとき $D^2f(x)(u,v) = D^2f(x)(v,u)$ ($\forall u,v \in V$) が成り立つ (下記命題 14.4)．高階微分も同様に定義される．

定義 14.4 特に $V = \mathbb{R}$ または $V = \mathbb{C}$ のとき整数 $j \geq 0$ に対し $D^j f(x)$ を $f^{(j)}(x), \dfrac{d^j}{dx^j}f(x), \dfrac{d^j f}{dx^j}(x)$ 等と表すこともある．また $W = \mathbb{C}$ のとき k 回連続的微分可能な関数を C^k-級関数と呼びその全体を $C^k(G)$ ($k = \infty$ の場合も含む) と表す．この空間には様々な距離ないし位相の入れ方がある．たとえば例 14.1 の 3 のような入れ方もあるがその時は $C^k(G)$ ($k \geq 1$) は完備にならない．G からバナッハ空間 W への k 回連続的微分可能な関数の全体も同様に $C^k(G,W)$ と表す．

定義 14.5 V_j ($j = 1,2,\cdots,d$), W をバナッハ空間とする．このとき直積 $V = V_1 \times \cdots \times V_d$ を例 14.1 の 5 の意味での直積距離を入れたバナッハ空間と考える．$G \subset V$ を開集合，$a = (a_1, \cdots, a_d) \in G$ とする．写像 $f : G \longrightarrow W$ が点 a において第 i 番目の変数に関し偏微分可能とは写像 $V_i \ni x_i \mapsto f(a_1, \cdots, a_{i-1}, a_i + x_i, a_{i+1}, \cdots, a_d) \in W$ が $x_i = 0 \in V_i$ において微分可能なことである．このときの微分を $D_i f(a)$ と表し，f の a における i 方向の偏微分という．特に $V_j = \mathbb{R}$ ($j = 1,2,\cdots,d$) のとき $D_i f(a) = D_{x_i} f(a) = \dfrac{\partial}{\partial x_i} f(a) = \dfrac{\partial f}{\partial x_i}(a)$ 等と表す．高階微分についても同様である．

問 14.4 定義 14.3 の微分線型写像 $Df(x_0)$ は存在すれば一意的であることを示せ．

問 14.5 V, W を $\mathbb{C}$ 上のバナッハ空間，$G \subset V$ を開集合，$f : G \longrightarrow W$ を C^1 級写像とし，$\varphi \in W' = B(W, \mathbb{C})$ とする．このとき $\varphi \circ f \in C^1(G, \mathbb{C})$ であり任意の $x \in G$ において

$$D(\varphi \circ f)(x) = \varphi \circ (Df)(x)$$

が成り立つことを示せ．

問 14.6 以下を示せ．

1. $f(t) = t^n$ $(n = 0, 1, 2, 3, \cdots)$ を $\mathbb{R}$ から $\mathbb{R}$ へのべき関数とする．このとき $k = 1, 2, \cdots$ に対し
$$f^{(k)}(t) := \frac{d^k f}{dt^k}(t) = \begin{cases} n(n-1)\cdots(n-k+1)t^{n-k}, & (n \geq k), \\ 0, & (n < k). \end{cases}$$

2. $a > 0$, $a \neq 1$, $g(t) = a^t$ を $\mathbb{R}$ から $\mathbb{R}$ への指数関数とするとき $k = 1, 2, \cdots$ に対し
$$g^{(k)}(t) = (\log a)^k g(t).$$

3. $a > 0, a \neq 1$ のとき $(\log_a x)' = (\log_a e)x^{-1}$ $(x > 0)$.

4. $x \in \mathbb{R}$ のとき $(\cos x)' = -\sin x$, $(\sin x)' = \cos x$.

問 14.7 以下の問いに答えよ．

1. $\mathbb{R}$ から $\mathbb{R}$ への連続関数 $f(x)$ がある点 $a \in \mathbb{R}$ の近傍において点 a を除き微分可能で極限
$$b = \lim_{x \to a,\ x \neq a} f'(x)$$
が存在すれば f は点 a において微分可能であり
$$f'(a) = b$$
となることを示せ．

2. $k \geq 1$ を整数とするとき以下によって定義される $\mathbb{R}$ から $\mathbb{R}$ への関数 $f(x)$ は $C^\infty(\mathbb{R})$ に属することを示せ．
$$f(x) = \begin{cases} e^{-1/x^k} & (x > 0), \\ 0 & (x \leq 0). \end{cases}$$

3. 以下によって定義される $\mathbb{R}$ から $\mathbb{R}$ への関数 $f(x)$ は $\mathbb{R}$ 上で連続である．この関数は原点以外では連続的微分可能であるが原点 $x = 0$ ではどうか？
$$f(x) = \begin{cases} x \sin \frac{1}{x} & (x \neq 0), \\ 0 & (x = 0). \end{cases}$$

4. 以下で定義する関数 $f : \mathbb{R}^2 \longrightarrow \mathbb{R}$ は領域 $G = \{(x,y) \mid (x,y) \neq (0,0)\}$ においては連続的微分可能であるが点 $(x,y) = (0,0)$ においては微分可能でないことを示せ．

$$f(x,y) = \begin{cases} \dfrac{x^4 + y^3}{x^2 + y^2} & ((x,y) \neq (0,0)), \\ 0 & ((x,y) = (0,0)). \end{cases}$$

命題 14.2 定義 14.3 の写像 f が x_0 で微分可能ならば f は点 $x_0 \in G$ で連続である．

証明 定義 14.3 の式より任意の $\epsilon > 0$ に対しある $\delta > 0$ が存在して $\|x - x_0\| < \delta, x \neq x_0$ ならば

$$\|f(x) - f(x_0) - Df(x_0)(x - x_0)\| \leq \epsilon \|x - x_0\|$$

が成り立つ．これはこの表現から $x = x_0$ に対しても成り立つ．特に $\epsilon = 1$ として

$$\|f(x) - f(x_0)\| \leq (1 + \|Df(x_0)\|)\|x - x_0\|$$

が成り立つ．ゆえに $x \to x_0$ のとき $f(x) \to f(x_0)$ が言えた．

証明終わり

合成関数の微分に関する一般規則が得られる．

命題 14.3 V, W, X をバナッハ空間，$G \subset V$ を開集合，$x_0 \in G$ とし $f : G \longrightarrow W$ が点 x_0 で微分可能とする．さらに $E \subset W$ を $f(G) \subset E$ となる W の開集合とし $g : E \longrightarrow X$ が点 $f(x_0) \in f(G) \subset E$ で微分可能とする．このとき合成関数 $g \circ f : G \longrightarrow X$ が定義されるがこの合成関数 $g \circ f$ は点 x_0 で微分可能であり

$$D(g \circ f)(x_0) = Dg(f(x_0)) \circ Df(x_0)$$

が成り立つ．

問 14.8 命題 14.3 を証明せよ．

値を一般のベクトル空間であるバナッハ空間に取る関数の場合，次の平均値の定理 (微分形) が成り立つ．

定理 14.1 $I = [a,b]$ を $\mathbb{R}$ の有界閉区間，W をバナッハ空間，$f : I \longrightarrow W$ を連続写像で I の開核 $I° = (a,b)$ で微分可能で正定数 $M > 0$ に対し

$$\|Df(x)\| \leq M \quad (x \in I°)$$

を満たすとする．このとき

$$\|f(b) - f(a)\| \leq M(b-a)$$

が成り立つ．

特に V, W をバナッハ空間とし，$u, v \in V$, $U \subset V$ を線分 $S = \{u + t(v-u) \mid 0 \leq t \leq 1\}$ の開近傍とし f を U から W への写像で S の各点で微分可能で

$$\|Df(w)\| \leq M \quad (\forall w \in S)$$

と仮定すると

$$\|f(v) - f(u)\| \leq M\|v - u\|$$

が成り立つ．

証明 任意の $\alpha > 0$ を固定し集合 $A \subset I$ を

$$A = \{w \in I \mid \forall z \in [a,w] : \|f(z) - f(a)\| \leq M(z-a) + \alpha(z-a)\}$$

と定義する．$a \in A$ ゆえ $A \neq \emptyset$. 従って $a \leq d = \sup A < \infty$. f は連続なので $d \in A$. 従って $A = [a,d]$ である．このとき $d = b$ を示す．もしそうでなくて $d < b$ であるとすると十分小なる正数 $\delta > 0$ に対し $d + \delta < b$ であり f の $I°$ における微分可能性により

$$\forall z \in [d, d+\delta] : \|f(z) - f(d) - Df(d)(z-d)\| \leq \alpha(z-d)$$

が成り立つ．ゆえに $z \in [d, d+\delta]$ に対し

$$\begin{aligned}\|f(z) - f(a)\| &\leq \|f(z) - f(d)\| + \|f(d) - f(a)\| \\ &\leq M(z-d) + \alpha(z-d) + M(d-a) + \alpha(d-a) \\ &= M(z-a) + \alpha(z-a)\end{aligned}$$

が成り立つ．従って A の定義より $[d, d+\delta) \subset A$ となり $d = \sup A$ に矛盾する．以上より背理法により $d=b$ が言えた．よって $A = [a,b] = I$ でありとくに $b \in A$ より任意の正の数 $\alpha > 0$ に対し

$$\|f(b) - f(a)\| \leq M(b-a) + \alpha(b-a)$$

が言える．$\alpha > 0$ は任意でほかの項は α によらないからこれより

$$\|f(b) - f(a)\| \leq M(b-a)$$

が示された．

証明終わり

また，異なる変数による偏微分を繰り返す場合，それが存在すればその値は微分の順番によらない．

命題 14.4 $V = V_1 \times \cdots \times V_d, W$ をバナッハ空間，$G \subset V$ を開集合，$f: G \longrightarrow W$ を写像とする．f が $x_0 \in G$ で 2 回微分可能とする．このとき任意の $u, v \in V$ に対し

$$D^2 f(x_0)(u,v) = D^2 f(x_0)(v,u)$$

が成り立つ．

証明 2 回微分可能の定義より $\|v\|$ が十分小なる $v \in V$ に対し 1 階微分 $Df(x_0 + v)$ が存在する．以下 $v \in V$ をそのようなものとし，$\varphi(u)$ ($u \in V$) を

$$\varphi(u) = f(x_0 + u + v) - f(x_0 + u)$$

と定義する．すると

$$f(x_0 + u + v) - f(x_0 + u) - f(x_0 + v) + f(x_0) = \varphi(u) - \varphi(0).$$

$\varphi(u)$ は u について $u = 0$ において微分可能だから

$$g(u) = \varphi(u) - D\varphi(0)u$$

に定理 14.1 の後半を適用して

$$\|\varphi(u) - \varphi(0) - D\varphi(0)u\| \leq \|u\| \sup_{\theta \in [0,1]} \|D\varphi(\theta u) - D\varphi(0)\|. \quad (14.1)$$

また

$$\begin{aligned}
D\varphi(w) &= (Df(x_0 + w + v) - Df(x_0 + w)) \\
&= (Df(x_0 + w + v) - Df(x_0) - D^2 f(x_0)w) \\
&\quad -(Df(x_0 + w) - Df(x_0) - D^2 f(x_0)w).
\end{aligned}$$

仮定から

$$\|Df(x_0 + w + v) - Df(x_0) - D^2 f(x_0)(w + v)\| = o(\|w + v\|),$$
$$\|Df(x_0 + w) - Df(x_0) - D^2 f(x_0)w\| = o(\|w\|).$$

ただし $o(\rho)$ 等は $\lim_{\rho \to 0,\ \rho \neq 0} \frac{|o(\rho)|}{|\rho|} = 0$ なる量を表す．これらより

$$\|D\varphi(w) - D^2 f(x_0)v\| = o(\|w\| + \|v\|). \quad (14.2)$$

これを (14.1) の右辺に $w = \theta u$ および $w = 0$ として適用して

$$\|\varphi(u) - \varphi(0) - D\varphi(0)u\| \leq \|u\| o(\|u\| + \|v\|)$$

を得る．これと (14.2) より

$$\begin{aligned}
&\|\varphi(u) - \varphi(0) - D^2 f(x_0)vu\| \\
\leq\ &\|\varphi(u) - \varphi(0) - D\varphi(0)u\| + \|D\varphi(0)u - D^2 f(x_0)vu\| \\
\leq\ &2o(\{\|u\| + \|v\|\}^2).
\end{aligned}$$

以上の議論は $\|u\| + \|v\| \to 0$ で成り立つ．

この議論は u と v について対称なのでそれらを交換しても成り立つ．それらより

$$\|D^2 f(x_0)vu - D^2 f(x_0)uv\| \leq 4o(\{\|u\| + \|v\|\}^2)$$

が言え証明が終わる．

証明終わり

また 1 回連続的微分可能であることは各成分についての連続的偏微分可能性と同等である.

命題 14.5 バナッハ空間 $V = V_1 \times \cdots \times V_d, W$, 開集合 $G \subset V$, 写像 $f: G \longrightarrow W$ について, 次の 2 条件は互いに同値である.

1. f が G 上微分可能でその微分 $Df(x)$ が $x \in G$ について連続である.

2. f が G 上各 $i = 1, 2, \cdots, d$ につき第 i 番目の変数に関し偏微分可能でその偏微分 $D_i f(x)$ がすべての i について G 上連続である.

また, 1 あるいは 2 が成立するとき任意の $v_i \in V_i$ $(1 \leq i \leq d)$ に対し式

$$Df(x)(v_1, \cdots, v_d) = \sum_{i=1}^d D_i f(x) v_i$$

が成り立つ.

証明 条件 1 から 2 は自明である. 2 から 1 を示す. $x \in G$ を固定し正数 $\delta > 0$ を $\overline{O_\delta(x)} \subset G$ ととる. $h = (h_1, \cdots, h_d) \in V$, $h_i \in V_i$ を $x + h \in O_\delta(x) \subset G$ を満たすものとする. このとき $h(i) = (\underbrace{0, \cdots, 0}_{(i-1)\text{個}}, h_i, \cdots, h_d)$ $(i = 1, 2, \cdots, d)$ とおくと

$$f(x+h) - f(x) - \sum_{i=1}^d D_i f(x) h_i$$
$$= \sum_{i=1}^d \{f(x+h(i)) - f(x+h(i+1)) - D_i f(x+h(i+1)) h_i\}$$
$$+ \sum_{i=1}^d \{D_i f(x+h(i+1)) - D_i f(x)\} h_i.$$

写像 $g: G \longrightarrow W$ を $z \in G$ に対し

$$g(u) = f(u) - Df(z) u$$

と定義すると定理 14.1 の後半より $z = x + h(i+1) \in G$ に対し

$$\|f(x+h(i)) - f(x+h(i+1)) - D_i f(x+h(i+1)) h_i\|$$
$$\leq \|h_i\| \sup_{0 \leq \theta \leq 1} \|D_i f(x+h(i+1) + \theta(h(i) - h(i+1))) - D_i f(x+h(i+1))\|.$$

$D_i f$ が G で連続だから右辺の sup は $\delta \to 0$ のとき 0 に収束する．同様に $\delta \to 0$ のとき

$$\|D_i f(x + h(i+1)) - D_i f(x)\| \to 0$$

である．以上より $\|h\| \to 0$ のとき

$$\frac{\|f(x+h) - f(x) - \sum_{i=1}^{d} D_i f(x) h_i\|}{\|h\|} \to 0$$

となり命題が言えた．

証明終わり

さらに，f の 2 階微分についてもこれと同じようなことが言える．

命題 14.6 バナッハ空間 $V = V_1 \times \cdots \times V_d, W$，開集合 $G \subset V$，写像 $f : G \longrightarrow W$ について，次の 2 条件は同値である．

1. f が G 上 2 回微分可能でその二階微分 $D^2 f(x)$ が $x \in G$ について連続である．

2. f が G 上各変数に関し 2 回偏微分可能でその二階偏微分 $D_i D_j f(x)$ がすべての $1 \leq i, j \leq d$ について G 上連続である．

条件 1 あるいは 2 が成立するとき任意の $v_i, u_j \in V_i$ $(1 \leq i, j \leq d)$ に対し式

$$D^2 f(x)(u_1, \cdots, u_d)(v_1, \cdots, v_d) = \sum_{i,j=1}^{d} D_i D_j f(x) u_i v_j$$

が成り立つ．特に，任意の $1 \leq i, j \leq d$ に対し G 上

$$D_i D_j f(x) = D_j D_i f(x)$$

が成り立つ．高階微分についても同様である．

これは命題 14.4 と命題 14.5 から明らかに成り立つ．証明は読者に任せる．

14.2 平均値の定理

この節では平均値の定理を証明し，無限回微分可能な関数をべき関数の和で近似するテイラーの定理を示す．はじめに，もっとも基本的な定理の証明からはじめる．バナッハ空間 V の集合 E から実数 $\mathbb{R}$ への写像 f が点 $x \in E$ において極大ないし極小であるとは点 x の近傍 $U \subset E$ が存在して f は U 内で点 $x \in U$ において最大ないし最小となることをいう．このとき f は x において極大値ないし極小値を取るあるいは両方の場合を込めて極値をとるといい x を f の極大点ないし極小点あるいは極値点という．

定理 14.2 (a, b) を $\mathbb{R}$ の開区間とし f を (a, b) から $\mathbb{R}$ への関数で点 $x_0 \in (a, b)$ で極大値あるいは極小値をとるとする．このとき f が x_0 で微分可能なら $f'(x_0) = 0$ となる．

証明 $-f$ を考えることにより極大値の場合は極小値の場合に帰着されるから極小値の場合を示せばよい．このときある正数 $\delta > 0$ に対し $(x_0 - \delta, x_0 + \delta) \subset (a, b)$ となり f はこの区間 $(x_0 - \delta, x_0 + \delta)$ 内で x_0 において最小値をとる．ゆえに $y \in (x_0 - \delta, x_0 + \delta)$ なら

$$f(y) \geq f(x_0)$$

である．よって $y < x_0$ なら

$$\frac{f(y) - f(x_0)}{y - x_0} \leq 0$$

であり $y > x_0$ なら

$$\frac{f(y) - f(x_0)}{y - x_0} \geq 0$$

である．f は x_0 で微分可能だからこれらの商は $y \to x_0$ のときともに $f'(x_0)$ に収束する．よって

$$f'(x_0) = 0$$

である．

証明終わり

次は導関数に関する中間値の定理である．導関数が連続とは仮定していないことに注意されたい．

命題 14.7 $[a,b]$ を $\mathbb{R}$ の閉区間とし f を $[a,b]$ から $\mathbb{R}$ への微分可能な関数とする．$f'(a) < f'(b)$ とし任意の $\gamma \in (f'(a), f'(b))$ をとるとある $x_0 \in (a,b)$ が存在し $f'(x_0) = \gamma$ を満たす．$f'(a) > f'(b)$ の場合も同様である．

証明 $\varphi(x) = f(x) - \gamma x$ とおくと $\varphi'(a) = f'(a) - \gamma < 0, \varphi'(b) = f'(b) - \gamma > 0$ である．他方 φ はコンパクト集合 $[a,b]$ 上のある点 x_0 で最小値をとる．この x_0 は a にも b にも等しくない．実際 $\varphi'(a)$ が存在して $\varphi'(a) < 0$ なることより十分小なる $\delta > 0$ で $a + \delta < b$ を満たすものを

$$a < x < a + \delta \Longrightarrow \left| \frac{\varphi(x) - \varphi(a)}{x - a} - \varphi'(a) \right| < \frac{-\varphi'(a)}{2}$$

となるようにとれる．このとき

$$\frac{\varphi(x) - \varphi(a)}{x - a} < \frac{\varphi'(a)}{2} < 0$$

となるから $x > a$ より

$$\varphi(x) < \varphi(a)$$

となる．$\varphi(x_0)$ は最小値であるから $a < x < a + \delta$ なる x に対し

$$\varphi(x_0) \leq \varphi(x) < \varphi(a)$$

となり $x_0 \neq a$ が言える．右の端点 b においても同様に議論して $x_0 \neq b$ が言える．従って φ は $x = x_0 \in (a,b)$ において極小値をとるから前定理 14.2 より $f'(x_0) - \gamma = \varphi'(x_0) = 0$ となる．

証明終わり

極値の条件の定理 14.2 から，平均値の定理の最も素朴なかたちであるロルの定理が成り立つ．

定理 14.3 (ロル (Rolle) の定理) f が閉区間 $[a,b]$ ($a < b$) から $\mathbb{R}$ への連続写像で開区間 (a,b) 上微分可能とする．このとき $f(a) = f(b)$ ならある $x_0 \in (a,b)$ で $f'(x_0) = 0$ となる．

証明 f が閉区間 $[a,b]$ で定数であればこの区間のすべての点 x で $f'(x) = 0$ だから f は $[a,b]$ で定数でないとしてよい．このときある点 $y \in [a,b]$ において $f(y) \neq f(a) = f(b)$ であるから $y \neq a, b$ である．一般性を失うことなく $f(y) > f(a) = f(b)$ としてよい．f はコンパクト集合 $[a,b]$ 上連続な実数値関数だから定理 12.5 より f は区間 $[a,b]$ のある点 x_0 で最大値をとる．これは最大値であるから上の y に対し

$$f(x_0) \geq f(y) > f(a) = f(b)$$

を満たす．特に $x_0 \in (a,b)$ である．$f(x_0)$ は最大値であるから x_0 の近傍では極大値である．よって前定理 14.2 より $f'(x_0) = 0$ となる．

証明終わり

さらに，平均値の定理の最も一般的なかたちのものは次のように表される．

系 14.1 $f, g : [a,b] \longrightarrow \mathbb{R}$ が連続で (a,b) で微分可能とする．$g(b) \neq g(a)$ かつ任意の $x \in (a,b)$ で $g'(x) \neq 0$ とするときある点 $x_0 \in (a,b)$ で

$$\frac{f(b) - f(a)}{g(b) - g(a)} = \frac{f'(x_0)}{g'(x_0)}$$

が成り立つ．特に $g(x) = x$ として

$$f(b) - f(a) = f'(x_0)(b - a)$$

なる点 $x_0 \in (a,b)$ の存在が言える．

証明 $x \in [a,b]$ に対し

$$F(x) = f(x) - f(a) - \frac{f(b) - f(a)}{g(b) - g(a)}(g(x) - g(a))$$

とおくと $F(a) = F(b) = 0$ でありかつ F は $[a,b]$ で連続，(a,b) で微分可能なので Rolle の定理 14.3 によりある点 $x_0 \in (a,b)$ で $F'(x_0) = 0$ を満たし，これより系が従う．

証明終わり

この系の応用として，ロピタル (l'Hôpital) の定理が導かれる．

定理 14.4 連続関数 $f, g : [a,b] \to \mathbf{R}$ がともに開区間 (a,b) で微分可能で，

$$f(b) = 0, \quad g(b) = 0, \quad g'(x) \neq 0 \ (\forall x \in (a,b))$$

となるとき，$\lim_{x \to b-0}\{f'(x)/g'(x)\}$ が存在するならば，

$$\lim_{x \to b-0} \frac{f(x)}{g(x)} = \lim_{x \to b-0} \frac{f'(x)}{g'(x)}.$$

証明 $g'(x) > 0$ の場合を考える．このとき，連続関数 $g : (a,b) \to (g(a), g(b))$ は単調増加で微分可能な逆関数をもつ（後述定理 14.9）．従って，平均値の定理より，次のような $\xi \in (x,b)$ が存在する，

$$\begin{aligned}\frac{f(b) - f(x)}{g(b) - g(x)} &= \frac{f\left(g^{-1}(g(b))\right) - f\left(g^{-1}(g(x))\right)}{g(b) - g(x)} \\ &= \{f \circ g^{-1}\}'(g(\xi)) = \frac{f'(\xi)}{g'(\xi)}.\end{aligned}$$

よって，$x \to b-0$ の極限で題意が成り立つ．$g'(x) < 0$ の場合も同様である．

証明終わり

問 14.9 ロピタルの定理を用いて，以下を証明せよ．

1.
$$\lim_{x \to 0} \frac{x - \ln(1+x)}{x^2} = \frac{1}{2}.$$

2.
$$\lim_{x \to \infty} \frac{x^n}{e^x} = \lim_{x \to \infty} \frac{nx^{n-1}}{e^x} = \cdots = \lim_{x \to \infty} \frac{n!}{e^x} = 0.$$

平均値の定理を用いると，微分可能な関数をべき関数の和で近似することができることを示す次のテイラーの定理が得られる．

330　第 14 章　バナッハ空間における微分

定理 14.5 (テイラーの公式 (Taylor's formula)) $k \geq 0$ を整数とし f を $\mathbb{R}$ の区間 $[x_0, x]$ から $\mathbb{R}$ への k 回連続的微分可能な関数とする．またこの f は開区間 (x_0, x) で $(k+1)$ 回微分可能とする．このときある $\xi \in (x_0, x)$ に対し

$$f(x) = \sum_{j=0}^{k} \frac{1}{j!} f^{(j)}(x_0)(x-x_0)^j + \frac{1}{(k+1)!} f^{(k+1)}(\xi)(x-x_0)^{k+1}$$

が成り立つ．

証明 $z \in \mathbb{R}$ を

$$f(x) = \sum_{j=0}^{k} \frac{1}{j!} f^{(j)}(x_0)(x-x_0)^j + \frac{1}{(k+1)!} z(x-x_0)^{k+1}$$

ととれる．$y \in [x_0, x]$ に対し

$$\varphi(y) = f(x) - \left\{ \sum_{j=0}^{k} \frac{1}{j!} f^{(j)}(y)(x-y)^j + \frac{1}{(k+1)!} z(x-y)^{k+1} \right\}$$

とおくと仮定よりこれは $y \in [x_0, x]$ について連続で $y \in (x_0, x)$ について微分可能である．このとき

$$\varphi(x) = \varphi(x_0) = 0$$

が成り立つからロルの定理 14.3 よりある $\xi \in (x_0, x)$ において

$$\varphi'(\xi) = 0$$

が成り立つ．これより $z = f^{(k+1)}(\xi)$ が従い定理が言える．

　　　　　　　　　　　　　　　　　　　　　　　　　　　　証明終わり

この定理の展開式の最後の項

$$R_{k+1}(x, \xi) = \frac{1}{(k+1)!} f^{(k+1)}(\xi)(x-x_0)^{k+1} \quad (\xi \in (x_0, x))$$

をラグランジュ(Lagrange) の剰余項という．従って $R_{k+1}(x,\xi) \to 0$ ($k \to \infty$) なる x においては無限回微分可能な実関数 $f : \mathbb{R} \to \mathbb{R}$ は次のように展開される．

$$f(x) = \sum_{j=0}^{\infty} \frac{1}{j!} f^{(j)}(x_0)(x - x_0)^j.$$

これをテイラー展開 (Taylor's Expansion) と呼び，このうちとくに $x_0 = 0$ としたものはマクローリン展開 (MacLaurin's Expansion) と呼ばれる．

例 14.3 すでに述べたものも含め，テイラー-マクローリン展開の例を以下に挙げる．

1. 任意の $x \in \mathbb{R}$ について，

$$e^x = \sum_{j=0}^{\infty} \frac{1}{j!} x^j.$$

2. 任意の $x \in \mathbb{R}$ について，

$$\sin x = \sum_{j=0}^{\infty} \frac{(-1)^j}{(2j+1)!} x^{2j+1}, \quad \cos x = \sum_{j=0}^{\infty} \frac{(-1)^j}{(2j)!} x^{2j}.$$

3. 任意の $n \in \mathbb{N}$, $x \in \mathbb{R}$ について，2項定理が成り立つ．

$$(1+x)^n = \sum_{k=0}^{n} {}_nC_k x^k, \text{ ただし } {}_nC_k = \binom{n}{k} = \frac{n!}{k!(n-k)!}.$$

(組み合わせに関する記号 ${}_nC_k$ は日本だけで使用されるものであり一般には $\binom{n}{k}$ を用いる．)

以上の例はラグランジュの剰余項が $R_{k+1}(x,\xi) \to 0$ ($k \to \infty$) を満たすためべき級数に展開されたが，無限回微分可能な関数が必ずこのようにべき級数に展開されるとは限らないことに注意されたい．たとえば先述の問 14.7 の 2 で定義される関数 $f(x)$ は $x = 0$ において無限回微分可能であるがこれより上のようなべき級数を作っても点 $x = 0$ の近傍においては $f(x)$

に収束しない (確かめよ). 従って点 z の近傍においてこのようなべき級数展開が可能な C^∞ 関数をその点 z において解析的あるいは解析関数と呼んで一般の関数と区別する. 問 14.7 の 2 の関数 $f(x)$ は点 $x = 0$ においては解析的でないがその点以外では解析的である.

次の問いは後述の連続関数のリーマン (Riemann) 積分の概念（定義 15.1 および定義 15.4 を参照）および定理 15.15 を必要とする.

問 14.10 W をバナッハ空間とするとき定理 14.5 において $f \in C^{k+1}([x_0, x], W)$ であれば

$$f(x) = \sum_{j=0}^{k} \frac{1}{j!} f^{(j)}(x_0)(x - x_0)^j + \int_{x_0}^{x} \frac{1}{k!} f^{(k+1)}(t)(x - t)^k dt$$

が成り立つことを示せ.

テイラー展開によって $\mathbb{R}$ 上の解析関数 f がべき級数に展開されると, バナッハ空間 V 上の有界線型写像 $T : V \longrightarrow V$ に対して新たな有界線型写像 $f(T)$ を定義できる.

$$f(T) = \sum_{j=0}^{\infty} \frac{1}{j!} f^{(j)}(0) T^j.$$

指数関数 e^x のテイラー展開は重要で, これにより $N \times N$ 正方行列 $A (N \in \mathbb{N})$ についても指数関数を次のように定義できる.

$$e^A = \sum_{j=0}^{\infty} \frac{1}{j!} A^j.$$

同様にテイラーの定理はバナッハ空間上の関数に対しても一般化できる.

定理 14.6 V をバナッハ空間, $G \subset V$ を開集合, $f \in C^{k+1}(G, \mathbb{R})$ $(k \geq 0)$, $x_0 \in G$, $v \in V$, $\{x_0 + \tau v \mid 0 \leq \tau \leq 1\} \subset G$ と仮定する. このときある $\theta \in (0, 1)$ が存在して

$$f(x_0 + v) = f(x_0) + Df(x_0)v + \frac{1}{2!} D^2 f(x_0)(v, v) + \cdots$$
$$+ \frac{1}{k!} D^k f(x_0) \underbrace{(v, \cdots, v)}_{k \text{ elements}} + \frac{1}{(k+1)!} D^{k+1} f(x_0 + \theta v) \underbrace{(v, \cdots, v)}_{(k+1) \text{elements}}$$

が成り立つ.

証明 $[0,1]$ から $\mathbb{R}$ への関数 g を

$$g(\tau) = f(x_0 + \tau v)$$

と定義すると命題 14.3 により $1 \leq j \leq k+1$ に対し

$$D^j g(\tau) = D^j f(x_0 + \tau v) \underbrace{(v, \cdots, v)}_{j \text{ elements}}$$

となるから通常の一実変数実数値関数に関するテイラーの公式)(定理 14.5) より明らかである.

証明終わり

定理 14.7 V をバナッハ空間, $G \subset V$ を開集合, $x_0 \in G$, $f \in C^k(G, \mathbb{R})$, 正数 $\delta > 0$ を $O_\delta(x_0) \subset G$ なるものとする. このとき $\|v\| < \delta$ を満たす任意の $v \in V$ に対し

$$f(x_0 + v) = \sum_{j=0}^{k} \frac{1}{j!} D^j f(x_0) \underbrace{(v, \cdots, v)}_{j \text{ elements}} + R_{k+1}(v)$$

と書くとき

$$\lim_{v \to 0,\ v \neq 0} \frac{R_{k+1}(v)}{\|v\|^k} = 0$$

が成り立つ.

証明 定理 14.6 より (v に依存する) ある $\theta \in (0,1)$ に対し

$$f(x_0 + v) = \sum_{j=0}^{k-1} \frac{1}{j!} D^j f(x_0) \underbrace{(v, \cdots, v)}_{j \text{ elements}} + \frac{1}{k!} D^k f(x_0 + \theta v) \underbrace{(v, \cdots, v)}_{k \text{ elements}}$$

が成り立つから

$$R_{k+1}(v) = \frac{1}{k!}(D^k f(x_0 + \theta v) - D^k f(x_0)) \underbrace{(v, \cdots, v)}_{k \text{ elements}}$$

とおくとき

$$f(x_0+v) = \sum_{j=0}^{k} \frac{1}{j!} D^j f(x_0) \underbrace{(v,\cdots,v)}_{j \text{ elements}} + R_{k+1}(v)$$

が成り立つ．仮定より $D^k f(x) \in B(\underbrace{V,(V,\cdots,B(V,\mathbb{R}))\cdots)}_{k \text{ 回}}$ は $\underbrace{V\times\cdots\times V}_{k \text{ factors}}$
上の $\mathbb{R}$-値多重線型写像で $x\in G$ について連続なので

$$\lim_{v\to 0}\sup_{\theta\in(0,1)} \|D^k f(x_0+\theta v) - D^k f(x_0)\| = 0.$$

これより定理が言える．

証明終わり

14.3　陰関数定理

　この節では陰関数定理および逆関数定理を示す．これらは互いに同値であるがここでは陰関数定理を不動点定理を用いて示しそれより逆関数定理を示す．これらは解析学において後に幾度も顔を出す極めて重要なものである．

定理 14.8（陰関数定理 (implicit function theorem)）V_1, V_2, W をバナッハ空間，$G \subset V_1 \times V_2$ を開集合，$(x_0, y_0) \in G$, $F : G \longrightarrow W$ を連続微分可能な写像とする．いま

$$F(x_0, y_0) = 0$$

が成り立ち有界線型写像

$$(D_y F)(x_0, y_0) : V_2 \longrightarrow W$$

が可逆で逆写像も W から V_2 への有界線型写像であるとする．このとき V_1 における x_0 の開近傍 G_1 と V_2 における y_0 の開近傍 G_2 で $G_1 \times G_2 \subset G$ を満たすものが存在して任意の $(x,y) \in G_1 \times G_2$ において $(D_y F)(x,y) : V_2 \longrightarrow W$

は可逆で逆写像は W から V_2 への有界線型写像である．さらに微分可能写像 $g : G_1 \longrightarrow G_2$ が存在して，任意の $x \in G_1$ に対し

$$F(x, g(x)) = 0$$

を満たす．このような点 $g(x)$ は各 $x \in G_1$ に対し一意的に定まる．そして g の微分は

$$Dg(x) = -(D_y F)(x, g(x))^{-1} (D_x F)(x, g(x))$$

で与えられる．特に $F : G \longrightarrow W$ が連続微分可能な写像であるという仮定によりこの微分 $Dg(x)$ も $x \in G_1$ について連続に依存する．

証明 有界線型で可逆な $(D_y F)(x_0, y_0) : V_2 \longrightarrow W$ が存在し逆も有界線型であり，$(D_y F)(x, y) \in B(V_2, W)$ は $(x, y) \in G$ に関し連続的に依存するから $(x, y) \in G$ が (x_0, y_0) に十分近いとき $J(x, y) := (D_y F)(x, y) - (D_y F)(x_0, y_0)$ に対し $\|(D_y F)(x_0, y_0)^{-1} J(x, y)\| \leq 1/2$ となる．このような (x, y) においては $(D_y F)(x, y)$ は可逆でその逆は

$$\begin{aligned}
(D_y F)(x, y)^{-1} &= \left(I + (D_y F)(x_0, y_0)^{-1} J(x, y)\right)^{-1} (D_y F)(x_0, y_0)^{-1} \\
&= \sum_{k=0}^{\infty} \left\{-(D_y F)(x_0, y_0)^{-1} J(x, y)\right\}^k (D_y F)(x_0, y_0)^{-1}
\end{aligned}$$

で与えられ $W \longrightarrow V_2$ なる有界線型写像となる．
いま

$$T_0 = (D_y F)(x_0, y_0) : V_2 \longrightarrow W$$

とおく．$x \in V_1$ を固定するとき写像

$$\Phi(x, y) = y - T_0^{-1} F(x, y) : V_2 \longrightarrow V_2$$

の不動点 $y_1 \in V_2$ がもし存在すればそれは

$$F(x, y_1) = 0$$

をみたす．そこで第 12 章の不動点定理 12.15 を Φ に適用することを考える．仮定より T_0 は可逆なので $y_1, y_2 \in V_2$ に対し

$$\Phi(x, y_1) - \Phi(x, y_2) = T_0^{-1}\{(D_y F)(x_0, y_0)(y_1 - y_2) - (F(x, y_1) - F(x, y_2))\}$$

が成り立つ．F は G において連続的微分可能であるから T_0^{-1} の有界性からある正の数 $\delta_1, \delta_2 > 0$ が存在して $\|x - x_0\| \leq \delta_1, \|y_j - y_0\| \leq \delta_2$ $(j = 1, 2)$ のとき

$$\begin{aligned}
&\|\Phi(x, y_1) - \Phi(x, y_2)\| \\
&\leq \|T_0^{-1}\|\{\|(D_y F)(x_0, y_0) - (D_y F)(x, y_2)\|\|y_1 - y_2\| \\
&\quad + \|(D_y F)(x, y_2)(y_1 - y_2) - (F(x, y_1) - F(x, y_2))\|\} \\
&\leq \frac{1}{2}\|y_1 - y_2\|
\end{aligned} \tag{14.3}$$

が成り立つ．また F の連続性からある $\delta_3 > 0$ が存在して

$$\|x - x_0\| \leq \delta_3 \Longrightarrow \|\Phi(x, y_0) - \Phi(x_0, y_0)\| < \frac{\delta_2}{2}$$

が成り立つ．ゆえにこれらより $\|y - y_0\| \leq \delta_2, \|x - x_0\| \leq \delta := \min\{\delta_1, \delta_3\}$ ならば

$$\begin{aligned}
\|\Phi(x, y) - y_0\| &= \|\Phi(x, y) - \Phi(x_0, y_0)\| \\
&\leq \|\Phi(x, y) - \Phi(x, y_0)\| + \|\Phi(x, y_0) - \Phi(x_0, y_0)\| \\
&< \frac{1}{2}\|y - y_0\| + \frac{\delta_2}{2} \leq \delta_2
\end{aligned}$$

となる．ゆえに $\|x - x_0\| \leq \delta$ のとき写像 $\Phi(x, y)$ は閉球体 $B_{\delta_2}(y_0) := \{y \mid \|y - y_0\| \leq \delta_2\}$ をそれ自身に写す．（正確にはこの不等式より閉球体 $B_{\delta_2}(y_0)$ を開球体 $O_{\delta_2}(y_0) = \{y \mid \|y - y_0\| < \delta_2\}$ に写す．）さらに式 (14.3) によりこれは縮小写像であるから定理 12.15 より $\|x - x_0\| \leq \delta$ を満たす各 x に対し

$$\Phi(x, y) = y$$

なる点 $y \in B_{\delta_2}(y_0)$ がただひとつ定まる．その y を用いて $y = g(x)$ により $\{x \mid \|x - x_0\| \leq \delta\}$ から $O_{\delta_2}(y_0) \subset B_{\delta_2}(y_0)$ への写像 g を定義すれば Φ の定義から g は

$$F(x, g(x)) = 0$$

14.3. 陰関数定理　337

を満たす. 写像の族 $F(x,y)$ は固定された各 $y \in B_{\delta_2}(y_0)$ に対し $\|x-x_0\| \leq \delta$ なる x について連続であるので $g(x)(\in B_{\delta_2}(y_0))$ は $\|x-x_0\| \leq \delta$ なる x について連続である. 上述のことより g は $\{x \mid \|x-x_0\| < \delta\}$ から開球体 $O_{\delta_1}(y_0)$ への写像となる. よって

$$G_1 = \{x \mid \|x-x_0\| < \delta\}, \quad G_2 = \{y \mid \|y-y_0\| < \delta_1\}$$

とおけば $\delta_1, \delta > 0$ を十分小にとるとき

$$G_1 \times G_2 \subset G$$

で g は G_1 から G_2 への連続写像になる.

最後に g の微分可能性を示す. F の微分可能性から $(x_1, g(x_1)) = (x_1, y_1)$ において $T = D_x F(x_1, y_1)$, $S = D_y F(x_1, y_1)$ とおけば $F(x_1, y_1) = 0$ であるから

$$F(x,y) = T(x-x_1) + S(y-y_1) + o(\|(x-x_1, y-y_1)\|)$$

となる. ただし $o(\|(x-x_1, y-y_1)\|)$ は

$$\lim_{(x,y) \to (x_1,y_1)} \frac{o(\|(x-x_1, y-y_1)\|)}{\|(x-x_1, y-y_1)\|} = 0$$

なる W のベクトルを表す. $x \in G_1$ に対し $F(x, g(x)) = 0$ だからこれより

$$g(x) = g(x_1) - S^{-1}T(x-x_1) - S^{-1}o(\|(x-x_1, g(x)-g(x_1))\|)$$

となる. これより x が x_1 に十分近いときある定数 $a > 0$ に対し

$$\|g(x) - g(x_1)\| \leq a\|x - x_1\|$$

が得られる. よってある定数 $b > 0$ に対し x が x_1 に十分近いとき

$$\frac{\|(x-x_1, g(x)-g(x_1))\|}{\|x-x_1\|} < b$$

が成り立つ. ゆえに $g(x) \neq g(x_1)$ なる $x \in G_1$ に対し $x \to x_1$ $(x \neq x_1)$ のとき

$$\frac{-S^{-1}o(\|(x-x_1, g(x)-g(x_1))\|)}{\|x-x_1\|}$$
$$= \frac{-S^{-1}o(\|(x-x_1, g(x)-g(x_1))\|)}{\|(x-x_1, g(x)-g(x_1))\|} \frac{\|(x-x_1, g(x)-g(x_1))\|}{\|x-x_1\|} \to 0$$

となる. $g(x) = g(x_1)$ なる点では $x \neq x_1$ より $x \to x_1$ のとき左辺は 0 に収束する. よって

$$g(x) = g(x_1) - S^{-1}T(x - x_1) - o(\|x - x_1\|)$$

が言えて g の $x_1 \in G_1$ における微分可能性が言えた. 微分係数はこれより

$$Dg(x_1) = -S^{-1}T \quad (T = D_x F(x_1, y_1), \quad S = D_y F(x_1, y_1))$$

で先に示した $y_1 = g(x_1)$ の $x_1 \in G_1$ についての連続性からこれは x_1 について連続である.

証明終わり

この定理において例えば $V_1 = \mathbb{R}$, $V_2 = \mathbb{R}$ かつ $W = \mathbb{R}$ とする. このとき連続写像 $U : \mathbb{R}^2 \longrightarrow \mathbb{R}$ は $\mathbb{R}^2$ 上のポテンシャル (高さ) を与える. この関数 U が一定値 $c \in \mathbb{R}$ となる等高線は $(x, y) \in \mathbb{R}^2$ について次のように表される.

$$U(x, y) = c\,.$$

ここで, $F(x, y) = U(x, y) - c$ とすると,

$$D_y F(x, y) = \frac{\partial U(x, y)}{\partial y}\,.$$

いま点 $x_0 \in \mathbb{R}$ の近傍 $G_1 \subset \mathbb{R}$ を任意の点 $x \in G_1$ においてこの微分が有限となるように選ぶ. このとき, 陰関数の定理より, $F(x_0, y_0) = 0$ となる y_0 のある近傍 G_2 について $y = \varphi(x) \in G_2$ ($\forall x_1 \in G_1$) となるように $F(x, y) = 0$ を y について解くことができる. 例えば, $U(x, y) = x^2 + y^2$ とすると $r > 0$ は円 $F(x, y) \equiv x^2 + y^2 - r^2 = 0$ の半径を表す. $r = 1$ の単位円の場合, G_1 が開区間 $(-1, 1)$ のとき G_2 を $G_2 \supset (0, 1]$ あるいは $G_2 \supset [-1, 0)$ を満たすように選ぶことができる.

さらに, 陰関数定理より逆関数定理が得られる.

定理 14.9 (逆関数定理 (inverse function theorem)) V, W をバナッハ空間とする. G を V の開集合とし写像 $f : G \longrightarrow W$ が連続的微分可能とする.

$y_0 \in G$ で微分 $Df(y_0)$ が可逆で逆写像が有界とする．このとき y_0 の開近傍 $L \subset G$ が存在して写像 f は L から $x_0 = f(y_0)$ のある開近傍 E への 1 対 1 上への写像（全単射）となる．逆写像 $g = f^{-1} : E \longrightarrow L$ は微分可能でその微分は

$$Dg(x) = (Df(g(x)))^{-1} \quad (x \in E)$$

で与えられる．

証明 $F(x, y) = f(y) - x = 0$ に陰関数定理 14.8 を適用して x_0 の W におけるある開近傍 E と微分可能な写像 $g : E \longrightarrow V$ が存在して

$$F(x, g(x)) = f(g(x)) - x = 0$$

を満たす．従って $f(g(x)) = x \ (x \in E)$ と $y_0 = g(x_0)$ が成り立つ．以下 f を $g(E)$ に制限する．$f(g(x)) = x \ (x \in E)$ なので g は単射である．ゆえに $g : E \longrightarrow g(E)$ は全単射である．f は連続だから $g(E) = f^{-1}(E)$ は開集合である．$L = g(E)$ とおくと $f : L \longrightarrow E$ は全単射である．微分の形は

$$f(g(x)) = x$$

から

$$Df(g(x))Dg(x) = I$$

より得られる．

証明終わり

問 14.11 以下を証明せよ．

1. 任意の $x, \alpha \in \mathbb{R}$ について，

$$\frac{d}{dx}e^x = e^x \quad (x \in \mathbb{R}), \quad \frac{d}{dx}x^\alpha = \alpha x^{\alpha-1} \quad (x > 0).$$

2. 任意の $x \in \mathbb{R}$ について，

$$\frac{d}{dx}\sin^{-1}x = \frac{1}{\sqrt{1-x^2}}, \quad \frac{d}{dx}\cos^{-1}x = \frac{-1}{\sqrt{1-x^2}} \quad (-1 < x < 1).$$

3. 任意の $x \in \mathbb{R}$ について，
$$\frac{d}{dx}\tan^{-1} x = \frac{1}{1+x^2} \quad (\,-\infty < x < \infty\,).$$

ここで，円について再び考える．$r > 0$ に対し直交座標 (x, y) での方程式
$$F(x, y) = x^2 + y^2 - r^2 = 0$$
は半径 $r > 0$ の円を表す．いま $\theta \in \mathbb{R}$ に対し $\cos^2\theta + \sin^2\theta = 1$ に着目し
$$\begin{cases} x = h_1(r, \theta) = r\cos\theta \\ y = h_2(r, \theta) = r\sin\theta \end{cases}$$
と関数
$$h(r, \theta) = (h_1(r, \theta), h_2(r, \theta))$$
を定義する．すると h は $[0, \infty) \times \mathbb{R} \longrightarrow \mathbb{R}^2$ なる写像になる．このとき
$$Dh(r, \theta) = \begin{pmatrix} \frac{\partial h_1}{\partial r} & \frac{\partial h_1}{\partial \theta} \\ \frac{\partial h_2}{\partial r} & \frac{\partial h_2}{\partial \theta} \end{pmatrix} = \begin{pmatrix} \cos\theta & -r\sin\theta \\ \sin\theta & r\cos\theta \end{pmatrix}$$
ゆえ $r > 0, \theta \in \mathbb{R}$ において
$$\det Dh(r, \theta) \neq 0$$
となり逆関数定理の条件を満たす．逆関数を $(r, \theta) = (g_1(x, y), g_2(x, y)) = g(x, y)$ と書くとそれは陽に
$$r = g_1(x, y) = \sqrt{x^2 + y^2}, \quad \theta = g_2(x, y) = \arctan\frac{y}{x}$$
と書ける．これと逆関数定理の公式を使うと g の微分は
$$Dg(x, y) = (Dh)(r, \varphi)^{-1} = \begin{pmatrix} \frac{x}{\sqrt{x^2+y^2}} & \frac{y}{\sqrt{x^2+y^2}} \\ -\frac{y}{x^2+y^2} & \frac{x}{x^2+y^2} \end{pmatrix}$$

となる．$h(r,\theta)$ はすべての $r \geq 0, \theta \in \mathbb{R}$ に対し定義されているが h の θ に関する周期性

$$h(r, \theta + 2n\pi) = h(r, \theta) \quad (\forall n \in \mathbb{Z})$$

より逆関数は局所的にしか存在しない．また $(x, y) = (0, 0)$ のとき h は可逆でなく (r, θ) のうち θ が定まらない．このような (r, θ) を極座標という．極座標は指数関数を使えば

$$x + iy = re^{i\theta}$$

の関係で直交座標と結ばれる．これを極座標の複素表示という．

14.4 極値の条件

バナッハ空間 V 上の連続微分可能な実数値関数 f について，その 1 階微分 Df がゼロとなる点を危点または臨界点 (critical point) という．ある点が臨界点であることは，それが f の極値を与える点であることの必要条件である．

定理 14.10 V をバナッハ空間，$E \subset V$ を開集合，$F: E \longrightarrow \mathbb{R}$ を連続的微分可能な写像とする．F が E の一点 $u \in E$ で極値をとれば $DF(u) = 0$ である．

証明 任意の固定した $e \in V, e \neq 0$ に対し $\mathbb{R}$ における $h = 0$ の近傍 U を $U = \{h \mid h \in \mathbb{R}, u + he \in E\}$ と定義し関数 $f: U \longrightarrow \mathbb{R}$ を

$$f(h) = F(u + he)$$

と定義すれば f は $U \subset \mathbb{R}$ に含まれる 0 のある近傍内の h に関し連続的微分可能な $\mathbb{R}$ への関数を定義する．そして仮定から f は $h = 0$ で極値をとる．従って一変数実数値関数の極値の必要条件 (定理 14.2) から

$$\frac{df}{dh}(0) = 0$$

が成り立つ．これと

$$\frac{df}{dh}(h) = (DF)(u + he)e$$

より e が $e \neq 0$ なる V の任意のベクトルであることから

$$DF(u) = 0$$

が従う．

証明終わり

例 14.4 G を $\mathbb{R}^n$ の開または閉領域とする．例 14.1 の 4 で考えたバナッハ空間 $C_0^0(G)$ と同様一般の整数 $k \geq 0$ に対し

$$C_0^k(G) = \{f \mid f \in C^k(G),\ \mathrm{supp}\,f \subset G^\circ\}$$

と定義する．$\alpha_j \geq 0\ (j=1,2,\cdots,n)$ を整数とするとき $\alpha = (\alpha_1,\cdots,\alpha_n)$ を多重指数 (multi-index) といい $|\alpha| = \alpha_1 + \cdots + \alpha_n$ を α の長さという．このような α に対し一般に関数 $f(x)\ (x \in \mathbb{R}^n)$ の微分を

$$\partial^\alpha f(x) = \frac{\partial^{\alpha_1}}{\partial x_1^{\alpha_1}} \cdots \frac{\partial^{\alpha_n}}{\partial x_n^{\alpha_n}} f(x)$$

と書く．このとき $C^k(G)$ および $C_0^k(G)$ のノルムを

$$\|f\|_k = \max_{0 \leq |\alpha| \leq k} \sup_{x \in G} |\partial^\alpha f(x)|$$

と定義すると $C^k(G)$ と $C_0^k(G)$ はともにバナッハ空間となる．いま $G = [0,1] \subset \mathbb{R}$ を区間とし $C^2([0,1])$ から $\mathbb{R}$ への関数

$$J(f) = \int_0^1 \sqrt{1 + f'(x)^2}\,dx$$

を考える．この J のように関数に数値を対応させる関数を一般に汎関数 (functional) という．上の J は後に見るように関数 $y = f(x)$ で表される 2 次元平面上の曲線のグラフ $\{(x, f(x)) \mid x \in [0,1]\}$ の長さを表す (第 16 章の系 16.1 の 1) 参照)．

　このような関数 f で端点条件 $f(0) = a,\ f(1) = b\ (a, b \in \mathbb{R})$ を満たす関数 $f \in C^2([0,1])$ のうち曲線の長さを最小にするものを求めてみよう．その

ような曲線においてはこの汎関数 J は極値をとるが，上の定理 14.10 で見たように J が $f \in C^2([0,1])$ において極値をとるということはその微分が

$$DJ(f) = 0$$

を満たすことである．この問題は実際には極値を与える f に対し小さな振れを関数 $\varphi \in C_0^2([0,1])$ で与え微分

$$\left.\frac{d}{dt}\right|_{t=0} \int_0^1 \sqrt{1+(f+t\varphi)'(x)^2}dx = 0$$

なる条件を調べることにより解かれる．これは

$$\int_0^1 \frac{f'(x)}{\sqrt{1+f'(x)^2}}\varphi'(x)dx = 0$$

となり後述の部分積分の公式 (定理 15.20) を用いて

$$\int_0^1 \frac{d}{dx}\frac{f'(x)}{\sqrt{1+f'(x)^2}}\varphi(x)dx = 0$$

が得られる．これが任意の $\varphi \in C_0^2([0,1])$ に対し成り立つことから

$$\frac{d}{dx}\frac{f'(x)}{\sqrt{1+f'(x)^2}} = 0$$

が従う．この事実を変分学の基本原理という．これより

$$f''(x) = 0$$

となり，結局 2 次元平面上の点 $(0,a)$ と $(1,b)$ を結ぶ直線と求まる．

　バナッハ空間上の連続微分可能な関数についてある束縛条件のもとで極値を与える点についても，その束縛条件を与える関数を用いて新たな関数をつくると，その関数についての危点となる．この方法はラグランジュ (Lagrange) の未定乗数法と呼ばれ，ハミルトン力学や熱力学および統計力学などで重要な役割を果たしている．

定理 14.11 $1 \leq n < d$ を整数とする．$E \subset \mathbb{R}^d$ を開集合とし $F = (F_1, \cdots, F_n) : E \longrightarrow \mathbb{R}^n$, $g : E \longrightarrow \mathbb{R}$ を連続微分可能とする．いま g が条件 $F(x) = 0$ のもとに点 $x_0 \in E$ で極値をとるとする．さらに $DF(x_0)$ の階数が n であるとする．このとき n 個の実数 $\lambda_1, \cdots, \lambda_n$ が存在し方程式

$$Dg(x_0) = \sum_{j=1}^{n} \lambda_j DF_j(x_0)$$

を満たす．すなわち $\Lambda = (\lambda_1, \cdots, \lambda_n) \in \mathbb{R}^n$ とするとき

$$\Phi(x, \Lambda) = g(x) - \Lambda F(x) : E \times \mathbb{R}^n \longrightarrow \mathbb{R}$$

とおくとある $\Lambda_0 \in \mathbb{R}^n$ に対し

$$D_{x,\Lambda} \Phi(x_0, \Lambda_0) = 0$$

が成り立つ．

証明 必要な場合は番号を付け替えて

$$\det \left(\frac{\partial F_i}{\partial x_j} \right)_{1 \leq i \leq n, \ d-n+1 \leq j \leq d} \neq 0$$

と仮定してよい．$u = (x_1, \cdots, x_{d-n})$, $w = (x_{d-n+1}, \cdots, x_d)$ とおき定理の x_0 をこの変数の分け方に応じ (u_0, w_0) と書く．陰関数定理より (u_0, w_0) の近傍で条件 $F(u, w) = 0$ は $w = f(u)$ の形に解ける．そこで $G(u) = g(u, f(u))$ とおくとこれは $u = u_0$ で極値をとる．極値の必要条件（前定理 14.10）から $DG(u_0) = 0$ が成り立つ．すなわち

$$\frac{\partial G}{\partial u_i}(u_0) = 0 \quad (i = 1, \cdots, d-n)$$

あるいは

$$(D_u g)(u_0, f(u_0)) + (D_w g)(u_0, f(u_0))(D_u f)(u_0) = 0$$

が成り立つ．他方陰関数定理より

$$(D_u f)(u_0) = -(D_w F)(u_0, f(u_0))^{-1}(D_u F)(u_0, f(u_0)).$$

これらより

$$(D_u g)(u_0, f(u_0))$$
$$-(D_w g)(u_0, f(u_0))(D_w F)(u_0, f(u_0))^{-1}(D_u F)(u_0, f(u_0)) = 0.$$

そこで

$$\Lambda = (\lambda_1, \cdots, \lambda_n) = (D_w g)(u_0, f(u_0))(D_w F)(u_0, f(u_0))^{-1}$$

とおくとこれらより

$$\begin{cases} (D_u g)(u_0, f(u_0)) = \Lambda (D_u F)(u_0, f(u_0)), \\ (D_w g)(u_0, f(u_0)) = \Lambda (D_w F)(u_0, f(u_0)) \end{cases}$$

が成り立ち定理が言えた.

証明終わり

問 14.12 条件 $F(x) = x_1^2 + x_2^2 + x_3^2 - 1 = 0$ のもとに関数 $g(x) = x_1 + x_2 + x_3 : \mathbb{R}^3 \longrightarrow \mathbb{R}$ の最大値, 最小値とそれをとる座標 $x = (x_1, x_2, x_3)$ を求めよ.

定義 14.6 G を $\mathbb{R}^n$ の開集合とし関数 $f : G \longrightarrow \mathbb{R}$ が C^2-級であるとする. いま f が点 $x_0 (\in G)$ において $Df(x_0) = 0$ を満たすとする. n 次実行列 $\mathrm{Hess}_f(x_0) = \{D_i D_j f(x_0)\}_{1 \leq i,j \leq n}$ をヘッセ (Hesse) 行列という.

$\mathrm{Hess}_f(x_0)$

$$= \begin{array}{c} \text{第 1 行} \\ \text{第 } i \text{ 行} \\ \text{第 } n \text{ 行} \end{array} \begin{pmatrix} \overset{\text{第 1 列}}{D_1 D_1 f(x_0)} & \cdots & \overset{\text{第 } j \text{ 列}}{D_1 D_j f(x_0)} & \cdots & \overset{\text{第 } n \text{ 列}}{D_1 D_n f(x_0)} \\ \vdots & \ddots & \vdots & & \vdots \\ D_i D_1 f(x_0) & \cdots & D_i D_j f(x_0) & \cdots & D_i D_n f(x_0) \\ \vdots & & \vdots & \ddots & \vdots \\ D_n D_1 f(x_0) & \cdots & D_n D_j f(x_0) & \cdots & D_n D_n f(x_0) \end{pmatrix}.$$

この逆行列が存在するとき, 危点 $x_0 \in G$ は非退化 (non-degenerate) であるという. また, ヘッセ行列の負の固有値の数をモース指数 (Morse Index) と呼ぶ.

定理 14.12 $\mathbb{R}^n$ の開集合 G に対し,関数 $f : G \longrightarrow \mathbb{R}$ が C^2-級であるとする.いま f が点 $x_0 (\in G)$ において $Df(x_0) = 0$ を満たすとする.このときヘッセ行列 $\mathrm{Hess}_f(x_0)$ の固有値がすべて正であれば (すなわちモース指数がゼロであれば) 関数 $f : G \longrightarrow \mathbb{R}$ は点 $x = x_0 \in G$ において極小値をとる.また固有値がすべて負であれば関数 f は点 $x = x_0$ において極大値をとる.

証明 仮定 $Df(x_0) = 0$ と定理 14.7 および命題 14.6 よりある正の数 $\delta > 0$ が存在して $|v| < \delta$ なる任意の $v \in \mathbb{R}^n$ に対し

$$f(x_0 + v) = f(x_0) + \sum_{1 \le i,j \le n} \frac{1}{2} D_i D_j f(x_0) v_i v_j + R_3(v) \qquad (14.4)$$

と書くとき

$$\lim_{v \to 0, v \ne 0} \frac{R_3(v)}{|v|^2} = 0 \qquad (14.5)$$

が成り立つ.命題 14.6 より行列 $A = \{D_i D_j f(x_0)\}_{1 \le i,j \le n}$ は n 次実対称行列である.したがって実正規行列でありかつ対称性からその固有値 $a_1, \cdots, a_n$ はすべて実数である.よって第 5 章の実正規変換の項より A はある正則行列 P により

$$P^{-1}AP = \begin{pmatrix} a_1 & & 0 \\ & \ddots & \\ 0 & & a_n \end{pmatrix}$$

と対角行列に変形される.定理 3.3 の証明を読み直せば P は直交行列にとれることがわかり ${}^t P = P^{-1}$ となる[2].ゆえに関係 (14.4) において変数変換

$$v = Pw$$

を行うと (14.4) の右辺第二項は

$$\sum_{1 \le i,j \le n} \frac{1}{2} D_i D_j f(x_0) v_i v_j = \frac{1}{2} \sum_{1 \le j \le n} a_j^2 w_j^2$$

---

[2] あるいは問 5.2 を用いればよい.

となる．そして (14.5) と P が直交行列であることより

$$\lim_{w\to 0, w\neq 0} \frac{R_3(Pw)}{|w|^2} = 0$$

が成り立つ．よって $a_j > 0$ $(j = 1, 2, \cdots, n)$ のとき $a = \min_{1\leq j \leq n} a_j > 0$ とおけば w が十分小なら $|R_3(Pw)| < a^2|w|^2/4$ となる．このような w に対して (14.4) の右辺の第二項と第三項の和は

$$\frac{1}{2} \sum_{1\leq j \leq n} (a_j^2 - a^2/2)w_j^2 \geq \frac{a^2}{4}|w|^2$$

により下から押さえられる．ゆえに $|v| = |Pw|$ が十分小のとき

$$f(x_0 + v) - f(x_0) \geq \frac{a^2}{4}|w|^2 = \frac{a^2}{4}|v|^2$$

が成り立つ．固有値がすべて負の場合も同様である．

証明終わり

注 14.1 n 次実対称行列 A の固有値がすべて正であることを A は正定値対称行列であるという．固有値がすべて負のとき負定値対称行列という．これらの条件は $\mathbb{R}^n$ の内積を $(\cdot, \cdot)$ で表すとき前者は $(A\boldsymbol{x}, \boldsymbol{x}) > 0$ $(\forall \boldsymbol{x} \neq \boldsymbol{0})$，後者は $(A\boldsymbol{x}, \boldsymbol{x}) < 0$ $(\forall \boldsymbol{x} \neq \boldsymbol{0})$ であることと同値である．ヘッセ (Hesse) 行列 $\mathrm{Hess}_f(x_0)$ が正定値でも負定値でもない場合は点 x_0 において f は極値をとるとは限らない．これはたとえば原点の周りで $f(x, y) = x^2 - y^2$ $((x, y) \in \mathbb{R}^2)$ などを考えれば明らかである．

第15章 リーマン積分

この章では，有界領域上の関数のリーマン (Riemann) 積分可能性を定義した後，上積分と下積分に関するダルブーの定理を証明し，リーマン積分可能の必要十分条件を調べる．その後，1次元区間上の積分において微分積分学の基本定理を証明し，これがバナッハ空間に値をとる関数の積分にまで拡張できることをみる．さらに，多重積分についてフビニの定理を証明し，n 次元球に関係する考察を通して応用上重要なスターリングの公式を導く．

15.1 積分可能性

$\mathbb{R}^n$ の n 次元有界閉区間 I 上でのリーマン積分を定義するには，この領域を小さな区間で分割する必要がある．ここで，I が $\mathbb{R}^n$ の有界閉区間とは，I が

$$I = [a_1, b_1] \times \cdots \times [a_n, b_n] = \{(x_1, \cdots, x_n) \mid a_i \leq x_i \leq b_i\}$$

の形をしていることである．このとき

$$v(I) = \prod_{i=1}^{n}(b_i - a_i)$$

を I の n 次元体積という．I の直径は定義より

$$d(I) = \sup_{x,y \in I} |x - y| = |b - a|$$

で与えられる．ただし

$$b = (b_1, \cdots, b_n), \quad a = (a_1, \cdots, a_n).$$

$I = [a, b] \subset \mathbb{R}$ の分割 Δ とは

$$\Delta : \quad a = x_0 < x_1 < \cdots < x_m = b$$

のことである.

ここで, n 次元区間 $I = [a_1, b_1] \times \cdots \times [a_n, b_n]$ の分割 Δ とは各辺 $[a_i, b_i]$ の分割 $\Delta_i : a_i = x_0 < x_1 < \cdots < x_{m_i} = b$ より得られる

$$m = \prod_{i=1}^{n} m_i$$

個の小閉区間 I_k の全体のことである. このときこれら小区間に番号を付けて並べることができる. そのような番号付けのひとつを $K(\Delta)$ と表す. 明らかに

$$v(I) = \sum_{k \in K(\Delta)} v(I_k)$$

が成り立つ. 分割 Δ の直径 $d(\Delta)$ は

$$d(\Delta) = \max_{k \in K(\Delta)} d(I_k)$$

と定義される. $\mathcal{D} = \mathcal{D}(I)$ を I の分割小区間の全体とする.

各 $I_k \in \Delta$ から任意にひとつの点 $\xi_k \in I_k$ を取るとき, 写像 $f : I = [a_1, b_1] \times \cdots \times [a_n, b_n] \longrightarrow \mathbb{R}$ について,

$$s(f; \Delta; \xi) = \sum_{k \in K(\Delta)} f(\xi_k) v(I_k)$$

を f の Δ に関するリーマン和という. このリーマン和について, リーマン積分は次のように定義される.

定義 15.1 条件

$$\exists J \in \mathbb{R}, \forall \epsilon > 0, \exists \delta > 0, \forall \Delta \in \mathcal{D}(I) : [d(\Delta) < \delta, \xi_k \in I_k \implies |s(f; \Delta; \xi) - J| < \epsilon]$$

が成り立つとき, 言い換えれば

$$\lim_{d(\Delta) \to 0} s(f; \Delta; \xi) = J$$

が成り立つとき f は区間 I 上リーマン積分可能といい，その値を

$$J = \int_I f(x)dx = \int_I dx f(x) = \int \cdots \int_I f(x_1, \cdots, x_n) dx_1 \cdots dx_n$$

等と表す．このとき積分の値 J はただひとつに定まる．I 上リーマン積分可能な関数の全体を $\mathcal{R}(I)$ と表す．$\mathcal{R}(I)$ は無限次元の実ベクトル空間をなす．

例 15.1　　1. 区間 I 上で $f(x)$ が定数 c を取る定数関数の時 f は I 上積分可能で

$$\int_I f(x)dx = cv(I).$$

2. 区間 I の一辺の長さが 0 ならば任意の関数 $f : I \longrightarrow \mathbb{R}$ は積分可能で

$$\int_I f(x)dx = 0$$

である．

ここで，リーマン積分可能であることは，分割 Δ の仕方やその分割の各閉区間内の関数に値を与える点 ξ の選び方に関わりなく $d(\Delta) \to 0$ の極限が存在するというかなり厳しい条件であることに注意したい．このために，次の例にあるような無限に変動するような関数の中にはリーマン積分可能でないものもある．

例 15.2

$$f(x) = \begin{cases} 1 & x \in \mathbb{Q} \\ 0 & x \in \mathbb{R} - \mathbb{Q} \end{cases}$$

は $I = [0, 1]$ 上リーマン積分可能でない．

このような関数でも，後にリーマン積分とは異なるルベーグ積分によって積分することができるようになる．この場合には，もはや区間の選び方はリーマン積分のように任意にとることは許されず，関数に依存して決められる．その際，リーマン和のように有限分割の一様な極限というかたちに表すこともできなくなる．詳しくは，ルベーグ積分の章で論じる．

さて，リーマン積分の定義から次の定理は明らかであろう．

定理 15.1 $f, g \in \mathcal{R}(I)$, $f(x) \geq g(x)$ $(\forall x \in I)$ ならば

$$\int_I f(x)dx \geq \int_I g(x)dx.$$

このとき，中間値の定理の応用として次の平均値の定理 (積分形) が成り立つ．

定理 15.2 I を $\mathbb{R}^n$ の有界閉区間とし，$f \in \mathcal{R}(I)$ を有界関数，$M = \sup_{x \in I} f(x)$, $m = \inf_{x \in I} f(x)$ とするときある $\mu \in [m, M]$ があって

$$\int_I f(x)dx = \mu v(I)$$

が成り立つ．とくに f が連続ならある $\xi \in I$ に対し $\mu = f(\xi)$ となる．

証明 $m \leq f(x) \leq M$ ゆえ定理 15.1 より

$$mv(I) \leq \int_I f(x)dx \leq Mv(I).$$

ゆえに $v(I) = 0$ の時は明らかである．$v(I) \neq 0$ のとき $\mu = v(I)^{-1} \int_I f(x)dx$ とおけばよい．

f が連続ならある点 $x, y \in I$ において $M = f(x)$, $m = f(y)$ となる．

$$\varphi(t) = f(y + t(x - y)) \quad (0 \leq t \leq 1)$$

とおけば φ は区間 $[0, 1]$ 上連続で $\varphi(0) = m \leq \mu \leq M = \varphi(1)$ ゆえ中間値の定理よりある $\theta \in [0, 1]$ において $\mu = \varphi(\theta) = f(\xi)$ $(\xi = y + \theta(x - y) \in I)$ となる．

証明終わり

また，区間を平行移動させた場合の積分は，関数を変換 (push-forward) することで区間を変えずに実行できる．

定理 15.3 I を $\mathbb{R}^n$ の区間，$c \in \mathbb{R}^n$ とし $I + c = \{x + c \mid x \in I\}$ とおく．このとき $v(I + c) = v(I)$ である．さらに T_c を $\mathbb{R}^n$ から $\mathbb{R}^n$ への変換

で $T_c(x) = x + c$ なるものとする．このとき $f \in \mathcal{R}(I+c)$ ならば合成関数 $f \circ T_c(x) = f(x+c)$ は $\mathcal{R}(I)$ に属し

$$\int_{I+c} f(x)dx = \int_I (f \circ T_c)(x)dx$$

が成り立つ．

証明は読者に任せる．

$f : I \longrightarrow \mathbb{R}$ を関数とするとき，以降以下のような記号を断りなしに使う．

$$m = \inf_{x \in I} f(x), \quad M = \sup_{x \in I} f(x), \quad a(f, I) = M - m = \sup_{x,y \in I} |f(x) - f(y)|.$$

このとき，リーマン積分において関数に値を与える点 ξ への依存性を考えるために，不足和と過剰和，そしてそれらの上限と下限として下積分と上積分を以下のように定義する．

定義 15.2 Δ を I の分割とするとき $I_k \in \Delta$ に対し $m_k = \inf_{x \in I_k} f(x)$, $M_k = \sup_{x \in I_k} f(x)$ とする．このとき

$$s_\Delta = \sum_{k \in K(\Delta)} m_k v(I_k), \quad S_\Delta = \sum_{k \in K(\Delta)} M_k v(I_k)$$

と書きそれぞれ Δ の f に関する不足和，過剰和という．明らかに

$$s_\Delta \le s(f; \Delta; \xi) \le S_\Delta$$

である．このときさらに

$$s = s(f) = \sup_{\Delta \in \mathcal{D}} s_\Delta = \underline{\int_I} f(x)dx$$

$$S = S(f) = \inf_{\Delta \in \mathcal{D}} S_\Delta = \overline{\int_I} f(x)dx$$

をそれぞれ f の I における下積分，上積分という．

また，リーマン積分において，分割の違いの影響を考えるために，区間の細分を次のように定義する．

第15章 リーマン積分

定義 15.3 I の二つの分割 Δ, Δ' に対し Δ' が Δ の細分であるとは Δ の分割点の集合が Δ' の分割点の集合の部分集合となっている時を言う. これを $\Delta \leq \Delta'$ と書く.

これら定義された記号のもとに以下が成り立つ.

命題 15.1
1. $mv(I) \leq s_\Delta \leq S_\Delta \leq Mv(I)$.

2. $\Delta \leq \Delta' \Longrightarrow s_\Delta \leq s_{\Delta'} \leq S_{\Delta'} \leq S_\Delta$.

3. $s \leq S$.

4. 関数 g, f について $g \leq f$ であれば $s(g) \leq s(f)$ および $S(g) \leq S(f)$ が成り立つ.

証明

1. 明らか.

2. I のある辺のひとつの分割点を Δ に追加して Δ' が得られる場合を示せば十分である. すなわちひとつの $I_k \in \Delta$ が $I'_k, I''_k \in \Delta'$ により $I_k = I'_k \cup I''_k$ と分割される場合を考えればよい. このとき

$$M'_k = \sup_{I'_k} f, \quad m'_k = \inf_{I'_k} f, \quad M''_k = \sup_{I''_k} f, \quad m''_k = \inf_{I''_k} f$$

とすると
$$m_k \leq m'_k, m''_k$$

かつ
$$M'_k, M''_k \leq M_k$$

である. ゆえに
$$m_k v(I_k) = m_k v(I'_k) + m_k v(I''_k) \leq m'_k v(I'_k) + m''_k v(I''_k)$$

であるから
$$s_\Delta \leq s_{\Delta'}$$

が得られる. $S_{\Delta'} \leq S_\Delta$ も同様に示される.

3. $\Delta'' = \Delta \cup \Delta'$ つまり Δ'' は Δ と Δ' の分割点を合わせて得られる分割とする．このとき
$$\Delta \leq \Delta'', \quad \Delta' \leq \Delta''$$
であるから 1, 2 より
$$s_\Delta \leq s_{\Delta''} \leq S_{\Delta''} \leq S_{\Delta'}.$$
よって任意の分割 Δ' に対し
$$s = \sup_{\Delta \in \mathcal{D}} s_\Delta \leq S_{\Delta'}$$
だから
$$s \leq \inf_{\Delta' \in \mathcal{D}} S_{\Delta'} = S.$$

4. 任意の $k \in K(\Delta)$ に対し仮定より $m_k(g) \leq m_k(f)$ だから明らかに $s(g) \leq s(f)$. $S(g) \leq S(f)$ も同様である．

証明終わり

次のダルブー (Darboux) の定理により，上積分と下積分はそれぞれ過剰和と不足和の極限として得られる．

定理 15.4 $I = [a_1, b_1] \times \cdots [a_n, b_n]$ を $\mathbb{R}^n$ の有界閉区間とする．有界関数 $f : I \longrightarrow \mathbb{R}$ に対し
$$\lim_{d(\Delta) \to 0} S_\Delta = S, \quad \lim_{d(\Delta) \to 0} s_\Delta = s$$
が成り立つ．

証明 s についても同様ゆえ S について示す．$S = \inf_{\Delta \in \mathcal{D}} S_\Delta$ ゆえ
$$\forall \epsilon > 0, \exists \Delta_0 \in \mathcal{D} = \mathcal{D}(I) \quad \text{s.t} \quad 0 \leq S_{\Delta_0} - S < \frac{\epsilon}{2}. \tag{15.1}$$
以下この Δ_0 を固定する．

$\forall \Delta = \{I_k\}_{k \in K(\Delta)} \in \mathcal{D}(I)$ に対し $\Delta' = \Delta \cup \Delta_0$ とおくと，$\Delta \leq \Delta'$ かつ $\Delta_0 \leq \Delta'$. よって前命題により

$$0 \leq S_\Delta - S_{\Delta'}, \quad 0 \leq S_{\Delta_0} - S_{\Delta'}. \tag{15.2}$$

従って

$$0 \leq S_\Delta - S = (S_\Delta - S_{\Delta'}) - (S_{\Delta_0} - S_{\Delta'}) + (S_{\Delta_0} - S).$$

第二項は (15.2) より負か 0 だから落とせる．さらに (15.1) を使えば

$$0 \leq S_\Delta - S \leq (S_\Delta - S_{\Delta'}) + (S_{\Delta_0} - S) < (S_\Delta - S_{\Delta'}) + \frac{\epsilon}{2}$$

が得られる．故に $d(\Delta)$ が十分小さいとき

$$S_\Delta - S_{\Delta'} < \frac{\epsilon}{2} \tag{15.3}$$

をいえば

$$0 \leq S_\Delta - S < \epsilon$$

がいえ，証明が終わる．そこで，以下

$$a = \min_{J_j = [a_1^j, b_1^j] \times \cdots \times [a_n^j, b_n^j] \in \Delta_0} \min_{i=1,2,\ldots,n} |b_i^j - a_i^j| > 0$$

とおき，$d(\Delta) < a$ なる Δ のみ考えれば十分である．

$d(\Delta) < a$ のとき図を描いて考えれば明らかなように，小区間 $I_k = L_1^k \times L_2^k \times \cdots \times L_n^k \in \Delta$ (L_j^k は $\mathbb{R}$ の有界閉区間) とすると，どの i に対しても L_i^k の内部 (開核) は Δ_0 の 1 次元分点を「高々 1 つしか」含まない．

そして差 $S_\Delta - S_{\Delta'}$ はそれらのいずれかの辺の内部が Δ_0 の 1 次元分点を含む小区間 $I_k = L_1^k \times L_2^k \times \cdots \times L_n^k \in \Delta$ の体積の総和 V_Δ と $f(x)$ の上限 $M = \sup_I f$ と下限 $m = \inf_I f$ の差 $M - m$ の積によって上から押さえられる．すなわち

$$0 \leq S_\Delta - S_{\Delta'} \leq (M - m)V_\Delta. \tag{15.4}$$

ここで小区間 $I_k = L_1^k \times L_2^k \times \cdots \times L_n^k \in \Delta$ のうちそのいずれかの辺，たとえば L_1^k が Δ_0 の一次元分点 P を含んだとする．すると I_k と同じ第一辺 L_1^k

を持つ他の小区間 $I_\ell = L_1^k \times L_2^\ell \times \cdots \times L_n^\ell$ の第一辺はすべて P を含むから V_Δ に寄与する．第一辺が P を含むこのような小区間 $I_\ell = L_1^k \times L_2^\ell \times \cdots \times L_n^\ell$ による体積 V_Δ への寄与の総和 V_P^1 は第一辺 L_1^k の長さが

$$d(L_1^k) < d(\Delta)$$

を満たすから

$$V_P^1 \leq d(\Delta) \prod_{j \neq 1}(b_j - a_j) \tag{15.5}$$

と評価される．$I = [a_1, b_1] \times \cdots \times [a_n, b_n]$ の各辺 $[a_i, b_i]$ の内部 (a_i, b_i) にある Δ_0 の一次元分点の個数を

$$r_i$$

とするとこれは Δ_0 と I のみによって定まる．したがって I の第一辺 $[a_1, b_1]$ にある Δ_0 の一次元分点からの V_Δ への寄与 (15.5) の総和は

$$r_1 d(\Delta) \prod_{j \neq 1}(b_j - a_j)$$

で押さえられる．このような辺は空間次元 n と同じだけあるから V_Δ は

$$V_\Delta \leq d(\Delta) \sum_{i=1}^n r_i \prod_{j \neq i}(b_j - a_j)$$

と評価される．これと (15.4) より結局

$$0 \leq S_\Delta - S_{\Delta'} \leq (M-m)V_\Delta \leq d(\Delta)(M-m) \sum_{i=1}^n r_i \prod_{j \neq i}(b_j - a_j)$$

が得られる．上述のように r_i は Δ_0 と I のみによって定まるからこの右辺は $d(\Delta)$ が十分小の時 $\epsilon/2$ で押さえられる．

証明終わり

このダルブーの定理により，リーマン積分可能を表す幾つかの同値な表現が得られる．

第15章 リーマン積分

定理 15.5 I を $\mathbb{R}^n$ の有界閉区間，$f: I \longrightarrow \mathbb{R}$ を有界関数とするとき以下の条件 1–5 は互いに同値である．

1. $f \in \mathcal{R}(I)$.

2. $\lim_{d(\Delta) \to 0}(S_\Delta - s_\Delta) = 0$.

3. 小区間 $I_k \in \Delta$ 上の関数 f の振幅 $a(f, I_k) = M_k - m_k$ に対し
$$\lim_{d(\Delta) \to 0} \sum_{k \in K(\Delta)} a(f, I_k) v(I_k) = 0.$$

4. $s = \int_{-I} f(x)d = \overline{\int_I} f(x)dx = S$.

5. $\forall \epsilon > 0, \exists \Delta \in \mathcal{D}(I)$ s.t. $S_\Delta - s_\Delta < \epsilon$.

証明

$1 \implies 2$: $J = \int_I f(x)dx$ とおく．積分の定義より任意の $\epsilon > 0$ に対しある $\delta > 0$ があって $d(\Delta) < \delta$ かつ $\xi_k \in I_k$ ならば
$$-\frac{\epsilon}{2} < s(f; \Delta; \xi) - J < \frac{\epsilon}{2}.$$
リーマン和における $\xi_k \in I_k$ は各 $I_k \in \Delta$ において $f(\xi_k)$ が M_k にいくらでも近くなるように取れるからこれより
$$-\frac{\epsilon}{2} \leq S_\Delta - J \leq \frac{\epsilon}{2}.$$
が言える．同様に
$$-\frac{\epsilon}{2} \leq s_\Delta - J \leq \frac{\epsilon}{2}.$$
ゆえに $d(\Delta) < \delta$ ならば
$$0 \leq S_\Delta - s_\Delta \leq \epsilon$$
となるから示された．

2 $\iff$ 3: これは
$$S_\Delta - s_\Delta = \sum_{k \in K(\Delta)} a(f, I_k) v(I_k)$$
より明らかである.

2 $\iff$ 4: これはダルブーの定理 15.4 により明らかである.

4 $\implies$ 1: 任意の分割 Δ および $\xi_k \in I_k(\in \Delta)$ に対し
$$s_\Delta \leq s(f; \Delta; \xi) \leq S_\Delta$$
である. 4 より $S = s$ であるからこの不等式で $d(\Delta) \to 0$ とすれば Darboux の定理 15.4 により
$$S = s \leq \exists \lim_{d(\Delta) \to 0} s(f; \Delta; \xi) \leq S = s$$
ゆえ $f \in \mathcal{R}(I)$ となる.

2 $\implies$ 5: これは単なる言い換えにすぎない.

5 $\implies$ 4: 5 の条件の下で
$$\forall \epsilon > 0, \exists \Delta \in \mathcal{D}(I) \text{ s.t. } S - s \leq S_\Delta - s_\Delta < \epsilon$$
が成り立つから $S = s$ となり 4 が言える.

証明終わり

$\mathbb{R}$ の有界閉区間上の単調な関数はリーマン積分可能となる.

定理 15.6 $I = [a, b]$ を $\mathbb{R}$ の有界閉区間, $f : I \longrightarrow \mathbb{R}$ を単調関数とするとき $f \in \mathcal{R}(I)$ である.

証明 f は単調増大としてよい. Δ を以下のような I の分割とする.
$$\Delta : a = x_0 < x_1 < \cdots < x_n = b.$$
$I_k = [x_{k-1}, x_k]$ $(k = 1, 2, \cdots, n)$ とおくと
$$M_k = \sup_{I_k} f(x) = f(x_k), \quad m_k = \inf_{I_k} f(x) = f(x_{k-1}).$$

ゆえに

$$0 \leq \sum_{k=1}^{n} a(f, I_k) v(I_k) \leq d(\Delta) \sum_{k=1}^{n} (f(x_k) - f(x_{k-1}))$$
$$= d(\Delta)(f(b) - f(a)) \to 0 \quad \text{as} \quad d(\Delta) \to 0.$$

証明終わり

また，有界閉区間上の関数がリーマン積分可能であれば，あきらかにその積分は下積分および上積分として求められる．

定理 15.7 I を $\mathbb{R}^n$ の有界閉区間とし $f \in \mathcal{R}(I)$ とする．I の分割の列 Δ_n が $d(\Delta_n) \to 0$ を満たすとするとき ξ^n を $\xi_k^n \in I_k^n \in \Delta_n$ なる代表点の取り方とすれば

$$\int_I f(x) dx = \lim_{n \to \infty} s(f, \Delta_n, \xi^n) = \lim_{n \to \infty} S(f, \Delta_n, \xi^n)$$

が成り立つ．

この定理は以下のような実際の積分の値を計算する際に有用である．

問 15.1 $a > 0$ とするとき以下を示せ．

1. $\int_0^a x \, dx = \dfrac{1}{2} a^2$.

2. $\int_0^a x^2 \, dx = \dfrac{1}{3} a^3$.

3. $\int_0^a e^x \, dx = e^a - 1$.

定理 15.8 I を $\mathbb{R}^n$ の有界閉区間とし $f \in \mathcal{R}(I)$ を有界関数とする．このとき $|f| \in \mathcal{R}(I)$ かつ

$$\left| \int_I f(x) dx \right| \leq \int_I |f(x)| dx$$

が成り立つ．

証明 一般に
$$||f(x)|-|f(y)||\le |f(x)-f(y)|$$
が成り立つから $I_k\in\Delta\in\mathcal{D}(I)$ に対し
$$0\le a(|f|,I_k)\le a(f,I_k)$$
が成り立つ．ゆえに定理 15.5 可積分条件 3) より $f\in\mathcal{R}(I)$ から $|f|\in\mathcal{R}(I)$ が言える．また
$$|s(f;\Delta,\xi)|\le s(|f|,\Delta,\xi)$$
より不等式が言える．

証明終わり

定理 15.9 I を $\mathbb{R}^n$ の有界閉区間とする．

1. $f,g\in\mathcal{R}(I)$ が有界関数ならば積 $fg\in\mathcal{R}(I)$ である．

2. $f\in\mathcal{R}(I)$ で $f(x)\ne 0\ (\forall x\in I)$ かつある定数 $C>0$ に対し $\left|\dfrac{1}{f(x)}\right|\le C$ $(\forall x\in I)$ ならば
$$\frac{1}{f}\in\mathcal{R}(I)$$
である．

証明

1. 仮定よりある定数 $C>0$ に対し
$$|f(x)|\le C,\quad |g(x)|\le C\quad (\forall x\in I).$$
よって任意の $x,y\in I$ に対し
$$\begin{aligned}|f(x)g(x)-f(y)g(y)|&\le |f(x)-f(y)||g(x)|+|g(x)-g(y)||f(y)|\\ &\le C(|f(x)-f(y)|+|g(x)-g(y)|).\end{aligned}$$
ゆえに
$$a(f\cdot g,I_k)\le C\{a(f,I_k)+a(g,I_k)\}$$
より 1 が従う．

2. $|1/f(x)| \leq C$ ゆえ

$$\left|\frac{1}{f(x)} - \frac{1}{f(y)}\right| \leq C^2 |f(x) - f(y)|.$$

よって

$$a(1/f, I_k) \leq C^2 a(f, I_k).$$

証明終わり

この定理 15.9 の重要な応用として，次のシュワルツ (Schwarz) の不等式 が得られる．

定理 15.10 I を $\mathbb{R}^n$ の有界閉区間とし $f, g, h \in \mathcal{R}(I)$ を有界関数とし，$h(x) \geq 0 \ (\forall x \in I)$ とする．このとき，次の不等式が成り立つ．

$$\left\{\int_I h(x)f(x)g(x)dx\right\}^2 \leq \left\{\int_I h(x)f(x)^2 \, dx\right\} \cdot \left\{\int_I h(x)g(x)^2 \, dx\right\}.$$

証明 定理 15.9 より，次の実数 $A, B, C \in \mathbb{R}$ が存在する．

$$A = \int_I h(x)f(x)^2 dx, \quad B = \int_I h(x)f(x)g(x)dx, \quad C = \int_I h(x)g(x)^2 dx.$$

このとき，$u, v \in \mathbb{R}$ に対し次の積分を考える．

$$\int_I h(x) \left(u \cdot f(x) + v \cdot g(x)\right)^2 \, dx = Au^2 + 2Buv + Cv^2 \geq 0.$$

この判別式 $B^2 - AC \leq 0$ が与式となる．

証明終わり

定理 15.11 I を $\mathbb{R}^n$ の有界閉区間，Δ を I の分割，$f \in \mathcal{R}(I)$ を有界関数とする．このとき $f \in \mathcal{R}(I_k) \ (\forall k \in K(\Delta))$ かつ

$$\int_I f(x)dx = \sum_{k \in K(\Delta)} \int_{I_k} f(x)dx$$

が成り立つ．逆に $f \in \mathcal{R}(I_k) \ (\forall k \in K(\Delta))$ ならば $f \in \mathcal{R}(I)$ で上の等式が成立する．

証明 I の分割 D を Δ の細分とする：$\Delta \leq D$. すると D によって各 $I_k \in \Delta$ が $I_k = \bigcup_j D_{kj}$ とさらに分割される．このとき不足和 s_D, s_{D_k} について明らかに

$$s_D = \sum_{k \in K(\Delta)} s_{D_k}$$

が成り立つ．ここで $d(D) \to 0$ とすればダルブーの定理 15.4 により

$$\int_{-I} f(x)dx = \sum_{k \in K(\Delta)} \int_{-I_k} f(x)dx$$

が成り立つ．上積分についても同様である．ゆえに $f \in \mathcal{R}(I)$ ならば

$$\int_{-I} f(x)dx = \int_I^{-} f(x)dx$$

であることとおのおのの $k \in K(\Delta)$ に対し f の I_k 上の下積分が上積分以下であること：

$$\int_{-I_k} f(x)dx \leq \int_{I_k}^{-} f(x)dx$$

からこれら上積分下積分はすべての $k \in K(\Delta)$ に対し等しい．ゆえに $f \in \mathcal{R}(I_k)$ であり定理の等式が成り立つ．

逆に $f \in \mathcal{R}(I_k)$ ($\forall k \in K(\Delta)$) であれば各 $k \in K(\Delta)$ に対し f の I_k 上の上積分と下積分は等しい．よってこれより

$$\int_{-I} f(x)dx = \int_I^{-} f(x)dx.$$

ゆえに $f \in \mathcal{R}(I)$ で定理の等式が成り立つ．

証明終わり

問 15.2 I を $\mathbb{R}^n$ の有界閉区間，$f: I \longrightarrow \mathbb{R}$ を有界関数，$f(x)$ は I の開核 $I°$ (つまり I の内部) でゼロ：$f(x) = 0$ ($\forall x \in I°$) であれば

$$\int_I f(x)dx = 0$$

を示せ．

定義 15.4 I を $\mathbb{R}^n$ の有界閉区間とし $f: I \longrightarrow \mathbb{R}^m$ がベクトル値 $f(x) = (f_1(x), \cdots, f_m(x))$ を取るときその積分はベクトル

$$\int_I f(x)dx = \left(\int_I f_1(x)dx, \cdots, \int_I f_m(x)dx\right)$$

としその積分可能性はすべての成分が積分可能なことと定義する．特に複素数値関数 $f(x) = f_1(x) + if_2(x)$ は 2 次元ベクトル値関数 $f(x) = (f_1(x), f_2(x))$ と見なして積分可能性とその積分を定義する．すなわち

$$\int_I f(x)dx = \int_I f_1(x)dx + i\int_I f_2(x)dx$$

である．さらに値をバナッハ空間に取る場合も定義 15.1 のリーマン積分の定義は有効である．

定理 15.12 I を $\mathbb{R}^n$ の有界閉区間，$f: I \longrightarrow \mathbb{R}$ を連続関数とするとき $f \in \mathcal{R}(I)$ である．

証明 f はコンパクト集合 I 上連続であるから第 12 章の定理 12.6 より f は一様連続関数である．従って

$$\forall \epsilon > 0, \exists \delta > 0, \forall x, y \in I : |x - y| < \delta \Longrightarrow |f(x) - f(y)| < \epsilon.$$

ゆえに $\Delta \in \mathcal{D}(I)$ が $d(\Delta) < \delta$ を満たせば任意の $I_k \in \Delta$ に対し

$$a(f, I_k) < \epsilon.$$

ゆえに

$$\sum_{k \in K(\Delta)} a(f, I_k)v(I_k) < \epsilon v(I).$$

よって

$$\lim_{d(\Delta) \to 0} \sum_{k \in K(\Delta)} a(f, I_k)v(I_k) = 0.$$

証明終わり

定理 15.13 I を $\mathbb{R}^n$ の有界閉区間で $v(I) > 0$ とし，$f, g : I \longrightarrow \mathbb{R}$ を連続関数とする．I 上 $f \geq g$ であり，ある一点 $x_0 \in I$ で $f(x_0) > g(x_0)$ とすれば

$$\int_I f(x)dx > \int_I g(x)dx$$

が成り立つ．

証明 $h(x) = f(x) - g(x)$ とおけば $h(x) \geq 0\ (\forall x \in I)$ かつ h は連続だから $x_0 \in I$ のある近傍 $O_\epsilon(x_0)\ (\epsilon > 0)$ においてある正の定数 $\delta > 0$ に対し

$$\forall x \in O_\epsilon(x_0) \cap I : \ h(x) \geq \delta (> 0)$$

を満たす．よって x_0 を含むある閉区間 $J \subset I$ が存在して

$$h(x) \geq \delta\ (\forall x \in J), \quad v(J) > 0$$

である．よって

$$\int_I (f-g)(x)dx \geq \int_J h(x)dx \geq \delta v(J) > 0.$$

証明終わり

15.2　1 次元区間上の積分

ここでは，前節で定義した積分を 1 次元区間上の積分に限定して論じる．

定義 15.5 I を $\mathbb{R}$ の有界閉区間とし $f : I \longrightarrow \mathbb{R}$ を関数とする．このとき区間 $I = [a, b]$ あるいは $I = [b, a]$ における積分を以下のように表記することがある．

$$\int_a^b f(x)dx = \begin{cases} \displaystyle\int_{[a,b]} f(x)dx & (a \leq b), \\ \displaystyle -\int_{[b,a]} f(x)dx & (b \leq a). \end{cases}$$

とくに
$$\int_a^b f(x)dx = -\int_b^a f(x)dx, \quad \int_a^a f(x)dx = 0.$$
従って
$$f \geq g, \ a > b \Longrightarrow \int_a^b f(x)dx \leq \int_a^b g(x)dx$$
などが成り立つ. 一般に
$$\left|\int_a^b f(x)dx\right| \leq \left|\int_a^b |f(x)|dx\right|$$
が成り立つ.

区間に関する加法性の定理 15.11 より明らかに以下が成り立つ.

命題 15.2 I を $\mathbb{R}$ の区間, $a,b,c \in I, f \in \mathcal{R}(I)$ ならば
$$\int_a^c f(x)dx = \int_a^b f(x)dx + \int_b^c f(x)dx.$$

1次元区間上の積分に限り, 次のような不定積分を定義することができる.

定義 15.6 I を $\mathbb{R}$ の区間, $f \in \mathcal{R}(I), a, x \in I$ に対し
$$F(x) = F_a(x) = \int_a^x f(t)dt$$
により定義される関数 $F : I \longrightarrow \mathbb{R}$ を f の不定積分という.

不定積分というのは, $a \in I$ の不定性からこのように言われる. 言うまでもなく,
$$F_a(x) = \int_a^b f(t)dt + F_b(x)$$
が成り立つ.

命題 15.3 I を $\mathbb{R}$ の区間, $a, x \in I, f \in \mathcal{R}(I)$ を有界とするとき, 次の不定積分 $F : I \longrightarrow \mathbb{R}$ はリプシッツ (Lipschitz) 連続である.
$$F(x) = F_a(x) = \int_a^x f(t)dt$$

すなわち $x, y \in I$ に対し
$$|F_a(x) - F_a(y)| \leq \sup_{x \in I}|f(x)||x - y|.$$
この証明は明らかであろう．不定積分より広い不定性をもつものとして原始関数を定義する．

定義 15.7 I を $\mathbb{R}$ の区間，$f, F : I \longrightarrow \mathbb{R}$ を関数で F は I 上微分可能で $F'(x) = f(x)$ とする．このとき F を f の原始関数という．

以下は微分積分学の基本定理と呼ばれるものである．

定理 15.14 I を $\mathbb{R}$ の区間，$f : I \longrightarrow \mathbb{R}$ とする．このとき以下が成り立つ．

1. f が I 上微分可能で $f' \in \mathcal{R}(I)$ であれば任意の $a, b \in I$ に対し
$$\int_a^b f'(x)dx = f(b) - f(a)$$
が成り立つ．

2. f が点 $x \in I$ で連続でかつ $f \in \mathcal{R}(I)$ であれば $a \in I$ のとき以下の関数 $F : I \longrightarrow \mathbb{R}$ は $x \in I$ において微分可能で，$F'(x) = f(x)$ が成り立つ．
$$F(x) = \int_a^x f(t)dt$$

証明

1. $I = [a, b], a < b$ としてよい．$\Delta : a = x_0 < x_1 < \cdots < x_n = b$ を I の分割とすると平均値の定理 (系 14.1 あるいは定理 14.5 の $k = 0$ の場合) よりある $\xi_k \in (x_{k-1}, x_k)$ $(k = 1, 2, \cdots, n)$ に対し
$$f(x_k) - f(x_{k-1}) = f'(\xi_k)(x_k - x_{k-1}).$$
よってこの ξ_k を各小区間の代表点と取るとリーマン和は
$$\begin{aligned}s(f'; \Delta; \xi) &= \sum_{k=1}^n f'(\xi_k)(x_k - x_{k-1}) \\ &= \sum_{k=1}^n (f(x_k) - f(x_{k-1})) = f(b) - f(a).\end{aligned}$$

2. $h \neq 0, x+h \in I$ のとき

$$\begin{aligned}
\left|\frac{1}{h}(F(x+h)-F(x))-f(x)\right| &= \left|\frac{1}{h}\int_x^{x+h}(f(t)-f(x))dt\right| \\
&\leq \left|\frac{1}{h}\int_x^{x+h}|f(t)-f(x)|dt\right| \\
&\leq \sup_{x\leq t\leq x+h}|f(t)-f(x)|
\end{aligned}$$

となるが右辺は f の点 x における連続性から $h \to 0$ の時 0 に収束する.

証明終わり

注 15.1 $f: I \longrightarrow \mathbb{R}$ が I 上微分可能なことからはその微分 $f'(x)$ が I 上リーマン積分可能なことは導かれない. 実際区間 $[0,1]$ 上微分可能な関数 f でその微分 f' が $A \subset [0,1]$ かつそのルベーグ測度 $m(A) > 0$ なる集合 A において不連続な関数の存在が知られている[1]. したがってこの微分 f' は後のルベーグ積分の章で述べる定理 18.7 によりリーマン積分可能でない.

以下は上述の定理をバナッハ空間に値を持つ関数に拡張したものである. 一般にバナッハ空間の点のようなベクトルを値に持つ関数に対しては $\mathbb{R}$-値関数の場合の平均値の定理 系 14.1 は成り立たず代替の定理 14.1 を用いる. その原因は系 14.1 における点 x_0 がベクトルの各成分に依存し全成分を通して同一の点 x_0 を選ぶことができないことによる. しかし積分の場合は各小区間の幅は極限において 0 に向かうため各小区間内の点 x_0 は成分によらない一点に収束し従って以下の微分積分学の基本定理が成り立つ.

定理 15.15 I を $\mathbb{R}$ の区間, W をバナッハ空間, $f: I \longrightarrow W$ を C^1-級写像とする. このとき任意の $a, b \in I$ に対し

$$\int_a^b f'(t)\,dt = f(b) - f(a)$$

が成り立つ.

---
[1] たとえば吉田洋一著「ルベグ積分入門」培風館の付録参照

証明 $\varphi \in W' = B(W, \mathbb{C})$ を任意にとり固定する．このとき問 14.5 から $\varphi \circ f \in C^1(I, \mathbb{C})$ であるから実数部分と虚数部分とに分けて前定理 15.14 を適用すれば

$$\int_a^b (\varphi \circ f)'(t)\, dt = \varphi(f(b)) - \varphi(f(a))$$

が得られる．問 14.5 より $(\varphi \circ f)'(t) = (\varphi \circ f')(t)$ であるから上式は

$$\varphi \left(\int_a^b f'(t)\, dt - (f(b) - f(a)) \right) = 0$$

となる．これは任意の $\varphi \in W'$ に対し成り立つからハーン-バナッハの定理[2]より

$$\int_a^b f'(t)\, dt - (f(b) - f(a)) = 0$$

が得られる．

証明終わり

ところで，ある写像 $f : \mathbb{R} \longrightarrow W$ が連続的微分可能な写像を各項に持つ級数 $\sum_{k=0}^{\infty} h_k$ で表されるとする．

$$f(x) = \sum_{k=0}^{\infty} h_k(x)\,.$$

このとき次のように項別微分できる条件は何であろうか．

$$f'(x) = \sum_{k=0}^{\infty} h_k'(x)\,.$$

この問題は，$f_n = \sum_{k=0}^n h_k$ とおくと，連続的微分可能な写像列 $\{f_n\}_{n=0}^{\infty}$ について

$$f'(x) = \lim_{n \to \infty} f_n'(x)\,.$$

が成り立つ一般的な条件を調べることに帰着される．次の定理 15.16 は，これが可能となる写像列 $\{f_n\}_{n=0}^{\infty}$ の十分条件を与える．

---

[2] たとえば黒田成俊著，関数解析などを参照．

定理 15.16 $I = [a,b] \subset \mathbb{R}$, W をバナッハ空間とし $f_n : I \longrightarrow W$ を連続的微分可能な写像とする．さらに各 $t \in I$ において $\lim_{n \to \infty} f_n(t) = f(t)$ (in W) でかつ $f_n'(t)$ は $n \to \infty$ のとき I 上一様に W において $g(t)$ に収束するとする．このとき $f \in C^1(I, W)$ で

$$f'(t) = g(t) \quad (\forall t \in I)$$

が成り立つ．

証明 仮定とバナッハ空間に値をとる関数についての微分積分学の基本定理 15.15 より

$$f_n(t) - f_n(a) = \int_a^t f_n'(\tau) d\tau.$$

連続写像 $f_n'(t)$ が I 上一様に $g(t)$ に収束するから g は I から W への連続写像である．よって積分

$$\int_a^t g(\tau) d\tau$$

が定義される．これと上式右辺との差をとると

$$\left\| \int_a^t (f_n'(\tau) - g(\tau)) d\tau \right\| \leq \int_a^t \| f_n'(\tau) - g(\tau) \| \, d\tau$$

と評価され $f_n'(\tau)$ は $\tau \in I$ について一様に $g(\tau)$ に収束するから右辺は $n \to \infty$ のとき 0 に収束する．従って以上より

$$f(t) - f(a) = \lim_{n \to \infty} (f_n(t) - f_n(a)) = \int_a^t g(\tau) \, d\tau$$

が言える．g は連続だからこれは t について微分可能で

$$f'(t) = g(t) \quad (t \in I)$$

が言えた．

証明終わり

さらに，このような写像の級数に対して項別積分可能となる十分条件は次から得られる．

定理 15.17 $I = [a,b] \subset \mathbb{R}$, W をバナッハ空間とし $f_n : I \longrightarrow W$ を連続写像とする．I 上一様に f_n が写像 $f : I \longrightarrow W$ に収束するとすると f は I 上連続で
$$\lim_{n \to \infty} \int_I f_n(t) dt = \int_I f(t)\, dt$$
が成り立つ．

問 15.3 定理 15.17 を証明せよ．

定理 15.18 $I = [a,b]$ を $\mathbb{R}$ の区間，$f : I \longrightarrow \mathbb{R}$ を連続とする．このとき以下が成り立つ．

1. $F(x) = \int_a^x f(t) dt$ は I における f の原始関数である．

2. G を f のひとつの原始関数とすると 1 の F によりある定数 C に対し
$$G(x) = F(x) + C$$
と書ける．そして
$$\int_a^b f(y) dy = G(b) - G(a) = [G(x)]_a^b.$$

証明

1. f は連続だから定理 15.12 と定理 15.14 の 2 による．

2. 仮定より $G'(x) = f(x) = F'(x)$．よって $(G - F)'(x) = 0$ よりある定数 C に対し $G(x) = F(x) + C$．$F(a) = 0$ より $G(a) = C$ ゆえ
$$\int_a^b f(x) dx = F(b) = (F(b) + C) - C = G(b) - G(a).$$

証明終わり

以下連続関数 f のひとつの原始関数 F を
$$F(x) = \int f(x) dx$$
と表す．他の原始関数はこれと定数の差しか違わない．以下にいくつかの関数の原始関数の例を記す．$a > 0$ とする．

例 15.3 ある定数 $C \in \mathbb{R}$ (積分定数) について，以下が成り立つ．

1. $\dfrac{x^{s+1}}{s+1} + C = \displaystyle\int x^s dx \ (s \neq -1)$.

2. $\log |x| + C = \displaystyle\int \dfrac{1}{x} dx$.

3. $\dfrac{1}{a}\operatorname{Arctan}\dfrac{x}{a} + C = \displaystyle\int \dfrac{1}{x^2 + a^2} dx$.

4. $\dfrac{1}{2a} \log \left| \dfrac{x-a}{x+a} \right| + C = \displaystyle\int \dfrac{1}{x^2 - a^2} dx$.

5. $\operatorname{Arcsin}\dfrac{x}{a} + C = \displaystyle\int \dfrac{1}{\sqrt{a^2 - x^2}} dx$.

6. $\log |x + \sqrt{x^2 \pm a^2}| + C = \displaystyle\int \dfrac{1}{\sqrt{x^2 \pm a^2}} dx$.

7. $\dfrac{1}{2}\left(x\sqrt{a^2 - x^2} + a^2 \operatorname{Arcsin}\dfrac{x}{a} \right) + C = \displaystyle\int \sqrt{a^2 - x^2}\, dx$.

8. $\dfrac{1}{2}(x\sqrt{x^2 \pm a^2} \pm a^2 \log |x + \sqrt{x^2 \pm a^2}|) + C = \displaystyle\int \sqrt{x^2 \pm a^2}\, dx$.

9. $-\cos x + C = \int \sin x dx$.

10. $\sin x + C = \int \cos x dx$.

11. $-\log|\cos x| + C = \int \tan x dx$.

12. $\log|\sin x| + C = \int \cot x dx$.

13. $\tan x + C = \int \sec^2 x dx$.

14. $-\cot x + C = \int \operatorname{cosec}^2 x dx$.

15. $\log|\sec x + \tan x| + C = \int \sec x dx$.

16. $\log \left| \tan \dfrac{x}{2} \right| + C = \displaystyle\int \operatorname{cosec} x\, dx$.

17. $\sinh x + C = \int \cosh x dx$.

18. $e^x + C = \int e^x dx$.

19. $\dfrac{a^x}{\log a} + C = \int a^x dx$.

20. $x \log x - x + C = \int \log x dx$.

変数変換による置換積分は次のように実行される.

定理 15.19 $I = [a,b], J = [\alpha, \beta]$ を $\mathbb{R}$ の区間とする. $f : I \longrightarrow \mathbb{R}$ を連続関数とし, $\varphi : J \longrightarrow I$ を微分可能とする. $\varphi'(t)$ は有界で J 上リーマン積分可能とする. さらに $\varphi(J) \subset I$ かつ $\varphi(\alpha) = a, \varphi(\beta) = b$ とするとき

$$\int_a^b f(x)dx = \int_\alpha^\beta f(\varphi(t))\varphi'(t)dt$$

が成り立つ.

証明 仮定より

$$F(x) = \int_a^x f(t)dt$$

は x について微分可能で任意の $x \in I$ において

$$F'(x) = f(x)$$

である. ゆえに

$$(F \circ \varphi)'(t) = F'(\varphi(t))\varphi'(t) = f(\varphi(t))\varphi'(t).$$

$f(\varphi(t))$ は $t \in J$ について連続だから J 上リーマン積分可能である. さらに $\varphi' \in \mathcal{R}(J)$ ゆえ $f(\varphi(t))\varphi'(t) \in \mathcal{R}(J)$ である. ゆえに定理 15.14 の 1 より

$$\begin{aligned}\int_\alpha^\beta f(\varphi(t))\varphi'(t)dt &= \int_\alpha^\beta (F \circ \varphi)'(t)dt \\ &= F \circ \varphi(\beta) - F \circ \varphi(\alpha) = F(b) - F(a) = \int_a^b f(x)dx.\end{aligned}$$

証明終わり

また，部分積分は次の定理で保証される．

定理 15.20 $I = [a, b] \subset \mathbb{R}$ とし $f, g, f'g' : I \longrightarrow \mathbb{R}$ を I 上リーマン積分可能とする．このとき

$$\int_a^b g'(x) f(x)\, dx = [g(x) f(x)]_a^b - \int_a^b g(x) f'(x)\, dx$$

が成り立つ．特に

$$\int_a^b f(x)\, dx = [x f(x)]_a^b - \int_a^b x f'(x)\, dx$$

が成り立つ．

証明 仮定より

$$(fg)' = f'g + fg'$$

は I 上リーマン積分可能であるから

$$\int_a^b f'(x) g(x)\, dx + \int_a^b f(x) g'(x)\, dx = \int_a^b (fg)'(x)\, dx = [f(x) g(x)]_a^b$$

である．

証明終わり

この節の最後に数列の級数和と対応する関数の積分との間の関係を探る．そのために，次のベルヌーイ数 (Bernoulli Numbers) を導入する．

定義 15.8 実数 $\theta \in [0, 1]$ について，数列 $\{B_k(\theta)\}_{k \in \mathbb{N}}$ を，次のテイラー-マックローリン展開の係数として定義する．

$$\frac{x e^{\theta x}}{e^x - 1} = \sum_{k=0}^{\infty} \frac{B_k(\theta)}{k!} x^k.$$

このとき，$B_k = B_k(0)$ をベルヌーイ数という．$\theta \in [0, 1]$ の関数 $B_k(\theta)$ ($k \in \mathbb{N}$) をベルヌーイの多項式と呼ぶ．

15.2. 1次元区間上の積分　375

問 15.4　ベルヌーイの多項式に関し次を示せ．ただし $\theta \in [0,1]$, $k = 0, 1, 2, \cdots$ とする．

1. $B_{k+1}(\theta + 1) - B_{k+1}(\theta) = (k+1)\theta^k$.

2. $B'_{k+1}(\theta) = (k+1)B_k(\theta)$.

3. $B_k(1 - \theta) = (-1)^k B_k(\theta)$.

ベルヌーイ多項式を用いて，次のようなオイラー・マックローリン総和公式 (Euler-Maclaurin Formula) が得られる．

定理 15.21　$n \in \mathbb{N}$ および実数 $\epsilon > 0$ について，区間 $[x, x+n\epsilon] \subset \mathbb{R}$ 上 $2m$ 回微分可能な関数 $f : [x, x+n\epsilon] \to \mathbb{R}$ は次式を満たす．

$$\begin{aligned}
\int_x^{x+n\epsilon} f(t)\,dt &= \sum_{k=0}^{n-1} \frac{\epsilon}{2}\{f(x+k\epsilon) + f(x+(k+1)\epsilon)\} \\
&\quad - \sum_{l=1}^{m-1} \epsilon^{2l} \frac{B_{2l}}{(2l)!}\left\{f^{(2l-1)}(x+n\epsilon) - f^{(2l-1)}(x)\right\} \\
&\quad - R_{2m}(n, \epsilon).
\end{aligned}$$

ただし，

$$R_{2m}(n, \epsilon) = \epsilon^{2m+1}\int_0^1 d\theta\, \frac{B_{2m} - B_{2m}(\theta)}{(2m)!} \sum_{k=1}^{n-1} f^{(2m)}(x+(\theta+k)\epsilon).$$

証明　部分積分を順次用いると，

$$\begin{aligned}
&\frac{\epsilon}{2}\{f(x+k\epsilon) + f(x+(k+1)\epsilon)\} - \int_{x+k\epsilon}^{x+(k+1)\epsilon} f(t)\,dt \\
&= \epsilon^2 \int_0^1 \left(\theta - \frac{1}{2}\right) f'(x+(\theta+k)\epsilon)\,d\theta \\
&= \epsilon^2 \int_0^1 B_1(\theta) f'(x+(\theta+k)\epsilon)\,d\theta
\end{aligned}$$

$$
\begin{aligned}
&= \epsilon^2 \left[\frac{1}{2} B_2(\theta) f'(x + (\theta + k)\epsilon) \right]_0^1 \\
&\quad - \epsilon^3 \int_0^1 \frac{1}{2} B_2(\theta) f''(x + (\theta + k)\epsilon)\, d\theta \\
&= \sum_{l=2}^{2m} \epsilon^l (-1)^l \left[\frac{B_l(\theta)}{l!} f^{(l-1)}(x + (\theta + k)\epsilon) \right]_0^1 \\
&\quad - \epsilon^{2m+1} \int_0^1 \frac{B_{2m}(\theta)}{(2m)!} f^{(2m)}(x + (\theta + k)\epsilon)\, d\theta \\
&= \sum_{l=1}^{m} \epsilon^{2l} \left[\frac{B_{2l}(\theta)}{(2l)!} f^{(2l-1)}(x + (\theta + k)\epsilon) \right]_0^1 \\
&\quad - \epsilon^{2m+1} \int_0^1 \frac{B_{2m}(\theta)}{(2m)!} f^{(2m)}(x + (\theta + k)\epsilon) d\theta.
\end{aligned}
$$

証明終わり

とくに, $f : \mathbb{R} \to \mathbb{R}$ が無限回微分可能で次を満たすとする.

$$\lim_{m \to \infty} R_{2m}(n, \epsilon) = 0.$$

このとき,

$$
\begin{aligned}
\sum_{k=0}^n \epsilon\, f(x + k\epsilon) &= \int_x^{x+n\epsilon} f(t)\, dt + \frac{\epsilon}{2}\left(f(x+n\epsilon) + f(x) \right) \\
&\quad + \sum_{l=0}^{\infty} \epsilon^{2l} \frac{B_{2l}}{(2l)!} \left\{ f^{(2l-1)}(x+n\epsilon) - f^{(2l-1)}(x) \right\}.
\end{aligned}
$$

15.3　多重積分

　変数が複数あるような高次元区間上の積分を各変数ごとの積分として計算することができるか, またその積分値は積分順序によって違いが生じるか否かが問題となる. このとき, 事実上積分順序によらないことを保証するのが次のフビニ (Fubini) の定理である.

15.3. 多重積分

定理 15.22 (フビニ (Fubini) の定理) $f : I = [a_1, b_1] \times \cdots \times [a_n, b_n] \longrightarrow \mathbb{R}$ を有界な積分可能関数とする．このとき以下が成り立つ．

1. $I' = [a_1, b_1] \times \cdots \times [a_{n-1}, b_{n-1}]$ とする．いま任意の $x' \in I'$ に対し $f(x', x_n) \in \mathcal{R}([a_n, b_n])$ であれば

$$\int_{a_n}^{b_n} f(x', x_n) dx_n \in \mathcal{R}(I')$$

であって

$$\int_I f(x) dx = \int_{I'} \left(\int_{a_n}^{b_n} f(x', x_n) dx_n \right) dx_1 \cdots dx_{n-1}$$

が成り立つ．

2. 任意の $x_n \in [a_n, b_n]$ に対し $f(x', x_n) \in \mathcal{R}(I')$ であれば

$$\int_{I'} f(x', x_n) dx' \in \mathcal{R}([a_n, b_n])$$

であって

$$\int_I f(x) dx = \int_{a_n}^{b_n} \left(\int_{I'} f(x', x_n) dx' \right) dx_n$$

が成り立つ．

証明 2 も 1 と同様なので 1 のみ示す．任意の I の分割 $\Delta \in \mathcal{D}(I)$ はある I' の分割 $\Delta' \in \mathcal{D}(I')$ および $[a_n, b_n]$ の分割 $\Delta'' \in \mathcal{D}([a_n, b_n])$ によって

$$\Delta = \Delta' \times \Delta''$$

と書ける．各 $I_k \in \Delta$ は従って

$$I_k = J_\ell \times K_m \quad (\exists J_\ell \in \Delta', \exists K_m \in \Delta'')$$

と書ける．いま

$$M_k = \sup_{x' \in J_\ell, x_n \in K_m} f(x', x_n), \quad m_k = \inf_{x' \in J_\ell, x_n \in K_m} f(x', x_n)$$

とおくと任意の $x' \in J_\ell$ および $x_n \in K_m$ に対し
$$m_k \leq f(x', x_n) \leq M_k$$
である．これを x_n について K_m 上積分して
$$m_k v(K_m) \leq \int_{K_m} f(x', x_n) dx_n \leq M_k v(K_m) \quad (x' \in J_\ell)$$
を得る．ここで $k = (\ell, m)$ であるので ℓ を固定して m についてこの不等式の和を取ると
$$\sum_m m_{(\ell,m)} v(K_m) \leq \sum_m \int_{K_m} f(x', x_n) dx_n \leq \sum_m M_{(\ell,m)} v(K_m)$$
となる．中間の和は
$$\sum_m \int_{K_m} f(x', x_n) dx_n = \int_{a_n}^{b_n} f(x', x_n) dx_n$$
である．上の不等式で $x' = \xi_\ell \in J_\ell$ とし各辺に $v(J_\ell)$ を掛けて ℓ についての和を取ると
$$\sum_\ell \sum_m m_{(\ell,m)} v(K_m) v(J_\ell) \leq \sum_\ell \int_{a_n}^{b_n} f(\xi_\ell, x_n) dx_n v(J_\ell)$$
$$\leq \sum_\ell \sum_m M_{(\ell,m)} v(K_m) v(J_\ell)$$
となるが $v(K_m) v(J_\ell) = v(K_m \times J_\ell) = v(I_k)$ であったからこれは
$$\sum_k m_k v(I_k) \leq \sum_\ell \int_{a_n}^{b_n} f(\xi_\ell, x_n) dx_n v(J_\ell) \leq \sum_k M_k v(I_k)$$
となる．仮定 $f \in \mathcal{R}(I)$ により左辺および右辺とも $d(\Delta) \to 0$ のとき
$$\int_I f(x) dx$$
に収束するから上の不等式の中間の式も $d(\Delta) \to 0$ のとき同じ極限に収束する．これは
$$\int_{a_n}^{b_n} f(x', x_n) dx_n$$

が $x' \in I'$ についてリーマン積分可能であることおよびその積分の値が

$$\int_I f(x)dx$$

に等しいことを意味する.

証明終わり

具体的な応用例として，2乗ノルムで距離の定義された $n(\in \mathbb{N})$ 次元ユークリッド空間 $\mathbb{R}^n$ 内の n 次元球の体積の計算を試みる．$0 < k < n$ となる自然数 k について半径 r の k 次元球の体積を $V_k(r)$ とする．フビニの定理から，球の体積を求めるのに積分の順番は自由に選ぶことができる．そこで，$\mathbb{R}^{k+1}$ の原点 O を中心とした半径 r の $k+1$ 次元球と点 O を通るひとつの座標軸 x を選ぶ．通常の内積を定義すればこの座標軸に $x = t$ $(-r \leq t \leq r)$ で直交する k 次元超平面を定義することができ，この超平面上で球の内部となる部分は半径 $\sqrt{r^2 - t^2}$ の k 次元球となる．したがって，$k+1$ 次元球の体積は，

$$V_{k+1}(r) = \int_{-r}^{r} V_k\left(\sqrt{r^2 - t^2}\right) dt.$$

$t = -r\cos\theta$ $(0 < \theta < \pi)$ とおくと，

$$V_{k+1}(r) = r\int_0^{\pi} \sin\theta \, V_k(r\sin\theta) \, d\theta.$$

この漸化式を解くと次のようになる.

$$V_n = (2r)^n \prod_{k=1}^{n} \int_0^{\pi/2} \sin^k x \, dx.$$

ここで，次の有名な積分が現れた.

$$S_n = \int_0^{\pi/2} \sin^n x \, dx.$$

問 15.5 積分 S_n の値は次のようになることを示せ.

$$S_{2m} = \frac{(2m-1)!!}{(2m)!!} \cdot \frac{\pi}{2}, \qquad S_{2m+1} = \frac{(2m)!!}{(2m+1)!!}.$$

ただし整数 $m \geq 1$ に対し

$$(2m-1)!! = (2m-1)(2m-3)\cdots 3\cdot 1, \quad (2m)!! = 2m(2m-2)\cdots 4\cdot 2$$

である.

以上から,

定理 15.23 半径 r の n 次元球の体積 $V_n(r)$ は,

$$V_{2m+1}(r) = \frac{2^{m+1}\pi^m}{(2m+1)!!}r^{2m+1}, \quad V_{2m}(r) = \frac{\pi^m}{m!}r^{2m}.$$

これから円周率について次のウォリス (Wallis) の公式が導かれる.

$$\sqrt{\pi} = \lim_{m\to 0} \frac{(m!)^2 2^{2m}}{(2m)!\sqrt{m}}.$$

これは次から導かれる.

$$\lim_{m\to 0} \frac{S_{2m}}{S_{2m+1}} = 1.$$

問 15.6 ウォリスの公式を導け.

このウォリスの公式から,情報科学及び熱統計力学において極めて重要な次のスターリング (Stirling) の公式も導出される.

定理 15.24 次の関係が成り立つ[3].

$$n! \sim n^{n+\frac{1}{2}}e^{-n}\sqrt{2\pi} \quad \text{as } n\to\infty.$$

すなわち,

$$\ln n! \sim \left(n+\frac{1}{2}\right)\ln n - n + \ln\sqrt{2\pi}.$$

---

[3]ここでは,記号 $\sim$ は次の意味で用いる.すなわち,2つの実数列 $\{a_n\}_{n=0}^\infty$ と $\{b_n\}_{n=0}^\infty$ ($\exists N \in \mathbb{N}, \forall n > N, b_n \neq 0$) について,

$$a_n \sim b_n \quad \Leftrightarrow \quad \lim_{n\to\infty}\frac{a_n}{b_n} = 1$$

証明 $n \geq 2$ として

$$\delta_n = \ln n - \int_{n-\frac{1}{2}}^{n+\frac{1}{2}} dx \, \ln x \quad (> 0)$$

とおく，このとき，

$$0 < \delta_n < 2\ln n - \left\{ \ln\left(n + \frac{1}{2}\right) + \ln\left(n - \frac{1}{2}\right) \right\}$$
$$= \ln\left(1 + \frac{1}{2n-1}\right) + \ln\left(1 - \frac{1}{2n+1}\right)$$

だから，

$$0 < \sum_{k=2}^{n} \delta_k < \sum_{k=2}^{n} \left\{ \ln\left(1 + \frac{1}{2k-1}\right) + \ln\left(1 - \frac{1}{2k+1}\right) \right\}.$$

この右辺は $n \to \infty$ のとき各項の絶対値が単調に減少して 0 に収束する交代級数を定義する．よってこの級数は定理 13.2 により収束する．従って $\sum_{k=2}^{n} \delta_k$ は $n \to \infty$ のとき収束し δ_k の定義より次のように計算される．

$$\begin{aligned}
\sum_{k=2}^{n} \delta_k &= -\left(n + \frac{1}{2}\right) \ln\left(n + \frac{1}{2}\right) + \ln\left(\frac{3}{2}\right)^{\frac{3}{2}} + n + \ln n! - 1 \\
&= -\left(n + \frac{1}{2}\right) \ln n + n + \ln n! \\
&\quad - \left(\frac{1}{2} + \frac{1}{4n}\right) \ln\left(1 + \frac{1}{2n}\right)^{2n} + \ln\left(\frac{3}{2}\right)^{\frac{3}{2}} - 1.
\end{aligned}$$

したがって，$n \to \infty$ のとき $\mu_n \to 0$ となる数列 μ_n と定数 δ によって，次の関係が成り立つ，

$$\ln n! = \left(n + \frac{1}{2}\right) \ln n - n + \delta + \mu_n.$$

または，

$$n! = e^{\delta} n^{n+\frac{1}{2}} e^{-n} e^{\mu_n}.$$

第15章 リーマン積分

これとウォリスの公式より，

$$\begin{aligned}\sqrt{\pi} &= \lim_{n\to 0}\frac{(n!)^2 2^{2n}}{(2n)!\sqrt{n}} \\ &= \lim_{n\to 0}\frac{(e^\delta n^{n+\frac{1}{2}}e^{-n})^2 2^{2n}}{(e^\delta (2n)^{2n+\frac{1}{2}}e^{-2n})\sqrt{n}}.\end{aligned}$$

これを整理すると，

$$e^\delta = \sqrt{2\pi}.$$

以上から，

$$n! = \sqrt{2\pi}\, n^{n+\frac{1}{2}}e^{-n}e^{\mu_n} \sim \sqrt{2\pi}\, n^{n+\frac{1}{2}}e^{-n}.$$

証明終わり

第16章 積分の一般化

ここでは，前章で導入したリーマン積分を拡張する．はじめに，積分領域を有界でない集合上に拡張する広義積分を定義する．ここでは，そのような積分によって定義されるガンマ関数と関係する関数を紹介する．また，一般の集合上の積分への一般化により，線積分を定義し，解析学の前提から円周率の幾何学的意味が導かれるのをみる．

16.1　1次元の広義積分

ここまでは，有限区間上でのリーマン積分に限って論じてきた．この節では，1次元の積分領域を無限に大きくとった場合にまで積分の定義を拡張する．

定義 16.1 $I = [a, b) \subset \mathbb{R}$ とする．ただし $b = \infty$ でもよいとする．I 上定義された $\mathbb{R}$-値関数 f が

1. 任意の $u \in I$ に対し $f \in \mathcal{R}([a, u])$ である．

2. 極限
$$J = \lim_{u \to b-0} \int_a^u f(x)dx \in \mathbb{R}$$
が存在する．

の2条件を満たすとき f は $I = [a, b)$ 上広義積分可能であるといいその積分の値を上の J により定義する．すなわち

$$\int_a^b f(x)dx = J$$

と書く．このような有限の $J \in \mathbb{R}$ が存在するときこの広義積分が収束するとも言う．左が開いた区間 $(a, b]$ に対しても同様に定義する．

例 16.1

1.
$$\int_1^\infty \frac{1}{x^2} dx = \lim_{u \to \infty} \left[-\frac{1}{x}\right]_1^u = 1.$$

2.
$$\int_0^1 \frac{1}{\sqrt{1-x^2}} dx = \lim_{u \to 1-0} [\text{Arcsin}(x)]_0^u = \frac{\pi}{2}.$$

広義積分が可能となる十分条件として次のようなものがある．

定理 16.1 $I = [a, b) \subset \mathbb{R}$ とする．$f: I \longrightarrow \mathbb{R}$ が任意の $t \in I$ に対し $f \in \mathcal{R}([a, t])$ を満たすとする．このとき以下のいずれかが成り立てば f は I 上広義積分可能である．

1. $b = \infty$ で，ある $\alpha < -1$ に対し次を満たす $C > 0$ が存在する．
$$\forall x \geq a: \ |f(x)| \leq C x^\alpha.$$

2. $b \in \mathbb{R}$ で，ある $\beta > -1$ に対し次を満たす $C > 0$ が存在する．
$$\forall x \in [a, b): \ |f(x)| \leq C|b - x|^\beta.$$

証明

1. 仮定より
$$\forall x \geq a: \ |f(x)| \leq C x^\alpha.$$
よって $a < v < u$ かつ $v \to \infty$ のとき $\alpha < -1$ より
$$\left|\int_a^u f(x) dx - \int_a^v f(x) dx\right| \leq \int_v^u |f(x)| dx \leq C \int_v^u x^\alpha dx$$
$$= \frac{C}{\alpha + 1} u^{\alpha+1} - \frac{C}{\alpha + 1} v^{\alpha+1} \to 0$$

ゆえコーシーの公理より極限

$$\lim_{u\to\infty}\int_a^u f(x)dx$$

が存在する．

2. 仮定より

$$\forall x \in [a,b):\ |f(x)| \leq C(b-x)^\beta.$$

ゆえに $a < v < u < b$ かつ $v \to b-0$ のとき $\beta > -1$ より

$$\left|\int_a^u f(x)dx - \int_a^v f(x)dx\right|$$
$$\leq \int_v^u |f(x)|dx \leq C\int_v^u (b-x)^\beta dx = C\int_{b-v}^{b-u} x^\beta dx$$
$$= C\left[\frac{1}{\beta+1}x^{\beta+1}\right]_{b-v}^{b-u}$$
$$= \frac{C}{\beta+1}(b-u)^{\beta+1} - \frac{C}{\beta+1}(b-v)^{\beta+1} \to 0.$$

よってコーシーの公理より極限

$$\lim_{u\to b-0}\int_a^u f(x)dx$$

が存在する．

証明終わり

広義積分の応用上重要な例として，次のガウス積分がある．

命題 16.1

$$\frac{\sqrt{\pi}}{2} = \int_0^\infty e^{-x^2}\,dx.$$

証明 実数 $t > 0$ について，次の不等式が成り立つ．

$$1 - t^2 < e^{-t^2} < \frac{1}{1+t^2} < \frac{1}{t^2}.$$

したがって，定理 16.1 より e^{-t^2} と $\frac{1}{1+t^2}$ は $(0,\infty)$ 上広義積分可能で，任意の整数 $n \geq 1$ と実数 $a > 1$ について，

$$\int_0^1 (1-t^2)^n \, dt < \int_0^a e^{-nt^2} \, dt < \int_0^\infty \frac{1}{(1+t^2)^n} \, dt.$$

ここで，積分

$$S_n = \int_0^{\pi/2} \sin^n x \, dx$$

に対し，次の関係が成り立つことに注意する．

$$S_{2n+1} = \int_0^1 (1-x^2)^n \, dx, \quad S_{2n-2} = \int_0^\infty \frac{1}{(1+x^2)^n} \, dx.$$

したがって，

$$\sqrt{n} S_{2n+1} < \int_0^{a\sqrt{n}} e^{-x^2} \, dx < \sqrt{n} S_{2n-2}.$$

問 15.5 の結果から，$S_{2n} S_{2n+1} = \frac{\pi}{4n+2}$ だから，

$$\lim_{n\to\infty} \sqrt{n} S_{2n+1} = \lim_{n\to\infty} \sqrt{n} \sqrt{\frac{S_{2n+1}}{S_{2n}}} \sqrt{\frac{\pi}{4n+2}} = \frac{\sqrt{\pi}}{2}.$$

以上より，

$$\int_0^\infty e^{-x^2} \, dx = \frac{\sqrt{\pi}}{2}.$$

証明終わり

ガウス積分の計算法は，2 次元平面での極座標での積分による別解法があるが，これは次節で述べる．また，この積分を利用して，階乗 $n!$ を自然数以外の正の実数のなす集合 $\mathbb{R}_+ = \{x \in \mathbb{R} \mid x > 0\}$[1]に対しても拡張定義できる．これをガンマ関数という．

---

[1] さらには複素数に拡張されるが，本書では複素関数については割愛するので，ここでは実数の場合にのみ限定する．

定義 16.2 任意の $s \in \mathbb{R}_+$ に対し，次のように表される関数 $\Gamma : \mathbb{R}_+ \to \mathbb{R}$ をガンマ関数という．

$$\Gamma(s) = \int_0^\infty dt \ t^{s-1} \ e^{-t}.$$

集合 $\mathbb{R}_+$ 上でのガンマ関数の存在は次のように示される．

補題 16.1 ガンマ関数 $\Gamma : \mathbb{R}_+ \to \mathbb{R}$ は $\mathbb{R}_+$ 上存在する．

証明

1. $x \in [1, \infty)$ について，$\lim_{x \to \infty} x^2 (e^{-x} x^{s-1}) = 0$ より，$x^2(e^{-x} x^{s-1}) < M$ を満たす $M > 0$ が存在する．よって，定理 16.1 より $e^{-x} x^{s-1}$ は $[1, \infty)$ 上で広義積分可能．

2. $x \in (0, 1]$ について，$\lim_{x \to 0} x^{1-s}(e^{-x} x^{s-1}) = 1$ より，$x^{1-s}(e^{-x} x^{s-1}) < M'$ を満たす $M' > 0$ が存在するから，この区間で広義積分可能．

したがって，次より，ガンマ関数が存在することが分かる．

$$0 < \int_0^\infty x^{s-1} \ e^{-x} \ dx < \int_1^\infty \frac{M}{x^2} \ dx + \int_0^1 \frac{M'}{x^{1-s}} \ dx < M + \frac{M'}{s}.$$

証明終わり

これが階乗計算の一般化になっていることは次の性質から明らかとなる．

問 16.1 次を確認せよ．

1. $s > 1$ のとき，

$$\Gamma(s) = (s-1)\Gamma(s-1).$$

2. $n \in \mathbb{N}$ について，

$$\Gamma(n+1) = n!.$$

定理 16.2 $\Gamma(s)$ は $s > 0$ で C^∞-級であり任意の $n = 0, 1, 2, \cdots$ に対し n 階導関数は
$$\Gamma^{(n)}(s) = \int_0^\infty (\log t)^n t^{s-1} e^{-t} dt$$
で与えられる．

証明 一般の $n \in \mathbb{N}$ に対しても同様なので $n = 1$ の場合を示す．$s > 0$ を固定し $h \in \mathbb{R}$ を $s + h > 0$ となる十分小なる実数で $h \neq 0$ なるものとする．このとき
$$\frac{\Gamma(s+h) - \Gamma(s)}{h} - \int_0^\infty (\log t) t^{s-1} e^{-t} dt$$
$$= \int_0^\infty \left(\frac{t^{s+h-1} - t^{s-1}}{h} - (\log t) t^{s-1} \right) e^{-t} dt \tag{16.1}$$

で平均値の定理よりある $\theta \in (0, 1)$ に対し
$$\frac{t^{s+h-1} - t^{s-1}}{h} - (\log t) t^{s-1} = \log t (t^{s+\theta h-1} - t^{s-1})$$

が成り立つ．$\log t$ は任意の $\alpha > 0$ に対しある定数 $c = c_\alpha > 0$ をとれば
$$|\log t| \leq c t^\alpha \quad (t \geq 1), \quad |\log t| \leq c t^{-\alpha} \quad (0 < t \leq 1)$$

を満たすから上の広義積分 (16.1) は収束する．精密にいえば今考えている任意の $h \neq 0$ に対し $s + h > \alpha > 0$ を満たすような $\alpha > 0$ を取ると
$$\left| \int_0^\delta \left(\frac{t^{s+h-1} - t^{s-1}}{h} - (\log t) t^{s-1} \right) e^{-t} dt \right|$$
$$\leq c \int_0^\delta t^{-\alpha} (|t^{s+\theta h-1}| + |t^{s-1}|) dt \to 0 \quad (\text{as } \delta \to 0)$$

かつ
$$\left| \int_L^\infty \left(\frac{t^{s+h-1} - t^{s-1}}{h} - (\log t) t^{s-1} \right) e^{-t} dt \right|$$
$$\leq c \int_L^\infty t^\alpha (|t^{s+\theta h-1}| + |t^{s-1}|) e^{-t} dt \to 0 \quad (\text{as } L \to \infty).$$

従って有界な範囲での積分の収束の問題となり $h \to 0$ $(h \neq 0)$ のとき (16.1) は 0 に収束する．　　　　　　　　　　　　　　　　　　　　　証明終わり

16.1. 1次元の広義積分

ガンマ関数を数列の極限形として表すガウス (Gauss) の公式とそれと同等なワイエルシュトラス (Weierstrass) の公式がある[2]。

定理 16.3　ガンマ関数 $\Gamma : \mathbb{R}_+ \to \mathbb{R}$ について, 次のガウスの公式が成り立つ.

$$\Gamma(s) = \lim_{n\to\infty} \frac{n!\, n^s}{s(s+1)\dots(s+n)}.$$

さらに, オイラーの定数[3]

$$\gamma = \lim\left(1 + \frac{1}{2} + \dots + \frac{1}{n} - \ln n\right)$$

に対して, 次のワイエルシュトラスの公式が成り立つ.

$$\Gamma(s)^{-1} = e^{\gamma s} s \prod_{n=1}^{\infty} \left(1 + \frac{s}{n}\right) e^{-\frac{s}{n}}.$$

証明　シュワルツ (Schwarz) の不等式 (定理 15.10) より, $\ln \Gamma$ は次のように凸関数となる.

$$\frac{d^2}{ds^2}\ln\Gamma(s) = \frac{\Gamma(s)\Gamma''(s) - \Gamma'(s)^2}{\Gamma(s)^2} \geq 0.$$

---

[2] この結果は, 解析接続によって複素数上でも成り立つ.
[3] オイラーの定数の存在は以下のように示される. 自然数 $n \geq 1$ に対して,

$$\int_n^{n+1} \frac{1}{x} dx < \frac{1}{n}$$

より,

$$\gamma_n = 1 + \frac{1}{2} + \dots + \frac{1}{n} - \ln n > \int_1^{n+1} \frac{1}{x}dx - \ln n = \ln(n+1) - \ln n > 0.$$

また,

$$\gamma_{n+1} - \gamma_n = \frac{1}{n+1} - \{\ln(n+1) - \ln n\} < \int_n^{n+1} \frac{1}{x}dx - \{\ln(n+1) - \ln n\} = 0.$$

したがって, $\{\gamma_n\}_{n=0}^{\infty}$ は単調減少で下に有界であるから, ある値 γ に収束する. 具体的には, $\gamma = 0.5772156\dots$.

したがって，次の不等式がなりたつ，

$$
\begin{aligned}
\ln(n-1) &= \ln\Gamma(n) - \ln\Gamma(n-1) \\
&\leq \frac{\ln\Gamma(n+s) - \ln\Gamma(n)}{s} \\
&\leq \ln\Gamma(n+s+1) - \ln\Gamma(n+s) \\
&= \ln(n+s).
\end{aligned}
$$

すなわち，

$$
\begin{aligned}
(n-1)^s (n-1)! &\leq \Gamma(n+s) \\
&= (s+n-1)(s+n-2)...(s+1)s\Gamma(s) \\
&\leq (n+s)^s (n-1)!.
\end{aligned}
$$

さらに，書き換えると，

$$
\begin{aligned}
\Gamma(s)\left(\frac{n}{s+n}\right)^s &\leq \frac{n^s (n-1)!}{(s+n-1)(s+n-2)...(s+1)s} \\
&\leq \Gamma(s)\left(\frac{n}{n-1}\right)^s.
\end{aligned}
$$

両辺の $n \to \infty$ の極限からガウスの公式が導かれる．また，ワイエルシュトラスの公式はガウスの公式から，次のように求められる，

$$
\begin{aligned}
\Gamma(s)^{-1} &= \lim_{n\to\infty} \frac{s(s+1)...(s+n)}{n!\, n^s} \\
&= \lim_{n\to\infty} e^{(1+\frac{1}{2}+...+\frac{1}{n}-\ln n)s} \times \\
&\quad s\left(1+\frac{s}{1}\right)e^{-\frac{s}{1}} \cdot \left(1+\frac{s}{2}\right)e^{-\frac{s}{2}} \cdot ... \cdot \left(1+\frac{s}{n}\right)e^{-\frac{s}{n}}.
\end{aligned}
$$

証明終わり

また，ガンマ関数を用いてスターリングの公式を拡張することもできる．

定理 16.4 ガンマ関数 Γ について，次の関係が成り立つ，

$$\Gamma(s) = \sqrt{2\pi}\, s^{s-\frac{1}{2}} e^{-s} e^{\mu(s)}.$$

ただし，

$$\mu(s) = \sum_{n=0}^{\infty}\left\{\left(s+n+\frac{1}{2}\right)\ln\left(1+\frac{1}{s+n}\right) - 1\right\}.$$

問 16.2 定理 16.4 を証明せよ．

16.2 一般の集合上の積分

まず，積分の定義を一般の有界な閉集合上での積分にまで拡張する．

定義 16.3 A を $\mathbb{R}^n$ の有界集合，$f : A \longrightarrow \mathbb{R}$ を関数とする．このとき $A \subset I$ なる有界閉区間 I をひとつ取って I 上の関数 f^* を

$$f^*(x) = \begin{cases} f(x) & x \in A \\ 0 & x \notin A \end{cases}$$

と定義する．f^* が I 上積分可能であるとき f は A 上積分可能と定義しその積分の値を

$$\int_A f(x)dx = \int_I f^*(x)dx$$

と定義する．f が A 上積分可能なことを $f \in \mathcal{R}(A)$ とも書く．この定義は $A \subset I$ なる有界閉区間 I のとり方によらない．

ここで，A を $\mathbb{R}^n$ の有界集合として A の特性関数 $\chi_A : \mathbb{R}^n \longrightarrow \mathbb{R}$ を次のように定義する．

$$\chi_A(x) = \begin{cases} 1 & x \in A \\ 0 & x \notin A \end{cases}$$

このとき，次のように領域 A の体積が定義される．

定義 16.4 A を $\mathbb{R}^n$ の有界集合とし，特性関数 χ_A が A 上積分可能なときつまり A を含むある有界閉区間 I 上積分可能なとき A を体積確定あるいはジョルダン可測といいその体積を

$$v(A) = \int_A 1\,dx = \int_I \chi_A(x)dx$$

により定義する．

このとき，次の事項を確認しておく．

命題 16.2 A を $\mathbb{R}^n$ の集合とし I を A を含む有界閉区間とする．

1. $f \in \mathcal{R}(A) \iff f^*\chi_A \in \mathcal{R}(I)$.

2. $f \in \mathcal{R}(A)$, $B \subset A$ かつ B がジョルダン可測ならば f の B への制限 $f|_B$ は B 上積分可能である．

3. $B \subset A$ かつ $f|_B = 0$ とすると
$$f \in \mathcal{R}(B) \iff f \in \mathcal{R}(A-B).$$
このとき
$$\int_A f(x)dx = \int_{A-B} f(x)dx$$
が成り立つ．

証明は難しくないので読者に任せる．同様に以下の二つの命題は有界閉区間に対し成り立つことの一般の集合 A への一般化であり容易に確かめられる．

命題 16.3 A を $\mathbb{R}^n$ の集合とし I を A を含む有界閉区間とする．

1. $\mathcal{R}(A)$ は実ベクトル空間であり積分作用素
$$\mathcal{R}(A) \ni f \mapsto \int_A f(x)dx \in \mathbb{R}$$
は線型である．

2. $f \leq g \Longrightarrow \int_A f \leq \int_A g$. とくに $B \subset A$ で A, B ともに体積確定ならば $v(B) \leq v(A)$.

3. $c \in \mathbb{R}^n$ のとき $f \in \mathcal{R}(A+c) \Longrightarrow f \circ T_c \in \mathcal{R}(A)$. ただし $T_c(x) = x+c$ は定理 15.3 で定義されたものと同じである．さらに
$$\int_{A+c} f(x)dx = \int_A f \circ T_c(x)dx.$$
また A が体積確定なら $A+c$ も体積確定で $v(A+c) = v(A)$.

16.2. 一般の集合上の積分　　393

4. $f \in \mathcal{R}(A)$ が有界なら $|f| \in \mathcal{R}(A)$ で
$$\left|\int_A f(x)dx\right| \leq \int_A |f(x)|dx.$$

5. $f, g \in \mathcal{R}(A)$ が有界なら $fg \in \mathcal{R}(A)$.

6. A がジョルダン可測で $m \leq f \leq M$ ならある $\mu \in [m, M]$ に対し $\int_A f(x)dx = \mu v(A)$.

7. f が $\mathbb{R}^n$ 上の有界関数で A がジョルダン可測かつ体積 $v(A) = 0$ ならば $f \in \mathcal{R}(A)$ で
$$\int_A f(x)dx = 0.$$

命題 16.4 $A, B \subset \mathbb{R}^n$ を有界集合で $v(A \cap B) = 0$ なるものとし $f : A \cup B \longrightarrow \mathbb{R}$ を有界関数とする．このとき以下が成り立つ．

1. $f \in \mathcal{R}(A) \cap \mathcal{R}(B)$ ならば $f \in \mathcal{R}(A \cup B)$ であり
$$\int_{A \cup B} f(x)dx = \int_A f(x)dx + \int_B f(x)dx.$$

2. $f \in \mathcal{R}(A \cup B)$ で A, B ともに体積確定ならば $f \in \mathcal{R}(A) \cap \mathcal{R}(B)$ で
$$\int_{A \cup B} f(x)dx = \int_A f(x)dx + \int_B f(x)dx.$$

定理 16.5 $A \subset \mathbb{R}^n$ を有界集合とする．このとき以下が成り立つ．

1. $v(A) = 0$ である必要十分条件は
$$\forall \epsilon > 0, \exists I_1, \cdots, I_k : \text{区間 s.t. } A \subset \bigcup_{i=1}^{k} I_i \wedge \sum_{i=1}^{k} v(I_i) < \epsilon.$$

2. A が体積確定である必要十分条件はその境界 ∂A の体積がゼロであることである．

証明

1. $v(A) = 0$ とする．I を A の閉包 $\overline{A}$ を内部 I° に含む区間とし $\Delta \in \mathcal{D}(I)$ を I の分割とする．$v(A) = 0$ より
$$\int_I \chi_A(x)dx = 0$$
だから
$$\lim_{d(\Delta) \to 0} S_\Delta = \lim_{d(\Delta) \to 0} \sum_{I_i \cap A \neq \emptyset} v(I_i) = 0.$$
これより条件が必要であることがわかる．

逆の十分性は仮定 $A \subset \bigcup_{i=1}^k I_i$ より
$$\chi_A(x) \leq \sum_{i=1}^k \chi_{I_i}(x)$$
だから
$$v(A) \leq \sum_{i=1}^k v(I_i) < \epsilon$$
であることからわかる．

2. 必要性：$A \subset I$ なる有界閉区間 I を取り $\Delta \in \mathcal{D}(I)$ とする．χ_A に対し過剰和 S_Δ, 不足和 s_Δ を取ると
$$S_\Delta = \sum_{I_i \cap A \neq \emptyset} v(I_i), \quad s_\Delta = \sum_{I_i \subset A} v(I_i).$$
仮定の A が体積確定であることから $d(\Delta) \to 0$ のとき
$$S_\Delta - s_\Delta \to 0.$$
この分割 $\Delta \in \mathcal{D}(I)$ において A の境界 ∂A と交わる小区間 $I_i \in \Delta$ は以下のように場合分けされる．
$$[I_i \cap A \neq \emptyset \wedge I_i \cap A^c \neq \emptyset] \vee [I_i \subset A \wedge I_i \cap \partial A \neq \emptyset] \vee [I_i \subset A^c \wedge I_i \cap \partial A \neq \emptyset].$$

しかし最後の二つの場合は分割 $\Delta \in \mathcal{D}(I)$ をうまく取ると起こらないのでそのような Δ のみを考えればよい (定理 15.5 の 5 による). 従って

$$S_\Delta - s_\Delta = \sum_{I_i \cap A \neq \emptyset \wedge I_i \cap A^c \neq \emptyset} v(I_i) = \sum_{I_i \cap \partial A \neq \emptyset} v(I_i)$$

であるから以上と 1 より $v(\partial A) = 0$.

十分性:$v(\partial A) = 0$ とすると 1 より I の任意の分割 $\Delta \in \mathcal{D}(I)$ に対し上と同じ記号 S_Δ, s_Δ に対し

$$0 = \lim_{d(\Delta) \to 0} \sum_{I_i \cap \partial A \neq \emptyset} v(I_i) \geq \lim_{d(\Delta) \to 0} (S_\Delta - s_\Delta)$$

であるから χ_A は積分可能となり従って A は体積確定である.

証明終わり

定理 16.6 $A \subset \mathbb{R}^n$ を有界なジョルダン可測集合とする. $f : A \longrightarrow \mathbb{R}$ を有界関数とする. いま

$$E = \{x \mid x \in A, \ f\text{ は点 }x\text{ において不連続である }\}$$

が体積確定であるとする. このとき $v(E) = 0$ であれば $f \in \mathcal{R}(A)$ である.

証明 $A \subset I$ なる有界閉区間 $I \subset \mathbb{R}^n$ を取り $\Delta = \{I_i\}_{i \in K(\Delta)} \in \mathcal{D}(I)$ とする. このとき過剰和 S_Δ, 不足和 s_Δ について

$$\begin{aligned}
0 \leq S_\Delta - s_\Delta &= \sum_{I_i \cap A \neq \emptyset} (M_i - m_i) v(I_i) \\
&= \sum_{I_i \cap \partial A \neq \emptyset, I_i \cap \overline{E} = \emptyset} (M_i - m_i) v(I_i) + \sum_{I_i \cap \overline{E} \neq \emptyset} (M_i - m_i) v(I_i) \\
&\quad + \sum_{I_i \cap \partial A = \emptyset, I_i \cap \overline{E} = \emptyset, I_i \subset A} (M_i - m_i) v(I_i). \quad (16.2)
\end{aligned}$$

右辺の第 1, 2, 3 項をそれぞれ $T_1(\Delta), T_2(\Delta), T_3(\Delta)$ とおく. すると仮定より $v(\partial A) = 0$ かつ $v(E) = 0$ 従って $v(\overline{E}) = 0$ であるから

$$\lim_{d(\Delta) \to 0} T_1(\Delta) = \lim_{d(\Delta) \to 0} T_2(\Delta) = 0.$$

そこで与えられた正の数 $\epsilon > 0$ に対し $\Delta_0 \in \mathcal{D}(I)$ を

$$0 \leq T_1(\Delta_0) < \epsilon/4, \quad 0 \leq T_2(\Delta_0) < \epsilon/4 \qquad (16.3)$$

と取っておく．そして上の式 (16.2) において $\Delta = \Delta_0$ と取る．いま集合 $D \subset I$ を (16.2) の右辺第 3 項の条件

$$I_i \cap \partial A = \emptyset, \quad I_i \cap \overline{E} = \emptyset, \quad I_i \subset A$$

を満たす小閉区間 $I_i \in \Delta_0$ の和集合とする．すると D は有界閉集合であり従って $\mathbb{R}^n$ のコンパクト集合である．f は D 上連続であるから一様連続である．すなわち

$$\lim_{\delta \to 0} \sup_{|x-y|<\delta, x, y \in D} |f(x) - f(y)| = 0 \qquad (16.4)$$

を満たす．いま分割 $\Delta \in \mathcal{D}(I)$ を

$$d(\Delta) < \delta$$

と取り $\widetilde{\Delta} = \Delta \cup \Delta_0$ とおく．すると $\Delta_0 \leq \widetilde{\Delta}, \Delta \leq \widetilde{\Delta}$ となり

$$0 \leq S_\Delta - s_\Delta = \{(S_\Delta - s_\Delta) - (S_{\widetilde{\Delta}} - s_{\widetilde{\Delta}})\} + (S_{\widetilde{\Delta}} - s_{\widetilde{\Delta}}) \qquad (16.5)$$

と分解されるがこの第一項はダルブーの定理 15.4 と同様にして $d(\Delta)$ を十分小に取れば

$$0 \leq (S_\Delta - s_\Delta) - (S_{\widetilde{\Delta}} - s_{\widetilde{\Delta}}) < \epsilon/4 \qquad (16.6)$$

と押さえられる．上の等式 (16.2) において $S_\Delta - s_\Delta$ は分割 Δ についての細分の順序関係に関し単調減少である．ゆえに (16.2) の左辺の Δ を $\widetilde{\Delta}$ に置き換え等号を不等号 $\leq$ に置き換えても右辺は同じ Δ_0 のままで成り立つ．ただし左辺の $S_{\widetilde{\Delta}} - s_{\widetilde{\Delta}}$ においては実際に細分が行われているのだから右辺の第 3 項 $T_3(\Delta_0)$ の和は細分 $\widetilde{\Delta}$ に応じたものに取り替えて (16.2) が成り立つ．すなわち

$$\begin{aligned} 0 &\leq S_{\widetilde{\Delta}} - s_{\widetilde{\Delta}} \\ &\leq T_1(\Delta_0) + T_2(\Delta_0) + \sum_{\widetilde{I}_i \in \widetilde{\Delta}, \widetilde{I}_i \subset D, \widetilde{I}_i \cap \partial A = \emptyset, \widetilde{I}_i \cap \overline{E} = \emptyset, \widetilde{I}_i \subset A} (\widetilde{M}_i - \widetilde{m}_i) v(\widetilde{I}_i). \end{aligned}$$

この第3項は小区間 $\widetilde{I_i} \in \widetilde{\Delta}$ の幅が小さくなれば (16.4) により $\widetilde{M_i} - \widetilde{m_i}$ はいくらでも小さくなるから $d(\widetilde{\Delta})$ が十分小の時

$$\text{第3項} < \epsilon/4$$

である．よって (16.3), (16.5) と (16.6) より $d(\Delta) \to 0$ のとき

$$S_\Delta - s_\Delta \to 0$$

が言える．

証明終わり

定理 16.7 A を $\mathbb{R}^n$ の有界な体積確定の部分集合，$f_n : A \longrightarrow \mathbb{R}$ を A 上積分可能な関数列で $n \to \infty$ のとき A において関数 $f : A \longrightarrow \mathbb{R}$ に一様収束するものとする．このとき

$$\lim_{n \to \infty} \int_A f_n(x)dx = \int_A f(x)dx = \int_A \lim_{n \to \infty} f_n(x)dx$$

が成り立つ．

証明 f_n は A 上 f に一様収束するから

$$\sup_{x \in A} |f_n(x) - f(x)| \to 0 \quad (\text{as } n \to \infty).$$

ゆえに

$$\left| \int_A (f_n(x) - f(x))dx \right| \leq \int_A |f_n(x) - f(x)|dx \leq \sup_{x \in A} |f_n(x) - f(x)|v(A) \to 0.$$

証明終わり

定義 16.5

1. Ω を $\mathbb{R}^n$ の集合とするとき $\mathbb{R}^n$ の集合の列 $\{K_m\}_{m=1}^{\infty}$ が Ω のコンパクト近似列あるいは単に近似列であるとは以下の3条件が成り立つこととする.

    (a) K_m は有界で体積確定でありかつ $\overline{K}_m \subset \Omega$ である.

    (b) K_m は増加列である. すなわち $K_1 \subset K_2 \subset K_3 \subset \cdots$.

    (c) 任意の Ω のコンパクト集合 K に対し (すなわち $\mathbb{R}^n$ のあるコンパクト集合 L に対し $K = \Omega \cap L$ と書けるとき), ある番号 $m \geq 1$ が存在して $K \subset K_m$ である.

   このとき明らかに $\Omega = \bigcup_{m=1}^{\infty} K_m$ が成り立つ.

2. Ω を $\mathbb{R}^n$ の集合, $f : \Omega \longrightarrow \mathbb{R}$ を関数とする. $\{K_m\}_{m=1}^{\infty}$ を Ω の任意の近似列とする. $f \in \mathcal{R}(K_m)$ $(\forall m \geq 1)$ かつ極限

$$\lim_{m \to \infty} \int_{K_m} f(x) dx$$

が存在して近似列 $\{K_m\}$ の取り方によらないとき f は Ω 上広義積分可能という. そして近似列の取り方によらないこの極限の値を f の Ω 上の積分といい

$$\int_{\Omega} f(x) dx = \lim_{m \to \infty} \int_{K_m} f(x) dx$$

と書く.

3. f の絶対値関数 $|f|$ が Ω で広義積分可能の時 f の広義積分は Ω で絶対収束するという.

問 16.3

1. 定義 16.5 において f の広義積分が Ω で絶対収束するとき, ひとつの近似列 $\{K_m\}_{m=1}^{\infty}$ で絶対値関数の広義積分の値

$$\int_{\Omega} |f(x)| dx = \lim_{m \to \infty} \int_{K_m} |f(x)| dx$$

が定まれば Ω のほかの近似列についても同じ値が得られることを示せ.

2. f の広義積分が Ω で絶対収束するとき f は Ω で広義積分可能なことを示せ.

定理 15.19 で一変数の場合の変数変換公式を示したが一般の n 次元の場合は以下の公式が成り立つ.

定理 16.8 G を $\mathbb{R}^n$ の有界な体積確定集合とする. $\varphi = (\varphi_1, \cdots, \varphi_n)$ を G の閉包 $\overline{G}$ を含む $\mathbb{R}^n$ の開集合 U から $\mathbb{R}^n$ への C^1-級の一対一写像で

$$J(u) := \det D\varphi(u) \neq 0 \quad (\forall u \in U)$$

を満たすものとする. このとき以下が成り立つ.

1. $E = \varphi(G)$ は $\mathbb{R}^n$ の体積確定な有界集合である.

2. $f : \overline{E} \longrightarrow \mathbb{R}$ を連続関数とするとき以下が成り立つ.

$$\int_E f(x)dx = \int_G f(\varphi(u))|J(u)|du.$$

ただし $|J(u)|$ は行列式 $J(u) \in \mathbb{R}$ の絶対値である.

証明 φ は連続写像だからコンパクト集合 $\overline{G}$ をコンパクト集合 $\varphi(\overline{G}) \supset \varphi(G) = E$ に写す. 特に E は有界である. 以下 $\overline{G} \subset U_0$, $\overline{U_0} \subset U$ なる開集合 U_0 をひとつ取り固定する.

1. E が体積確定なことを言う. $V_0 = \varphi(U_0)$ とおくと逆関数定理 14.9 により V_0 は開集合である. また $\varphi^{-1} : V_0 \longrightarrow U_0$ は C^1-級である. したがって $\varphi : U_0 \longrightarrow V_0$ は C^1-同相写像である. すなわち位相構造を保存する位相同型写像である. ゆえに

$$\varphi(G^\circ) = E^\circ, \quad \varphi(U_0 - \overline{G}) = V_0 - \overline{E}, \quad \varphi(\partial G) = \partial E$$

である．したがって E が体積確定であることを言うには $v(\partial E) = v(\varphi(\partial G)) = 0$ を示せばよい．仮定より G は体積確定であるから $v(\partial G) = 0$ である．$\overline{G} \subset I^\circ$ なる有界閉区間 I をひとつ取りその分割 $\Delta \in \mathcal{D}(I)$ を考える．$d(\Delta)$ が十分小なら U_0 の取り方より

$$\forall i \in K(\Delta) \ [\ \overline{G} \cap I_i \neq \emptyset \Longrightarrow I_i \subset U_0\ ] \tag{16.7}$$

である．いま $i \in K(\Delta)$ に対し $I_i = [a_1^i, b_1^i] \times \cdots \times [a_n^i, b_n^i]$ と書いて

$$d = \min_{i \in K(\Delta), 1 \leq j \leq n} |b_j^i - a_j^i| > 0$$

とおく．したがって $v(I_i) \geq d^n$ である．以降

$$\max_{i \in K(\Delta), 1 \leq j \leq n} |b_j^i - a_j^i| < 2d \tag{16.8}$$

なる分割 Δ のみを考える．つまり分割の各小区間 I_i がある方向につぶれていない，n 次元立方体に近い分割 $\Delta \in \mathcal{D}(I)$ を考えるのである．$v(\partial G) = 0$ ゆえ

$$\forall \epsilon > 0, \exists \delta > 0, \forall \Delta \in \mathcal{D}(I) \ : \ \left[d(\Delta) < \delta \Longrightarrow \sum_{I_i \cap \partial G \neq \emptyset} v(I_i) < \epsilon \right].$$

いまこのような分割 Δ をひとつ固定し ∂G と共通部分を持つ $I_i \in \Delta$ の全体を

$$\{I_1, I_2, \cdots, I_k\} = \{I_i \in \Delta \mid I_i \cap \partial G \neq \emptyset\}$$

とおく．このとき (16.7) より $I_i \subset U_0 \ (i = 1, 2, \cdots, k)$ かつ

$$\partial G \subset \bigcup_{I_i \cap \partial G \neq \emptyset} I_i = \bigcup_{i=1}^k I_i$$

である．φ は $\overline{U_0}$ 上 C^1 ゆえ $L = \sup_{u \in \overline{U_0}} |D\varphi(u)|$ とおくとき $i = 1, 2, \cdots, k$ に対し

$$u, v \in I_i \Longrightarrow |\varphi(u) - \varphi(v)| \leq L|u - v| \leq L d(\Delta).$$

したがって $\xi_i \in I_i$ $(i = 1, 2, \cdots, k)$ を任意に固定するとき中心 $\varphi(\xi_i)$, 一辺の長さが $2Ld(\Delta)$ の n 次元立方体を B_i とすると

$$u \in I_i \Longrightarrow |\varphi(u) - \varphi(\xi_i)| \leq L|u - \xi_i| \leq Ld(\Delta) \Longrightarrow \varphi(u) \in B_i.$$

よって

$$\varphi(\partial G) \subset \bigcup_{I_i \cap \partial G \neq \emptyset} \varphi(I_i) = \bigcup_{i=1}^{k} \varphi(I_i) \subset \bigcup_{i=1}^{k} B_i.$$

このとき上述の条件 (16.8) より $d(\Delta) \leq 2\sqrt{n}d$ であるから $v(I_i) \geq d^n$ と合わせて

$$\begin{aligned}
\sum_{i=1}^{k} v(B_i) &= \sum_{i=1}^{k} (2Ld(\Delta))^n \leq 4^n L^n n^{n/2} \sum_{i=1}^{k} d^n \\
&\leq 4^n L^n n^{n/2} \sum_{i=1}^{k} v(I_i) = 4^n L^n n^{n/2} \sum_{I_i \cap \partial G \neq \emptyset} v(I_i) \\
&< 4^n L^n n^{n/2} \epsilon.
\end{aligned}$$

ゆえに $v(\partial E) = v(\varphi(\partial G)) = 0$ が言え，E が体積確定であることが言えた．

2. I を $\overline{G}$ をその内部 I° に含む n 次元立方体とする．$\Delta \in \mathcal{D}(I)$ を一辺の長さが $\ell > 0$ の小立方体 I_i $(i \in K(\Delta))$ への I の分割とする．したがって $v(I_i) = \ell^n$ である．以下関数 f は $\varphi(G) = E$ の外では値 0 を取るように拡張されているとする．すると

$$\begin{aligned}
\int_G f(\varphi(u))|J(u)|du &= \sum_{I_i \cap G \neq \emptyset} \int_{I_i} f \circ \varphi(u)|J(u)|du \\
&= \sum_{I_i \subset G^\circ} \int_{I_i} f \circ \varphi(u)|J(u)|du \\
&\quad + \sum_{I_i \cap \partial G \neq \emptyset} \int_{I_i} f \circ \varphi(u)|J(u)|du
\end{aligned}$$

であるが最後の項は G が体積確定であるため $v(\partial G) = 0$ だから $d(\Delta) \to 0$ のとき 0 に収束する．第 1 項は任意の固定された $\eta_i \in I_i$

($i \in K(\Delta)$) に対し以下に等しい.

$$\sum_{I_i \subset G^\circ} \int_{I_i} f \circ \varphi(u)|J(u)|du$$
$$= \sum_{I_i \subset G^\circ} \int_{I_i} \{f(\varphi(u))|J(u)| - f(\varphi(\eta_i))|J(\eta_i)|\}du$$
$$+ \sum_{I_i \subset G^\circ} f(\varphi(\eta_i)) \left\{ \int_{I_i} |J(\eta_i)|du - \int_{\varphi(I_i)} 1\,dx \right\} \quad (16.9)$$
$$+ \sum_{I_i \subset G^\circ} \int_{\varphi(I_i)} \{f(\varphi(\eta_i)) - f(x)\}dx$$
$$+ \sum_{I_i \subset G^\circ} \int_{\varphi(I_i)} f(x)dx.$$

$f(\varphi(u))|J(u)|$ はコンパクト集合 $\overline{G}$ 上連続ゆえ一様連続であるから $d(\Delta) \to 0$ のとき右辺第一項は 0 に収束する. 1の証明中のことから $d(\Delta) \to 0$ のとき $d(\varphi(I_i))$ も $i \in K(\Delta)$ について一様に 0 に収束する. ゆえに f の $\overline{E}$ 上の一様連続性と

$$\left|\sum_{I_i \subset G^\circ} \int_{\varphi(I_i)} 1 dx\right| = \left|\int_{\varphi(\bigcup_{I_i \subset G^\circ} I_i)} 1 dx\right| \leq v(\varphi(G)) = v(E) < \infty$$

から第三項も $d(\Delta) \to 0$ のとき 0 に収束する. 第四項は次に等しい.

$$\sum_{I_i \subset G^\circ} \int_{\varphi(I_i)} f(x)dx = \int_E f(x)dx - \sum_{\varphi(I_i) \cap \partial E \neq \emptyset} \int_{\varphi(I_i)} f(x)dx.$$

1より E は体積確定であるからこれの右辺第二項は $d(\Delta) \to 0$ のとき 0 に収束する. よって上の式の右辺第二項 (16.9) が $d(\Delta) \to 0$ のとき 0 に収束することを見ればよい. この第二項は

$$\sum_{I_i \subset G^\circ} f(\varphi(\eta_i))\{|J(\eta_i)|v(I_i) - v(\varphi(I_i))\}$$

に等しい. したがって

$$\forall \epsilon > 0, \exists \delta > 0[d(\Delta) < \delta \Longrightarrow |v(\varphi(I_i)) - |J(\eta_i)|v(I_i)| < \epsilon v(I_i)] \quad (16.10)$$

が言えれば定理が言える．ここで $D\varphi(\eta_i)$ は正則行列であるから第 2 章の階数のところで述べた三種の基本変形行列 $F_1(i,j)$, $F_2(i;c)$, $F_3(i,j;d)$ のいくつかの積の形に書ける．直接の計算から容易にわかるようにこれら三種の行列の積による線型変換 T に対しては任意の体積確定集合 A について

$$v(TA) = |\det T| v(A)$$

が成り立つ．したがって上の場合

$$|J(\eta_i)| v(I_i) = v(D\varphi(\eta_i) I_i)$$

が成り立つ．

$\varphi : U \longrightarrow \mathbb{R}^n$ が連続的微分可能という仮定から $k=0$ の場合の問 14.10 に $k=1$ の場合の定理 14.7 の論法を用いて

$$\varphi(u) - \varphi(\eta) = D\varphi(\eta)(u-\eta) + o(|u-\eta|), \quad u, \eta \in I_i$$

が言える．ただし

$$\frac{|o(|u-\eta|)|}{|u-\eta|} \leq \rho \to 0 \text{ as } |u-\eta| \to 0 \quad (\text{一様 in } u, \eta \in U_0). \quad (16.11)$$

$D\varphi(\eta)$ ($\eta \in U_0$) は正則ゆえ $u \in U_0$ に対し

$$u - \eta = D\varphi(\eta)^{-1}(\varphi(u) - \varphi(\eta)) + D\varphi(\eta)^{-1} o(|u-\eta|). \quad (16.12)$$

いま

$$M = \sup_{\eta \in U_0} |D\varphi(\eta)^{-1}|$$

とおき

$$I_i = [a_1^i, b_1^i] \times \cdots \times [a_n^i, b_n^i], \quad \eta_i = (\eta_1^i, \cdots, \eta_n^i) \in I_i$$

と書く．そして

$$\begin{aligned}\widetilde{I_i} &= [a_1^i - \eta_1^i - M\sqrt{n}\ell\rho, b_1^i - \eta_1^i + M\sqrt{n}\ell\rho] \times \cdots \\ &\quad \cdots \times [a_n^i - \eta_n^i - M\sqrt{n}\ell\rho, b_n^i - \eta_n^i + M\sqrt{n}\ell\rho]\end{aligned}$$

および

$$\widehat{I}_i = [a_1^i - \eta_1^i + M\sqrt{n}\ell\rho, b_1^i - \eta_1^i - M\sqrt{n}\ell\rho] \times \cdots$$
$$\cdots \times [a_n^i - \eta_n^i + M\sqrt{n}\ell\rho, b_n^i - \eta_n^i - M\sqrt{n}\ell\rho]$$

とおく．すなわち $\widetilde{I}_i$ は区間 $I_i - \eta_i$ の各辺の幅を $2M\sqrt{n}\ell\rho$ だけ大きくした区間，$\widehat{I}_i$ は $I_i - \eta_i$ の各辺の幅を $2M\sqrt{n}\ell\rho$ だけ小さくした区間とする．すると上の評価 (16.11), (16.12) より

$$u \in I_i \Longrightarrow D\varphi(\eta_i)^{-1}(\varphi(u) - \varphi(\eta_i)) \in \widetilde{I}_i$$

であるから

$$\varphi(I_i) - \varphi(\eta_i) \subset D\varphi(\eta_i)\widetilde{I}_i.$$

またやはり (16.12) より

$$u \in \widehat{I}_i \Longrightarrow D\varphi(\eta_i)u \in \varphi(I_i) - \varphi(\eta_i)$$

だから

$$D\varphi(\eta_i)\widehat{I}_i \subset \varphi(I_i) - \varphi(\eta_i).$$

仮定より I_i の各辺の長さは $\ell > 0$ でありまた $d(\Delta) > 0$ が十分小の時を考えればよいから (16.11) より $\rho > 0$ も十分小としてよい．よって $2M\sqrt{n}\rho < 1$ と仮定してよいから

$$\begin{aligned}
& |v(\varphi(I_i)) - v(D\varphi(\eta_i)I_i)| \\
= & |v(\varphi(I_i) - \varphi(\eta_i)) - v(D\varphi(\eta_i)(I_i - \eta_i))| \\
\leq & \max\{|v(D\varphi(\eta_i)\widetilde{I}_i) - v(D\varphi(\eta_i)(I_i - \eta_i))|, \\
& \qquad |v(D\varphi(\eta_i)\widehat{I}_i) - v(D\varphi(\eta_i)(I_i - \eta_i))|\} \\
= & |J(\eta_i)|\max\{|v(\widetilde{I}_i) - v(I_i)|, |v(I_i) - v(\widehat{I}_i)|\} \\
= & |J(\eta_i)|\max\{((1 + 2M\sqrt{n}\rho)^n - 1)\ell^n, (1 - (1 - 2M\sqrt{n}\rho)^n)\ell^n\} \\
\leq & \sup_{\eta \in U_0} |J(\eta)| \, (2M\sqrt{n})(2^n - 1)\rho\ell^n.
\end{aligned}$$

これと $v(I_i) = \ell^n$ より正定数 $C > 0$ に対し

$$||v(\varphi(I_i))| - |J(\eta_i)|v(I_i)| = |v(\varphi(I_i)) - v(D\varphi(\eta_i)I_i)| \leq C\rho v(I_i)$$

でかつ上の ρ の性質 (16.11) より

$$\rho \to 0 \text{ as } d(\Delta) \to 0$$

であるから (16.10) の評価が示された．

証明終わり

例えば，$\mathbb{R}^2$ 上の関数 $e^{-|x|^2} : \mathbb{R}^2 \longrightarrow \mathbb{R}$ について，フビニの定理より，

$$\int_{[0,a]\times[0,a]} e^{-|x|^2}\, dx = \int_0^a e^{-t^2}\, dt \int_0^a e^{-u^2}\, du.$$

$e^{-t^2} < 1/(1+t^2)$ より $e^{-t^2} : \mathbb{R} \longrightarrow \mathbb{R}$ は広義積分可能で，$a \to \infty$ で上の値は次のよう表される．

$$\lim_{a\to\infty} \int_{[0,a]\times[0,a]} e^{-|x|^2}\, dx = \left(\int_0^\infty e^{-t^2}\, dt \right)^2.$$

これから $e^{-|x|^2} : \mathbb{R}^2 \to \mathbb{R}$ は絶対収束することも分かるから，近似列の選び方によらずに広義積分ができる．したがって，原点を中心とする半径 R の扇型 $B_R = \{x = (t,u) | \ |x| \leq R,\ t \geq 0,\ u \geq 0\}$ について，極座標に変数変換することにより

$$\begin{aligned}
\left(\int_0^\infty e^{-t^2}\, dt \right)^2 &= \lim_{R\to\infty} \int_{B_R} e^{-|x|^2}\, dx \\
&= \lim_{R\to\infty} \int_0^{\pi/2} \left\{ \int_0^R e^{-r^2} r\, dr \right\} d\theta \\
&= \lim_{R\to\infty} \left\{ \int_0^{\pi/2} d\theta \right\} \cdot \frac{1}{2} \left\{ 1 - e^{-R^2} \right\} \\
&= \frac{\pi}{4}.
\end{aligned}$$

ここで，ヤコビ行列式が $J(x) = r$ となることを用いた．以上から，ガウス積分の値を再び導くことができる．

$$\int_0^\infty e^{-t^2}\, dt = \frac{\sqrt{\pi}}{2}.$$

また，前節では階乗計算の拡張としてガンマ関数を考えたが，組み合わせ計算の拡張としてベータ関数を導入することもできる．

定義 16.6 正の実数 $a, b \in \mathbb{R}_+$ について，次のような関数 B をベータ関数という．

$$B(a,b) = \int_0^1 t^{a-1}(1-t)^{b-1}\, dt.$$

このベータ関数の性質と，ガンマ関数との関係は以下のようになる．

問 16.4 以下を示せ．

1. 自然数 $n, m \geq 0$ について，次のように表される．

$$B(n+1, m+1) = \frac{n!\, m!}{(n+m+1)!}.$$

2. ベータ関数はガンマ関数によって次のように表される．

$$B(a,b) = \frac{\Gamma(a)\Gamma(b)}{\Gamma(a+b)}.$$

ただし，問 16.4 の 2 は，$x > 0$ および $y > 0$ について，変数変換 $x + y = u$，$y = vu$ として次の関係が成り立つことを利用する．

$$\int_0^\infty e^{-x-y} x^{p-1} y^{q-1}\, dxdy = \int_0^\infty e^{-u} u^{p+q-1}\, du \int_0^1 v^{q-1}(1-v)^{p-1}\, dv.$$

さらに，ガンマ関数を用いて，$\mathbb{R}^n$ 上 2 乗ノルムによる n 次元球の体積に対する定理 15.23 の公式をひとつにまとめることができる．

定理 16.9 $r \in \mathbb{R}_+$ および $n \in \mathbb{N}$ について，半径 r の n 次元球の体積 $V_n(r)$ は次のように表される．

$$V_n(r) = \frac{\pi^{\frac{n}{2}}}{\Gamma\left(\frac{n}{2}+1\right)} r^n.$$

16.2. 一般の集合上の積分

証明 はじめに，次の積分を考える．

$$\begin{aligned}
I_n &= \lim_{a\to\infty} \int_{-a}^{a}\int_{-a}^{a}\cdots\int_{-a}^{a} e^{-(x_1^2+x_2^2+\cdots+x_n^2)}\,dx_1 dx_2\ldots dx_n \\
&= \lim_{a\to\infty} \left\{\int_{-a}^{a} e^{-x_1^2}\,dx_1\right\}\left\{\int_{-a}^{a} e^{-x_2^2}\,dx_2\right\}\cdots\left\{\int_{-a}^{a} e^{-x_n^2}\,dx_n\right\} \\
&= \pi^{\frac{n}{2}}.
\end{aligned}$$

ここで，n 次元球の体積は半径 $r=|x|$ にのみ依存し，定数 $A_n\in\mathbb{R}$ について $V_n(r)=A_n r^n$ と表される．この n 次元空間中の球殻に分けて積分すると，I_n は次のように表される．

$$\begin{aligned}
I_n &= \lim_{R\to\infty}\int_{|x|\le R} e^{-r^2}\,\frac{dV_n(r)}{dr}\,dr \\
&= \int_0^{\infty} e^{-r^2}\,\frac{dV_n(r)}{dr}\,dr .
\end{aligned}$$

この広義積分は次のように実行される．

$$\begin{aligned}
I_n &= nA_n \int_0^{\infty} r^{n-1}\,e^{-r^2}\,dr \\
&= \frac{n}{2}A_n \int_0^{\infty} t^{\frac{n}{2}-1}\,e^{-t}\,dt \\
&= \frac{n}{2}A_n \Gamma\left(\frac{n}{2}\right) \\
&= A_n \Gamma\left(\frac{n}{2}+1\right).
\end{aligned}$$

以上から，

$$A_n = \frac{\pi^{\frac{n}{2}}}{\Gamma\left(\frac{n}{2}+1\right)}.$$

よって，与式が得られた．

証明終わり

この公式により，整数でない任意の実数次元について球の体積計算を拡張解釈することができる．

第16章 積分の一般化

この節の最後にここまで学んだことの応用として以下のような問題を考える．これは将来関数解析学的手法で関数を扱う場合の基本的な事実である．いま $\mathbb{R}^n$ 上定義された関数

$$\varphi(x) = \begin{cases} \exp\left(\frac{1}{|x|^2-1}\right) & (|x| < 1), \\ 0 & (|x| \geq 1) \end{cases}$$

を考えるとこれは C^∞-級でありその台は単位球 $\{x \mid |x| \leq 1\}$ に等しい．いま

$$\alpha = \int_{\mathbb{R}^n} \varphi(x) dx \quad (> 0)$$

とおき $\psi(x) = \alpha^{-1}\varphi(x)$ とおくと

$$\int_{\mathbb{R}^n} \psi(x) dx = 1$$

である．任意の $\epsilon > 0$ に対し

$$\psi_\epsilon(x) = \epsilon^{-n} \psi(x/\epsilon)$$

とおくとやはり

$$\int_{\mathbb{R}^n} \psi_\epsilon(x) dx = 1$$

が成り立つ．任意の有界な体積確定集合 A をとりその特性関数を

$$\chi_A(x) = \begin{cases} 1 & (x \in A), \\ 0 & (x \notin A) \end{cases}$$

とおく．このとき畳み込み (convolution) を

$$(\chi_A * \psi_\epsilon)(x) = \int_{\mathbb{R}^n} \chi_A(x-y) \psi_\epsilon(y) dy$$

と定義すると以下が成り立つ．

問 16.5 畳み込みは

$$(\chi_A * \psi_\epsilon)(x) = \int_{\mathbb{R}^n} \chi_A(y) \psi_\epsilon(x-y) dy$$

に等しく $x \in \mathbb{R}^n$ について C^∞-級であり

$$\mathrm{supp}\,(\chi_A * \psi_\epsilon) \subset \{x \mid \mathrm{dist}(x, \mathrm{supp}\,\chi_A) \leq 2\epsilon\}$$

が成り立つ．さらに A 内の点 x で $\mathrm{dist}(x, A^c) \geq \epsilon$ なる点においては

$$(\chi_A * \psi_\epsilon)(x) = 1$$

が成り立つ．

この結果より $\mathbb{R}^n$ の任意の開集合 G 内にサポートを持つ自明でない (すなわち恒等的に 0 でない) $C_0^\infty(G)$-関数が作れることがわかる．この事実は例 14.4 で触れた変分学の基本原理の基礎となるものである．

16.3 線積分

ここでは，連続な曲線の長さについて考察する．

定義 16.7 $I = [a, b]$ を $\mathbb{R}$ の有界閉区間とする．連続関数 $f : I \longrightarrow \mathbb{R}^n$ を $\mathbb{R}^n$ における連続曲線と呼ぶ．二つの連続曲線 $f : I \longrightarrow \mathbb{R}^n$, $g : J \longrightarrow \mathbb{R}^n$ に対しこれらが同値 ($f \sim g$) であるとは I から J への狭義単調増加な連続関数 φ が存在して $f = g \circ \varphi$ が成り立つ時を言う．

連続曲線は，折れ線で近似される．

定義 16.8 $f : I = [a, b] \longrightarrow \mathbb{R}^n$ を連続曲線とする．I の分割 $\Delta : a = t_0 < t_1 < \cdots < t_m = b$ に対し点 $f(t_0), f(t_1), \cdots, f(t_m)$ を線分で順につないで得られる曲線を f の近似折線という．この近似折線の長さ $\ell(\Delta)$ を

$$\ell(\Delta) = \sum_{i=1}^m |f(t_i) - f(t_{i-1})|$$

と定義し，もとの曲線 f の長さ ℓ を

$$\ell = \sup_{\Delta \in \mathcal{D}(I)} \ell(\Delta)$$

と定義する．この ℓ が有限の時この曲線は長さが有限である (rectifiable curve) と呼ぶ．このとき同値な曲線は長さが同じである．

一般には連続曲線で長さが無限のものがある．たとえば第1章で例に挙げたコッホ曲線やペアノ曲線がそうである．この場合，そのフラクタル次元は1より大きい．

明らかに，

命題 16.5 $\Delta \leq \Delta'$ ならば $\ell(\Delta) \leq \ell(\Delta')$.

連続曲線の長さが有限であれば，折れ線の長さは曲線の長さをその極限で与える．

命題 16.6 $\ell < \infty$ のとき

$$\ell = \lim_{d(\Delta) \to 0} \ell(\Delta).$$

証明 ダルブーの定理 15.4 と同様であるが念のため証明を与える．

任意の $\epsilon > 0$ を固定する．この $\epsilon > 0$ に対し分割 $\Delta_0 \in \mathcal{D}(I)$ を

$$0 \leq \ell - \ell(\Delta_0) < \epsilon/2$$

と取れる．任意の分割 $\Delta \in \mathcal{D}(I)$ に対し $\Delta' = \Delta \cup \Delta_0$ とすると

$$\Delta_0 \leq \Delta', \quad \Delta \leq \Delta'.$$

ゆえに 1) より

$$0 \leq \ell(\Delta') - \ell(\Delta), \quad 0 \leq \ell(\Delta') - \ell(\Delta_0).$$

a を Δ_0 の小区間の長さの最小値とし $d(\Delta) < a$ なるもののみ考えればよい．このとき Δ の各小区間は Δ_0 の分割点を高々ひとつしか含まない．

いま I の内部の Δ_0 の分割点の総数を k 個とする．I はコンパクトで f は I 上連続だから一様連続である．従って最初に与えられた $\epsilon > 0$ に対しある $\delta > 0$ があって

$$|t - s| < \delta \implies |f(t) - f(s)| < \frac{\epsilon}{6k}.$$

$\Delta \in \mathcal{D}(I)$ を $d(\Delta) < \min\{a, \delta\}$ と取ると Δ' の分割点であって Δ の分割点でないものは上述の「Δ の各小区間は Δ_0 の分割点を高々ひとつしか含ま

ない」ことより高々k個である．よってそれらk個の分割点を含む各小区間におけるΔ'とΔによる線分の長さの差を三角不等式で評価することより

$$0 \leq \ell(\Delta') - \ell(\Delta) \leq k\frac{3\epsilon}{6k} = \frac{\epsilon}{2}.$$

よって$d(\Delta) < \min\{a, \delta\}$ のとき

$$\begin{aligned}0 \leq \ell - \ell(\Delta) &= (\ell - \ell(\Delta_0)) - (\ell(\Delta') - \ell(\Delta_0)) + (\ell(\Delta') - \ell(\Delta)) \\ &\leq (\ell - \ell(\Delta_0)) + (\ell(\Delta') - \ell(\Delta)) < \epsilon/2 + \epsilon/2 = \epsilon.\end{aligned}$$

証明終わり

定理 16.10 C^1-級の曲線 $f : I = [a, b] \longrightarrow \mathbb{R}^n$ を考える．このとき曲線の長さ ℓ は有限で

$$\ell = \int_a^b |f'(t)|dt$$

で与えられる．

証明 f は $I = [a, b]$ 上 C^1 であるから任意の $t, s \in [a, b]$ に対し

$$|f(t) - f(s)| \leq M|t - s| \quad (M = \sup_{t \in I} |f'(t)| < \infty).$$

よって任意の I の分割 $\Delta : a = t_0 < t_1 < \cdots < t_m = b$ に対し

$$\ell(\Delta) = \sum_{i=1}^{m} |f(t_i) - f(t_{i-1})| \leq M(b - a) < \infty.$$

ゆえにこの曲線は長さが有限である．

次に長さを与える式を考える．I の任意の分割 $\Delta : a = t_0 < t_1 < \cdots < t_m = b$ に対し各折れ線の長さは

$$\begin{aligned}|f(t_i) - f(t_{i-1})| &= \left|\int_0^1 \frac{d}{d\theta}(f(t_{i-1} + \theta(t_i - t_{i-1})))d\theta\right| \\ &= \left|\int_0^1 f'(t_{i-1} + \theta(t_i - t_{i-1}))d\theta\right|(t_i - t_{i-1}).\end{aligned}$$

ただし $f'(t) = (f'_1(t), \cdots, f'_n(t)) \in \mathbb{R}^n$ $(a \leq t \leq b)$. ゆえに

$$\left| \ell(\Delta) - \int_a^b |f'(t)|dt \right|$$
$$= \left| \sum_{i=1}^m \left\{ \left| \int_0^1 f'(t_{i-1} + \theta(t_i - t_{i-1}))d\theta \right| (t_i - t_{i-1}) - \int_{t_{i-1}}^{t_i} |f'(t)|dt \right\} \right|.$$

右辺の和の中の各項は

$$\int_{t_{i-1}}^{t_i} \left\{ \left| \int_0^1 f'(t_{i-1} + \theta(t_i - t_{i-1}))d\theta \right| - |f'(t)| \right\} dt$$

に等しい. よって三角不等式により

$$\left| \ell(\Delta) - \int_a^b |f'(t)|dt \right|$$
$$\leq \left| \sum_{i=1}^m \int_{t_{i-1}}^{t_i} \left| \int_0^1 f'(t_{i-1} + \theta(t_i - t_{i-1}))d\theta - f'(t) \right| dt \right|$$
$$= \left| \sum_{i=1}^m \int_{t_{i-1}}^{t_i} \left| \int_0^1 \{f'(t_{i-1} + \theta(t_i - t_{i-1})) - f'(t)\} d\theta \right| dt \right|$$
$$\leq \sum_{i=1}^m \int_{t_{i-1}}^{t_i} \int_0^1 |f'(t_{i-1} + \theta(t_i - t_{i-1})) - f'(t)| d\theta dt$$
$$\leq \sum_{i=1}^m \sup_{t,s \in [t_{i-1}, t_i]} |f'(t) - f'(s)|(t_i - t_{i-1})$$
$$\leq (b-a) \sup_{1 \leq i \leq m} \sup_{t,s \in [t_{i-1}, t_i]} |f'(t) - f'(s)|.$$

$f \in C^1([a,b])$ なので右辺は $d(\Delta) = \max_{1 \leq i \leq m} |t_i - t_{i-1}| \to 0$ のとき 0 に収束する.

証明終わり

系 16.1 1) $f : I = [a, b] \longrightarrow \mathbb{R}^n$ が C^1-級なら f のグラフ
$$\Gamma = \{(t, f(t)) \in \mathbb{R}^{n+1} \mid t \in I\}$$
の長さ ℓ は
$$\ell = \int_a^b \sqrt{1 + |f'(t)|^2} dt$$
で与えられる．

2) $\mathbb{R}^2$ 上の極座標表示
$$r = f(\theta) \quad (\alpha \leq \theta \leq \beta)$$
で与えられた曲線の長さ ℓ は
$$\ell = \int_\alpha^\beta \sqrt{f(\theta)^2 + f'(\theta)^2} d\theta$$
で与えられる．

証明 1) $\mathbb{R}^{n+1}$ に値を持つ C^1 曲線 $g(t) = (t, f(t))$ の長さを求めればよいのだから $g'(t) = (1, f'(t))$ と上の定理より明らかである．

2) 極座標表示 (r, θ) と直角座標表示 (x, y) との関係は
$$\begin{cases} x = r \cos\theta \\ y = r \sin\theta \end{cases}$$
である．与えられた曲線は従って
$$\begin{cases} x = f(\theta) \cos\theta \\ y = f(\theta) \sin\theta \end{cases}$$
となる．よってその長さ ℓ は
$$\begin{aligned}
\ell &= \int_\alpha^\beta |(x'(\theta), y'(\theta))| d\theta \\
&= \int_\alpha^\beta \sqrt{|x'(\theta)|^2 + |y'(\theta))|^2} d\theta = \int_\alpha^\beta \sqrt{|f(\theta)|^2 + |f'(\theta))|^2} d\theta
\end{aligned}$$
で与えられる．

証明終わり

この系の応用として以下で定義される円周を考えよう．$\mathbb{R}^2$ における単位円周は

$$r = 1$$

で定義される．従ってその $\alpha \in \mathbb{R}$ から $\beta \in \mathbb{R}$ までの長さは系 16.1 の 2) により

$$\ell(\alpha, \beta) = \int_\alpha^\beta 1\, d\theta = \beta - \alpha$$

で与えられる．この曲線は直交座標で書けば

$$\begin{cases} x = \cos\theta \\ y = \sin\theta \end{cases}$$

であるから $\alpha = 0$ は関数 $\cos\theta$ および $\sin\theta$ の定義式 (問 13.5)

$$\cos\theta = \sum_{n=0}^\infty \frac{(-1)^n}{(2n)!}\theta^{2n}, \quad \sin\theta = \sum_{n=0}^\infty \frac{(-1)^n}{(2n+1)!}\theta^{2n+1}$$

より $x = 1, y = 0$ に対応する．π が $\cos(\theta/2) = 0$ なる最小の正の数 θ として定義されていたことから $\cos(\pi/2) = 0, \sin(\pi/2) = 1$ が得られこれらより加法定理により $\cos\pi = -1, \sin\pi = 0, \cos(2\pi) = 1, \sin(2\pi) = 0$ などが得られ 2π がこれら三角関数の周期であることがわかる．従って円周は $0 \le \theta \le 2\pi$ で一周し閉じた曲線となる．その長さは上の式より

$$\ell(0, 2\pi) = 2\pi$$

となる．これは今解析的に定義した半径 1 の単位円周という曲線の一周の長さがふつう言われている円周率 π から得られる 2π に一致することを示している．従ってここにいたって初めて円周率の幾何学的意味が集合論から構成した実数のみを基礎におく解析学的な立場から説明されたのである．

第17章 常微分方程式

この章では，バナッハ空間上の微分方程式を定義し，その解の存在を不動点定理を応用して調べる．さらに，陰関数定理を応用して方程式が解ける条件を調べ，$\mathbb{R}$ 上の1階微分方程式についていくつかの解法を議論する．また，超幾何微分方程式，合流型超幾何微分方程式として知られる2階微分方程式については，べき級数展開による解析関数解を調べ，諸々の特殊関数を定義する．最後に，常微分方程式の解の存在と直線化定理を証明する．

17.1 常微分方程式の定義

解析学のはじまりに大きな貢献をしたのはニュートンの著作『プリンキピア』である．そのテーマはケプラーによる天空の法則と，ガリレオによって知られていた地上での自由落下の法則を統一することであった．ここでは，運動法則は時間を実数変数とする運動方程式[1]として概念化され，その解法は幾何学的に実行された．このような意味で，ここで定義する常微分方程式は運動方程式を一般化したものである．

まず，バナッハ空間上の運動を表すものとして1径数変換群 (one-parameter group) を定義する．

定義 17.1 V をバナッハ空間とする．写像 $\varphi_t : V \longrightarrow V$ の族 $\{\varphi_t | t \in \mathbb{R}\}$ で，以下を満たすものを V 上の1径数変換群であるという．

1. 任意の $t_1, t_2 \in \mathbb{R}$ について，

$$\varphi_{t_1+t_2} = \varphi_{t_1} \circ \varphi_{t_2}.$$

---
[1] 運動方程式はニュートンの著作ではまだ方程式の形にはなっておらず，現在のような微分方程式として最初に書き出したのはオイラー (Euler) であるとされる．

2. 写像 $\varphi_0 = id$ は恒等写像, すなわち V 上の任意の点をそれ自身に移す写像である.

明らかに 1 径数変換群は可換群 (これをアーベル群 (abelian group) ともいう) である. このような群がひとつあれば, それに応じた相流が定義される.

定義 17.2 V をバナッハ空間とする. V と 1 径数変換群 $\{\varphi_t | t \in \mathbb{R}\}$ の対 $(V, \{\varphi_t\})$ を相流とよび, そのとき V を相空間 (phase space) という. また, 相流 $(V, \{\varphi_t\})$ について, $\mathbb{R} \times V$ を拡大された相空間という. さらに, ある点 $x_0 \in V$ について, 任意の $t \in \mathbb{R}$ で次を満たす写像 $x : \mathbb{R} \longrightarrow V$ を積分曲線[2], その像を相曲線という.

$$\varphi_t(x_0) = x(t).$$

以上で, 運動法則とその一般化が時間発展による変動として表される準備をした. そして, ここで考えるものはこのうち微分可能 (differentiable) な同相写像 (homeomorphism), すなわち微分同相写像 (diffeomorphism) で表されるものである.

定義 17.3 U と V をバナッハ空間とする. 写像 $\varphi : U \longrightarrow V$ が 1 対 1 で φ もその逆写像 $\varphi^{-1} : V \longrightarrow U$ も $r \in \mathbb{N}$ 回微分可能であるとき, 写像 φ は C^r 微分同相写像であるという.

このとき, バナッハ空間上の微分同相 1 径数群を次のように定義する.

定義 17.4 V をバナッハ空間, 写像 $\varphi : \mathbb{R} \times V \longrightarrow V$ は以下の条件を満たすとき, C^r 微分同相 1 径数群と呼ばれる.

1. φ は連続的微分可能である.

2. 任意の $t \in \mathbb{R}$ および $x \in V$ に対し,

$$\varphi(t, x) = \varphi_t(x)$$

となる写像 $\varphi_t : V \longrightarrow V$ は C^r 微分同相である.

---
[2] 本著では写像 x をそのグラフ $(t, x(t)) \in \mathbb{R} \times V$ により定義しているので, ここでの定義はこのグラフを積分曲線と定義することに等しい.

3. 写像の族 $\{\varphi_t | t \in \mathbb{R}\}$ は 1 径数変換群である．

以上の準備のもとに，バナッハ空間上のベクトル場 (vector field) を次のように定義する．

定義 17.5 U をバナッハ空間 V の開集合とする．V 上の C^r 微分同相 1 径数群 $\varphi : \mathbb{R} \times V \longrightarrow V (r \in \{1,2,3,\dots\})$ が存在して，任意の点 $x \in U$ について，

$$u(x) = \left.\frac{d}{dt}\right|_{t=0} \varphi_t(x)$$

を満たす写像 $u : U \longrightarrow V$ を $U \subset V$ 上の C^{r-1} ベクトル場という．

ベクトル場とは，バナッハ空間 V 上の各点に定義されたベクトルの分布であり，明らかに $r-1$ 回微分可能である．とくに，ベクトル場 $u : U \longrightarrow V$ について，$u(x) = 0$ となる $x \in U$ はベクトル場の特異点と呼ばれる[3]．

定義 17.6 U をバナッハ空間 V の開集合とし，区間 $T = (t_1, t_2) \subset \mathbb{R}$ について，写像 $v : T \times U \longrightarrow V$ が次を満たすとする．

1. v は連続的微分可能である．

2. 任意の $t \in T$ および $x \in U$ に対し，

$$v(t,x) = v_t(x)$$

となる写像 $v_t : U \longrightarrow V$ は C^{r-1} ベクトル場である．

このとき，連続的微分可能な曲線 $x : T \longrightarrow U$ について，次の式を常微分方程式と呼ぶ．

$$\frac{d}{dt}x(t) = v(t, x(t)), \quad t,\, t_0 \in T, \quad x(t_0) = x_0 \in U.$$

ここで，常微分方程式の定義はされたが，それを真とするような曲線 x が存在するとは限らない．このような曲線の存在は，後にある制限のもとに

---

[3] ここでの特異点という言葉は，これはベクトルの向きがその点で不連続に変化することに由来しており，実際には特異性はなく連続的微分可能である

少なくとも T と $U \subset V$ を十分小さくとれば存在することが示される．この曲線を常微分方程式の解と呼ぶ．

以上の常微分方程式では，運動方程式のように位置の2回以上の微分を含むような場合を含んでおらず，実用上物足りないと感じるかもしれないが，それは誤りである．事実，バナッハ空間 V と写像 $F: V^n = \underbrace{V \times \cdots \times V}_{n \text{ factors}} \longrightarrow V$ について，任意の n 階微分方程式

$$\frac{d^n x}{dt^n} = F\left(x, \frac{dx}{dt}, \ldots, \frac{d^{n-1} x}{dt^{n-1}}\right).$$

は，置き換え $x_k \equiv \frac{d^k x}{dt^k} \in V$ $(k = 0, 1, 2, \cdots, n-1)$ によって，次の常微分方程式を考えることに等しい．

$$\frac{dx_{n-1}}{dt} = F(x_0, x_1, \ldots, x_{n-1}), \quad \frac{dx_k}{dt} = x_{k+1} \ (0 \leq k < n-1).$$

17.2 全微分方程式

ここでは，n 次元ユークリッド空間 $V = \mathbb{R}^n$ について，微分方程式が解をもつ十分条件を調べる．この十分条件は，微分方程式が次のように定義されるパッフ (Pfaff) 方程式として表されることである．

定義 17.7 V をバナッハ空間とする．V の開集合 $U \subset V$ 及び $T \subset \mathbb{R}$ について，写像 $\Phi: T \times U \longrightarrow V$ は次を満たすとする．

1. Φ は連続的微分可能である．

2. 任意の $t \in T$, $x \in U$ について，

$$\Phi(t, x) = \Phi_t(x)$$

となる $\Phi_t: U \longrightarrow V$ について，$D\Phi_t$ は有界線型である．

3. 逆写像 $(D\Phi_t)^{-1}$ が存在し，$(D\Phi_t)^{-1}$ も有界線型写像である．

17.2. 全微分方程式　419

このとき，微分可能な曲線 $x: T \longrightarrow V$ について，次の微分方程式を全微分方程式またはパッフ (Pfaff) 方程式という．

$$\frac{dx(t)}{dt} = -\left\{D\Phi_t(x(t))\right\}^{-1} \frac{\partial \Phi(t, x(t))}{\partial x}.$$

$V = \mathbb{R}^n$ として，任意の $t \in T$ と $x \in U$ について $\Phi_t(x) = (\Phi_t^1(x), \cdots, \Phi_t^n(x)) \in V$ と表す．$D\Phi_t$ の逆写像が存在する条件は，任意の $x \in U$ について n 次実行列 $\{D_i\Phi_t^j(x)\}_{1 \leq i,j \leq n}$ の行列式がゼロとならないことに等しい．

$$\det \begin{pmatrix} D_1\Phi_t^1(x) & \cdots & D_1\Phi_t^j(x) & \cdots & D_1\Phi_t^n(x) \\ \vdots & \ddots & \vdots & \ddots & \vdots \\ D_i\Phi_t^1(x) & \cdots & D_i\Phi_t^j(x) & \cdots & D_i\Phi_t^n(x) \\ \vdots & \ddots & \vdots & \ddots & \vdots \\ D_n\Phi_t^1(x) & \cdots & D_n\Phi_t^j(x) & \cdots & D_n\Phi_t^n(x) \end{pmatrix} \neq 0.$$

このとき $(t, x) \in T \times U$ について，全微分方程式は次のように全微分 d を用いて表される．

$$d\Phi(t, x) \stackrel{def}{=} \frac{\partial \Phi(t, x)}{\partial t} dt + \sum_{k=1}^{n} D_k\Phi(t, x) dx^k = 0.$$

このような方程式について，次の直線化定理 (特殊形) が得られる．

定理 17.1 初期条件 $t_0 \in T$, $x(t_0) = x_0 \in U$ のもとで，全微分方程式

$$\frac{dx(t)}{dt} = -\left\{D\Phi_t(x(t))\right\}^{-1} \frac{\partial \Phi(t, x(t))}{\partial x}.$$

の解は一意に存在し，$\Phi_t(x(t)) = \Phi_{t_0}(x_0)$ を満たす．

この曲線 $x : T \longrightarrow V$ の一意的存在は $\Phi_t(x(t)) = \Phi_{t_0}(x_0)$ を解くことだから陰関数定理の特別な場合に過ぎず，明らかである．

例 17.1 $V = \mathbb{R}$ とすると，任意の $x \in T$ と $p \in U \subset V$ について，連続的微分可能な写像 $H : T \times U \longrightarrow V$ の微分 $\frac{\partial H(x,p)}{\partial p}$ の逆数 $(\frac{\partial H(x,p)}{\partial p})^{-1}$ が存在するとき，

$$dH(x, p) = 0$$

なる方程式を考える．この解は，定数 $c \in \mathbb{R}$ について条件 $H(x,p) = c$ を満たし次が成り立つ．

$$\frac{dp}{dx} = -\left(\frac{\partial H(x,p)}{\partial p}\right)^{-1} \frac{\partial H(x,p)}{\partial x}.$$

これは，$T \times U$ 上で，次の 1 次元ハミルトン方程式の軌道を調べることに等しい．すなわち，新たな時間変数 $\tau \in \mathbb{R}$ について，連続的微分可能な写像 $p : \mathbb{R} \longrightarrow U$ および $x : \mathbb{R} \longrightarrow T$ が存在して，

$$\frac{dp}{d\tau} = -\frac{\partial H(x,p)}{\partial x}, \quad \frac{dx}{d\tau} = \frac{\partial H(x,p)}{\partial p}.$$

一般に，速度ベクトル場 v が時間に陽に依存しない場合，微分方程式系は自励系 (autonomous system) であるという．1 次元自励系における常微分方程式は全微分方程式となり，解くことができる．

命題 17.1 ある開区間 $T = (t_-, t_+) \subset \mathbb{R}$ 及び $U = (x_-, x_+) \subset \mathbb{R}$，ベクトル場 $u : U \longrightarrow \mathbb{R}$ について，次の微分方程式が与えられているとする．

$$\frac{dx(t)}{dt} = u(x(t)), \quad t, t_0 \in T, \quad x(t_0) = x_0 \in U.$$

$u(x_0) \neq 0$ のとき，この微分方程式の解 $x : T \longrightarrow U$ は一意に存在し，次式を満たす，

$$t - t_0 = \int_{x_0}^{x(t)} u(x')^{-1} dx'.$$

証明 点 $x_0 \in \mathbf{X}$ のある近傍 U についてこの微分方程式は，次のポテンシャル $\Phi : T \times U \longrightarrow \mathbb{R}$ についてパッフ型 (全微分型) である，

$$\Phi(t,x) = t - \int_{x_0}^{x} u(x')^{-1} dx'.$$

陰関数定理より写像 $\tau : U \longrightarrow T$ が一意に存在して，これは $t = \tau(x)$ と解ける．さらに逆関数定理より，点 $x_0 \in \mathbf{X}$ の近傍 U について逆写像 $x = \tau^{-1}(t) : T \longrightarrow U$ が一意に存在する．

証明終わり

ここでは，$u(x_0) \neq 0$ という条件が課せられている．そこで，$u(x_0) = 0$ となる場合については，独立に解を考えなくてはならない．そのために，次の比較定理を証明する．

定理 17.2 ある開区間 $T = (t_-, t_+) \subset \mathbb{R}$ 及び $U = (x_-, x_+) \subset \mathbb{R}$ でベクトル場 $u_1, u_2 : U \longrightarrow \mathbb{R}$ が $u_1(x) < u_2(x)$ を満すとする．$x_1, x_2 : T \longrightarrow U$ が，$t_0 \in T$ について初期条件 $x_1(t_0) = x_2(t_0) = x_0$ に対する次の方程式の解であるとする．

$$\frac{dx_1}{dt} = u_1(x_1), \qquad \frac{dx_2}{dt} = u_2(x_2).$$

このとき，$t \geq t_0$ であるような任意の $t \in T$ について次が成り立つ．

$$x_1(t) \leq x_2(t).$$

証明 任意の $t \in [t_0, \tau)$ について，$x_1(t) \leq x_2(t)$ が成り立つような τ の上限を τ_0 とする．定義より $t_0 < \tau_0 \leq t_+$ となる，もし $\tau_0 \neq t_+$ とすると，x_1 と x_2 の連続性から $x_1(\tau_0) = x_2(\tau_0)$．一方，

$$\left.\frac{dx_1(t)}{dt}\right|_{t=\tau_0} < \left.\frac{dx_2(t)}{dt}\right|_{t=\tau_0}.$$

従って，$x_1(t) < x_2(t)$ となるような $t > \tau_0$ が存在する．これは，仮定に反するから $\tau_0 = t_+$．

証明終わり

この定理により，ベクトル場 u が微分可能であれば，次のように $u(x_0) = 0$ となるような場合も含めて前命題 17.1 を一般化することができる．

命題 17.2 ある開区間 $T = (t_-, t_+) \subset \mathbb{R}$ 及び $U = (x_-, x_+) \subset \mathbb{R}$，微分可能なベクトル場 $u : U \longrightarrow \mathbb{R}$ について，次の微分方程式が与えられているとする．

$$\forall t \in T, \qquad \frac{dx(t)}{dt} = u(x(t)),$$
$$t_0 \in T, \qquad x(t_0) = x_0 \in U.$$

この微分方程式の解 $x: T \longrightarrow U$ は一意に存在し，次式を満たす，

$$t - t_0 = \int_{x_0}^{x(t)} u(x')^{-1} dx' \quad \text{when} \quad u(x_0) \neq 0,$$
$$x(t) = x_0 \quad \text{when} \quad u(x_0) = 0.$$

証明 $u(x_0) \neq 0$ の場合は証明済みであるので，$u(x_0) = 0$ の場合について以下証明する．ベクトル場 u の微分可能性から，

$$\forall k > 0, \ \exists \delta > 0 \ [|x - x_0| < \delta \Rightarrow |u(x(t))| < k \cdot |x - x_0|].$$

実際，微分の定義から，十分小さな実数 $\epsilon > 0$ について $k = \delta|Du(x_0)| + \epsilon$ とできる．$x(t) = x_0$ が解であることは明らかだから，任意の $t > t_0$ についてこの解の一意性を以下で示す．この場合，$x(t) \neq x_0$ となる解 x が存在すると仮定すると，x の連続性から $t - t_0$ を十分小さくとると $|x(t) - x_0| < \delta$ となる．よって上の式より次を満たす k が存在する．

$$|u(x(t))| < k \cdot |x(t) - x_0|].$$

このもとで比較定理 17.2 を用いる．

1. $t \geq t_0$ について $u(x(t)) \geq 0$ ならば，$x(t) \neq x_0$ より $x(t) > x_0$ $(t > t_0)$．よって $0 \leq u(x(t)) = \frac{d(x(t)-x_0)}{dt} < k(x(t) - x_0)$．これより

$$0 < x(t) - x_0 \leq (x(t_0) - x_0) e^{k \cdot (t-t_0)} = 0.$$

これは矛盾．

2. $t \geq t_0$ について $u(x(t)) \leq 0$ ならば，今と同様にして

$$0 > x(t) - x_0 \geq (x(t_0) - x_0) e^{k \cdot (t-t_0)} = 0.$$

これは矛盾．

証明終わり

ベクトル場 u の微分可能性は解の一意性にとって極めて大切である．これは次の例から分かる．

例 17.2 ある実数定数 $\alpha > 0$，区間 $T = \mathbb{R}$ 及び $U = \mathbb{R}$ について，$t \in T$ における次の微分方程式を考える．

$$\frac{dx}{dt} = x^\alpha, \qquad x(0) = x_0 \in \mathbb{R}$$

$\alpha < 1$ のとき，$x_0 = 0$ において解の一意性は成り立たない．実際に，この初期条件に対して $x(t) = 0$ 以外に次の解が存在する．

$$x(t) = \{(1-\alpha)t\}^{\frac{1}{1-\alpha}}.$$

微分方程式の右辺が時間に陽に依存するような非自励系については解の存在は後に示すように条件つきで保証されるが，具体的に解を導くための微分を含まない関係式を得ることができるものは限られる．この代表的なものがパッフ型である．この場合，得られる関係式は積分を含むことが許されるので，常微分方程式の解を求めることを積分するということもある．さらに，このような積分方程式を具体的に構成できることを積分可能であるという．より自明でないような積分可能な1次元常微分方程式の例を分類的に以下列挙する．まず最も簡単な例として，次の変数分離 (variable separable) 型方程式を考える．

命題 17.3 ある開区間 $T = (t_-, t_+) \subset \mathbb{R}$ 及び $U = (x_-, x_+) \subset \mathbb{R}$，連続な関数 $f : T \longrightarrow \mathbb{R}$ と $g : U \longrightarrow \mathbb{R}$ について，微分方程式

$$\forall t \in T, \qquad \frac{dx(t)}{dt} = f(t)g(x(t)),$$
$$t_0 \in T, \qquad x(t_0) = x_0 \in U$$

は変数分離型であるという．この解 $x : T \longrightarrow U$ は以下を満たす．

1. $g(x_0) \neq 0$ ならば，次の保存量 Φ について一般解 $\Phi(x(t), t) = 0$ を得る．

$$\Phi(t, x) = \int_{x_0}^{x} g(x')^{-1} dx' - \int_{t_0}^{t} f(t') dt'.$$

2. $g(x_0) = 0$ ならば，次の特殊解を得る．

$$x(t) = x_0.$$

この証明は，自励系についての命題 17.2 を多少一般化することで得られるので読者に任せる．簡単な例を 1 つ挙げておく，

例 17.3 区間 $T = \mathbb{R}$ 及び $U = \mathbb{R}$ について，$t \in T$ における変数分離型方程式

$$\frac{dx}{dt} = t(x^2 - 1), \qquad x(0) = x_0 \in \mathbb{R}$$

の解は以下のように得られる．

1. $x_0 \neq \pm 1$ のとき，次の保存量 Φ について一般解 $\Phi(x(t), t) = 0$ を得る，

$$\Phi(t, x) = -\frac{1}{2}\left\{\ln\left|\frac{x+1}{x-1}\right| - \ln\left|\frac{x_0+1}{x_0-1}\right|\right\} - \frac{1}{2}t^2.$$

これを解くと，次のように表される．

$$x = \frac{re^{-t^2} + 1}{re^{-t^2} - 1}, \qquad r = \frac{x_0 + 1}{x_0 - 1}.$$

2. $x_0 = \pm 1$ のとき，複合同順で次の特殊解を得る．

$$x(t) = \pm 1.$$

変数分離型方程式の解法を利用して，次の調和 (homogeneous) 微分方程式を解くこともできる．

命題 17.4 $0 \notin T$ となる開区間 $T = (t_-, t_+) \subset \mathbb{R}$ 及び $U = (x_-, x_+) \subset \mathbb{R}$，連続な関数 $f : \mathbb{R} \longrightarrow \mathbb{R}$ について，微分方程式

$$\forall t \in T, \qquad \frac{dx}{dt} = f\left(\frac{x}{t}\right),$$
$$t_0 \in T, \qquad x(t_0) = x_0 \in U$$

を調和微分方程式という．この解 $x : T \longrightarrow U$ は以下を満たす．

1. $f(x_0/t_0) \neq x_0/t_0$ ならば，次を満たす一般解を得る，

$$t - t_0 = x_0 \, \exp\left(\int_{x_0/t_0}^{x(t)/t} \frac{du}{f(u) - u}\right).$$

2. $f(x_0/t_0) = x_0/t_0$ ならば，次の特殊解を得る．
$$x(t) = \frac{x_0}{t_0} t.$$

証明 変数 $u(t) = \frac{x(t)}{t}$ について，この調和微分方程式を変数分離型にすることができる．
$$\frac{du}{dt} = \frac{1}{t}\left(f(u) - u\right).$$
これと命題 17.3 より，各場合について証明される．

証明終わり

開区間 $T = (t_-, t_+) \subset \mathbb{R}$ 及び $U = (x_-, x_+) \subset \mathbb{R}$，連続な関数 $f : \mathbb{R} \longrightarrow \mathbb{R}$ について $t \in T$ における調和微分方程式は次のような形のものにまで拡張することができる．
$$\frac{dx}{dt} = f\left(\frac{a_1 t + b_1 x + c_1}{a_2 t + b_2 x + c_2}\right).$$
ただし，
$$t_0 \in T, \qquad x(t_0) = x_0 \in U, \qquad a_2 t_0 + b_2 x_0 + c_2 \neq 0.$$
これを解くには，変数 $u = (x - x_0)/(t - t_0)$ について変数分離型にすれば良い．

さらに自明でない例として，2階のリウビウ方程式 (Liouville's equation) がある．

命題 17.5 $0 \notin T$ となる開区間 $T = (t_-, t_+) \subset \mathbb{R}$ 及び $U = (x_-, x_+) \subset \mathbb{R}$，連続な関数 $f : T \longrightarrow \mathbb{R}$ および $g : U \longrightarrow \mathbb{R}$ について，$t \in T$ における微分方程式
$$\frac{d^2 x}{dt^2} + f(t)\frac{dx}{dt} + g(x)\left(\frac{dx}{dt}\right)^2 = 0$$
かつ
$$t_0 \in T, \qquad x(t_0) = x_0 \in U, \qquad \left.\frac{dx(t)}{dt}\right|_{t=t_0} = v_0 \in \mathbb{R}$$
を 2 階リウビウ方程式という．この解 $x : T \longrightarrow U$ は以下を満たす．

1. $v_0 \neq 0$ ならば，次の保存量 Φ について一般解 $\Phi(x(t), t) = 0$ を得る．

$$\Phi(t,x) = \int_{x_0}^{x} e^{\int_{x_0}^{x'} g(x'')dx''} dx' - v_0 \int_{t_0}^{t} e^{-\int_{t_0}^{t'} f(t'')dt''} dt'.$$

2. $v_0 = 0$ ならば，次の特殊解を得る．

$$x(t) = x_0.$$

証明 $dx(t)/dt \neq 0$ の場合，$(dx/dt)^{-1}$ を両辺に乗じると 2 階リウビウ方程式は次の形になる，

$$\frac{d}{dt} \left\{ \ln\left(\frac{dx(t)}{dt}\right) + \int_{x_0}^{x(t)} g(x')dx' \right\} = -f(t).$$

すなわち

$$\frac{dx(t)}{dt} = v_0 e^{-\int_{x_0}^{x(t)} g(x')dx'} \cdot e^{-\int_{t_0}^{t} f(t')dt'}.$$

この解 x について，$v_0 \neq 0$ ならば $dx/dt \neq 0$ は常に成り立つ．さらに，これは変数分離型になっているから，命題 17.3 から命題は成立．また，$v_0 = 0$ ならば，ある $t \in T$ について $dx(t)/dt \neq 0$ とすると上の議論から $dx(t)/dt = 0$ となり矛盾．したがって，任意の $t \leq t_0$ について，$dx(t)/dt = 0$．よって，この場合も命題は成立．

証明終わり

さて，全微分方程式ではあるが変数分離型ではない常微分方程式として線型常微分方程式がある．線型常微分方程式は V が高次元でも全微分方程式となり，応用上極めて重要なため次節では V が 2 次元以上のユークリッド空間について議論する．ここでは 1 次元の場合に限定する．

命題 17.6 開区間 $T = (t_-, t_+) \subset \mathbb{R}$ 及び $U = (x_-, x_+) \subset \mathbb{R}$，連続な関数 $f : T \longrightarrow \mathbb{R}$ および $g : T \longrightarrow \mathbb{R}$ について，微分方程式

$$\forall t \in T, \qquad \frac{dx(t)}{dt} = f(t)x + g(t),$$
$$t_0 \in T, \qquad x(t_0) = x_0 \in U.$$

17.2. 全微分方程式

は線型 (linear) であるという. この解 $x: T \longrightarrow U$ は次のようになる.

$$x(t) = e^{\int_{t_0}^{t} f(t')dt'} x_0 + e^{\int_{t_0}^{t} f(t')dt'} \int_{t_0}^{t} g(t') \cdot e^{-\int_{t_0}^{t'} f(t'')dt''} dt'.$$

これは線型常微分方程式の両辺に $e^{-\int_{t_0}^{t} f(t')dt'}$ を乗じて得られる次の方程式を $t \in T$ で積分して得られる.

$$\frac{d}{dt}\left(e^{-\int_{t_0}^{t} f(t')dt'} x\right) = g(t) e^{-\int_{t_0}^{t} f(t')dt'}.$$

また, 線型方程式も次のような保存量 Φ について全微分方程式であることを確認しておく.

$$\Phi(t,x) = e^{-\int_{t_0}^{t} f(t')dt'} x - \int_{t_0}^{t} g(t') \cdot e^{-\int_{t_0}^{t'} f(t'')dt''} dt'.$$

さらに, $n \in \mathbb{N}$, 開区間 $T = (t_-, t_+) \subset \mathbb{R}$ 及び $U = (x_-, x_+) \subset \mathbb{R}$, 連続な関数 $f: T \longrightarrow \mathbb{R}$ および $g: T \longrightarrow \mathbb{R}$ について, 次のような微分方程式はベルヌーイ方程式 (Bernoulli's equation) と呼ばれる.

$$\forall t \in T, \quad \frac{dx(t)}{dt} = f(t) \cdot x(t) + g(t) \cdot x(t)^n,$$
$$t_0 \in T, \quad x(t_0) = x_0 \in U.$$

$x_0 \neq 0$ ならば, 任意の $t \in T$ について $x(t) \neq 0$ がいえ, この方程式は変数 $y = x^{1-n}$ について線型方程式となる.

$$\forall t \in T, \quad \frac{dy(t)}{dt} = (1-n)f(t) \cdot y(t) + (1-n)g(t),$$
$$t_0 \in T, \quad y(t_0) = x_0^{1-n} \in U.$$

一方, $x_0 = 0$ ならば, 任意の $t \in T$ について $x(t) = 0$ となる.

また, 同じ条件のもとで, 次のような方程式はリカッティ方程式 (Riccati's equation) と呼ばれる.

$$\forall t \in T, \quad \frac{dx(t)}{dt} = f(t) \cdot x(t) + g(t) \cdot x(t)^2 + h(t),$$
$$t_0 \in T, \quad x(t_0) = x_0 \in U.$$

一般にはリカッティ方程式は解くことができないが,もし一つの特解 $x = \eta$ が見つかれば,曲線 $y = x - \eta$ に対して次のようにベルヌーイ方程式に帰着される.

$$\frac{dy(t)}{dt} = \{f(t) + 2g(t)\eta(t)\} \cdot y(t) + g(t) \cdot y(t)^2.$$

具体例を一つ挙げておく,

例 17.4 開区間 $T = \mathbb{R}$ 及び $U = \mathbb{R}$ について,次のリカッティ方程式は特解 $x(t) = \sin t$ をもつ.

$$\forall t \in T, \qquad \frac{dx(t)}{dt} + x(t)\sin t - x(t)^2 = \cos t,$$
$$t_0 \in T, \qquad x(t_0) = x_0 \in U.$$

$x_0 \neq 0$ のとき,十分小さな $t - t_0$ について一般解は次のように得られる.

$$x(t) = \sin t - \frac{e^{\cos t}}{e \cdot x_0^{-1} + \int_{t_0}^{t} e^{\cos t'} dt'}.$$

また,$x_0 = 0$ のとき,特解 $x(t) = \sin t$ となる.

開区間 $T = (t_-, t_+) \subset \mathbb{R}$ 及び $U = (x_-, x_+) \subset \mathbb{R}$,連続な関数 $F : T \times \mathbb{R} \longrightarrow U$ について,時間微分が必ずしも陽には現れない次のような微分方程式は非正規型であるという.

$$x(t) = F\left(t, \frac{dx(t)}{dt}\right).$$

非正規型方程式のうち,一般解の知られているものにクレーロー方程式 (Clairaut's equation) がある.

命題 17.7 開区間 $T = (t_-, t_+) \subset \mathbb{R}$ 及び $U = (x_-, x_+) \subset \mathbb{R}$ について,微分可能な関数 $f : \mathbb{R} \longrightarrow \mathbb{R}$ に対し次の常微分方程式をクレーロー方程式という.

$$\forall t \in T, \qquad x(t) = t\frac{dx(t)}{dt} + f\left(\frac{dx(t)}{dt}\right).$$

この解 $x : T \longrightarrow U$ は次を満たす.

1. ある定数 c について, 一般解は次のようになる.
$$x(t) = c \cdot t + f(c).$$

2. $t = -f'(q(t))$ を満たす関数 $q : \mathbb{R} \longrightarrow \mathbb{R}$ について, 特殊解は次を満たす.
$$x(t) = t \cdot q(t) + f(q(t)).$$

証明 $p(t) = \frac{dx(t)}{dt}$ とすると, クレーロー方程式は次のように表される.
$$x(t) = t \cdot p(t) + f(p(t)).$$
これを $t \in T$ について微分して,
$$p(t) = p(t) + t\frac{dp(t)}{dt} + \frac{dp(t)}{dt}f'(p(t)).$$
すなわち
$$\frac{dp(t)}{dt}\{t + f'(p(t))\} = 0.$$
以下 2 通りの場合について, これを調べる.

1. $\frac{dp}{dt} = 0$ となる場合, ある定数 $c \in \mathbb{R}$ について, 一般解 x は次を満たす.
$$p = c, \qquad x(t) = tc + f(c).$$
$t = 0$ で $x_0 = f(c)$ だから, $c = f^{-1}(x_0)$.

2. $t + f'(p) = 0$ となる場合,
$$t = -f'(p), \qquad x = -pf'(p) + f(p).$$
これは一般解 x の包絡曲線を与える.

証明終わり

具体例を一つ挙げる.

例 17.5 開区間 $T = (-1, 1) \subset \mathbb{R}$ 及び $U = (-1, 1) \subset \mathbb{R}$ について，次のクレーロー方程式を考える．

$$x(t) = t\frac{dx(t)}{dt} + \sqrt{1 + \left(\frac{dx(t)}{dt}\right)^2}.$$

定数 $c \in \mathbb{R}$ について，この一般解 $(dx(t)/dt \neq 0)$ は次のようになる．

$$x(t) = tc + \sqrt{1 + c^2}.$$

特殊解 $(dx(t)/dt \neq 0)$ は次を満たす．

$$t^2 + x(t)^2 = 1.$$

17.3 線型常微分方程式

ここまでは例を 1 次元上の微分方程式の問題に限定してきたが，線型な系に限り高次元の可解な方程式系を考える．

定義 17.8 $T = [t_-, t_+]$ を $\mathbb{R}$ の有界閉区間，V をバナッハ空間とする．任意の $t \in T$ について $A(t) : V \longrightarrow V$ を有界線型作用素とする連続な写像 $A : T \longrightarrow B(V, V)$ および V-値連続写像 $b : T \longrightarrow V$ について，

$$\frac{dx(t)}{dt} = A(t)x(t) + b(t) \tag{17.1}$$

を線型常微分方程式ないし簡単に線型微分方程式という．

この方程式で $b = 0$ となるものは斉次，そうでないものは非斉次と呼ばれる．線型微分方程式はパッフ微分方程式の一種である．いま $t_0 \in T$ とし $t = \tau_0 \in T$ に対し

$$U(t, t_0) = I + \sum_{k=0}^{\infty} \int_{t_0}^{t} \int_{t_0}^{\tau_1} \int_{t_0}^{\tau_2} \cdots \int_{t_0}^{\tau_k} A(\tau_1)A(\tau_2)\cdots A(\tau_{k+1})d\tau_{k+1}\cdots d\tau_1$$

とおくとこれは $A(t) : T \longrightarrow B(V, V)$ が連続であることから $B(V, V)$ において収束する．直接の計算から $x_0 \in V$ に対し

$$x(t) = U(t, t_0)x_0 + \int_{t_0}^{t} U(t, \theta)b(\theta)d\theta \tag{17.2}$$

は上の線型常微分方程式 (17.1) の解を与えることがわかる．

問 17.1 (17.2) は初期条件 $x(t_0) = x_0 (\in V)$ を満たす方程式 (17.1) の解を与えることを示せ．

さらにこの方程式は次節で見る右辺がリプシッツ連続の場合であるから解の一意性が成り立つ．しかも問 17.1 と同様にして

$$U(t,s)U(s,t_0)x_0 \quad \text{および} \quad U(t,t_0)x_0$$

はともに $b=0$ とした (17.1) の解であることがわかるから解の一意性から

$$U(t,s)U(s,t_0)x_0 = U(t,t_0)x_0 \quad (\forall x_0 \in V)$$

となり任意の $t, s, t_0 \in T$ に対し

$$U(t,s)U(s,t_0) = U(t,t_0) \quad \text{in} \quad B(V,V)$$

が成り立つ．とくに

$$U(t,s)U(s,t) = U(t,t) = I$$

である．これより

$$\Phi(x,t) = U(t_0,t)x(t) - U(t_0,t)\int_{t_0}^{t} U(t,\theta)b(\theta)d\theta$$

は保存量で初期値 x_0 を与え方程式 (17.1) はパッフ微分方程式の一種である．

問 17.2 任意の $\tau, \sigma \in T$ に対し $A(\tau)A(\sigma) = A(\sigma)A(\tau)$ のとき $U(t,t_0) = \exp\int_{t_0}^{t} A(\tau)d\tau$ となることを示せ．とくに $A(\tau) \equiv A \in B(V,V)$ が定数であれば $U(t,t_0) = \exp\{(t-t_0)A\}$ である．

$V = \mathbb{R}^n (n \in \mathbb{N})$ の場合には，行列

$$U(t,t_0) = I + \sum_{k=0}^{\infty} \int_{t_0}^{t} \int_{t_0}^{\tau_1} \int_{t_0}^{\tau_2} \cdots \int_{t_0}^{\tau_k} A(\tau_1)A(\tau_2)\cdots A(\tau_{k+1})d\tau_{k+1}\cdots d\tau_1$$

は上三角形(さらにはジョルダン標準形)で表すことができて,逐次的に解の一意的存在が示される.また,斉次線型常微分方程式

$$\frac{dx(t)}{dt} = A(t)x(t)$$

の場合は,解は次のようになる.

$$x(t) = U(t, t_0)x_0.$$

ここで,斉次線形方程式の簡単な例として,未知関数 $x(t), y(t), z(t)$ に関する以下のような線型常微分方程式を解くことを考える.

$$\begin{cases} \dfrac{dx}{dt}(t) = y(t) + 2z(t), \\ \dfrac{dy}{dt}(t) = -x(t) + 2y(t) + z(t), \\ \dfrac{dz}{dt}(t) = -x(t) + y(t) + 3z(t). \end{cases}$$

ただし初期条件

$$x(0) = x_0, y(0) = y_0, z(0) = z_0$$

を満たす解を求めたいとする.

この方程式は未知ベクトル

$$\boldsymbol{x}(t) = \begin{pmatrix} x(t) \\ y(t) \\ z(t) \end{pmatrix}$$

と行列

$$A = \begin{pmatrix} 0 & 1 & 2 \\ -1 & 2 & 1 \\ -1 & 1 & 3 \end{pmatrix}$$

を導入すれば

$$\frac{d\boldsymbol{x}}{dt}(t) = A\boldsymbol{x}(t)$$

と書ける.いま行列 A のジョルダン標準形を求めれば

$$P = \begin{pmatrix} 1 & 0 & 1 \\ 0 & 1 & 1 \\ 1 & 0 & 0 \end{pmatrix}, \quad P^{-1} = \begin{pmatrix} 0 & 0 & 1 \\ -1 & 1 & 1 \\ 1 & 0 & -1 \end{pmatrix}$$

17.3. 線型常微分方程式

により

$$J = P^{-1}AP = \begin{pmatrix} 2 & 1 & 0 \\ 0 & 2 & 0 \\ 0 & 0 & 1 \end{pmatrix}$$

となる．そこで未知関数 $\boldsymbol{x}(t)$ を

$$\boldsymbol{y}(t) = \begin{pmatrix} y_1(t) \\ y_2(t) \\ y_3(t) \end{pmatrix} = P^{-1}\boldsymbol{x}(t)$$

と変換すれば元の方程式は

$$\frac{d\boldsymbol{y}}{dt} = J\boldsymbol{y}(t) = \begin{pmatrix} 2y_1(t) + y_2(t) \\ 2y_2(t) \\ y_3(t) \end{pmatrix}$$

となる．すなわち

$$\begin{cases} \dfrac{dy_1}{dt} = 2y_1(t) + y_2(t) \\ \dfrac{dy_2}{dt} = 2y_2(t) \\ \dfrac{dy_3}{dt} = y_3(t) \end{cases}$$

で初期条件は

$$\boldsymbol{y}(0) = \begin{pmatrix} y_{10} \\ y_{20} \\ y_{30} \end{pmatrix} = P^{-1} \begin{pmatrix} x_0 \\ y_0 \\ z_0 \end{pmatrix}$$

となる．

この方程式は以下のように解ける．

まず三番目の方程式から一般解は

$$y_3(t) = c_1 \exp t$$

で初期条件から

$$c_1 = y_{30}$$

である．同様に二番目の方程式から

$$y_2(t) = d_1 \exp(2t)$$

で初期条件から

$$d_1 = y_{20}$$

である．これを一番目の方程式に代入すると

$$\frac{dy_1}{dt}(t) = 2y_1(t) + y_2(t) = 2y_1(t) + d_1 \exp(2t)$$

で初期条件は

$$y_1(0) = y_{10}$$

である．この方程式は視察により次の一般解を持つ．

$$y_1(t) = f_1 \exp(2t) + d_1 t \exp(2t).$$

初期条件を適用すれば

$$f_1 = y_{10}$$

であるから解は

$$\begin{cases} y_1(t) = y_{10}\exp(2t) + y_{20}t\exp(2t), \\ y_2(t) = y_{20}\exp(2t), \\ y_3(t) = y_{30}\exp t \end{cases}$$

と求まった．係数 y_{10}, y_{20}, y_{30} は最初の初期条件から

$$\begin{cases} y_{10} = z_0 \\ y_{20} = -x_0 + y_0 + z_0 \\ y_{30} = x_0 - z_0 \end{cases}$$

と求まる．

17.3. 線型常微分方程式

よって元の方程式の解 $\boldsymbol{x}(t)$ は

$$\begin{aligned}\boldsymbol{x}(t) &= \begin{pmatrix} x(t) \\ y(t) \\ z(t) \end{pmatrix} = P\boldsymbol{y}(t) = P \begin{pmatrix} y_1(t) \\ y_2(t) \\ y_3(t) \end{pmatrix} \\ &= \begin{pmatrix} 1 & 0 & 1 \\ 0 & 1 & 1 \\ 1 & 0 & 0 \end{pmatrix} \begin{pmatrix} y_1(t) \\ y_2(t) \\ y_3(t) \end{pmatrix} = \begin{pmatrix} y_1(t) + y_3(t) \\ y_2(t) + y_3(t) \\ y_1(t) \end{pmatrix}\end{aligned}$$

に上の y_1, y_2, y_3 を代入して求まる.

別解 上に変形した方程式

$$\frac{d\boldsymbol{y}}{dt} = J\boldsymbol{y}(t), \quad \boldsymbol{y}(0) = {}^t(y_{10}, y_{20}, y_{30})$$

は行列の指数関数を用いれば

$$\boldsymbol{y}(t) = \exp(tJ)\boldsymbol{y}(0)$$

と解ける. よって行列の指数関数 $\exp(tJ)$ を求めれば解が求まる. 指数関数は定義により

$$\exp(tJ) = \sum_{k=0}^{\infty} \frac{t^k J^k}{k!}$$

であるから行列 J のべき J^k を求めればよい. そのため

$$D = \begin{pmatrix} 2 & 0 & 0 \\ 0 & 2 & 0 \\ 0 & 0 & 1 \end{pmatrix}, \quad N = \begin{pmatrix} 0 & 1 & 0 \\ 0 & 0 & 0 \\ 0 & 0 & 0 \end{pmatrix}$$

とおくと

$$J = D + N, \quad N^\ell = 0 \quad (\ell = 2, 3, \cdots)$$

であることから

$$J^2 = D^2 + DN + ND + N^2 = D^2 + 2ND = \begin{pmatrix} 2^2 & 2\cdot 2 & 0 \\ 0 & 2^2 & 0 \\ 0 & 0 & 1 \end{pmatrix},$$

$$\begin{aligned}
J^3 &= D^3 + D^2N + DND + ND^2 + DN^2 + NDN + N^2D + N^3 \\
&= D^3 + 3ND^2 = \begin{pmatrix} 2^3 & 3\cdot 2^2 & 0 \\ 0 & 2^3 & 0 \\ 0 & 0 & 1 \end{pmatrix}
\end{aligned}$$

となり以下同様にして帰納法から

$$\exp(tJ) = \begin{pmatrix} \exp(2t) & t\exp(2t) & 0 \\ 0 & \exp(2t) & 0 \\ 0 & 0 & \exp(t) \end{pmatrix}$$

と求まる．従って解は第一の方法で得られたものと同じものが得られる．

$V = \mathbb{R}^n$ 上の常微分方程式について，その解の組のなす行列を考え，その行列式をロンスキー行列式 (Wronskian) という．

定義 17.9 n 次元ユークリッド空間 $V = \mathbb{R}^n$ 上の常微分方程式の n 個の解 $x_k : T \longrightarrow V (k = 1, 2, \ldots, n)$ において，次の行列式を得る写像 $Wr : T \longrightarrow \mathbb{R}$ をロンスキー行列式 (Wronskian) という．

$$Wr(t) = \det \begin{pmatrix} x_{11}(t) & \cdots & x_{1j}(t) & \cdots & x_{1n}(t) \\ \vdots & \ddots & \vdots & \ddots & \vdots \\ x_{i1}(t) & \cdots & x_{ij}(t) & \cdots & x_{in}(t) \\ \vdots & \ddots & \vdots & \ddots & \vdots \\ x_{n1}(t) & \cdots & x_{mj}(t) & \cdots & x_{nn}(t) \end{pmatrix}.$$

このとき，明らかに次の補題が成り立つ．

定理 17.3 n 次元ユークリッド空間 $\mathbb{R}^n$ 上の常微分方程式の n 解が独立であることと，ロンスキー行列式がゼロでないこととは同値である，このとき，常微分方程式が線型であれば，任意の解はこれら n 解の線型結合で表される．

線型微分方程式は全微分型であるから，ある時刻 $t \in T$ で n 解が独立でロンスキー行列式がゼロでなければ，$t \in T$ の近傍で，ロンスキー行列式はゼロとならない．とくに，斉次方程式の場合は定義域 T についてこのことが成り立つ．

17.3. 線型常微分方程式

定理 17.4 n 次元ユークリッド空間 $V = \mathbb{R}^n$ 上の斉次線型常微分方程式のロンスキー行列式 Wr について，$Wr(t_0) \neq 0$ であれば，任意の時刻 $t \in T$ について $Wr(t) \neq 0$ である．

証明 任意の $t \in T$ について $A(t): V \longrightarrow V$ を有界線型作用素とする写像 $A: T \longrightarrow B(V,V)$ について，斉次線型常微分方程式

$$\frac{dx(t)}{dt} = A(t)x(t)$$

を考える．このときロンスキー行列式 Wr は次の方程式を満たす．

$$\frac{d}{dt}Wr(t) = \det A(t) \cdot Wr(t).$$

この解は，

$$Wr(t) = e^{\int_{t_0}^{t} \operatorname{tr} A(s)ds} Wr(t_0).$$

これは $Wr(t_0) \neq 0$ なら決してゼロにはならない．

証明終わり

以前に注意したように，2 階以上の線型微分方程式は 1 階の線型常微分方程式の問題とみなすことができる．以下では，区間 T における関数 $x, a, b: T \longrightarrow \mathbb{R}$ について次のような 2 階の線型微分方程式のいくつかの例を考察する．

$$\frac{d^2}{dt^2}x(t) + a(t)\frac{d}{dt}x(t) + b(t)x(t) = 0.$$

これは，$V = \mathbb{R}^2$ 上の自励系とみなせる．

$$A(t) = \begin{pmatrix} 0 & 1 \\ -b(t) & -a(t) \end{pmatrix}$$

とすると，$q: T \longrightarrow \mathbb{R} \times \mathbb{R}$ について，次のような 1 階の線型常微分方程式が得られる．

$$\frac{d}{dt}q(t) = A(t)\,q(t).$$

$t = t_0 \in T$ での値 $q(t_0)$ に対して，この一般解は次のようになる．

$$x(t) = U(t, t_0) q(t_0).$$

このうち，定理 17.4 より，$Wr(t_0) \neq 0$ となるような 2 解が独立となる．

例 17.6 実数定数 $\omega(>0)$ について，1 次元調和振動子を表す微分方程式はハミルトン方程式であると同時に，適当な変数変換を施して次のような線型微分方程式で表される．

$$\frac{d}{dt} \begin{pmatrix} x(t) \\ p(t) \end{pmatrix} = \begin{pmatrix} 0 & \omega \\ -\omega & 0 \end{pmatrix} \begin{pmatrix} x(t) \\ p(t) \end{pmatrix}.$$

ここで，初期値

$$e_+ = \begin{pmatrix} 1 \\ 0 \end{pmatrix}, \quad e_- = \begin{pmatrix} 0 \\ 1 \end{pmatrix}.$$

に対する 2 つの解は，

$$x_+(t) = \begin{pmatrix} \cos \omega t \\ \sin \omega t \end{pmatrix}, \quad x_-(t) = \begin{pmatrix} -\sin \omega t \\ \cos \omega t \end{pmatrix}.$$

このロンスキー行列式は $\det(X) = 1 \neq 0$ となり，この 2 解は確かに独立である．よって，実数定数 $r_+, r_- (>0)$ について一般解は次のように表される，

$$x(t) = r_+ x_+(t) + r_- x_-(t).$$

応用上重要な線型微分方程式の具体的な解は，応用面で重要なものについては良く研究されている．まず，物理現象の表現に度々顔を出す線型微分方程式について，その解を収束半径が 1 のベキ級数に展開できると考えて解く方法を紹介する．

定理 17.5 開区間 $T = (0, 1) \subset \mathbb{R}$，$U \subset \mathbb{R}$ と実数の組 $a, b, c \in \mathbb{R}$ ($1 - c \notin \mathbb{N}$) について，$x : T \longrightarrow U$ に対する次の形の微分方程式を超幾何微分方程式 (hypergeometric equation) という．

$$t(1-t) \frac{d^2 x(t)}{dt^2} + \{c - (a+b+1)t\} \frac{dx(t)}{dt} - abx(t) = 0.$$

17.3. 線型常微分方程式

この一般解は次の2つの独立な基本解の線型和となる．

$$x_1(t) = \sum_{k=0}^{\infty} \frac{(a)_k (b)_k}{k!\,(c)_k} t^k,$$

$$x_2(t) = t^{1-c} \sum_{k=0}^{\infty} \frac{(a+1-c)_k (b+1-c)_k}{k!\,(2-c)_k} t^k.$$

ただし，次のポックハンマーの記号を用いた．

$$(a)_n = a(a+1)(a+2)\ldots(a+n-1).$$

証明 解 x は解析関数で，十分小さな $t\,(>0)$ について次のようにベキ級数展開されると仮定する．すると，この収束半径すなわちべき展開が可能となる t の大きさの上限について，項別に微分して得られる級数も同じ収束半径において一様収束するから，定理 15.16 より，この場合には幾度も項別微分することができる．

$$x(t) = t^r \sum_{k=0}^{\infty} \alpha_k t^k.$$

これを与えられている超幾何微分方程式に代入すると，x^k の係数を比較して，

$$(k+r+1)(k+r+c)\alpha_{k+1} = (k+r+a)(k+r+b)\alpha_k.$$

ただし，$r=0,\,1-c$ となる．以下，r の値に応じて2つの独立な解が得られる．

1. $r=0$ の場合,

$$\alpha_{k+1} = \frac{(k+a)(k+b)}{(k+1)(k+c)} \alpha_k.$$

これから，解のかたちが次のように表される．

$$x_1(t) = \sum_{k=0}^{\infty} \frac{(a)_k (b)_k}{k!\,(c)_k} t^k.$$

2. $r = 1 - c$ の場合．

$$\alpha_{k+1} = \frac{(k-c+a+1)(k-c+b+1)}{(k+2-c)(k+1)}\alpha_k.$$

これから，解のかたちが次のように表される．

$$x_2(t) = t^{1-c}\sum_{k=0}^{\infty}\frac{(a+1-c)_k(b+1-c)_k}{k!(2-c)_k}t^k.$$

証明終わり

この解は次の超幾何関数を用いて表すことができる．

定義 17.10 次の関数 $_2F_1 : \mathbb{R}^3 \times T \longrightarrow \mathbb{R}$ を超幾何関数と呼ぶ．

$$_2F_1(a,b,c;t) = \sum_{k=0}^{\infty}\frac{(a)_k(b)_k}{k!\,(c)_k}t^k.$$

このとき，前定理 17.5 における 2 解は次のように表される．

$$x_1(t) = {_2F_1}(a,b,c;t), \quad x_2(t) = t^{1-c}\,{_2F_1}(a+1-c, b+1-c, 2-c;t).$$

例 17.7

1. 対数関数
   $y(x) = -\ln(1-x)/x$ は $a = 1, b = 1, c = 2$ の超幾何微分方程式

   $$x(1-x)\frac{d^2y(x)}{dx^2} - x\frac{dy(x)}{dx} - y(x) = 0$$

   の解で，$\ln(1-x)$ は

   $$\ln(1+x) = x\,{_2F_1}(1,1,2;-x)$$

   より求まる．

2. ルジャンドル関数 (Legendre functions)
   $a = 1, b = 1, c = 2$ として，x を $(1-x)/2$ に変数変換すると，超幾何微分方程式は次のルジャンドル方程式になる，

   $$(1-x^2)\frac{d^2\eta(x)}{dx^2} - 2x\frac{d\eta(x)}{dx} + n(n+1)\eta(x) = 0.$$

この基本解のひとつは次のルジャンドル関数となる.

$$P_n(x) = {}_2F_1\left(-n, n+1, 1; \frac{1-x}{2}\right).$$

これは, 次のような便利なロドリゲスの公式でも表すことができる,

$$P_n(x) = \frac{1}{2^n n!}\left(\frac{d}{dx}\right)^n (x^2-1)^n.$$

3. ルジャンドル陪関数

$a = m-n, b = m+n+1, c = m+1$ として, x を $(1-x)/2$ に変数変換すると,

$$(1-x^2)\frac{d^2\eta(x)}{dx^2} - 2(m+1)x\frac{d\eta(x)}{dx} - (m-n)(m+n+1)\eta(x) = 0.$$

この解は,

$$\begin{aligned}\eta(x) &= \left(\frac{d}{dx}\right)^m P_n(x) \\ &= \frac{1}{2^m m!}\frac{(n+m)!}{(n-m)!} \, {}_2F_1\left(m-n, m+n+1, m+1; \frac{1-x}{2}\right).\end{aligned}$$

ここで, $v(x) = (1-x^2)^{m/2}\eta(x)$ とおくと, これは次のルジャンドル陪方程式になる,

$$(1-x^2)\frac{d^2v(x)}{dx^2} - 2x\frac{dv(x)}{dx} + \left\{n(n+1) - \frac{m^2}{1-x^2}\right\}v(x) = 0.$$

当然, $m=0$ で, これはルジャンドル方程式になる. ルジャンドル陪方程式のひとつの基本解は,

$$P_n^m(x) = \frac{(n+m)!}{(n-m)!}\frac{(1-x^2)^{m/2}}{2^m m!}\,{}_2F_1\left(m-n, m+n+1, m+1; \frac{1-x}{2}\right).$$

また, ルジャンドル陪関数はルジャンドル関数によって次のように定義される,

$$\eta(x) = (1-x^2)^{m/2}\left(\frac{d}{dx}\right)^m P_n(x).$$

4. チェビシェフ関数 (Chebyshef functions)

$$T_n(x) = {}_2F_1\left(-n, n, \frac{1}{2}; \frac{1-x}{2}\right),$$

$$U_n(x) = (n+1)\,{}_2F_1\left(-n, n+2, \frac{3}{2}; \frac{1-x}{2}\right),$$

$$V_n(x) = n\sqrt{1-x^2}\,{}_2F_1\left(-n+1, n+1, \frac{3}{2}; \frac{1-x}{2}\right).$$

5. ゲーゲンバウエル関数 (Gegenbauer functions)

$$T_n^\beta(x) = \frac{(n+2\beta)!}{2^\beta n!\beta!}\,{}_2F_1\left(-n, n+2\beta+1, 1+\beta; \frac{1-x}{2}\right).$$

さらにもうひとつ，物理科学の分野で度々登場する微分方程式として，合流超幾何微分方程式というものがある．

定義 17.11 開区間 $T = (0, t_+) \subset \mathbb{R}$ ($t_+ > 0$), $U \subset \mathbb{R}$ と実数の組 $a, c \in \mathbb{R}$ について，$x : T \longrightarrow U$ に対する次の形の微分方程式を合流型超幾何微分方程式 (confluent hypergeometric equation) という．

$$x\frac{d^2y(x)}{dx^2} + (c-x)\frac{dy(x)}{dx} - ay(x) = 0.$$

この方程式は $x = 0$ に確定特異点をもち，$x = \infty$ に不確定特異点を持つ，この解 y が $x = 0$ のまわりで次のようにベキ級数展開できると仮定する．

$$y(x) = x^r \sum_{k=0}^\infty \beta_k x^k.$$

これを式 (17.3) に代入すると，

$$(k+r+1)(k+r+c)\beta_{k+1} = (k+r+a)\beta_k.$$

ただし，

$$r = 0,\ 1-c.$$

r の値に応じて，場合分けすると，以下のようになる．

17.3. 線型常微分方程式

1. $r = 0$ の場合,

$$\beta_{k+1} = \frac{(k+a)}{(k+1)(k+c)}\beta_k.$$

これから, 解のかたちが次のように表されることが分かる.

$$\begin{aligned} y(x) &= \sum_{k=0}^{\infty} \frac{(a)_k}{k!\,(c)_k} x^k \\ &\equiv {}_1F_1(a,c;x). \end{aligned}$$

2. $r = 1 - c$ の場合,

$$\beta_{k+1} = \frac{(k+1-c+a)}{(k+2-c)(k+1)}\beta_k.$$

これから, 解のかたちが次のように表されることが分かる.

$$\begin{aligned} y(x) &= x^{1-c} \sum_{k=0}^{\infty} \frac{(1-c+a)_k}{k!\,(2-c)_k} x^k \\ &\equiv x^{1-c}\,{}_1F_1(1-c+a, 2-c; x). \end{aligned}$$

2つの解の標準的な組として, 次のものが用いられる.

$$\begin{aligned} M(x) &= {}_1F_1(a,c;x), \\ U(x) &= \frac{\pi}{\sin \pi c}\left\{\frac{{}_1F_1(a,c;x)}{(a-c)!(c-1)!} - \frac{x^{1-c}{}_1F_1(a+1-c, 2-c; x)}{(a-1)!(1-c)!}\right\}. \end{aligned}$$

例 17.8

1. 誤差関数 (error function)

$$\begin{aligned} \operatorname{erf}(x) &= \frac{2}{\pi^{1/2}} \int_0^x e^{-t^2}\, dt \\ &= \frac{2}{\pi^{1/2}} x\,{}_1F_1\left(\frac{1}{2}, \frac{3}{2}; -x^2\right). \end{aligned}$$

2. 不完全ガンマ関数

   正の実数 $s \in \mathbb{R}_+$ について,
   $$\begin{aligned}\gamma(s,x) &= \int_0^x e^{-t}t^{s-1}\, dt \\ &= \frac{x^s}{s}\, {}_1F_1(s, s+1; -x).\end{aligned}$$

3. ラゲール関数 (Laguerre functions)
   $$L_n(x) = {}_1F_1(-n, 1; x).$$

   事実, $a = -n, c = 1$ とすると, 合流超幾何微分方程式はラゲール方程式になる,
   $$x\frac{d^2 y(x)}{dx^2} + (1-x)\frac{dy(x)}{dx} + ny(x) = 0.$$

   ラゲール関数には次のロドリゲスの公式がある,
   $$L_n(x) = \frac{e^x}{n!}\frac{d^n}{dx^n}(x^n e^{-x}).$$

4. ラゲール陪関数
   $$\begin{aligned}L_n^m(x) &= (-1)^m \frac{d^m}{dx^m} L_{n+m}(x) \\ &\equiv \frac{(n+m)!}{n!\, m!}\, {}_1F_1(-n, m+1; x).\end{aligned}$$

5. エルミート関数 (Hermite functions)
   $$\begin{aligned}H_{2n}(x) &= (-1)^n \frac{2n!}{n!}\, {}_1F_1\left(-n, \frac{1}{2}; x^2\right), \\ H_{2n+1}(x) &= (-1)^n \frac{2(2n+1)!}{n!} x \, {}_1F_1\left(-n, \frac{3}{2}; x^2\right).\end{aligned}$$

   事実, $a = -n, c = 1/2$ として, x を x^2 に変数変換すると, 合流超幾何微分方程式は $\eta(x) = y(x^2)$ についてエルミート方程式になる,
   $$\frac{d^2\eta(x)}{dx^2} - 2x\frac{d\eta(x)}{dx} + 2n\eta(x) = 0.$$

一方，$a = -n, c = 3/2$ として，x を x^2 に変数変換すると，$\eta(x) = y(x^2)$ について，

$$\frac{d^2\{x\eta(x)\}}{dx^2} - 2x\frac{d\{x\eta(x)\}}{dx} + (2n+1)\{x\eta(x)\} = 0.$$

これもエルミート方程式である．ここで，エルミート関数に対して，次のような関数を考える，

$$\psi(x) = e^{-x^2/2}H_n(x).$$

これは次の量子力学的な調和振動子の解を与える，

$$\left\{\frac{d^2}{dx^2} + (2n+1-x^2)\right\}\psi(x) = 0.$$

6. ベッセル関数 (Bessel functions)

$$J_n(x) = \frac{e^{-ix}}{n!}\left(\frac{x}{2}\right)^n {}_1F_1\left(n+\frac{1}{2}, 2n+1; 2ix\right).$$

17.4　存在定理

ここでは，不動点定理の応用によりバナッハ空間 V 上の常微分方程式系の解の存在定理を示す．本節ではバナッハ空間 V のノルムを $x \in V$ に対し $|x|$ と表す．まず，正の実数 $r, R > 0$ および $t_0, x_0 \in \mathbb{R}$ について，閉区間 $T = [t_0-r, t_0+r] \subset \mathbb{R}$ から $x_0 \in V$ のまわりの閉球 $W = \{x \in V \mid |x-x_0| \leq R\}$ への連続写像 $\xi : T \longrightarrow W$ のなす空間

$$X = \{\xi \mid \xi : T \longrightarrow W : 連続写像\}$$

のノルムを

$$\|\xi\| = \sup_{t \in T}|\xi(t)|$$

と定義すると，このノルムは任意の $\xi \in X$ に対し有限である．従って，W の完備性から X の完備性がいえ，X はバナッハ空間をなす．このとき，常微分方程式の解が一意的にバナッハ空間 X に存在する為の十分条件を示す次の定理は，ピカールの定理 (Picard's Theorem) として知られている．

定理 17.6 $x_0 \in V$ の開近傍 $U \subset W$ について，$v : T \times U \longrightarrow U$ は連続でかつある定数 $L \geq 0$ に対し次のリプシッツ (Lipschitz) 条件を満たすものとする．

$$\forall y_1, y_2 \in U, \ \forall t \in T : \ |v(t, y_1) - v(t, y_2)| \leq L|y_1 - y_2|.$$

このとき，ある r および R について次の常微分方程式の解 $x : T \longrightarrow U$ は一意に存在する．

$$\forall t \in T, \qquad \frac{dx(t)}{dt} = v(t, x(t)),$$
$$t_0 \in T, \qquad x(t_0) = x_0.$$

証明 いま

$$S = \sup_{(t,y) \in T \times U} |v(t, y)| \quad (< \infty)$$

とおき定数 $r, R > 0$ が $Sr \leq R$ を満たすとする．そのとき $x \in X, t \in T$ に対し

$$(Ax)(t) = x_0 + \int_{t_0}^{t} v(\tau, x(\tau))d\tau$$

と定義すると A は X から X への写像を定義する (確かめよ)．さらに $r < 1/L$ なら A は X の縮小写像を定義する．実際 $x_1, x_2 \in X$ に対し

$$\begin{aligned}
|(Ax)(t) - (Ax')(t)| &= \left| \int_{t_0}^{t} \{v(\tau, x_1(\tau)) - v(\tau, x_2(\tau))\} d\tau \right| \\
&\leq \left| \int_{t_0}^{t} |v(\tau, x_1(\tau)) - v(\tau, x_2(\tau))| d\tau \right| \\
&\leq L \left| \int_{t_0}^{t} |x_1(\tau) - x_2(\tau)| d\tau \right| \\
&\leq L|t - t_0||x_1 - x_2| \qquad (17.3) \\
&\leq Lr|x_1 - x_2|
\end{aligned}$$

となり縮小写像である．ゆえに不動点定理 12.15 より A の不動点 $x \in X$ が一意的に存在する:

$$x(t) = x_0 + \int_{t_0}^{t} v(\tau, x(\tau))d\tau.$$

右辺は被積分関数が連続なので $t \in I$ についての連続的微分可能関数を定義する．これを微分して

$$\frac{dx(t)}{dt} = v(t, x(t)), \quad x(t_0) = x_0$$

を得る．逆に $x \in X$ がこの微分方程式を満たせばこれを積分して x は A の不動点であることがわかる．従って以上からこの微分方程式の解の一意的存在が証明された．

証明終わり

このような解の一意的存在が示されるような微分方程式に対し，以下で直線化の定理を導く．その準備として次のグロンウォール (Gronwall) の補題として知られている命題を証明する．

命題 17.8 $A, B, C : [t_-, t_+) \longrightarrow \mathbb{R}$ を $[t_-, t_+)$ 上の実数値連続関数で，任意の $t \in [t_-, t_+)$ について $C(t) \geq 0$ とする．いまこれらが

$$A(t) \leq B(t) + \int_{t_-}^{t} C(t')A(t')dt'$$

を満たすとすると，任意の $t \in [t_-, t_+)$ に対し

$$A(t) \leq B(t) + \int_{t_-}^{t} C(t')B(t') \exp\left(\int_{t'}^{t} C(s)ds\right) dt'.$$

が成り立つ．とくに $B(t) = B$ が定数の時は

$$A(t) \leq B \exp\left(\int_{t_-}^{t} C(s)ds\right)$$

が成り立つ．

証明 $t \in [t_-, t_+)$ に対し

$$F(t) = \int_{t_-}^{t} C(s)A(s)ds$$

と定義すると $F'(t) = C(t)A(t)$ であるから仮定より

$$F'(t) - C(t)F(t) = C(t)(A(t) - F(t)) \leq C(t)B(t)$$

である．従って

$$\frac{d}{dt}\left(\exp\left(-\int_{t_-}^t C(s)ds\right)F(t)\right) \leq \exp\left(-\int_{t_-}^t C(s)ds\right)C(t)B(t).$$

これを積分して $F(t_-) = 0$ より

$$\exp\left(-\int_{t_-}^t C(s)ds\right)F(t) \leq \int_{t_-}^t \exp\left(-\int_{t_-}^u C(s)ds\right)C(u)B(u)du.$$

ゆえに

$$F(t) \leq \int_{t_-}^t \exp\left(\int_u^t C(s)ds\right)C(u)B(u)du.$$

よって仮定の式

$$A(t) - B(t) \leq F(t)$$

とあわせて証明が終わる．

とくに $B(t) = B$ が定数の時は

$$\int_{t_-}^t C(t')\exp\left(\int_{t'}^t C(s)ds\right)dt' = -\int_{t_-}^t \frac{d}{dt'}\left(\exp\left(\int_{t'}^t C(s)ds\right)\right)dt'$$

$$= -1 + \exp\left(\int_{t_-}^t C(s)ds\right)$$

より後半が得られる．

証明終わり

以上を前提として，定理 17.6 において次のように常微分方程式の解の連続性を示すことができる．

定理 17.7 $x_0 \in V$ の開近傍 $U \subset W$ について，$v : T \times U \longrightarrow V$ が連続でかつある定数 $L \geq 0$ に対し次のリプシッツ条件を満たすものとする．

$$\forall y_1, y_2 \in U, \ \forall t \in T : \ |v(t, y_1) - v(t, y_2)| \leq L|y_1 - y_2|$$

17.4. 存在定理

このとき，ある r について次の常微分方程式を満たす連続写像 $\varphi : T \times U \longrightarrow U$ が存在し，φ は $x_0 \in U$ についてリプシッツ連続である．

$$\forall t \in I, \qquad \frac{d\varphi(t, x_0)}{dt} = v(t, \varphi(t, x_0)),$$
$$t_0 \in I, \qquad \varphi(t_0, x_0) = x_0.$$

また，次の連続写像 $\phi : T \times U \longrightarrow U$ も $x_0 \in U$ についてリプシッツ連続である．

$$\phi(t, x_0) = x_0 - \varphi(t, x_0).$$

証明 v のリプシッツ連続から，任意の $x_0' \in U$ について，

$$|\varphi(t, x_0) - \varphi(t, x_0')| = \left| x_0 - x_0' + \int_{t_0}^{t} \{v(s, \varphi(s, x_0)) - v(s, (s, x_0'))\} ds \right|$$

$$\leq |x_0 - x_0'| + \left| \int_{t_0}^{t} \{v(s, \varphi(s, x_0)) - v(s, \varphi(s, x_0'))\} ds \right|$$

$$\leq |x_0 - x_0'| + L \left| \int_{t_0}^{t} |\varphi(s, x_0) - \varphi(s, x_0')| ds \right|$$

$$\leq |x_0 - x_0'| + L|x_0 - x_0'| \left| \int_{t_0}^{t} e^{L(t-s)} ds \right|$$

$$\leq e^{L \cdot r} |x_0 - x_0'|.$$

ただし，上式で命題17.8を用いた．同様に，

$$|\phi(t, x_0) - \phi(t, x_0')| = \left| \int_{t_0}^{t} \{v(s, \phi(s, x_0)) - v(s, \phi(s, x_0'))\} ds \right|$$

$$\leq Lr|x_0 - x_0'| + L \left| \int_{t_0}^{t} |\phi(s, x_0) - \phi(s, x_0')| ds \right|$$

$$\leq Lr|x_0 - x_0'| + L^2 r |x_0 - x_0'| \left| \int_{t_0}^{t} e^{L(t-s)} ds \right|$$

$$= Lr \cdot e^{Lr} |x_0 - x_0'|.$$

証明終わり

この定理より，前定理 17.6 において解の一意的存在が保証される場合，直線化の定理が成り立つ．

定理 17.8　定理 17.6 の常微分方程式の解は十分小さな $r>0$ について直線化できる．

証明　連続写像 $\chi: T \times U \times U \longrightarrow U$ を次のように定義する．

$$\chi(t, x, x_0) = x + \phi(t, x_0).$$

前定理 17.7 の連続写像 ϕ のリプシッツ連続性の証明において，$K = Lr \cdot e^{Lr} < 1$ となるように $r>0$ を選ぶと，

$$\begin{aligned}|\chi(t,x,x_0) - \chi(t,x,x_0')| &= |\phi(t,x_0) - \phi(t,x_0')| \\ &= K|x_0 - x_0'|.\end{aligned}$$

したがって，不動点定理より，各点 $(t,x) \in T \times U$ に対し

$$x_0 = \chi(t, x, x_0)$$

を満たす x_0 が唯一存在する．この解を $x_0 = \Phi(t,x)$ と書き写像 $\Phi: T \times U \longrightarrow U$ を定義すると，$\Phi(t,x) = x_0$ が常微分方程式の保存量を表す．

証明終わり

実際に $V = \mathbb{R}^n$ とすると，新しい座標系 $(t, \Phi_1(t,x), \Phi_2(t,x), \cdots, \Phi_n(t,x))$ により相流が直線化される．

第18章　ルベーグ積分

本章ではルベーグ (Lebesgue) 積分を考察する．はじめに，リーマン積分が前提にしていた有限加法性を可算加法性にまで拡張し，σ-代数をともなう可測空間を定義する．さらに，体積概念の一般化に相当する測度を導入し，積分の舞台となる測度空間を定義する．その後，測度空間における積分を定義し，$\mathbb{R}^n$ 上の実数に値をもつ関数のルベーグ積分，ついでバナッハ空間に値をもつ関数のボッホナー積分を概観する．リーマン積分にはなかった極限の交換に関する性質として収束定理を証明し，最後に狭義にリーマン積分可能な関数がルベーグの意味でも積分可能であることをみる．

18.1　可算加法性と可測空間

$\mathbb{R}^N$ の N 次元有界閉区間 I 上でのリーマン積分を定義するために，I の有限分割の全体 $\mathcal{D}(I)$ を考えた．そして，有界区間 I 上での積分の定義をもとに，有界閉集合 S の部分集合の族として体積確定またはジョルダン可測な部分集合族 $\mathcal{R}$ を定義することができた．この $\mathcal{R}$ は次の性質をもつ．

1. $S \in \mathcal{R}$.
2. $B \in \mathcal{R}$ ならば $B^c = S - B \in \mathcal{R}$.
3. $B_j \in \mathcal{R}$ $(j = 1, 2, \cdots, n \in \mathbb{N})$ ならば $\bigcup_{j=1}^n B_j \in \mathcal{R}$.

このような集合族 $\mathcal{R}$ は有限加法族といわれる．有限分割 $\Delta \in \mathcal{D}(I)$ は，このような有限加法族の部分集合族で構成される．そして，このような有限分割 Δ についてのリーマン和の $d(\Delta) \to 0$ の一様な極限として，リーマン積分は定義された．

以上を踏まえた上で積分小区間の一様でない極限にまで積分の可能性を拡げるために，有限分割ではなく可算無限な分割を許すことを考える．この拡張は有界集合上の無限に複雑な有界関数の積分を考える前提となる．

定義 18.1 S を集合とする．S の σ-代数[1](σ-algebra あるいは σ-ring) $\mathcal{B}$ とは，$\mathcal{B}$ が S の部分集合の族であり次を満たすことを言う．

1. $S \in \mathcal{B}$.

2. $B \in \mathcal{B}$ ならば $B^c = S - B \in \mathcal{B}$.

3. $B_j \in \mathcal{B}\ (j = 1, 2, \cdots)$ ならば $\bigcup_{j=1}^{\infty} B_j \in \mathcal{B}$.

族 $\mathcal{B}$ の要素を S の可測集合 (measurable set) ないしボレル (Borel) 集合と呼び，組 $(S, \mathcal{B})$ を可測空間 (measurable space) またはボレル空間と呼ぶ．

もっとも簡単な測度の例は，自然数の集合上に定義される．

問 18.1 自然数の集合 $\mathbb{N}$ のべき集合族 $2^{\mathbb{N}}$ は σ-代数となることを示せ．

また，σ-代数は和，差，積 (交わり) で閉じていることを確認しておく．

命題 18.1 可測空間 $(S, \mathcal{B})$ について，$\mathcal{B}$ の要素の和，差，交わりをつくる操作を高々可算回行って得られる集合も $\mathcal{B}$ に含まれる．

証明 σ-代数の定義より，$B_j \in \mathcal{B}\ (j = 1, 2, \cdots)$ について，その和は

$$\bigcup_{j=1}^{\infty} B_j \in \mathcal{B}$$

を満たす．また，

$$A = \bigcap_{j=1}^{\infty} B_j = S - \bigcup_{j=1}^{\infty} B_j^c.$$

σ-代数の定義より，$B_j^c \in \mathcal{B}\ (j = 1, 2, \cdots)$ で，かつ

$$C = \bigcup_{j=1}^{\infty} B_j^c \in \mathcal{B}.$$

---

[1] ここでは，ギリシア文字の最後 σ は可算無限の意味で用いられている．σ-代数と同じ意味で，σ-加法族，可算加法族，完全加法族，ボレル (Borel) 集合族などの名称も使われる．

従って B_j の共通部分 A は $A = S - C \in \mathcal{B}$ を満たす．また集合 A から $B_j \in \mathcal{B}$ $(j = 1, 2, \cdots)$ を順番に引いたものは以上から，

$$A \cap \bigcap_{j=1}^{\infty} B_j^c \in \mathcal{B}$$

となり，題意が示された．

証明終わり

σ-代数の定義は位相の定義に類似している．とくに，σ-代数に入る集合の補集合も σ-代数に入るという点が，これらの顕著な違いとなっている．事実，集合 S の部分集合を要素にもつ集合族 $\mathcal{B}$ が位相の条件を可算個の集合和に制限した上で次の条件を満たすことと，σ-代数となることとは同値である．

$$B \in \mathcal{B} \quad \Rightarrow \quad S - B \in \mathcal{B}.$$

これから，位相空間はその位相を含む最小の σ-代数について可測空間となる．このように，位相がかなり限定された開集合だけを要素にもつ非対称な概念であったのに比べ，σ-代数はより制約の少ない集合族となっている．また，あらかじめ位相が与えられているような位相空間については，位相から生成される最小の σ-代数をつくることができる．

命題 18.2 $(X, \mathcal{O})$ を位相空間とする．$\mathcal{O} \subset \mathcal{B}(\mathcal{O})$ となる最小の σ-代数 $\mathcal{B}(\mathcal{O})$ によって，$(X, \mathcal{B}(\mathcal{O}))$ は可測空間となる．

以下は，Euclid 空間 $\mathbb{R}^N$ の位相から生成される最小の σ-代数の例である．

例 18.1

1. 任意の $a \leq b$ となる $a, b \in \mathbb{R}$ について，閉区間 $[a, b]$，半開区間 $[a, b)$，$(a, b]$，開区間 (a, b) とこれら補集合の任意の有限または可算和と空集合のなす集合族 $\mathcal{B}(\mathbb{R})$．

2. 任意の $A_1, A_2, ..., A_N \in \mathcal{B}(\mathbb{R})$ について，$A_1 \times A_2 \times ... \times A_N \subset \mathbb{R}^N$ の任意の有限または可算和と空集合のなす集合族 $\mathcal{B}(\mathbb{R}^N)$．

3. $\mathbb{R}^N$ の中の任意の開球を含む最小の σ-代数.

ここで, S を局所コンパクト空間とする. すなわち S の任意の点がコンパクトな近傍を持つハウスドルフ空間[2]とする. たとえば S が $\mathbb{R}^n$ や $\mathbb{R}^n$ の閉集合などの時で, 無限次元空間ではこのような局所コンパクト性はない.

定義 18.2 S を局所コンパクト空間とする. このとき $B \subset S$ が S のコンパクトな G_δ-集合をすべて含む最小の σ-代数に属するとき B を S のベール (Baire) 集合という. ただし S の G_δ-集合とは S の可算個の開集合の共通部分として書ける集合のことである. また $B \subset S$ が S のコンパクト集合をすべて含む最小の σ-代数に属するとき B を S のボレル (Borel) 集合という.

S が $\mathbb{R}^n$ の閉集合の時 S のコンパクト集合はすべて S の G_δ-集合である. 従ってこの場合はベール集合とボレル集合は一致する. とくに S が $\mathbb{R}$ の閉区間 ($\mathbb{R}$ も含む) の場合 S のベール集合すなわちボレル集合は S の半開区間 $(a, b]$ を含む最小の σ-代数の元である.

18.2 測度と測度空間

リーマンによる積分論では, ある有界閉集合 S の体積を求める場合, はじめ有限個の矩形領域の体積和で近似し, それぞれの領域の大きさを小さくしていきながら各段階で有限個だけ矩形領域の数を増やすときの一様な極限を通して体積を計算した. この結果, $\mathcal{R}$ の各集合 B の体積 $v(B)$ は次の有限加法性を満たす.

1. $\forall B \in \mathcal{R}, v(B) \geq 0$.

2. $B_j \in \mathcal{R}$ ($j = 1, 2, \cdots, n \in \mathbb{N}$) を互いに共通部分を持たない集合とするときその和集合を $\sum_{j=1}^{n} B_j$ と書くと,

$$v\left(\sum_{j=1}^{n} B_j\right) = \sum_{j=1}^{n} v(B_j)$$

---
[2]位相空間 S がハウスドルフ空間であるとは S の相異なる二点 x, y ($x \neq y$) に対し各々の開近傍 V_x, V_y で $V_x \cap V_y = \emptyset$ となるものが存在することである.

が成り立つ．このとき，v は有限加法的であるという．

3. S は体積確定で，有限個の集合 $B_j \in \mathcal{R}$ $(j = 1, 2, \cdots, n)$ が存在して $v(B_j) < \infty$ かつ $S = \bigcup_{j=1}^{n} B_j$ が成り立つ．

しかし，リーマン積分における極限操作は，境界が無限に入り組んだ構造を持っているような集合の体積を求めるのには相応しくない．ルベーグによる積分論では，はじめから体積の分かっている無限に小さい可算無限個の矩形領域を用意しておき，その和で全体の体積を近似する．このため，無限に複雑に入り組んだ領域についても，その体積計算の可能性が広がる[3]．このために，以上の有限加法性を可算加法性ないし σ-加法性にまで拡張し，この体積概念の一般化として測度を定義する．

定義 18.3 $(S, \mathcal{B})$ を可測空間とする．3 組 $(S, \mathcal{B}, m)$ が測度空間 (measure space) であるとは m が $\mathcal{B}$ 上で定義された非負な σ-加法的 (あるいは可算加法的) な $\mathcal{B}$ 上の測度であることである．すなわち m が次を満たすことを言う．

1. $\forall B \in \mathcal{B}, m(B) \geq 0$.

2. $B_j \in \mathcal{B}$ $(j = 1, 2, \cdots)$ を互いに共通部分を持たない集合とするときその和集合を $\sum_{j=1}^{\infty} B_j$ と書くと，

$$m\left(\sum_{j=1}^{\infty} B_j\right) = \sum_{j=1}^{\infty} m(B_j)$$

が成り立つ．このとき，m は σ-加法的あるいは可算加法的であるという．

3. S は σ-有限である．すなわち高々可算個の集合 $B_j \in \mathcal{B}$ $(j = 1, 2, \cdots)$ が存在して $m(B_j) < \infty$ かつ $S = \bigcup_{j=1}^{\infty} B_j$ が成り立つ．

---

[3]ただしこの可能性の拡大は整数次元 $n \geq 1$ の図形についてのことであり，第 1 章で触れたような非整数次元を持つフラクタル図形のようなものは現段階の解析学では考察の対象外である．

例 18.2

1. $S = \mathbb{R}^n$ または有界閉区間 $S \subset \mathbb{R}^n$ について，$\mathcal{B}$ をその任意の開区間と閉区間を含む最小の σ-代数とする．m を有界な半開区間 $B = (a_1, b_1] \times \cdots \times (a_n, b_n] \subset S$ に対し

$$m(B) = \prod_{k=1}^{n} |b_k - a_k|$$

   と定義する．有界でない区間 I にたいしては

$$m(I) = \sup\{m(J) \mid J(\subset I) \text{ は有界区間 }\}$$

   とする．この m はルベーグ測度と呼ばれる．

2. 有限集合 $S \subset \mathbb{N}$ について，$\mathcal{B}$ をその任意の部分集合からなる σ 代数とする．m を任意の $k \in S$ に対し $m(\{k\}) = 1$ と定義すると，m は測度である．

測度空間 $(S, \mathcal{B}, m)$ が完備であることを次のように定義する．

定義 18.4 測度空間 $(S, \mathcal{B}, m)$ について，次がなりたつとき $(S, \mathcal{B}, m)$ は完備であるという．

$$m(B) = 0 \quad \Longrightarrow \quad B \in \mathcal{B}.$$

これは，σ-代数の任意の元 B に対して測度ゼロの集合の分だけ異なる任意の集合 B' もまた σ-代数の元であることと同値である．たとえば，$\mathbb{R}^n$ の閉区間 S のルベーグ測度 m について，$(S, \mathcal{B}, m)$ は完備ではない．この場合，任意の集合 $A \subset S$ の測度を求めようとするときに，その集合 A と測度ゼロの集合だけ異なる $\mathcal{B}$ の元があるにも関わらず，A 自身は $\mathcal{B}$ の元ではない．このような部分集合 A を含むように σ-代数とその上の測度を拡張することを完備化という．

定義 18.5 $(S, \mathcal{B}, m)$ を測度空間とする．$\overline{\mathcal{B}}$ を

$$\overline{\mathcal{B}} = \{D \mid D \subset S, \exists B \in \mathcal{B}, \exists N \in \mathcal{B}$$
$$\text{s.t. } D \ominus B := D \cup B - D \cap B \subset N \land m(N) = 0\}$$

とおく．このとき $\overline{m}$ を $D \in \overline{\mathcal{B}}$ に対し上の $\overline{\mathcal{B}}$ の定義におけるような $B \in \mathcal{B}$ をとって

$$\overline{m}(D) = m(B)$$

と定義する．すると $\overline{m}(D)$ はこのような B の取り方によらず一意に定まる．したがって $(S, \overline{\mathcal{B}}, \overline{m})$ は測度空間をなす．そして完備である．すなわち $\overline{m}(B) = 0$ なる $B \in \overline{\mathcal{B}}$ に対し $D \subset B$ なる部分集合 D はすべて $\overline{\mathcal{B}}$ に属する．この $(S, \overline{\mathcal{B}}, \overline{m})$ を $(S, \mathcal{B}, m)$ の完備化という．．

ふつう $S = \mathbb{R}^n$ または有界閉区間 $S \subset \mathbb{R}^n$ 上のルベーグ測度というときは例 18.2 の 1 におけるルベーグ測度を完備化した測度のことを言う．

ある測度空間が与えられたとき，その測度空間の完備化を具体的に実行するには，次のような外測度を導入する．

定義 18.6 $(S, \mathcal{B}, m)$ を測度空間とする．$A \subset S$ を S の任意の部分集合とするとき，$A \subset \bigcup_{k=1}^{\infty} B_k$ となる $B_1, B_2, ... \in \mathcal{B}$ に対して，

$$m^*(A) = \inf_{A \subset \bigcup_{k=1}^{\infty} B_k} \sum_{k=1}^{\infty} m(B_k)$$

となる m^* を A の外測度 (outer measure) という．

とくに，$\mathbb{R}^n$ におけるルベーグ外測度は次のように定められる．

定義 18.7 $S = \mathbb{R}^n$ のルベーグ測度 m による測度空間 $(S, \mathcal{B}, m)$ について，$A \subset \bigcup_{k=1}^{\infty} I_k$ となる半開区間列 $I_k = (a_{1k}, b_{1k}] \times \cdots \times (a_{nk}, b_{nk}]$ $(k = 1, 2, \cdots)$ に対して，

$$m^*(A) = \inf_{A \subset \bigcup_{k=1}^{\infty} I_k} \sum_{k=1}^{\infty} \prod_{\ell=1}^{n} |b_{\ell k} - a_{\ell k}|.$$

となる m^* を A のルベーグ外測度という．

このような外測度をもとに，A の可測性を次のように定義できる．

定義 18.8 測度空間 $(S, \mathcal{B}, m)$ について，$A \subset S$ がカラテオドリ (Carathéodory) の意味で可測あるいは m^*-可測あるいは可測であるとは，次を満たすことをいう．

$$\forall C \subset S: \quad m^*(C) = m^*(C \cap A) + m^*(C \cap A^c).$$

このとき，$m^*(A)$ を * を省略して $m(A)$ と表す．

この可測性は次のように表すこともできる．

問 18.2 測度空間 $(S, \mathcal{B}, m)$ において外測度 m^* が定義されているとき，$A \subset S$ が m^*-可測であるとは，次の 1 または 2 と同値であることを示せ．

1. $\forall C_1 \subset A, \forall C_2 \subset A^c: \quad m^*(C_1 \cup C_2) = m^*(C_1) + m^*(C_2)$.

2. $\forall \epsilon > 0, \quad \exists A^* \in \mathcal{B}$ s.t. $m^*(A - A^*) + m^*(A^* - A) < \epsilon$.

ルベーグによる可測性は次のようになるが，これはカラテオドリの意味で可測であることと等しいことが示せる．

定義 18.9 測度空間 $(S, \mathcal{B}, m)$ について，$A \in \mathcal{B}$ に対して内測度 m_* を次のように定義する．

$$m_*(A) = \sup_{A \subset B, \, m(B) < \infty} \{m(B) - m^*(B - A)\}.$$

これで定義できないとき，$m_*(A) = \infty$ とする，$A \subset S$ がルベーグ (Lebesgue) の意味で可測であるとは，次を満たすことをいう．

$$m^*(A) = m_*(A).$$

測度空間 $(S, \mathcal{B}, m)$ の可測な集合の族 $\mathcal{B}^*$ と外測度 m^* について，$(S, \mathcal{B}^*, m^*)$ は再び測度空間となる．このとき，$(S, \mathcal{B}^*, m^*)$ は $(S, \mathcal{B}, m)$ の完備化となっていて，$m^* = m$ と書く．

とくに，位相空間に定義される測度には，次のような用語が使われる．

定義 18.10 S を局所コンパクト空間とする．S 上の非負ベール (ボレル) 測度とは S のすべてのベール (ボレル) 集合に対し定義された σ-加法的な測度ですべてのコンパクト集合の測度が有限なもののことである．ボレルあるいはベール測度 m が正則とは任意のボレル集合 B に対し

$$m(B) = \inf_{B \subset U, \, U: \text{open set}} m(U)$$

が成り立つことを言う．ベール測度はこの意味で常に正則である．またベール測度は正則なボレル測度に一意的に拡張される．したがって一般にベール測度を考えておけば十分である．

例 18.3 $S = \mathbb{R}$ または S を $\mathbb{R}$ の有界閉区間とする．$F(x) : S \longrightarrow \mathbb{R}$ を右連続な関数とする．すなわち任意の $x \in S$ に対し $\lim_{y \to +x} F(y) = F(x)$ とする．m を半開区間 $(a, b]$ に対し $m((a, b]) = F(b) - F(a)$ と定義する．この m は S 上の非負ベール測度に一意的に拡張される．$m(S) < \infty$ となる必要十分条件は F が S 上有界なことである．とくに，m が $F(s) = s$ なる関数より得られる測度であるときがルベーグ測度である．

18.3 可測関数の積分

以下 $(S, \mathcal{B}, m)$ を完備な測度空間とする．

定義 18.11 $\mathbb{C}$ ないし $\mathbb{R}$-値関数 $f(s)$ $(s \in S)$ が $\mathcal{B}$-可測 ($\mathcal{B}$-measurable) あるいは可測とは任意の $\mathbb{C}$ または $\mathbb{R}$ の開集合 G に対し集合 $\{s \mid s \in S, f(s) \in G\}$ が $\mathcal{B}$ に属することである．$f(s)$ は値として $\pm\infty$ を取ってもよい．

定義 18.12 S の点 $s \in S$ についての性質 P が m-a.e で成り立つとはある測度 0 の集合 $N \in \mathcal{B}$ すなわち $m(N) = 0$ なる集合 (零集合 (null set) という) の点を除いた $S - N$ の点すべてにおいて P が成り立つことである．$\mathbb{C}$ ないし $\mathbb{R}$-値関数 $f(s)$ が S 上ある零集合 N を除いた $S - N$ で定義されていてその上の関数として可測であるとき f は m-a.e. 定義された可測関数であるあるいは単に可測関数であるという．

定義 18.13 局所コンパクト空間 S 上の $\mathbb{C}$-値関数 f が S 上のベール関数であるとは $\mathbb{C}$ 内の任意のベール集合 B に対し $f^{-1}(B) \subset S$ が S のベール集合であることである．S がコンパクト集合の可算和であれば S 上の $\mathbb{C}$-値連続関数はすべてベール関数である．ベール関数は S のベール集合のなす σ-代数に関し可測である．

定理 18.1 (エゴロフ (Egorov) の定理) B が $\mathcal{B}$-可測集合で $m(B) < \infty$ を満たすとする. 関数列 $f_n(s)$ が B 上 m-a.e 有限な $\mathcal{B}$-可測関数の列で, 有限値を取るある可測関数 f に B 上 m-a.e. で収束するとする. このとき, 任意の正数 $\epsilon > 0$ に対し B の部分集合 E で $m(B - E) \leq \epsilon$ かつ $f_n(s)$ は E 上一様に $f(s)$ に収束するものが存在する.

証明 零集合 N を除いた集合 $B - N$ 上の任意の点で定義された関数の列 f_n と関数 f に対し $f_n(s)$ が $B - N$ で至る所収束するから最初から B 上そうであると仮定してよい. いま任意の $\epsilon > 0$ を取り

$$B_n = \bigcap_{k=n+1}^{\infty} \{s \mid s \in B, |f(s) - f_k(s)| < \epsilon\}$$

とおくと B_n は $\mathcal{B}$-可測集合でありかつ $n < k$ なら $B_n \subset B_k$ が成り立つ. $\lim_{n \to \infty} f_n(s) = f(s) \ (\forall s \in B)$ であるから

$$B = \bigcup_{n=1}^{\infty} B_n$$

である. ゆえに測度 m の可算加法性から

$$\begin{aligned} m(B) &= m\left(B_1 + \sum_{k=1}^{\infty}(B_{k+1} - B_k)\right) = m(B_1) + \sum_{k=1}^{\infty} m(B_{k+1} - B_k) \\ &= m(B_1) + \sum_{k=1}^{\infty}(m(B_{k+1}) - m(B_k)) = \lim_{n \to \infty} m(B_n) \end{aligned}$$

となる. よって $\lim_{n \to \infty} m(B - B_n) = 0$ であり従って任意の $\delta > 0$ に対しある番号 N が存在して $k \geq N$ なら $m(B - B_k) < \delta$ である.

以上より任意の整数 $\ell \geq 1$ に対しある可測集合 $G_\ell \subset B$ と番号 $N_\ell \geq 1$ が存在して $m(G_\ell) \leq \epsilon/2^\ell$ かつ

$$\forall n > N_\ell, \forall s \in B - G_\ell: \ |f(s) - f_n(s)| < 1/2^\ell$$

が成り立つ. そこで $E = B - \bigcup_{\ell=1}^{\infty} G_\ell$ とおくと

$$m(B - E) \leq \sum_{\ell=1}^{\infty} m(G_\ell) \leq \sum_{\ell=1}^{\infty} \epsilon/2^\ell = \epsilon$$

が成り立ち f_n は E 上一様に f に収束する．

証明終わり

定義 18.14 S 上で定義された $\mathbb{R}$ ないし $\mathbb{C}$-値関数 $f(s)$ $(s \in S)$ が単関数 (simple function) であるとは互いに共通部分を持たない有限個の可測集合 B_j $(j = 1, 2, \cdots, n)$ が存在してそのおのおのの上で f は有限値の定数であり，それらの外 $S - \bigcup_{j=1}^n B_j$ では $f(s) = 0$ なることである[4]．

定義 18.15 χ_B で集合 $B \in \mathcal{B}$ の特性関数を表すとき S 上の単関数

$$f(s) = \sum_{j=1}^n f_j \cdot \chi_{B_j}(s) \quad (f_j \in \mathbb{C} \text{ or } \mathbb{R})$$

に対しその積分の値を

$$\int_S f(s) m(ds) = \sum_{j=1}^n f_j \cdot m(B_j)$$

と定義する．

$$\int_S |f(s)|\, m(ds) = \sum_{j=1}^n |f_j|\, m(B_j) < \infty$$

のとき f は S 上 m-可積分 (m-integrable)，測度 m に関し積分可能等という．

命題 18.3 f が S 上で定義された可測な ≥ 0 なる関数であれば S 上の可測な ≥ 0 なる単関数の単調増加列 $f_n(s)$ で $n \to \infty$ のとき S の各点 $s \in S$ で $f(s)$ に収束するものがある．

---

[4] コルモゴロフ (A.N. Kolmogorov)/フォミーン (S.V. Fomin) 著『関数解析の基礎』(山崎三郎訳，岩波書店) では，可算無限個の可測集合 $B_j (j = 1, 2, \cdots)$ 上で有限値をとる関数を単関数と定義している．リーマン積分と違って，このように単関数を定義することも可能となるのは，あらかじめ S に σ 代数が定義されているからで，ルベーグ積分の特徴をよく表している．ただし，本著では，多くの文献に習い，有限個の可測集合上で有限値をとる関数を単関数とし，これにより積分を定義する．このとき，ルベーグ積分の特徴となる可算加法性は以降で明らかになるように関数列の極限の過程でその役割を果たす．

問 18.3 命題 18.3 を示せ.

定義 18.16 1) E ($E \in \mathcal{B}$) 上で $f(s) \geq 0$ なる可測関数に対し命題 18.3 の単調増加単関数列 f_n を用いて f の E 上の積分を

$$\int_E f(s)\, m(ds) = \lim_{n\to\infty} \int_S \chi_E(s) f_n(s)\, m(ds)$$

と定義する.この値が有限のとき f は E 上 (m に関して) 積分可能という.(この定義がこのような単調増加列 f_n の取り方によらないことは以下の命題 18.4 で示される.)

2) E 上の一般の $\mathbb{R}$-値可測関数 f に対して

$$f_+(s) = \max_{s \in E}\{f(s), 0\}, \quad f_-(s) = \max_{s \in E}\{-f(s), 0\}$$

とおくとこれらは E 上 ≥ 0 なる可測関数であるから 1) よりおのおのの積分

$$\int_E f_+(s)\, m(ds), \quad \int_E f_-(s)\, m(ds)$$

が定義される.これらのうち少なくとも一方が有限値のとき f の E 上の積分を

$$\int_E f(s)\, m(ds) = \int_E f_+(s)\, m(ds) - \int_E f_-(s)\, m(ds)$$

と定義する.この値が有限のとき (従って和の両方の項が有限値のとき) f は E 上測度 m に関し可積分である等という.$\mathbb{C}$-値関数についてはその実部,虚部の可積分性から自明な方法で積分を定義する.

命題 18.4 定義 18.16 1) において右辺の極限値は f に収束する単関数の単調増大列 f_n の取り方によらず一意に定まる.

証明 f_n と g_n を E 上単調増加で各点で f に収束する単関数の列とする.すると $\lim_{n\to\infty} f_n \geq g_m$ ($\forall m \geq 1$) である.このとき

$$\lim_{n\to\infty} \int_E f_n(s) m(ds) \geq \int_E g_m(s) m(ds) \tag{18.1}$$

が言えれば右辺の $m \to \infty$ の極限についてもこの不等式が成り立つ．同様に逆の不等式も言えるから命題が示される．ゆえに (18.1) を示せばよい．

いま $E_0 = \{s \mid s \in E, g_m(s) = 0\}$, $F = E - E_0$ とおくと

$$\int_E f_n(s) m(ds) \geq \int_F f_n(s) m(ds), \quad \int_E g_m(s) m(ds) = \int_F g_m(s) m(ds)$$

だから

$$\lim_{n \to \infty} \int_F f_n(s) m(ds) \geq \int_F g_m(s) m(ds)$$

を示せばよい．以下 F 上ですべてを考える．このとき

$$g_m(s) = \sum_{j=1}^k \mu_j \chi_{B_j}(s) \quad (s \in F, \ \mu_j \in \mathbb{R}, \ B_j \in \mathcal{B}, \ B_j \subset F)$$

と書ける．$\mu = \min_{1 \leq j \leq k}\{\mu_j\}$, $\lambda = \max_{1 \leq j \leq k}\{\mu_j\}$ とおくと

$$0 < \mu \leq \mu_j \leq \lambda < \infty$$

である．よって $0 < \delta < \mu$ なる正数 δ を取ると $g_m - \delta > 0$ でこれも単関数である．$F_n = \{s \mid s \in F, f_n(s) > g_m(s) - \delta\}$ $(n = 1, 2, \cdots)$ とおくと以上より F_n は単調増加な集合列でかつ $\lim_{n \to \infty} m(F_n) = m(F)$．

1) $m(F) < \infty$ のときは $\lim_{n \to \infty} m(F_n) = m(F)$ によりある番号 $N \geq 1$ があり $n \geq N$ ならば $m(F - F_n) < \delta$ となる．ゆえに $n \geq N$ のとき

$$\begin{aligned}
\int_F f_n(s) m(ds) &\geq \int_{F_n} f_n(s) m(ds) \geq \int_{F_n} (g_m(s) - \delta) m(ds) \\
&= \int_{F_n} g_m(s) m(ds) - \delta m(F_n) \\
&= \int_F g_m(s) m(ds) - \int_{F - F_n} g_m(s) m(ds) - \delta m(F_n) \\
&\geq \int_F g_m(s) m(ds) - \lambda m(F - F_n) - \delta m(F) \\
&> \int_F g_m(s) m(ds) - \delta(\lambda + m(F)).
\end{aligned}$$

右辺は n によらないから両辺で $n \to \infty$ として

$$\lim_{n \to \infty} \int_F f_n(s) m(ds) \geq \int_F g_m(s) m(ds) - \delta(\lambda + m(F))$$

を得る．ここで $\delta > 0$ は任意であるからこれらより

$$\lim_{n\to\infty}\int_F f_n(s)m(ds) \geq \int_F g_m(s)m(ds)$$

が言えた．

2) $m(F) = \infty$ のときは

$$\int_F f_n(s)m(ds) \geq \int_{F_n} f_n(s)m(ds) \geq \int_{F_n}(g_m(s)-\delta)m(ds) \geq (\mu-\delta)m(F_n)$$

において $n \to \infty$ とすれば右辺は $\to \infty$ だから

$$\lim_{n\to\infty}\int_F f_n(s)m(ds) = \infty \geq \int_F g_m(s)m(ds)$$

となる．

以上より命題が言えた．

証明終わり

18.4 ボッホナー積分

以上のうち一部はバナッハ空間に値を持つ関数の積分に拡張される．

定義 18.17 1) V をバナッハ空間とする．S 上の V-値関数 f が単関数であるとは互いに共通部分を持たない有限個の可測集合 B_j $(j=1,2,\cdots,n)$ が存在してそのおのおのの上で f は有限値の定数 $(\in V)$ であり，それらの外 $S - \bigcup_{j=1}^n B_j$ では $f(s) = 0$ なることである．

2) S 上の V-値単関数

$$f(s) = \sum_{j=1}^n f_j \cdot \chi_{B_j}(s) \quad (f_j \in V)$$

に対しその積分の値を
$$\int_S f(s)m(ds) = \sum_{j=1}^n f_j \cdot m(B_j)$$
と定義する.

3) S 上の V-値関数 f に対し V-値単関数の列 $f_n(s)$ で S 上 m-a.e. で f に収束するものがあるとき f は強 $\mathcal{B}$-可測 (strongly $\mathcal{B}$-measurable) という. このときさらに
$$\lim_{n\to\infty} \int_S \|f(s) - f_n(s)\|m(ds) = 0$$
なるものがあるとき f は S 上 m に関しボッホナー可積分 (Bochner integrable) であるという. ボッホナー積分の値は可測集合 $B \in \mathcal{B}$ に対し
$$\int_B f(s)\,m(ds) = \lim_{n\to\infty} \int_S \chi_B(s)f_n(s)m(ds)$$
と定義する.

問 18.4 定義 18.17 3) において右辺の極限値が f に収束する単関数の列 f_n の取り方によらず一意に定まることを示せ.

命題 18.5 f, g が S 上で定義された $\mathbb{C}$-値ないしバナッハ空間 V に値を持つ可積分な関数であるとする.

1) $\lambda, \mu \in \mathbb{C}$ であれば $\lambda g + \mu g$ も S 上可積分で
$$\int_S (\lambda f(s) + \mu g(s))m(ds) = \lambda \int_S f(s)m(ds) + \mu \int_S g(s)m(ds)$$
が成り立つ.

2) $S = A + B$, $A \cap B = \emptyset$, $A, B \in \mathcal{B}$ で f が A, B のそれぞれで可積分であれば f は S で可積分であり
$$\int_S f(s)m(ds) = \int_A f(s)m(ds) + \int_B f(s)m(ds)$$
が成り立つ.

問 18.5 命題 18.5 を示せ.

命題 18.6 f を S 上定義された $\mathbb{C}$ ないし $\mathbb{R}$-値関数とする. 以下が成り立つ.

1) f が可積分であることは $|f|$ が可積分であることと同値である.
2) f が可積分で $f(s) \geq 0$ m-a.e. ならば
$$\int_S f(s) m(ds) \geq 0$$
で等号は $f(s) = 0$ m-a.e. のときかつそのときのみ成り立つ.
3) f が可積分であるとする. このとき $B \in \mathcal{B}$ に対し
$$F(B) = \int_B f(s) m(ds) := \int_S \chi_B(s) f(s) m(ds)$$
と定義すると F は σ-加法的である. すなわち
$$F\left(\sum_{j=1}^\infty B_j\right) = \sum_{j=1}^\infty F(B_j)$$
が成り立つ.
4) 3) で定義された集合関数 F は測度 m に関し絶対連続である. すなわち
$$m(B) = 0 \implies F(B) = 0$$
が成り立つ. 別の言葉で言えば $B \in \mathcal{B}$ について一様に
$$\lim_{m(B) \to 0} F(B) = 0$$
が成り立つ.

問 18.6 命題 18.6 を示せ.

ボッホナー積分についてはここでは証明しないが以下の事柄が知られている.

定義 18.18　1) 測度空間 $(S, \mathcal{B}, m)$ からバナッハ空間 V への写像 $f(s)$ が弱 $\mathcal{B}$-可測 (weakly $\mathcal{B}$-measurable) であるとは X 上の任意の $\mathbb{C}$-値連続線型写像 φ (その全体を X の双対空間といい X' と表す) に対し $\varphi(f(s))$ が $\mathbb{C}$-値可測関数であることである.

2) S 上 V-値関数 f が可分値 (separably-valued) とはその像 $\{f(s) \mid s \in S\}$ が可分であることである. すなわちその像が可算稠密部分集合を持つことである. f が m についてほとんど至るところ可分値 (m-almost separably-valued) であるとは S の零集合 N を除いて可分値であることである. つまり $\{f(s) \mid s \in S - N\}$ が可分であることである.

定理 18.2　$(S, \mathcal{B}, m)$ を測度空間とし V をバナッハ空間とする. f を S 上の V-値関数とする. 次が成り立つ.

1) f が強 $\mathcal{B}$-可測 (strongly $\mathcal{B}$-measurable) であることは f が弱 $\mathcal{B}$-可測 (weakly $\mathcal{B}$-measurable) でかつ m についてほとんど至るところ可分値であることと同値である.

2) f を強 $\mathcal{B}$-可測とするとき, f が m に関しボッホナー可積分 (Bochner m-integrable) であることは $\|f(s)\|$ が $\mathbb{R}$-値 m-可積分な関数であることと同値である.

3) T をバナッハ空間 V から他のバナッハ空間 W への有界線型作用素とする. f が V-値ボッホナー m-可積分であれば $Tf(s)$ は W-値ボッホナー m-可積分で任意の $B \in \mathcal{B}$ に対し

$$\int_B Tf(s)m(ds) = T\int_B f(s)m(ds)$$

が成り立つ.

18.5 収束定理

以下 $\mathbb{C}$ ないし $\mathbb{R}$-値関数の積分の列の収束に関する性質をいくつか述べる.

定理 18.3 (単調収束定理 (monotone convergence theorem)) $E \subset S$, $E \in \mathcal{B}$ とする. E 上で定義された非負値単調増加可測関数列 $0 \leq f_1 \leq f_2 \leq \cdots \leq f_n \leq \cdots$ が $\lim_{n \to \infty} f_n(s) = f(s)$ m-a.e. を満たせば

$$\int_E f(s) m(ds) = \lim_{n \to \infty} \int_E f_n(s) m(ds)$$

が成り立つ.

証明 定義 18.16 より各 f_n に対し単関数 $g_n \geq 0$ で

$$g_n(s) \leq f_n(s) \quad m\text{-a.e.} \tag{18.2}$$

$$\lim_{n \to \infty} |f_n(s) - g_n(s)| = 0 \quad m\text{-a.e.} \tag{18.3}$$

$$0 \leq \int_E f_n(s) m(ds) - \int_E g_n(s) m(ds) < 1/2^n \tag{18.4}$$

かつ

$$0 \leq g_1 \leq g_2 \leq \cdots \leq g_n \leq \cdots$$

を満たすものがとれる. この g_n は単調増加な単関数の列で上の取り方より $\lim_{n \to \infty} g_n = f$ m-a.e. を満たすから定義 18.16 より

$$\int_E f(s) m(ds) = \lim_{n \to \infty} \int_E g_n(s) m(ds)$$

である. よって (18.4) より

$$\int_E f(s) m(ds) = \lim_{n \to \infty} \int_E f_n(s) m(ds)$$

が言える.

証明終わり

定理 18.4 (ファトゥーの補題 (Fatou's lemma)) $E \in \mathcal{B}$ とするとき E の上で関数列 f_n が $f_n(s) \geq 0$ m-a.e. を満たせば

$$\liminf_{n \to \infty} \int_E f_n(s) m(ds) \geq \int_E \liminf_{n \to \infty} f_n(s) m(ds)$$

が成り立つ.

証明 $g_n(s) = \inf_{k \geq n} f_k(s)$ とおくと $g_n \geq 0$ かつ g_n は単調増加であり $\lim_{n \to \infty} g_n(s) = \liminf_{n \to \infty} f_n(s)$ m-a.e. を満たす. よって定理 18.3 より

$$\int_E \liminf_{n \to \infty} f_n(s) m(ds) = \lim_{n \to \infty} \int_E g_n(s) m(ds). \tag{18.5}$$

ここで任意の $\ell \geq n$ に対し

$$\int_E g_n(s) m(ds) = \int_E \inf_{k \geq n} f_k(s) m(ds) \leq \int_E f_\ell(s) m(ds)$$

であるから

$$\int_E g_n(s) m(ds) \leq \inf_{\ell \geq n} \int_E f_\ell(s) m(ds).$$

右辺は単調増大であるから

$$\lim_{n \to \infty} \int_E g_n(s) m(ds) \leq \lim_{n \to \infty} \inf_{\ell \geq n} \int_E f_\ell(s) m(ds) = \liminf_{n \to \infty} \int_E f_n(s) m(ds)$$

が言え (18.5) とあわせて定理が言えた.

証明終わり

定理 18.5 (ルベーグの収束定理 (Lebesgue's dominated convergence theorem)) $E \in \mathcal{B}$ とする. f_n を E 上の可測関数列, $g \geq 0$ を E 上積分可能な関数で

$$|f_n(s)| \leq g(s) \quad m\text{-a.e.} \quad (n = 1, 2, \cdots)$$

とする. このとき $\lim_{n \to \infty} f_n(s)$ が m-a.e. で存在すれば

$$\lim_{n \to \infty} \int_E f_n(s) m(ds) = \int_E \lim_{n \to \infty} f_n(s) m(ds)$$

が成り立つ.

証明 仮定より $-g(s) \leq f_n(s) \leq g(s)$ m-a.e. だから

$$g - f_n \geq 0, \quad g + f_n \geq 0.$$

ゆえに前定理 18.4 より

$$\liminf_{n\to\infty} \int_E (g-f_n)(s)m(ds) \geq \int_E (g - \limsup_{n\to\infty} f_n)(s)m(ds).$$

よってこれと g の可積分性より

$$-\limsup_{n\to\infty} \int_E f_n(s)m(ds) \geq -\int_E \limsup_{n\to\infty} f_n(s)m(ds).$$

すなわち

$$\limsup_{n\to\infty} \int_E f_n(s)m(ds) \leq \int_E \limsup_{n\to\infty} f_n(s)m(ds). \tag{18.6}$$

同様に

$$\liminf_{n\to\infty} \int_E (g+f_n)(s)m(ds) \geq \int_E (g + \liminf_{n\to\infty} f_n)(s)m(ds)$$

より

$$\liminf_{n\to\infty} \int_E f_n(s)m(ds) \geq \int_E \liminf_{n\to\infty} f_n(s)m(ds) \tag{18.7}$$

が得られる．$\lim_{n\to\infty} f_n(s)$ が存在するから (18.6) と (18.7) の右辺は等しい．ゆえにそれらの左辺は相等しく従って

$$\lim_{n\to\infty} \int_E f_n(s)m(ds)$$

が存在して

$$\int_E \lim_{n\to\infty} f_n(s)m(ds)$$

に等しくなる．

証明終わり

系 18.1 $E \in \mathcal{B}$ を $m(E) < \infty$ なる集合とし可測関数の列 f_n が E 上一様有界とする．このとき極限 $f = \lim_{n \to \infty} f_n$ が m-a.e. で存在すれば f, f_n は E 上可積分であり

$$\lim_{n \to \infty} \int_E f_n(s) m(ds) = \int_E f(s) m(ds)$$

が成り立つ．

問 18.7 系 18.1 を示せ．

積分変数を増やすには測度空間の直積の上に測度を定義する必要がある．

定義 18.19 $(S, \mathcal{B}, m), (S', \mathcal{B}', m')$ を二つの測度空間とする．$\mathcal{B} \times \mathcal{B}'$ を直積集合 $B \times B'$ $(B \in \mathcal{B}, B' \in \mathcal{B}')$ をすべて含む最小の σ-加法族とする．このときこのような直積集合 $B \times B'$ に対し

$$(m \times m')(B \times B') = m(B) m'(B')$$

を満たす $\mathcal{B} \times \mathcal{B}'$ 上の σ-加法的, σ-有限で非負の測度 $m \times m'$ が一意的に存在することが示される．この測度 $m \times m'$ を m と m' の直積測度という．$S \times S'$ 上の関数が $\mathcal{B} \times \mathcal{B}'$-可測と言うこと，また関数が測度 $m \times m'$ に関し積分可能と言うことはこれまでと同様に定義される．関数 $f(s, s')$ が積分可能のときその積分を

$$\int_{S \times S'} f(s, s') (m \times m')(ds ds')$$

あるいは

$$\int_{S \times S'} f(s, s') m(ds) m'(ds)$$

などと表す．

このとき，リーマン積分のときと同様にフビニの定理が成り立つ．

定理 18.6 (フビニ (Fubini) の定理) $(S, \mathcal{B}, m), (S', \mathcal{B}', m')$ を測度空間とし $f(s, s')$ を $S \times S'$ 上の $\mathcal{B} \times \mathcal{B}'$-可測関数とする．このとき $f(s, s')$ が $m \times m'$-可積分である必要十分条件は以下のうち少なくともひとつの積分が有限であることである．

$$\int_{S'} \left(\int_S |f(s,s')| m(ds) \right) m(ds'), \quad \int_S \left(\int_{S'} |f(s,s')| m(ds') \right) m(ds).$$

そしてこのとき以下が成り立つ．

$$\begin{aligned}\int_{S \times S'} f(s,s') m(ds) m(ds') &= \int_{S'} \left(\int_S f(s,s') m(ds) \right) m(ds') \\ &= \int_S \left(\int_{S'} f(s,s') m(ds') \right) m(ds).\end{aligned}$$

18.6 リーマン積分とルベーグ積分

最後に以上より定義されたルベーグ積分と以前考察したリーマン積分との関係を与えよう．

定理 18.7 $[a, b]$ を $\mathbb{R}$ の有界閉区間とする．このとき $f : [a, b] \longrightarrow \mathbb{R}$ がリーマン積分可能であればルベーグ積分可能であり両方の積分の値は等しい．このとき f の不連続点の集合

$$E = \{x \mid x \in [a,b], \ f \text{ は点 } x \text{ において不連続である } \}$$

のルベーグ測度はゼロである．

証明 f はリーマン積分可能である[5]から定理 15.7 よりどのような分割の列 Δ_n で $d(\Delta_n) \to 0$ (as $n \to \infty$) なるものについても上積分と下積分は一致する．したがっていま $n = 1, 2, \cdots$ に対し

$$x_{n,k} = a + k \frac{b-a}{2^n} \quad (k = 0, 1, 2, \cdots, 2^n)$$

---

[5] これまで有界閉区間上のリーマン積分可能な関数に対してもその有界性を仮定して定理等を述べてきたがリーマン積分の定義に戻れば有界閉区間上リーマン積分可能な関数はその有界閉区間上有界である．

とおき分割

$$\Delta_n : a = x_{n,0} < x_{n,1} < \cdots < x_{n,2^n-1} < x_{n,2^n} = b$$

を取り $k = 1, 2, \cdots, 2^n$ に対し

$$m_{n,k} = \inf_{x \in [x_{n,k-1}, x_{n,k}]} f(x), \quad M_{n,k} = \sup_{x \in [x_{n,k-1}, x_{n,k}]} f(x)$$

とおけば不足和, 過剰和は

$$s_n = \sum_{k=1}^{2^n} m_{n,k} \frac{b-a}{2^n}, \quad S_n = \sum_{k=1}^{2^n} M_{n,k} \frac{b-a}{2^n}$$

となる. 上述の定理 15.7 から

$$\lim_{n \to \infty} s_n = \lim_{n \to \infty} S_n = \int_a^b f(x) dx \tag{18.8}$$

である. いま関数 $F_n, G_n : [a, b] \longrightarrow \mathbb{R}$ を

$$F_n(a) = G_n(a) = f(a)$$

かつ $x_{n,k-1} < x \le x_{n,k} (k = 1, 2, \cdots, 2^n)$ に対し

$$F_n(x) = m_{n,k}, \quad G_n(x) = M_{n,k}$$

と定義すると明らかに F_n, G_n は単関数であり

$$F_n(x) \le F_{n+1}(x) \le G_{n+1}(x) \le G_n(x) \quad (n = 1, 2, \cdots)$$

が成り立つ. よって極限

$$F(x) = \lim_{n \to \infty} F_n(x), \quad G(x) = \lim_{n \to \infty} G_n(x)$$

が存在し

$$F_n(x) \le F(x) \le G(x) \le G_n(x) \quad (n = 1, 2, \cdots)$$

が成り立ち F, G はルベーグ可測関数である．定義より

$$s_n = \int_I F_n(x)m(dx), \quad S_n = \int_I G_n(x)m(dx)$$

が成り立つ．さらにルベーグの収束定理より

$$\int_I F(x)m(dx) = \lim_{n\to\infty} \int_I F_n(x)m(dx),$$
$$\int_I G(x)m(dx) = \lim_{n\to\infty} \int_I G_n(x)m(dx)$$

が成り立つから上述の (18.8) より

$$\int_I F(x)m(dx) = \int_I G(x)m(dx)$$

がいえる．積分の定義 18.16 よりこれは f のルベーグ積分にほかならない．よって f はルベーグ積分可能で

$$\int_a^b f(x)dx = \int_I f(x)m(dx)$$

が言えた．とくに
$$F(x) = G(x) \quad m\text{-a.e.}$$

いま
$$X = \{x_{n,k} \mid k = 0, 1, 2, \cdots, 2^n,\ n = 1, 2, \cdots\}$$

とおくと X は加算集合だからそのルベーグ測度はゼロである．

$$m(X) = 0.$$

他方 $x \in E - X$ とすると点 x は上述の分割 Δ_n のある小区間 $[x_{n,k}, x_{n,k+1}]$ の内点である．$x \in E$ としたから f は点 $x \in (x_{n,k}, x_{n,k+1})$ において不連続であるから

$$F(x) < G(x)$$

が成り立たなければならない．ところが $F(x) = G(x)$ m-a.e. であったから
$$m(E - X) = 0$$

となる．よって以上より

$$m(E) \leq m(X) + m(E - X) = 0$$

となり定理が言えた．

証明終わり

注 18.1 1) この定理は一般の n 次元ユークリッド空間 $\mathbb{R}^n$ の有界閉区間上で定義される関数にまで拡張される．このように有界区間上ではリーマン積分可能であればルベーグ積分可能である．しかしルベーグ積分可能でもリーマン積分可能でない例がある．実際以下の $f(x)$ $(0 \leq x \leq 1)$ がそうである．

$$f(x) = \begin{cases} 1 & (x \in [0,1] \cap \mathbb{Q}) \\ 0 & (x \in [0,1] - \mathbb{Q}) \end{cases}$$

2) しかし広義リーマン積分可能であるがルベーグ積分可能でない例が存在する．実際 $\mathbb{R}$ の区間 $[1, \infty)$ 上の $\mathbb{C}$-値関数

$$f(x) = \frac{e^{ix}}{x}$$

はルベーグ積分可能でないが，広義リーマン積分可能である．確かめてみよ．定理 18.7 および 1) に述べたように一般に有界閉区間でリーマン積分可能ならルベーグ積分可能で積分の値は等しい．無限区間でも絶対値関数については同じことが成り立つが上のように被積分関数が正負の値を取り振動する場合あるいは複素数値で原点の周りを振動する場合はそうとは限らない．この場合リーマン積分の方がより柔軟な考え方である．このような振動するが故に収束する積分を一般に「振動積分」と呼び，昨今擬微分作用素やフーリエ積分作用素の理論の基礎として重要な分野をなしている．

第19章　循環の意味するもの

　考え深い読者は近代の数学の基礎である無限小解析を述べるという本書の上層の目的の底に，本書を通して流れていた自己言及ないし自己相似性という通奏低音を感じ取られていたことと思う．事実読者は以上の章を通読され線型代数を学びニュートンおよびライプニッツにより開始された，対象を線型近似により無限に分割しそれを再度無限に足し合わせ全体を得るという無限小解析の概要を学ばれた．しかし第1章で提起された自己相似的なフラクタル現象や非線型現象に始まり，第6章で見た形式的体系における項，式ないし命題，そして証明列等の帰納的ないし自己相似的な再帰的定義，不完全性定理に見た自己言及的命題の決定不可能性，第7章のラッセルのパラドクスに見た自己言及による矛盾の発生，ブラリ-フォルティのパラドクスにおいて見た「順序数全体」という自己言及から生ずる矛盾，また連続体濃度が可算無限濃度より大きいことを示すやはり自己言及的なカントールの対角線論法等の中に，近代科学の中核をなした無限小解析が自己言及ないし自己相似的性質により構成されていると同時に，その自己言及という特徴自体がときには近代数学の方法を現実の問題においてほとんど無力にしあるいはときには近代数学に矛盾的様相を生じさせる原因であることを見たであろう．そしてこれら自己言及から生ずる諸々の不可思議な現象が実は物事を無限に分解し無限小の要素に分けそれを再度無限に足し合わせるという近代の「分析と総合 (analysis and synthesis)」という方法論そのものの帰結であることに気づかれた読者も少なからずおられるであろう．そしてこの方法論から矛盾あるいは不完全性が生ずるのは第6章第6.2節で述べたように無限が根本的原因であった．

　このような近代数学に特有に見えるパラドクスのような不可思議な事柄は実は近代において初めて気が付かれたことではない．事実第6章において

述べた無限に循環する自己言及により起こるクレタ人のパラドクスや，ユークリッド幾何学において無限小の点をつなぎ合わせて長さを持った線が得られ無限に細い線を足し合わせて幅を持った面が得られ … というような事柄や，アキレスの亀のようにアキレスが亀を追い抜こうとすると無限の段階が必要で距離は有限であるにもかかわらず亀に追いつくのに無限の時間を要するように見えるというゼノンのパラドクスなどのようにすでにギリシアの時代から「要素への分解とその足し合わせ」という方法の生み出す矛盾は知られていたのである．

近代の無限小解析はゼノンのパラドクス等の問題に対し微分積分という解決法を提示しその解決に成功したかのように見える．だがより深く近代解析学を追究して行き着いた集合論において再びラッセルのパラドクスのように自己言及性によって起こるパラドクスが現れ，クレタ人のパラドクスは未だ解決されていないことに気が付かざるを得なかったのである．

自己言及という事柄は物事を反芻し自己に再び問いかけるという内省の作業とともにあるといって過言でないであろう．そしてこの問題は，考えを文字に書き出しそれを再度読むという作業を可能とした文字の発明により何千年にもわたり人間を悩ますものとなったのである．したがって近代が遭遇した問題は近代において初めて始まったものではなく人間とその文明とともに存在していたことは想像が付く事柄である．

この問題は要素や要因に物事の原因を還元するという事柄から起こるものであり，20世紀に至りこのような分析と総合の方法を還元主義と呼び批判がなされてからすでに久しい．しかし批判はあれどこの分析と総合に替わる方法ないし立場を提示したものはだれもいない．

問題は要素ないし要因を無限小の点と見なすことから起こることであることは上述のゼノンのパラドクスから想像されることである．クレタ人のパラドクスで言えばこのクレタ人という個人を要素化あるいは一点として対象化ないし外化することが自身に言及するという行為を可能にしたのである．

ゼノンのパラドクスのような無限小解析の問題点を解くのに，点でなく有限ないわゆる量子化された「単位」を考えるという案はかなり前から多くの人により提唱ないし可能性として言及されてきたことである．特に20

世紀に入り量子論が明確に認識されてきてから「量子化された時空」というようなたぐいの考えは誰でも容易に思いつくことであった．しかしこのようなことを思いつくことは容易であるが誰も実現することには成功しておらず，技術的な面で「デジタル」という標語が人間の世界で一人歩きし始めたにもかかわらず現実の宇宙はこのような安易な態度を受け付けないように見える．

　実は量子という考えはニュートンの光の粒子説のような形で，正確に言えば現在のものとは違うが，基本的には似通った考察がすでに現れていた．その後ホイヘンスらによる光の波動説が現れ論争になり波動説が勝利を収めた時期もあった．しかし20世紀に至り再びアインシュタインによる光の量子説として粒子説は復活したのである．このように基本単位というような離散的な考えと波動のように連続的な存在というある意味で安易な解決案は昔から両者すでに提案されておりそれらの間の論争という形で時代により一方が他方に勝るという一種政治的な解決で満足されざるを得なかったというのが現実である．

　このように20世紀に至り量子力学という既存のいかなるものとも異なる本質的に新しいもののとらえ方および考え方が現れた．それ以前の古典力学では対象を無限小の点として捉えその点の間の関係を考察しようとしたが，この古典力学では有限個の複数の粒子の系いわゆる「多体系」の解析は不可能に近く古典的運動方程式の解を知られている関数で書くことは一般的に不可能である．さらに解が具体的に書けないだけでなく古典的多体系はカオス的な振る舞いをする場合があり系の定性的性質，たとえば安定性なども一般的には証明されない．これに対し20世紀に至り理解され始めた量子力学においては量子力学的多体系の方程式は解を求めることは難しくともその解の定性的性質はかなりよく知ることができ系の安定性等は量子力学ではよく知られた事実である．したがって量子力学に至ってこの多体系の考察が初めて可能となったと言ってよい．このことにより古典論において無限小の点を単位として考えた代わりに量子力学においてはこの多体系という内部構造を持った複合系ないし有限系を単位にするという考え方が可能となったのである．これにより，比喩的な言い方であるが，自己言及が一点に集中することによる古典的発散が起きなくなり，自己言及に

よる矛盾等の困難を起きなくすることが可能になる.

　事実第6章第6.1節の最後から二番目のパラグラフに述べたように対象化された体系においては不完全性が示されるが，それを議論し考察している主体は自身を対象化し得ずメタのレベルにとどまり己の言語体系の無矛盾性を暗に前提している．この前提が可能なのは自身を対象化し一点と見なすことができないからである．この意味で一点化されていない有限系としての考察の主体は矛盾から逃れうる.

　このような意味で量子力学という考察方法は既存のいかなる方法も考察の対象とできなかった多体系に関し本質的に新しい思考方法を提示し，無限に循環する自己言及の問題の解決へのしるべを示している.

　本書に記述した近代数学の底に流れる通奏低音としての自己言及の問題は「要素への無限の分解とその総合」という既存の方法を平面的に延長した方法ないし立場では解決し得ないものである．量子化された単位粒子や幅を持った素領域のような「要素」に還元されるものから物事を再構成しようとする古典的立場に立つものでない，「無限小の単位への分解とそれらの無限個の足し合わせ」という双対的な関係にある二つの考えを止揚するより高次の立場・観点からのみこの人類の本源的問題は解決しうるのである．それは無限に分解し無限に足し合わせるというある意味で単純な極限的思考でなく，無限小でも無限大でもない「中間的な構造」としての「有限系」という，根本的に新しい次元に立って初めてその解が見いだされるものであることを述べ，この時代を超えた人間の根本的問題に対する読者の将来の考察へのヒントとしたい.

あとがき

本書は多くの先人の書物や教科書を参考にして書かれた．教科書という性質上本書には新しい結果等はない．むしろそのような新しい結果を提示するより知られていることをより論理的にクリアーに書き，大学初学年の数学において学んでおくべき基礎的な数学の知識を現代の要請にあった形で提示し，かつ数学に限らず現れる現代の問題に対する将来の考察への方向性を示唆しようというのが執筆の動機であった．これらの事柄を書くに当たり参考にした書物を以下に列挙する．

1. 杉浦光夫，解析入門 I, II，東京大学出版会
2. 齋藤正彦，線型代数入門，東京大学出版会
3. G. L. Isaacs, Real Numbers, McGRAW-HILL LONDON, 1968
4. S. C. Kleene, Introduction to Metamathematics, North-Holland Publishing Co. Amsterdam, 1964
5. P. J. Cohen, Set Theory and the Continuum Hypothesis, W. A. Benjamin, Inc. New York 1966
6. ポントリャーギン，常微分方程式，共立出版株式会社
7. 服部　昭，線型代数学，朝倉書店
8. 佐武　一郎，線型代数学，裳華房
9. ユルゲン・ヨスト，ポストモダン解析学，シュプリンガー

10. K. Yosida, Functional Analysis, second edition, Springer, 1968

11. 熊ノ郷　準，偏微分方程式，共立出版株式会社

12. 中尾　槇宏，微分積分学，近代科学社

また，他にも改訂の段階で，共著者は以下の文献も参考にした．

1. W.V. Quine, Mathematical Logic, revised edition, Harvard University Press, 1981

2. R.M. Smullyan, Gödel's Incompleteness Theorems, Oxford University Press, 1992

3. 伊藤清三，ルベーグ積分入門，裳華房

4. アーノルド，常微分方程式，現代数学社

5. コルモゴロフ／フォーミン，函数解析の基礎，岩波書店

そのほか授業のために時折参考にした諸々の教科書・書物にも多くを負っている．教科書という性格上すべてを新しく書き下すということはできず多くの努力をした上でなおこれらの書物と重なる印象がぬぐいきれない部分があることはお詫びしなければならない．もとよりこれらの著者の方々のものを盗用しようという意図はなく，著者の力量不足のため十分に消化しきれない書き方をしている部分があるとしたら残念である．これらの先人の方々の努力と労力に敬意と感謝の意を述べて結語としたい．

2005年11月 東京にて
北田　均
小野　俊彦

索引

あ

アーベル群 (abelian group), 416
$\mathbb{R}^n$ の有界閉区間, 349
アルキメデス的 (archimedean), 218
安定性 (stability), 14, 479

い

位相, 241
位相空間 (topological space), 244, 267
位相の強弱, 244
至る所微分不可能, 7
一意性, 20
1 径数変換群 (one-parameter group), 415
1 次元区間上の積分, 365
1 次元調和振動子, 438
1 次元の図形, 5
一次従属, 69
一次独立, 69
1 次方程式系, 10
1 対 1 上への対応, 40
1 対 1 対応 (one-to-one mapping), 40, 158
一様収束, 287, 315
一様収束極限, 290
一様連続性, 273
一般化 (Generalization), 125
一般の集合上の積分, 391
一般連続体仮説, 199
ϵ-近傍 (ϵ-neighborhood), 248
陰関数定理, 313, 334, 415, 419

う

上に有界, 224
上への 1 対 1 写像, 158
上への写像 (onto mapping), 157
上への対応, 40
ウォリス (Wallis) の公式, 380
うそつきのパラドクス, 153
埋め込み写像, 218

え

影響範囲, 124
エゴロフ (Egorov) の定理, 460
n 次元球の体積, 379
n 次元体積, 349
n 次元ベクトル空間, 15
N 次元ユークリッド空間 $\mathbb{R}^N$, 245
m-a.e, 459
$m \times n$ 型行列 (matrix), 16
m-可積分 (m-integrable), 461
m 行 n 列行列, 16
m に関し積分可能, 461
m に関し絶対連続, 466
エルミート行列, 61
エルミート変換, 61
エルミート方程式, 444
演繹可能, 129
演算子 (operators), 124
円周率, 204, 305, 380
円周率の幾何学的意味, 414

お

オイラー (Euler), 415

オイラー・マックローリン総和公式
　　　　(Euler-Maclaurin Formula), 375
黄金比, 14
置き換え (permutation), 51
ω-無矛盾, 118

か

外延性の公理 (Axiom of extensionality), 154, 155
外化, 478
開核, 250
開球, 248
解空間, 44
解の空間の次元, 46
開集合 (open set), 244, 250, 252
階数 (rank), 26, 76, 79
解析関数, 332
外積ないしベクトル積, 56
外測度 (outer measure), 457
解の一意性, 422
解の自由度, 38, 44, 45
開被覆, 260
ガウス積分, 385
ガウス (Gauss) の公式, 389
ガウス (Gauss) の消去法, 27
カオス的な振る舞い, 479
下界, 224
可換群, 416
下極限, 232
核空間, 74
拡大, 218
拡大係数行列, 23
各点収束, 288
下限 (infimum), 224
可算加法性, 451
可算加法族, 452
可算加法的, 455
可算集合, 170, 171
可算無限 (countably infinite), 170
過剰和, 353
下積分, 353

可測, 457, 459
可測空間 (measurable space), 451, 452
可測関数, 459
可測集合 (measurable set), 452
カタストロフ, 3
括弧, 121
可付番集合, 170
可分, 467
可分値, 467
カラテオドリ (Carathéodory) の意味で可測, 457
ガリレオ, 415
関係 (relationship), 168
還元主義, 478
関数, 224
関数記号, 121
完全, 223
完全加法族, 452
カントール (Georg Cantor), 149, 151
カントールの公理, 221, 230, 257
カントールの対角線論法, 172, 477
カントールの定理, 173
カントールの連続体仮説, 199
カントール-ハイネ (Cantor-Heine) の定理, 268
カントール-ベルンシュタイン (Cantor-Bernstein) の定理, 173
カントール列, 256
完備 (complete), 223, 253, 456
完備化 (completion), 253, 259, 457
完備距離空間, 253
完備性, 246
ガンマ関数, 383, 386

き

偽, 125
基底, 19, 69
基底の取り替えの行列, 43, 73
危点, 341
帰納的 (inductive), 49, 122, 477
帰納的関係式, 130

擬微分作用素, 475
基本変形行列, 34
基本列, 228, 253
逆関数, 158, 280, 313
逆関数定理, 334, 338
逆行列, 27, 31
逆行列の構成法, 36
逆元, 213
逆写像, 68, 158
球, 248
級数 (series), 293
球の体積, 407
境界, 250
境界点, 250
共通部分, 160
強 $\mathcal{B}$-可測 (strongly $\mathcal{B}$-measurable), 465
行ベクトル (row vector), 16
行列, 15
行列式 (determinant), 49
行列式の展開, 53
行列の掛け算, 18
行列の指数関数, 332, 435
行列の対角化, 44
極限, 226
極限数 (limit ordinal), 191
極限点, 248
極座標, 341
極小元, 162
極小値, 326
極小点, 326
局所コンパクト空間, 454
極大値, 326
極大点, 326
極値, 326
極値点, 326
極値の条件, 327, 341
虚数単位, 57
距離, 241
距離空間, 241, 246, 267
距離空間の完備性, 223
近似列, 398
近傍 (neighborhood), 248

く

空集合 ∅, 163
空集合の公理 (Axiom of null set), 154, 156
区間に関する加法性の定理, 366
区間の細分, 353
組み合わせ, 331
類 (class), 153
クラメルの公式 (Cramer's formula), 54
クレーロー方程式 (Clairaut's equation), 428
クレタ人のパラドクス, 116, 478
クロネッカーのデルタ, 53
グロンウォール (Gronwall) の補題, 447

け

形式的記号 (primitive symbols, formal symbols), 121
形式的集合論, 153
形式的証明, 127
形式的体系 (formal system), 120
形式的表現 (formal expressions), 122
係数行列, 9, 22
計量, 56
計量線型空間, 81
計量線型同型, 83
計量同型写像, 61, 82
ケイレイ-ハミルトン (Cayley-Hamilton) の定理, 97
ゲーゲンバウエル関数 (Gegenbauer functions), 442
ゲーデル (Kurt Gödel), 147
ゲーデル数, 131
ゲーデルの第一定理, 147
ゲーデルの第二定理, 116, 147
ゲーデル-バーネイ (Gödel-Bernays) の公理論的集合論 GB, 153
ゲーデル文, 118
結合法則, 57

決定不可能, 120, 177
決定不可能性, 147, 477
ケプラー, 415
原始関数, 367, 371
原始記号, 121
原始有限論理式, 130
原始論理式, 123
元の集まり, 155

こ

項 (term), 122
高階微分, 318
広義固有空間, 100
広義積分, 383
広義積分可能, 383, 398
広義リーマン積分可能であるがルベーグ積分可能でない例, 475
後者 (successor), 164, 191
後者集合 (successor-set), 164
合成関数の微分, 320
構成的式, 130
交代性, 50
項 t は $A(x)$ の変数 x に対し自由である, 124
恒等置き換え, 55
恒等写像, 68
恒等変換, 68
項別積分, 370
項別微分, 369, 370
公理, 115, 125
公理的集合論, 151, 178
公理論的集合論, 153
合流型超幾何微分方程式 (confluent hypergeometric equation), 415, 442
コーシーの公理, 221, 228, 239, 253
コーシー列, 228, 253
コーヘン (Paul J. Cohen), 200
互換, 51
誤差関数 (error function), 443
個体記号, 121
コッホ (Helge von Koch), 7

コッホ曲線 (Koch curve), 7, 410
古典的多体系, 479
古典的発散, 479
古典力学, ii, 479
固有空間, 85
固有多項式, 86
固有値, 10, 63, 80
固有値問題, 10, 12, 63
固有ベクトル, 10, 63, 80
固有方程式, 86
混沌 (chaos), 3
混沌状態, 7
コンパクト (compact), 241, 259
コンパクト近似列, 398
コンパクト写像, 273
コンパクト集合 (compact set), 260, 271
コンピューター, 292

さ

再帰的 (recursive), 122
再帰的定義, 127, 477
最小元, 167
最小多項式, 97, 99, 101
最小値, 272
最小の極限数 ω, 191
最大公約因子, 92
最大値, 272
サポート, 315
作用素, 124
作用素ノルム, 316
三角化, 67
三角化可能, 88
三角関数, 304
三角級数展開, 177
三角行列, 88
三角不等式 (triangle inequality), 57, 246
三段論法 (Modus ponens. Syllogism), 116, 125

し

487

G_δ-集合, 454
式 (formula), 123
σ-加法族, 452
σ-加法的, 455
σ-代数 (σ-algebra/σ-ring), 452
次元 (dimension), 20, 37
自己言及, 195, 477
自己言及述語, 117
自己言及的命題, 477
自己生成系, 14
自己相似, 147
自己相似性, 3, 4, 477
自己相似的, 477
自己相似的性質, 477
「自己相似」な規則, 8
自己相似による生成, 7
指数関数, 280, 283
指数法則, 282
自然数 (natural number), 121, 163, 165, 191, 201
自然数の集合 N, 170
自然数の理論, 120
自然対数関数, 286
自然な距離, 314
四則演算, 211
下に有界, 224
実数, 115, 151, 201
実数体の特徴付け, 224
実数の完全性 (completeness) ないし完備性, 223
実数の構成, 208
実数の集合 $\mathbb{R}$, 173
実数の順序関係, 210
実数の順序体, 179
実数の切断, 222
実数の濃度, 199
実数の零元, 212
実数の連続性, 206, 221
実正規行列, 346
実正規線型変換, 112
実正規変換, 90, 108
自明でない解, 63
自明な位相空間, 244

弱 $\mathcal{B}$-可測 (weakly $\mathcal{B}$-measurable), 467
写像, 13, 16, 157
写像の制限, 158
集合の基本的構成, 155
集合の同値, 168
集合の包含関係, 155
集合論 (set theory), 151, 177
集積点, 225, 248
収束, 226
収束定理, 468
収束点の一意性, 229
収束半径, 305
自由変数 (free variable), 124
縮小写像 (contraction), 267, 287
縮小写像の原理 (principle of contraction mapping), 287
集合として同値, 169
主切断 (principal cut), 209
述語記号, 121
述語計算, 126
10 進法, 165
シュミット (Schmidt) の直交化法, 59, 82
ジュリア, 292
ジュリア集合, 292
シュワルツの不等式 (Schwarz' inequality), 57, 362
巡換, 55
順序準同型写像, 180
順序数 (ordinal number), 177, 185, 186
順序数 (ordinal number) である, 186
順序同型写像, 180
上界, 179, 224
上界公理, 221, 225, 233
小行列式, 49
上極限, 232
商空間, 104
小区間, 350
上限 (supremum), 179, 224
条件収束 (conditionary convergent), 294, 296
商集合, 170, 184

上積分, 353
常微分方程式, 415, 417
常微分方程式の解, 418
証明, 127
証明可能, 118, 127
証明可能述語, 119
ジョルダン可測, 391, 451
ジョルダン標準形, 85, 103, 108, 432
自励系 (autonomous system), 420
真, 125
親近性, 241
親近性のネットワーク, 245
振動積分, 475
真理, 115
真理集合, 118, 152, 153

す

推移性, 185
推移的 (transitive), 186
推移律, 169
随伴行列, 61
推論規則 (rules of inference), 116, 125
数学的帰納法, 126
数学的帰納法の原理 (principle of mathematical induction), 166, 192
数学的な言語, 115
数学的命題, 125
数値, 122
数値的に表現可能, 142
スカラー, 16
スカラー倍, 67
スケーリングファクター (縮尺比), 4
スターリング (Stirling) の公式, 349, 380, 390

せ

正確, 119
正規直交基底, 59, 81
正規直交系, 59

正規変換, 61, 108
制限, 158
正項級数, 298
斉次方程式, 45
整数, 201
整数の集合 $\mathbb{Z}$, 170
正則行列, 31
正則公理 (Axiom of regularity), 155, 162
正則性, 27
正定値対称行列, 347
正方行列, 16, 28
整列可能定理, 162, 196
整列集合 (well-ordered set), 168, 178, 179
整列集合の四則, 185
整列集合の分類, 178
整列順序, 179, 197
整列定理, 168, 196
跡, 87
積あるいは積集合, 160
積分可能, 462
積分定数, 372
積分の一般化, 383
絶対収束 (absolutely convergent), 294
切断 (cut), 208
切片, 179
切片写像, 181
ゼノンのパラドクス, 478
ゼロの概念, 163
線型近似, 3
線型空間, 67
線型計画法, 3
線型結合, 59
線型現象, 13
線型作用素, 13
線型写像, 9, 13, 15, 68
線型従属, 69
線型常微分方程式, 426, 430
線型性, 13
線型同型, 69
線型独立, 18, 19, 29, 69
線型部分空間, 59, 69

線型変換, 9, 13, 61, 74
線型方程式, 15
線型予測, 3
線型和, 60
全射 (surjection), 157
選出公理, 161
全順序集合, 167
全称量化子 (universal quantifier), 124
線積分, 383, 409
選択公理 (Axiom of choice), 153, 155, 161, 168, 196
全単射 (bijection), 158
全微分方程式, 418
全有界, 260

そ

素因数分解, 204
像, 17
双曲関数, 304
相曲線, 416
相空間 (phase space), 416
相似, 74
相似性, 4
相似変形, 44
双対空間 (dual space), 317, 467
相流, 416
測度 m が正則, 458
測度空間, 455
束縛条件, 343
束縛変数 (bounded variable), 124
素数, 204
素朴な集合論, 151
素領域, 480
存在定理, 445
存在量化子 (existential quantifier), 124

た

台, 315
対角化, 67
対角化可能, 64, 91
対角化可能性, 44, 91
対角行列, 90
対角線論法, 149
体系内で記述可能, 141
対象化, 478
代数学の基本定理, 63
対数関数, 286
体積確定, 391
代入, 124
代表元, 104, 177
タイプ理論 (type theory), 152
互いに素, 96
高々可算, 170
多重積分, 376
多重線型性, 50
多体系, 479
畳み込み (convolution), 408
縦ベクトル, 15
タルスキーの定理, 118
ダルブー (Darboux) の定理, 349, 355
単位円, 304
単位元, 216
単位正方行列, 26
単位双曲線, 304
単関数 (simple function), 461
単射 (injection), 158
単調減少, 227, 280
単調収束定理 (monotone convergence theorem), 468
単調数列公理, 221, 227, 233
単調増大, 280
単調増大な数列, 226

ち

チェビシェフ関数 (Chebyshef functions), 442
置換公理 (Axiom of substitution), 154, 159
中間値の定理, 267, 276, 279
中間的な構造, 480
稠密 (dense), 218, 254
超幾何関数, 440

超幾何微分方程式 (hypergeometric equation), 415, 438
超限帰納法, 199
超限帰納法的構成, 193
超限帰納法の原理, 192
超限無限回, 177
超数学的定理 (metamathematical theorem), 129
調和 (homogeneous) 微分方程式, 424
直積距離空間, 247
直積集合, 168
直積測度, 471
直接的帰結, 125, 127
直線化定理, 419, 447
直和, 76
直径, 248
直交行列, 61, 346
直交補空間, 59, 65
直交和, 60

つ

ツェルメロ (Ernest Zermelo), 153
ツェルメロ-フレンケル (Zermelo-Fraenkel) の公理論的集合論 ZF, 153

て

T-不変 (T-invariant), 64
定義域 (domain), 17, 157
ディターミナント, 49
テイラー展開 (Taylor's Expansion), 290, 331
テイラーの公式 (Taylor's formula), 330, 333
テイラーの定理, 326
定理, 127
ディリクレ (Dirichlet) の定理, 294
デジタル, 479
デデキント (Richard Dedekind), 222
デデキントの公理, 221, 224, 233
転置行列, 32

転置縦ベクトル, 19
点列コンパクト (sequentially compact), 260

と

導関数, 317
導関数に関する中間値の定理, 327
同型写像, 69
同相写像 (homeomorphism), 241, 245, 416
同値関係, 169, 184
同値類の集合, 184
同値類の代表元, 185
特性関数, 391
特性多項式, 86
特性方程式, 86
トポス, 244
トポロジー (位相), 244
トレース (trace), 87

な

内省, 478
内積, 56, 61, 314
内測度, 458
内点, 250
長さが有限の曲線 (rectifiable curve), 409
中への関数ないし写像 (into mapping), 157

に

2 階微分, 318
二項定理, 297
2 次元の図形, 5
日常言語, 119
二点空間, 244
二等分割公理, 221, 229, 233
ニュートン (Newton), 3, 415
Newton 的でない微分積分法, 7
ニュートン (Newton-Raphson) 法, 290
ニュートン (Newton) 力学, 3

の

濃度 (cardinal), 195
濃度 (cardinality), 173, 177, 195, 199
ノルム, 57, 313
ノルム空間, 241, 314
ノルム線型空間 (normed linear space), 313, 314

は

バートランド ラッセル (Bertrand Russell), 152
バーンスレイのシダの葉 (Barnsley's fern), 8
ハーン-バナッハの定理, 369
ハイネ-ボレル (Heine-Borel) の定理, 264
ハウスドルフ空間, 454
掃き出し法, 27
はさみうちの原理, 206
発散, 226
パッフ型 (全微分型), 420
パッフ (Pfaff) 方程式, 419
バナッハ空間 (Banach space), 313, 314
ハミルトン方程式, 420
張る空間, 59
張る部分空間, 74
汎関数 (functional), 342
反射律, 169
反駁可能, 120

ひ

$\mathcal{B}$-可測 ($\mathcal{B}$-measurable), 459
ピカールの定理 (Picard's Theorem), 445
比較定理, 421
非可算 (uncountable), 170
非可算無限集合, 173
光の波動説, 479
光の粒子説, 479
光の量子説, 479

非順序対の公理 (Axiom of unordered pair), 154, 156
非正規型, 428
非斉次方程式, 45
非線型現象, 4, 477
非線型方程式, 4
非退化 (non-degenerate), 345
左から連続, 284
否定, 116
非負整数 (nonnegative integer), 191
微分, 309, 313
微分可能, 317
微分積分学, 3, 7
微分積分学の基本定理, 349, 367
微分積分学の基本定理 (バナッハ空間値の関数), 368
微分同相写像 (diffeomorphism), 416
標準基底, 18, 314
標準基底ベクトル, 71

ふ

ファトゥー, 292
ファトゥーの補題 (Fatou's lemma), 469
フィボナッチ (Fibonacci) 数列, 8
フーリエ積分作用素, 475
フォンノイマン (John von Neumann), 177
不完全, 147
不完全ガンマ関数, 444
不完全性, 116, 130, 131
不完全性定理, 477
複合系, 479
複雑系, 3
副産物, 196
複素共役, 57
複素数, 57
複素数上の指数関数, 304
複素表示, 341
不足和, 353
不定積分, 366
負定値対称行列, 347

不動点定理 (fixed point theorem), 267, 287, 334, 415
フビニ (Fubini) の定理, 349, 376, 472
部分集合, 167
部分積分, 208, 343, 374
不変部分空間, 79
プライム, 168
フラクタル, 195
フラクタル現象, 477
フラクタル (fractal) 次元, 5, 410
フラクタル図形, 6, 292
フラクタル的混沌, 14
フラクタル的な自己相似性, 14
フラクタルな「積分」, 7
ブラリ-フォルティ(Cesare Burali-Forti), 152
ブラリ-フォルティのパラドクス, 184, 477
プリンキピア, 415
フレーゲ (Gottlob Frege), 152
フレッシェ微分, ii
不連結 (disconnected), 276
フレンケル (Adolf Fraenkel), 153
分割 Δ, 350
分割 Δ の直径 $d(\Delta)$, 350
分出公理 (Axiom of subset (or comprehension)), 160, 163
分数, 204, 218
分析と総合 (analysis and synthesis), 477
分配法則, 57

へ

ペアノ (Giuseppe Peano), 7
ペアノ曲線 (Peano curve), 7, 410
ペアノの公理, 120, 125
平均値の定理, 326
平均値の定理 (積分形), 352
平均値の定理 (微分形), 321
閉区間の二等分割, 229
閉区間列, 229
閉集合 (closed set), 242, 250
閉集合族, 242
閉包, 254
ベータ関数, 406
ベール関数, 459
ベール (Baire) 集合, 454
ベール測度, 458
べき関数, 280
べき級数, 305
べき級数展開, 301
冪 (べき) 集合, 168
冪集合の公理 (Axiom of power set), 155, 171
ベクトル場 (vector field), 417
ベクトル場の特異点, 417
ヘッセ (Hesse) 行列, 345
ヘルダー条件 (Hölder condition), 275
ヘルダー連続, 275
ベルヌーイ数 (Bernoulli Numbers), 374
ベルヌーイの多項式, 374
ベルヌーイ方程式 (Bernoulli's equation), 427
変換, 13
変数, 122
変数記号, 121
変数分離 (variable separable) 型方程式, 423
変数変換公式, 399
変数変換による置換積分, 373
偏微分, 313, 318
偏微分可能, 318
変分学の基本原理, 343, 409

ほ

保存量, 423
ポックハンマーの記号, 439
ボッホナー可積分 (Bochner integrable), 465, 467
ボッホナー積分, 464
ほとんど至るところ可分値 (m-almost separably-valued), 467

ボルツァーノ-ワイエルシュトラスの公理, 221, 233
ボレル空間, 452
ボレル (Borel) 集合, 452, 454
ボレル (Borel) 集合族, 452
ボレル測度, 458

ま

マクローリン展開 (MacLaurin's Expansion), 331
Machin による公式, 208

み

右から連続, 284
密着空間, 244

む

無基礎の公理 (axiom of non-well-foundation), 163
無限, 477
無限下降列, 163
無限公理 (Axiom of infinity), 155, 163, 164
無限次元, 69, 313
無限次元線型空間, 315
無限集合 (infinite set), 169, 171
無限小解析, 477
無限の足しあわせ, 3
矛盾, 116
矛盾的様相, 196, 477
無矛盾性, 116
無理数, 201, 203

め

命題計算, 126
命題結合子 (propositional connectives), 124
メタ言語, 119
メタレベル, 125, 142

も

モース指数 (Morse Index), 345

ゆ

有界, 248
有界数列公理, 221, 226, 233
有界線型作用素, 316
有界双線型写像, 318
有界な数列, 226
有界な線型写像, 316
有界な無限部分集合, 225
有界閉集合, 272
有基礎の公理 (axiom of well-foundation), 163
ユークリッド (Euclid) 空間, 15
有限加法性, 451
有限加法族, 451
有限系, 479
有限次元, 69, 313
有限集合 (finite set), 169
有理数, 201, 203
有理数の集合 $\mathbb{Q}$, 170
ユニタリ行列, 61
ユニタリ変換, 61

よ

余因子, 49
要素への無限の分解とその総合, 480
横ベクトル, 16

ら

ライプニッツ (Gottfried Wilhelm von Leibniz), 147, 196
ラグランジュ(Lagrange) の剰余項, 331
ラグランジュ(Lagrange) の未定乗数法, 343
ラゲール関数 (Laguerre functions), 444
ラゲール陪関数, 444
ラッセルのパラドクス, 152, 163, 477

り

リーマン (Riemann) 積分, 332, 349, 350
リーマン (Riemann) 積分可能, 349, 351
リーマン積分可能でない例, 351
リーマン和, 350
リウビウ方程式 (Liouville's equation), 425
リカッティ方程式 (Riccati's equation), 427
離散的な考え, 479
リプシッツ条件 (Lipschitz condition), 275, 446
リプシッツ (Lipschitz) 連続, 275, 366
ルベーグ測度, 456
領域, 315
量化子 (quantifiers), 124
量子化された時空, 479
量子化された「単位」, 478
量子力学, 479
臨界点 (critical point), 341

る

類の公理 (Axiom of class), 154
ルジャンドル関数 (Legendre functions), 440
ルジャンドル陪関数, 441
ルジャンドル陪方程式, 441
ルジャンドル方程式, 440
ルベーグ外測度, 457
ルベーグ積分 (Lebesgue integral), 351, 451
ルベーグ積分可能でもリーマン積分可能でない例, 475
ルベーグ (Lebesgue) の意味で可測, 458
ルベーグの収束定理 (Lebesgue's dominated convergence theorem), 469

れ

零集合 (null set), 459
零ベクトル, 19
列ベクトル (column vector), 16
連結 (connected), 276
連結集合, 277
連結な領域, 267
連続, 267
連続写像, 267, 270
連続性, 268
連続体仮説, 177, 196
連続的な存在, 479
連続微分可能, 317
連続的偏微分可能性, 324
連立一次方程式, 11
連立線型方程式, 21

ろ

ロッサー文, 119, 141, 142, 144
ロドリゲスの公式, 441
ロピタル (l'Hôpital) の定理, 329
ロルの定理, 327
ロンスキー行列式 (Wronskian), 436
論理演算子, 124
論理記号, 120, 121
論理規則, 125
論理作用素, 124
論理式, 123
論理的, 115

わ

ワイエルシュトラス (Weierstrass) の公式, 389
歪エルミート (skew Hermitian), 110
ワイエルシュトラス (Weierstrass) の公理, 225
和空間, 60, 74
和集合, 158
和集合の公理 (Axiom of sum set (or union)), 154, 158
割り算, 218

memo

memo

● 著者略歴

■北田 均（きただ ひとし）
  1973 年　東京大学理学部数学科 卒業
  1979 年　理学博士
  現在　東京大学大学院数理科学研究科助教授

■小野俊彦（おの としひこ）
  1992 年　京都大学理学部 卒業
  1997 年　東京大学理学系研究科博士課程 修了
  同年　博士（理学）
  現在　法政大学非常勤講師

理学を志す人のための数学入門

2006 年 2 月 14 日　初版 1 刷発行　　著　者／北田 均・小野俊彦

発 行 所／株式会社　現代数学社
〒606-8425 京都市左京区鹿ヶ谷西寺ノ前1
TEL&FAX　075（751）0727
http://www.gensu.co.jp/

印刷・製本／株式会社　モリモト印刷

ISBN4-7687-0358-5　C3041　　　　落丁・乱丁本はお取り替えいたします．